Klassische Texte der Wissenschaft

Gründungsredakteur

Olaf Breidbach, Institut für Geschichte der Medizin, Universität Jena, Jena, Deutschland

Jürgen Jost, Max-Planck-Institut für Mathematik in den Naturwissenschaften, Leipzig, Deutschland

Reihe herausgegeben von

Jürgen Jost, Max-Planck-Institut für Mathematik in den Naturwissenschaften, Leipzig, Deutschland

Armin Stock, Zentrum für Geschichte der Psychologie, Universität Würzburg, Würzburg, Deutschland

T0224977

Die Reihe bietet zentrale Publikationen der Wissenschaftsentwicklung der Mathematik, Naturwissenschaften, Psychologie und Medizin in sorgfältig edierten, detailliert kommentierten und kompetent interpretierten Neuausgaben. In informativer und leicht lesbarer Form erschließen die von renommierten WissenschaftlerInnen stammenden Kommentare den historischen und wissenschaftlichen Hintergrund der Werke und schaffen so eine verlässliche Grundlage für Seminare an Universitäten, Fachhochschulen und Schulen wie auch zu einer ersten Orientierung für am Thema Interessierte.

Weitere Bände in der Reihe https://link.springer.com/bookseries/11468

Georg Schwedt

Carl Remigius Fresenius

Anleitung zur Qualitativen Chemischen Analyse

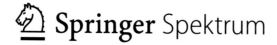 Springer Spektrum

Georg Schwedt
Bonn, Nordrhein-Westfalen, Deutschland

ISSN 2522-865X   ISSN 2522-8668   (electronic)
Klassische Texte der Wissenschaft
ISBN 978-3-662-63371-7   ISBN 978-3-662-63372-4   (eBook)
https://doi.org/10.1007/978-3-662-63372-4

Die Deutsche Nationalbibliothek verzeichnet diese Publikation in der Deutschen Nationalbibliografie; detaillierte bibliografische Daten sind im Internet über http://dnb.d-nb.de abrufbar.

Planung: Stefanie Wolf
Springer Spektrum ist ein Imprint der eingetragenen Gesellschaft Springer-Verlag GmbH, DE und ist ein Teil von Springer Nature.
Die Anschrift der Gesellschaft ist: Heidelberger Platz 3, 14197 Berlin, Germany

Inhaltsverzeichnis

Einführung

Aus dem Privatarchiv der Urenkelin von C. R. Fresenius, von Birgit Fresenius (1918–2008), stammt ein *Entwurf für ein Curriculum vitae* von Carl Remigius *Fresenius,* der in der Dissertation von Susanne Poth – unter dem Titel „Carl Remigius Fresenius (1818–1897) Wegbereiter der analytischen Chemie" in den „Heidelberger Schriften für Pharmazie- und Naturwissenschaftsgeschichte" 2007 erschienen [1] – wiedergegeben ist; er lautet:

> *Ich bin am 28. Dezember 1818 zu Ffm. a/M geboren woselbst mein Vater Dr. jur. J. H. S. Fresenius als Advokat lebt und gehöre da lutherischer Confession an. Meine Ausbildung erhielt ich zuerst in der Musterschule in Frankfurt am Main von welcher ich 7 Klassen durchlief mit gleichzeitigem Lehrer von Lateinischem Privatunterricht. Ich kam von da in das Bender'sche Institut in Weinheim an der Bergstraße woselbst ich 3 Jahre blieb und vollendete meine Schulbildung durch Besuch der oberen Klassen des Gymnasiums meiner Vaterstadt. Nachdem ich daselbst mit dem Zeugnis der Reife entlassen, widmete ich mich der praktischen Pharmacie in der Steinschen Apotheke in Fft a/M, in welcher ich obschon es mühselig war schon nach 2 ½ Jahren Lehrzeit das übliche Examen in Chemie, Botanik und Pharmazie zu machen, zur vollständigeren Durchdringung des Fachs 4 Jahre verbliebe, indem ich gleichzeitig unter Böttger (Lehrer am physikalischen Verein) Chemie und Physik und unter Fresenius (Lehrer am Senkenberg Institute) Botanik studierte. An Ostern 1840 bezog ich die Universität Bonn, woselbst ich außer philosophisch und geschichtlichen Studien, namentlich der Chemie unter Bischoff und Marquart, der Physik unter Radicke, der Mineralogie unter Noeggerath, der Botanik unter Treviranus und Vogel, der Pharmacognosie unter Marquart oblag. Im Wintersemester 1840/41 schrieb ich gleichzeitig meine Anleitung zur qualitativen chemischen Analyse, Braunschweig bei Vieweg und Sohn 1841. An Ostern 1841 ging ich nach Gießen.*

Diese erste Phase im Lebenslauf von C. R. Fresenius soll im Bezug auf sein Erstlingswerk „Qualitative Analyse" ausführlicher vorgestellt werden als sie in den bisherigen Nachrufen bzw. Biographien enthalten ist.

© Der/die Autor(en), exklusiv lizenziert durch Springer-Verlag GmbH, DE, ein Teil von Springer Nature 2021
G. Schwedt, *Carl Remigius Fresenius,* Klassische Texte der Wissenschaft,
https://doi.org/10.1007/978-3-662-63372-4_1

Schulbesuche

2

2.1 Besuch der Musterschule in Frankfurt

Mit der *Musterschule* in Frankfurt am Main ist eine Realschule gemeint. Sie wurde am 18. April 1803 von Wilhelm Friedrich Hufnagel (1754–1830) gegründet. Hufnagel stammte aus Schwäbisch-Hall, hatte Theologie an der Universitäten Altdorf (1773–1775) und Erlangen studiert und war nach einer Professur in Erlangen 1791 als Senior des Predigerseminars nach Frankfurt am Main gekommen. In Frankfurt gab es bisher außer dem bereits 1520 gegründeten Städtischen Gymnasium keine öffentlichen Schulen, sondern nur Quartierschulen, in denen private Schulmeister gegen Entgelt Elementarunterricht im Lesen, Schreiben, im Katechismus und gegen besondere Vergütung auch im Rechnen erteilten.

Hufnagel und der Vorsitzende des für die Schulaufsicht zuständigen lutherischen Konsistoriums Friedrich Maximilian Freiherr von Günderode (1753–1824) waren die Reformatoren des rückständigen Frankfurter Schulwesens. Sie gründeten die erste Frankfurter Realschule, aus der später die erste Mädchenschule (Elisabethenschule) hervorging – heute Gymnasium im Stadtteil Nordend, benannt nach Goethes Mutter Catharina Elisabeth Goethe (1731–1808). Diese schilderte in ihren Briefen an ihren Sohn den Vertreter des Theologischen Rationalismus und der Aufklärung Hufnagel als einen leidenschaftlichen und mitreißenden, wenngleich etwas überspannten Prediger. Sein Grab befindet sich auf dem Frankfurter Hauptfriedhof.

Da die neu gegründete Schule als eine *Probier- und Experimentierschule* nach damals neuartigen Konzepten im Sinne von Johann Heinrich Pestalozzi (1746–1827) konzipiert war, wurde sie als Musterschule bezeichnet. Der Pestalozzi-Anhänger Magister Friedrich Traugott *Klitscher* (1772–1809) war der erste Lehrer dieser Schule, die mit 9 Schülern in

G. Schwedt, *Carl Remigius Fresenius,* Klassische Texte der Wissenschaft, https://doi.org/10.1007/978-3-662-63372-4_2

der Rotkreuzgasse von Frankfurt am Main begann. Hier wurden von Anfang an Jungen und Mädchen gemeinsam unterrichtet – das jährliche Schulgeld betrug 15 fl., 1807 sogar 25 fl. (fl. Florentiner = Gulden; heutiger Geldwert etwa 1 fl. = 6 €), da die Stadt diese Schule aus Finanzmangel nach den Napoleonischen Kriegen nicht unterstützen konnte. Der für die Schulaufsicht zuständige Friedrich Maximilian von Günderrode (1753–1824; Jurist, letzter Stadtschultheiß der Freien Reichsstadt Frankfurt am Main) sammelte gemeinsam mit dem Gründer Hufnagel und dem Bankier Simon Moritz von Bethmann (1768–1826; Bankier, Diplomat und Philanthrop) Spenden für diese neue Schule.

1805 wurde der Pädagoge Friedrich Wilhelm August Fröbel (1782–1852) Nachfolger von Klitscher. Die Schule zog 1806 in ein Gebäude in der Großen Friedberger Gasse um und die Schülerzahlen stiegen bis 1819 auf 555, davon 212 Mädchen. In diesem Jahr wurde die Schule von der nun wieder Freien Stadt Frankfurt in eine staatliche Anstalt umgewandelt. Heute ist diese *Musterschule* ein Gymnasium der Stadt Frankfurt mit dem Schwerpunkt Musik und befindet sich am Oberweg im Frankfurter Nordend – eine der ältesten Höheren Schulen Frankfurts mit einer über zweihundertjährigen Geschichte [2].

Als C. R. Fresenius diese Schule besuchte – von 1824 bis 1831 – war Wilhelm Heinrich *Ackermann* (1789–1848) seit 1820 Lehrer für Deutsch und Geschichte an der Musterschule. Ackermann hatte das Gymnasium in Gotha besucht, ab 1807 Theologie in Leipzig und von 1811 bis 1813 bei Pestalozzi in dessen Erziehungsinstitut in Yverdon-les-Bains (Kanton Waadt) studiert. Nach der Teilnahme an den Freiheitskämpfen im Lützkowschen Freikorps wirkte er als Lehrer u. a. auch bei Pestalozzi zwischen 1815 und 1817. An der Musterschule war er von 1820 bis 1847 tätig. Sein Grab befindet sich auf dem Frankfurter Hauptfriedhof (Gewann E 69). 1846 veröffentlichte Ackermann seine „Erinnerungen aus meinem Leben bei Pestalozzi, mitgeteilt den 12. Januar 1846 an seinem hundertjährigen Geburtsfeste in Frankfurt am Main". In der NDB (Neue Deutsche Biographie) [3] wird ihm bescheinigt, dass er als Lehrer an der Musterschule eine *äußerst erfolgreiche Lehrtätigkeit* entfaltet habe, die sicher auch ihre Wirkung auf C. R. Fresenius hatte. In der ADB (Allgemeine Deutsche Biographie 1875) wird er wie folgt beschrieben [4]:

> „Von hohem Wuchse, schlank, fast hager, trug er das Gepräge von Ernst und Liebe, einfach in seiner ganzen Lebensweise, ein abgesagter Feind alles äußern Schein-Glanzes. Der Umgang mit der Jugend war ihm Freude und Bedürfniß. Mit seltenem Geschick wußte er aus seinem reichen Wissensschatz das jedesmal Zweckmäßige herauszufinden. Mit seinem, von klangvoller Stimme getragenen würde- und liebevollen Lehrton, mit seinem edlen Charakter, der den Schülern überall als Muster vorleuchtete, war er ein echter Jünger Pestalozzi's. Eine ganze Generation führte er vom Eintritt in die Schule bis zum Abgang derselben…"

Es ist nicht bekannt, inwieweit Carl Remigius Fresenius von den neuen pädagogischen Strömungen von Rousseau und Pestalozzi an dieser Schule beeinflusst worden ist.

2.2   Im Benderschen Institut in Weinheim

Ab 1831 (bis 1834) besuchte C. R. Fresenius das Bendersche Institut in Weinheim.

Dieser Aufenthalt hat sicher seiner Naturverbundenheit geprägt. Der Unterricht erfolgte zwar nach den Prinzipien eines humanistischen Gymnasiums, förderte aber zugleich handwerkliche Fähigkeiten, Sport und vor allem auch den Aufenthalt bzw. Exkursionen in die Natur. Es wird berichtet, dass C. R. Fresenius seiner Kinder mit Stolz berichtet habe, dass sie als Schüler in der Schweiz auf den Rigi gewandert seien [1]. Dieser Bergstock am Nordrand der Alpen zwischen Vierwaldstätter und Zuger See weist unterschiedliche geologische Formationen auf (Molassenagelfluh und-sandstein sowie Kreidekalke im Osten), die ihn möglicherweise auch damals schon interessiert haben könnten.

1829 war diese pädagogische Einrichtung (mit Internat) von den Brüdern Karl Friedrich und Heinrich Bender gegründet worden. Sie verfolgte eine ganzheitliche Erziehung – neben den klassischen Fächern wurden auch Heimatkunde, Turnen, Reisen, Musik und Theateraufführungen sowie praktische Arbeiten in einer Werkstatt unterrichtet. Die Schule war wie eine „große Familie" – Knaben, im Volksmund „Benderzippel" genannt – wurden auf das Leben vorbereitet und kamen aus ganz Deutschland und auch aus dem Ausland. Das Institut war ab 1876 eine Vorgängereinrichtung des heutigen Werner-Heisenberg-Gymnasiums. Karl Friedrich Bender (1806–1869) hatte Theologie in Halle und Heidelberg studiert. Sein Bruder Heinrich Wilhelm Bender (geb. 1801) war 1823 zweiter Rektor der lateinischen Schule in Weinheim und gründet dort eine eigene Erziehungsanstalt für Knaben, in die 1829 Karl Friedrich Bender als Mitleiter eintrat. Die beiden Reformpädagogen konnten 1832 das Schulgebäude (heute Institutsstraße) ausbauen und die Zahl der Lehrer auf sechs erhöhen. Nachdem C. R. Fresenius das Institut wieder verlassen hatte, waren dort ab 1835 auch wissenschaftlich ausgebildete Lehrer tätig, so z. B. ab 1859 der Physiker und Erfinder Johann Philipp Reis (1834–1874), der seine wesentliche berufliche naturwissenschaftliche Ausbildung beim Physikalischen Verein (s. weiter unten) in Frankfurt erhalten hatte. Ab 1864 war Karl Friedrich Bender der alleinige Schulleiter. Die Erziehungsanstalt wurde durch Dietrich Bender (geb. 1841) mit dem heutigen Werner-Heisenberg-Gymnasium (damals Höhere Bürgerschule) zusammengeschlossen [5].

2.3   Im Gymnasium Francofurtanum

1520 wurde in Frankfurt am Main ein städtisches Gymnasium gegründet – als Bildungsanstalt für das Bürgertrum der Stadt Frankfurt, als Lateinschule. Diese Einrichtung befand sich bis 1838, als C. R. Fresenius die Schule bereits verlassen hatte, im ehemaligen Barfüßerkloster. Es handelt sich um das heutige *Lessing-Gymnasium.*

Der Übergang von dem Benderschen Institut mit seiner freiheitlich Schulform in das städtische Gymnasium fiel Fresensius offensichtlich schwer.

Über den Abschluss von Fresenius gibt es widersprüchliche Angaben. Er selbst schrieb: *...vollendete meine Schulbildung durch Besuch der oberen Klassen des Gymnasiums meiner Vaterstadt, (wo ich) ... daselbst mit dem Zeugnis der Reife entlassen...*

Susann Poth [1] schrieb dazu:

> „Als Fresenius auf das humanistische Gymnasium in Frankfurt wechselte, fiel es ihm offensichtlich schwer, sich von der freiheitlichen Schulform, die er bis dahin genießen durfte, auf den strengen Schulbetrieb umzustellen. So wurde er dort auch von seinen Lehrern als wenig hoffnungsvoll eingestuft. Fresenius erzählte seinen Kindern später amüsiert, daß ein Lehrer zu ihm sagte, als er vor der Prima von der Schule abging: ‚So, Sie wollen die Wissenschaft an den Nagel hängen, das ist auch besser so!'"

Daraus ergibt sich, dass C. R. Fresenius offensichtlich nur zwei Jahre bis 1836 bis einschließlich der Obersekunda (11. Klasse) besucht hat und das humanistische Gymnasium mit der *Primareife* vor Eintritt in die zwei letzten Klassen (Unter- und Oberprima) verließ. Diese so genannte *Primareife* war vor allem im 19. und bis in das erste Drittel des 20. Jahrhunderts als Abschluss üblich. Sie bedeutete die Versetzung von der Obersekunde in die Unterprima, die vorletzte Klasse des Gymnasiums und wurde im Durchschnitt mit 17 Jahren erreicht. Auch C. R. Fresenius war am 28. Dezember 1835 17 Jahre geworden. Das Zeugnis der Primareife ermöglichte den Eintritt in die Offizierslaufbahn und auch das Studium der Chemie, Pharmazie, Volkswirtschaft, Zahnmedizin, Tiermedizin sowie einiger technischer Fächer, jedoch kein Universitätsstudium in der Medizin bzw. den philosophischen Fächern.

Apothekerlehre und erste Besuche von Vorlesungen

3

3.1 Lehre in der Steinschen Apotheke

Im Frühjahr 1836 begann Fresenius seine Lehre in der *Steinschen Apotheke.*

Auf der Suche nach Informationen über diese Apotheke vermittelt der „Staats-Kalender der Freien Stadt Frankfurt am Main" von 1844 unter Apotheken folgenden ersten Hinweis über den Standort:

> „An der Brücke in der Fahrgasse: Hrn. J. C. Stein sel. Erben. Verwalter: Hr. Heinrich Frank."

Eine weitere Ortsangabe ist in der „Frankfurter Ober-Post-Amts-Zeitung" von 1833 zu finden. In den „Benachrichtigungen" zur 85. Frankfurter Stadt-Lotterie ist als Adresse zu lesen: „Karl Höchberg, Hauptkollekteur, Fahrgasse Lit A. Nro. 107, neben der Stein'schen Apotheke in Frankfurt a. M."

Und schließlich wird auch im Zusammenhang mit dem 200. Geburtstag von Heinrich Nestlé in Frankfurt im „Amtsblatt für Frankfurt am Main 5. August 2014. Nr. 32. 145. Jahrgang, S. 32 berichtet, dass Heinrich Nestle am 10. August 1814 in Frankfurt zur Welt kam und sein Elternhaus an der Ecke Töngesgasse/Hasengasse „in der Nähe der modernen Einkaufsstraße Zeil" gestanden habe. Sein Biograf Albert Pfiffner habe ermittelt, dass *Nestle* „etwa zwischen 1829 und 1834 eine Lehre in der Brücken-Apotheke in der Fahrgasse unweit seines Elternhauses absolvierte".

Aus dieser Mitteilung ergibt sich nun die Frage, ob mit der *Brücken-Apotheke* auch die *Stein'schen Apotheke* gemeint gewesen sei. Susanne Poth [1] macht in ihrer Dissertation dazu keine Angaben. In der Geschichte der Stadt Frankfurt spielen die *Alte Brücke* sowie die *Fahrgasse* wichtige Rollen.

G. Schwedt, *Carl Remigius Fresenius,* Klassische Texte der Wissenschaft, https://doi.org/10.1007/978-3-662-63372-4_3

Von dem Apotheker Frank ist aus dessen Briefen an Fresenius bekannt, dass sein Lehrling ein freundschaftliches Verhältnis zu seinem Lehrherrn hatte, das auch nach der Lehrzeit nicht abbrach.

Die Lehre in der Apotheke, die C. R. Fresenius absolvierte, geht auf das am 27. September 1725 von König Friedrich I. (1688–1740) erlassene „Allgemeine und neu geschärfte Medicinal-Edict" zurück, worin die Ausbildung der Apotheker erstmalig gesetzlich geregelt wurde. Die Fassung von 1801 enthielt eine „Revidirte Ordnung, nach welcher der Apotheker in den Königlichen Preußischen Landen ihr Kunst-Gewerbe betreiben sollen".

Als C. R. Fresenius 1840 zum Studium nach Bonn ging, schrieb ihm der Apotheker Frank u. a.:

„…auch werden Sie sich ohne Zweifel schon ganz auf Ihrem neuen Posten gefunden haben, und Ihre Zeit mit gewohntem Fleiss so nützlich wie möglich verwenden; einen sehr angenehmen Beweis Ihrer Liebe zur Wissenschaft haben Sie schon geliefert durch Übersendung des von Ihnen mit so vielem Fleiss verfertigten Reagentien-Postens, den mir Ihre Liebe zugedacht hat, ich danke dafür recht herzlich…" (zitiert nach S. Poth [1])

3.2 Vorlesungen bei Böttger im Physikalische Verein

Schon neben seiner Apothekerausbildung hörte Fresenius noch Chemie- und Physik-Vorlesungen, die ihn auch für ein wissenschaftliches Studium vorbereiteten. Darüber hinaus wird berichtet, dass er im Gartenhaus seines Vaters eigenständig chemische Experimente durchführte. Er entwickelte u. a. Schwefelwasserstoff zur Trennung von Metallen, ein Prinzip, das er später in seinem ersten Werk zur qualitativen anorganisch-chemischen Analyse umsetzte.

Die Gründung des *Physikalischen Vereins* zu Frankfurt am Main am 24. Oktober 1824 ist auf Anregungen Goethes zurückzuführen.

Goethe schrieb in *Kunst und Alterthum. Am Rhein, Main und Neckar.* in seinen Autobiographischen Schriften u. a.:

„Wäre es möglich, einen tüchtigen Physiker herbei zu ziehen, der sich mit dem Chemiker vereinigt und dasjenige heranbrächte, was so manches andere Kapitel der Physik, woran der Chemiker keine Ansprüche macht, enthält und andeutet, setzt man auch diesen in den Stand, die zur Versinnlichung des Phänomens nötigen Instrumente anzuschaffen, so wäre in einer großen Stadt für wichtige insgeheim immer genährte Bedürfnisse und mancher verderblichen Anwendung von Zeit und Kräften eine edlere Richtung gegeben.

(…)

Man erkundige sich, welchen Einfluß die Universitäten in Berlin, Breslau, Leipzig auf das praktische Leben der Bürger haben, man sehe, wie in London und Paris, den bewegtesten und tätigsten Orten, der Chemiker und Physiker gerade sein wahres Element findet, und Frankfurt hat gar wohl das Recht, nach seinem Zustand, seiner Lage, seinen Kräften für si löbliche Zwecke mitzueifern."

Bereits 1817 hatten Frankfurter Bürger die *Senckenbergische Naturforschende Gesellschaft* gegründet, u. a. kann auch diese auf eine Anregung von Goethe zurückgeführt werden – seit 2008 unter dem Namen „Senckenberg Gesellschaft für Naturforschung".

Führende Gründungsmitglieder des *Physikalischen Vereins* waren der Mediziner Christian Ernst *Neff* (1782–1849) und der Frankfurter Kaufmann und Mechaniker Johann Valentin *Albert* (1774–1856), der eine umfangreiche Sammlung naturwissenschaftlicher Geräte besaß und diese auch mit den Räumlichkeiten in der Schäfergasse dem Verein zur Verfügung stellte.

1835 wurde Rudolf Christian *Böttger* als ständiger Lehrer für Physik und Chemie vom Verein angestellt. Als Gegenleistung für eine finanzielle Förderung durch die Stadt hatte sich der Verein bereit erklärt, Vorlesungen zur Physik und Chemie speziell auch für Schüler der höheren Lehranstalten abzuhalten.

Und in dieser frühen Phase des Vereins nahm auch FRESENIUS an Vorlesungen teil.

Rudolf Christian *Böttger* (1806–1881) wurde in Aschersleben als Sohn eines Küsters geboren, studierte zunächst ab 1824 in Halle Theologie und erhielt 1828 eine kirchliche Funktionsstelle in Mühlhausen/Thüringen. Er hatte sich schon in Halle mit den Naturwissenschaften beschäftigt und studierte, nachdem er das kirchliche Amt aufgegeben hatte, Chemie und Physik in Jena bei Göttling. 1835 wurde er vom Physikalischen Verein in Frankfurt angestellt und 1837 promovierte er in Jena.

1846 veröffentlichte Böttger Heft 3 seiner Beiträge zur Physik und Chemie – Materialien zu Versuchen für chemische und physikalische Vorlesungen. Im Heft 1/1838, das in der Zeit erschien, in der Fresenius an den Vorlesungen teilnahm, veröffentlichte Böttger eine „Sammlung eigener Erfahrungen, Versuche und Beobachtungen".

Daraus sei die Vorrede zitiert, in der auch die *„angehenden jüngern Naturforscher, Pharmaceuten u. s. w."* angesprochen werden, zu denen auch Fresenius zählte:

Was ich hier dem naturwissenschaftlichen Publiko übergebe, sind meine eigenen, seit einer Reihe von Jahren auf dem Gebiete der Physik und Chemie gemachten Erfahrungen und Beobachtungen. Mehrere darunter sind bereits schon früherhin in einzelnen wissenschaftlichen Journalen von mir zur Sprache gebracht worden, diese erscheinen hier zum Theil in veränderter Gestalt, berichtigt und erweitert; zum Theil, um auch angehenden jüngern Naturforschern, Pharmaceuten u. s. w., denen kostspielige Zeitschriften weniger zugänglich sind, Veranlassung zu weiterm Nachdenken und Forschen zu geben, unverändert. Ein grosser Theil aber ist ganz neu, von dem ich wünsche, er möge, obwohl meist nur in aphoristischer Form in den Schoss dieser Blätter niedergelegt, doch auch von Männern vom Fach nicht ganz unberücksichtigt gelassen werden. Gern hätte ich wohl bei Manchem länger verweilen, Manches ausführlicher behandeln und untersuchen mögen, aber dazu gebrach es mir leider nicht selten an Zeit und an Material. Ich hege jedoch die zuversichtliche Hoffnung, dass auch das Scherflein, was ganz ohne Rückhalt dargebracht und anspruchslos gegeben, nicht ganz ohne Nutzen und nachsichtig werde aufgenommen werden; dies ist der Wunsch des Verfassers.

Frankfurt am Main, 1837.

3.3   Vorlesungen zur Botanik bei Georg Fresenius

Bei seinem Onkel Johann Baptist *Georg* Wolfgang *Fresenius* (1808–1866), Arzt
und Botaniker, hörte C. R. Fresenius Vorlesungen in der *Senckenbergischen Naturforschenden Gesellschaft*. Georg Fresenius hatte ab 1826 Medizin in Heidelberg, Würzburg und Gießen studiert, promovierte 1829 in Gießen und ließ sich als praktischer
Arzt in Frankfurt nieder. Mit Botanik hatte er sich schon in Heidelberg zusammen mit
seinem Freund George Engelmann (1809–1884; deutsch-amerikanischer Botaniker, aus
Frankfurt am Main stammend) beschäftigt. 1831 wurde er Sekretär am Botanischen
Garten der Dr. Senckenbergischen Stiftung und am „Herbarium Senckenbergianum"
der Senckenbergischen Naturforschenden Gesellschaft – und er hielt Vorlesungen am
Senckenbergischen Medizinischen Institut in Frankfurt. 1863 wurde Georg Fresenius,
der sich vor allem dem Spezialgebiet der Algen widmete, dort zum Titular-Professor
ernannt. 1832 veröffentlichte Georg Fresenius sein „Tagebuch zum Gebrauch auf
botanischen Exkursionen in der Umgebung von Frankfurt". Ab 1845 beschäftigte er
sich im Wesentlichen mit der Erforschung von Algen und Pilze mithilfe des Mikro-
skops und gehörte dadurch zu den ersten Naturwissenschaftlern, welche sich intensiv mit
der Erforschung von Sporen und Pilzen beschäftigten. Er entdeckte den für Menschen
schädlichen Schimmelpilz *Aspergillus fumigatus. 1836* wurde ihm zu Ehren eine in Süd-
amerika beheimatete Pflanze *Fargesia muerieliae Fresena* (Bambusart – heute auch als
Zierpflanze in Deutschland erhältlich) benannt. Er verstarb 1866 in Frankfurt am Main
an einer Lungenentzündung (Abb. 3.1).

Die genannten Einrichtungen sind alle mit dem Namen *Senckenberg* verbunden.
Johann Christian *Senckenberg* (1707–1772), Arzt, Naturforscher und Stifter ist es
gewesen, der diese Einrichtungen gestiftet bzw. gegründet hat [6].

Johann Christian Senckenberg wurde als Sohn des Frankfurter Stadtphysikus geboren.
Er sollte in die Fußstapfen seines Vaters treten. Um ein Stipendium für seinen Sohn hatte
der Vater beim Rat der Stadt bereits 1723 nachgesucht, da das Wohnhaus der Familie
in der Hasengasse beim „Großen Christenbrand" 1719 abgebrannt war und der Wieder-
aufbau sehr kostspielig gewesen war. Der größten Brandkatastrophe Frankfurts (bis zu

Abb. 3.1 Porträt Georg
Fresenius

den Bombenangriffen im Zweiten Weltkrieg) fielen in der nordwestlichen Altstadt innerhalb von drei Tagen über 400 Häuser zum Opfer. Er wurde von Zeitgenossen „Großer Christenbrand" genannt, weil 1711 eine ähnliche Brandkatastrophe, der „Große Judenbrand" genannt, fast 200 Häuser der Frankfurter Judengasse eingeäschert hatte. Das Feuer brach im Gasthof Zum Rehbock in der schmalen Bockgasse aus, wo offensichtlich ein Gast ein Nachtlicht hatte brennen lassen.

Erst 1730 wurde das Stipendium bewilligt. Senckenberg studierte dann ab 1730 an der preußischen, erst 1694 als *Friedrichs-Universität* in Halle gegründeten Universität Medizin. Nach drei Semestern musste er die Universität Halle jedoch, offensichtlich wegen theologischer Auseinandersetzungen, wieder verlassen. Er kehrte zunächst in sein Elternhaus zurück und konnte sein Studium erst einige Jahre später in Göttingen fortsetzen, wo unter dem Vorsitz von Albrecht von Haller 1737 über die Heilkraft des Maiglöckchens in der Medizin promovierte und sich dann als praktischer Arzt in seiner Heimatstadt niederließ.

Seine Frauen aus drei Ehen verlor er an Kindbettfieber, Tuberkulose bzw. Krebs – auch seine Kinder aus zwei Ehen starben. Und so entschloss er sich, sein Vermögen *pro bono publico patriae* zur Verfügung zu stellen.

(weitere Einzelheiten zur Person: www.senckenbergische-stiftung-de/der-stifter.html)

1763 errichtete er die *Dr. Senckenbergische Stiftung* – mit dem Ziel, das Frankfurter Medizinalwesen insgesamt zu verbessern. 1766 erwarb er ein erstes Stiftungsgelände östlich des Eschenheimer Tores, wo in den darauf folgenden Jahren

- ein medizinisches Institut mit Bibliothek,
- ein *Laboratorium chymicum*,
- Gewächshäuser und
- ein *Theatrum anatomicum* sowie
- das Bürgerhospital

entstanden.

Die Anatomie wurde zu einem der Gründungsinstitute der erst 1914 gegründeten Universität.

Die *Senckenbergische Bibliothek* wurde 2005 mit der Stadt- und Universitätsbibliothek zur *Universitätsbibliothek Johann Christian Senckenberg* vereinigt.

Aus der *Dr. Senckenberischen Stiftung* gingen u. a. das *Naturmuseum Senckenberg* und indirekt die *Senckenberg Gesellschaft für Naturforschung* hervor.

1817 gründeten 32 Bürger in Frankfurt am Main den *Naturforschenden Verein* – zu dem u. a. Goethe (s. o.) angeregt hatte. Er erhielt die Erlaubnis, den Namen Senckenbergs führen zu dürfen. Südöstlich des Eschenheimer Tores entstand 1821 als Vorläufer des späteren Museumsbaus ein *Öffentliches Naturalienkabinett*. Von der Stiftung wurden Teile der Bibliothek und der Grundstock der Naturaliensammlung übernommen. Bis zu Beginn des 20. Jahrhunderts befanden sich auf dem Senckenbergischen Gelände auch das Bürgerhospital, der Frankfurter Botanische Garten und das anatomische Institut. Sie mussten einer Neubebauung mit Wohn- und Geschäftshäusern weichen [7].

Als Student in Bonn 1840/1841

Mit dieser Vorbildung, auch ohne den Abschluss einer Reifeprüfung an einem humanistischen Gymnasium, hatte der junge Fresenius sich die besten Voraussetzungen für ein Studium an der erste 1819 gegründeten rheinisch-preußischen Universität in Bonn angeeignet.

Einschreibung am 12. Mai 1840
Aus dem Vorlesungsverzeichnis für das *Sommerhalbjahr* 1840 ist zu entnehmen, dass die Vorlesungen bereits am 4. Mai, also etwa eine Woche vor der Einschreibung von Remigius Fresenius, begonnen hatten.

Dort ist auch zu lesen:
Wohnungen für Studirende weist der Bürger G r o ß g a r t e n (Wenzelgasse No. 1081) nach.

Ob Fresenius die Dienste des *Bürgers Großgarten* in Anspruch genommen hat, ließ sich nicht nachweisen.

Für sein Studium von Interesse sind auch die Angaben über

Besondere akademisch Anstalten und wissenschaftliche Sammlungen
Die Universitäts-Bibliothek, welche für Jedermann an allen Wochentagen, Mittwochs und Sonnabends von 2–4, an den ürbigen Tagen von 11–12 Uhr offen steht.

Daran anschließend sind weitere Einrichtungen genannt, von denen folgende Fresenius besonders interessiert haben könnten:

Das physikalische Kabinet
Das chemische Laboratorium
Der botanische Garten

G. Schwedt, *Carl Remigius Fresenius,* Klassische Texte der Wissenschaft, https://doi.org/10.1007/978-3-662-63372-4_4

Das naturhistorische Museum
Die Mineralien-Sammlung
Das technologische Kabinet

Nach einer Aufzählung medizinischer Einrichtungen wird auch

Das pharmaceutische Laboratorium

genannt.

Im Einschreibungsbuch ist unter der Nr. 304 in der Philosophischen Fakultät u. a. festgehalten:

- sein Alter von 21 Jahren
- der Beruf des Vaters als *Dr. juris. + advocat. ord.*
- Seine Studienfächer *Chemie und Pharmazie*

4.1   Chemie bei Carl Gustav Bischof und beim Apotheker Clamor Marquart

Die erste in der Rubrik Priv*at-Vorlesungen* am 14. Mai (Nummer der Zuhörer-Liste 16) eingetragene Lehrveranstaltung war die *Reine und angewandte Experimental-Chemie* bei Prof. Dr. G. Bischof. In der Spalte *Zeugnisse der Docenten* ist mit dem Datum 28.8. die Beurteilung wie folgt angegeben:

Mit ausgezeichnetem Fleiße und ansehnlicher Aufmerksamkeit besucht. Gustav Bischof.

Carl Gustav Bischof

(C/Karl) Gustav (Christoph) Bischof wurde am 18. Januar 1792 in Wörth bei Nürnberg geboren und erhielt den ersten wissenschaftlichen Unterricht durch seinen Vater Karl August Leberecht Bischof (1762–1814), der zunächst als Lehrer an der Lateinschule, später auch als Rektor und Lehrer für Geschichte, Geographie und Naturlehre tätig war und u. a. „Vorlesungen über die vornehmsten Gegenstände der Natur (2 Bände, 1799–1800) verfasst hatte. Sein Sohn studierte ab 1810 an der Universität in Erlangen Mathematik und Philosophie, dann Chemie und Physik, wo er 1814 promovierte und auch die *venia legendi* für Chemie und Physik erhielt. 1819 kam er als ao. Professor für Chemie und Technologie nach Bonn. Als der Bonner o. Professor für Chemie und Physik Karl Wilhelm Gottlob Kastner (1783–1857) 1821 nach Erlangen gegangen war, wurde Bischof 1822 zum o. Professor für Chemie, spez. Chem. und Phys. Geologie sowie zum Direktor des Chemischen Laboratoriums und des Technologischen Kabinetts an der Universität Bonn ernannt, wo er 1863 im Alter von 71 Jahren emeritiert wurde. Er starb am 30.11.1870 in Bonn [8] (Abb. 4.1).

Abb. 4.1 Porträt C. G.
Bischof. (Quelle: Archiv der
Universität Bonn)

Seine auf die Praxis orientierte Forschung beschäftigte sich vor allem mit den vulkanischen Erscheinungen im Rheinland und 1824 erschien sein Werk „Die vulkanischen Mineralquellen Deutschlands und Frankreichs". In der ADB (Allgemeinen Deutschen Biographie 1875) heißt es darüber, er habe durch die wichtigen Folgerungen über den Vulkanismus allgemeines Aufsehen erregt. Bischof habe dazu zahlreiche chemische Analysen selbst durchgeführt – von vielen Quellen, vor allem von Säuerlingen.

In der Lehre hat er Vorlesungen zu zahlreichen unterschiedlichen Gebieten der Chemie angeboten.

4.2 Physik bei Gustav Radicke

Gustav Radicke, geboren 1810 in Berlin, studierte und promovierte (1839) in Berlin mit einer Arbeit in lateinischer Sprache zum Nicolschen Prisma (Polarisationsprisma von William Nicol 1828). 1840 kam er als Privatdozent nach Bonn und wurde 1847 ao. Professor für Physik. An der Universität hielt er mathematische und theoretisch-physikalische Vorlesungen. Bereits 1839 erschien sein wichtigstes Werk – das „Handbuch der Optik mit besonderer Rücksicht auf die neuesten Forschungen der Wissenschaft" in zwei Bänden in Berlin. In der Allgemeinen Deutschen Biographie wird sein Wirken von Gustav Karsten (1888) wie folgt bewertet:

„Diese Arbeiten mögen die Unterrichtsverwaltung in Berlin zu der irrigen Annahme veranlaßt haben, R. werde geeignet sein, statt Plücker (…) die Professur der Physik zu übernehmen. R. besaß indessen weder Lehrgabe, noch hat er in erheblicher Weise sich als Experimentalphysiker gezeigt…"

Zuvor hatte G. Karsten festgestellt, dass Radicke infolge schwerer körperlicher Leiden nach 1843 kaum noch eine Arbeit geliefert habe. Radicke starb 1883 in Bonn.

(Gustav Karsten (1820–1900) war Physiker und Mineraloge und lehrte seit 1847 an der Universität Kiel, ab 1852 als o. Professor für Mineralogie und Physik.)

Von C. Remigius Fresenius existiert eine Vorlesungsmitschrift unter dem Titel

Magnetismus & Electricität nach Dr. Radicke 1839/1840

Sie beginnt wie folgt:

Magnetismus u. Electr. standen vor 1820 noch ganz isolirt. Jetzt hat man gelernt durch M. electr. u. d. fl. magnet. Erscheinung hervorzurufen.

[Kommentar: Am 21. Juli 1820 gab H. C. Oerstedt die von ihm beobachtete Ablenkung einer Magnetnadel in der Nähe eines stromdurchflossenen Leiters bekannt. Diese Entdeckung ist der Beginn für zahlreiche Untersuchungen zum Elektromagnetismus – worauf dieser zweite Satz in R. Fresenius' Aufzeichnungen sich bezieht.]

Daran anschließend wird die Gliederung der Vorlesung angegeben:

1. *Abschnitt Magnet. Erscheinung, die von d. electr. unabhäng. Erscheinen*
2. *Abschnitt Keine elctr. Erschein.*
3. *Abschnitt Electromagnetismus, Erschein. Magnet.*

4.3   Mineralogie bei Jacob Noeggerath

Johann Jacob Noeggerath (1788–1877), in Bonn als Sohn eines Mineralienhändlers und Betreiber einer Alaunhütte geboren, besuchte zur Zeit der französischen Besetzung des Rheinlandes die *École centrale* in Köln, wurde nach autodidaktischen geologisch-mineralogischen Studien zunächst Bergkommissar in französischem Dienst und 1814 Königlich Preußischer Geheimer Bergrat. Ab 1818 wirkte er – nach einer Promotion an der Universität Marburg – als zunächst außerplanmäßiger (ab 1821 ordentlicher) Professor für Mineralogie und Bergwerkswissenschaften an der im selben Jahr gegründeten Universität Bonn. Er wurde u. a. durch seine zahlreichen kleineren geologischen Beiträge in der Kölner Zeitung und in Westermanns Monatsheften bekannt. Ab 1822 (bis 1826) veröffentlichte er sein Werk „Das Gebirge in Rheinland-Westphalen nach mineralogischem und chemischem Bezuge" (in vier Teilen).

Fresenius hörte bei ihm *Mineralogie*, in seinem Anmeldungsbuch datiert auf den 16. Mai als No. 20 in der Zuhörerliste und bewertet (testiert) am 26. August mit „Thunlichst fleißig und (?)…".

4.4   Botanik bei Ludolph Christian Treviranus und Theodor Vogel

Ludolph Christian Treviranus (1779–1864) studierte Medizin an der Universität Jena, u. a. auch Botanik bei August Batsch (1761–1802) sowie Philosophie bei Friedrich Schelling und Johann Gottlieb Fichte. 1801 erlangte er die Promotion zum Dr. med. und ließ sich zunächst als Arzt in Bremen nieder, wo er 1807 das Amt des Dritten Professors am Lyceum übernahm. 1812 erhielt er den Lehrstuhl für Naturgeschichte und Botanik an der Universität Rostock und die Leitung des Botanischen Gartens. Ab 1817 wirkte er an

der Schlesischen Friedrich-Wilhelms-Universität Breslau, wo er 1827/1828 auch deren
Rektor war. 1830 wurde er Nachfolger des Botanikers und Naturphilosophen Christian
Gottfried Daniel Nees von Esenbeck, der seine Stelle in Breslau übernahm. Forschungs-
schwerpunkte von Treviranus waren Pflanzenphysiologie, Pflanzenanatomie und
Taxonomie. Er entdeckte u. a. die Interzellularräume der Epidermis und lieferte mehrere
Beiträge zur Sexualität der Pflanzen sowie über den Bau des Holzes und die Entstehung
der Gefäße.

4.5   Pharmakognosie bei Clamor Marquart

Der Name *Clamor Marquart* ist weder im „Studienbuch" von Fresenius noch in den Vor-
lesungsverzeichnissen der Universität Bonn zu finden.

Für sein Wirken ist ein eigenes Kapitel erforderlich – auch hinsichtlich der Bedeutung
für die Entwicklung des jungen Remigius Fresenius.

Je nach Quelle – „Das Evonik-Geschichtsportal", „Deutsche Apotheker-Biographie"
[9] bzw. Dissertation von Guido Bayer (Bonn 1962) [10], ist vor allem die Entwicklung
bis zu seiner Zeit in Bonn unterschiedlich bzw. widersprüchlich dargestellt. Folgt man
den beiden letzteren Quellen, so ergibt sich folgender Werdegang (Abb. 4.2):

Ludwig Clamor Marquart wurde am 29. März 1804 als Sohn eines Beamten
(Kammerdieners) des Königs Jerôme von Westfalen in Osnabrück geboren – seinen
ungewöhnlichen Vornamen *Clamor* erhielt er nach dem Dienstherrn seines Vaters, des
Kammerherrn und Landdrosten Ludwig Clamor Freiherr von Schele (1741–1825) und
Taufpate des Sohnes. Ihm, als Gouverneur du Palais bezeichnet, folgte die Familie
Marquart 1808 nach Braunschweig. 1810 zog der Vater an den Hof Jerômes nach Kassel,
wo der Sohn eine Elementarschule und anschließend das Lyceum Fridericianum (Latein-
schule) besuchte. 1812 wechselte er in die neu errichtete Realschule am Königsplatz.
Als der Vater eine Stelle als Landdragoner in Meppen erhielt, blieb Ludwig Clamor
in Kassel und wurde vom kinderlosen Onkel Carl Philipp Tessier (1769–1830), einem
Briefträger, an Kindesstatt angenommen. So blieb er in Kassel, besuchte das Gymnasium

Abb. 4.2 Clamor Marquart

Carolinum ab 1814 und verließ es 1818 „mit einem guten Abgangszeugnis" (G. Bayer –
nach Marquarts *Curriculum vitae* – s. weiter unten – war es jedoch das Gymnasium
Carolinum in Osnabrück!).

Am 7. November 1818 begann er eine Lehre beim Apotheker Braunes in der Apotheke von Dissen, die er Ende September 1823 abschloss. Es folgte eine Zeit als Gehilfe
ab Mitte Oktober 1823 beim Apotheker Jacob Muhle (Mühlen) in Lingen, ab September
1825 in der Löwen-Apotheke des Apothekers Benedict Overham in Werden/Ruhr, ab
Ostern 1828 in der Hofapotheke zu Köln beim Apotheker Johann Friedrich Sehlmayer
(1788–1852) und schließlich ab 1. Oktober 1829 beim Apotheker Johann Heinrich Jacob
Blind(t) (1747–1839) in der Hof-Apotheke.

Im Zusammenhang mit den Vorbereitungen zum Apotheker-Examen bekam Marquart
Kontakt zu Professor Theodor Friedrich Nees von Esenbeck (1787–1837), seit 1819
Inspektor des Botanischen Garten und ab 1822 bis 1830 Professor für Pharmazie. 1832
legte Marquart in Koblenz das Examen als Apotheker Erster Klasse ab. G. Bayer schrieb:
„Im April 1835 schied er aus der Blindtschen Apotheke aus und zog zur Familie Nees [d.
Jüngeren, Christian Gottfried Daniel (1776–1858)] in deren Wohnung im Poppelsdorfer
Schloss, die er erst wieder Ostern 1837 verliess."

1835 promovierte er an der Universität Heidelberg. 1837 übernahm Marquart die Ver-
walterstelle in der Kellerschen Apotheke und reichte gleichzeitig dem Ministerium der
Geistlichen, Unterrichts- und Medicinal-Angelegenheiten in Berlin einen Plan für ein
pharmazeutisches Institut in Bonn ein, dessen Einrichtung ihm am 17. November 1837
genehmigt wurde.

Im Staatsarchiv Koblenz ist auch ein *Curriculum vitae* (im Zusammenhang mit dem
Plan ab 1843, eine Apotheke in Beuel zu gründen) vorhanden (Abt. 403 Nr. 1682 – bei
G. Bayer als Anlage 5/1a):

> *„Ich Louis Clamor Marquart wurde zu Osnabrück am 29ten März 1804 geboren und in der*
> *katholischen Religion erzogen.*
>
> *Den ersten Unterricht erhielt ich in der Elementarschule in Braunschweig und in der*
> *höheren Bürgerschule zu Cassel, wo meine Eltern ihren Wohnsitz bis zum Jahre 1814 auf-*
> *geschlagen hatten. Nach Osnabrück zurückgekehrt besuchte ich das Gymnasium Carolinum*
> *während vier Jahren um in den alten Sprachen und höhern Wissenschaften die hinlänglichen*
> *Kenntniße zu erlangen.*
>
> *In meinem 15ten Jahre begann ich die pharmaceutischen Lehre unter Herrn Apotheker*
> *Braunes in Dissen bei Osnabrück.*
>
> *Während den 5 hier zugebrachten Jahren hatte ich das Glück mich des Beifalls und der*
> *Liebe meines Lehrherrn zu erfreuen. Meine Neigung etwas Gründliches zu erlernen, unter-*
> *stützte derselbe auf alle mögliche Art, theils durch persönliche Anleitung, theils durch eine*
> *ausgewählte Bibliothek, so daß ich mich dieser Jahre nur mit dem größten Danke gegen*
> *den gütigen Lehrer erinnere und wenn ich etwas mehr als nur eine gewöhnler Apotheker*
> *geworden bin, es diesem leider zu früh heimgegangenen Manne zu verdanken habe.*
>
> *Nach vollbrachter Lehrzeit im Herbst 1823 ging ich als Gehülfe zu Herrn Apotheker*
> *Muhle in Lingen, von dort im Herbste 1825 zu Herrn Apoth. Overhamm in Werden a/Ruhr.*
> *Hier blieb ich 2 ½ Jahre als Gehülfe und übernahm Ostern 1828 eine Stelle bei Herrn*

Apoth. Sehlmeyer in Cöln, von dem ich mich einer besonderen Unterstützung beim Studium der Botanik zu erfreuen hatte.

Nach einem 1 ½ jährigen Aufenthalte in Cöln erhielt ich im Herbste 1829 eine Stelle bei Herrn Apoth. Blind in Bonn.

Wenn ich während meiner ganzen Servier-Zeit es nicht an dem Streben mangeln ließ, mich immer weiter durch Selbststudium auszubilden, so war dieses um so mehr in Bonn der Fall, wo mir die Unterstützung von vielen Stellen und namentlich durch Herrn Professor Nees von Esenbeck zufloß, der mich freundschaftlich auf jede nur mögliche Weise unterstützte und in das Gebiet der Wißenschaften einzuführen suchte.

So vorbereitet wagte ich es, bei einem hohen Ministerium der Geistlichen-Unterrichts- und Medizinal-Angelegenheiten um die Erlaubniß, mein Examen in Coblenz abhalten zu dürfen, anzuhalten, welche mir auch ertheilt wurde.

In Folge des vor genannter Ober-Examinations-Comißion in Coblenz abgelegten Examens, erhielt ich untern 3ten August 1832 meine Approbation als Apotheker erster Claße mit der ersten Censur. Nach glücklich vollbrachtem Examen ging ich wieder in meine Stellung als Geülfe in Bonn zurück und strebte hier, mich immer weiter auszubilden, wie einige um diese Zeit von mir gemachte und gedruckte Arbeiten beweisen.

Die Königliche hochlöbliche Regierung zu Cöln auf mich aufmerksam gemacht, schenkte mir ihr besonders Vertrauen und übergab mir in meiner Stellung als Gehülfe schon die Visitation einer großen Anzahl von Apotheken des Regierungs-Bezirks, welches ich ohne Zweifel zu ihrer Zufriedenheit vollzog, da mir alljährlich ähnliche Comißionen wieder ertheilt wurden.

Um Ostern 1835 verließ ich nach einem 5 ½ jährigem Aufenthalte meine Stellung als Gehülfe des Herrn Blind um mich einige Jahre ganz den Wissenschaften zu widmen, welche ich bei Herrn Prof. Nees von Esenbeck in Poppelsdorf zubrachte. Über diese Periode fehlen mir zwar schriftliche Zeugniße, doch kann ich nachweisen, daß ich den Jahren 1835 und 1836 zu vielen Apotheken-Revisionen von Seiten der Königlichen Regierung zu Cöln comittirt wurde. Außerdem beschäftigte ich mich mit litterarischen Arbeiten und erwarb mir im Jahre 1835 in Heidelberg die akademische Doktorwürde der Philosophie in Folge meiner eingereichten Dißertation „Über die Farbe der Blüthen".

Als ein fernwerter Beweis, daß ich mich in dieser Zeit wissenschaftlich mit Pharmacie beschäftigte ist die Herausgabe der zweiten Auflage des Geigerschen Handbuches der Pharmacie zu betrachten, welches mir in Verbindung mit den Professoren Justus Liebig und Nees von Esenbeck übertragen wurde.

Um Ostern 1837 ging ich wieder zur practischen Pharmacie über und verwaltete seitdem die Kellersche Apotheke in Bonn. In welcher Art dieser Verwaltung von mir ausgeführt wurde, beweisen die Visitations-Protocolle, welchen die von mir verwaltet wordene Apotheke in den Jahren 1837, 1841 und 1844 unterworfen wurde.

Das Königliche hohe Ministerium der Geistlichen-Unterrichts- und Medizinal-Angelegenheiten erteilte mir im November 1837 die Erlaubniß zur Errichtung eines pharmaceutischen Instituts, das ich im Jahre 1838 eröffnete und das seitdem von mehr den(n) hundert jungen Männern aus Deutschland und den benachbarten Ländern besucht wurde und sich stets einer steigenden Theilnahme erfreut; über die Erfolge wurde von mir schon zweimal Sr. Excellenz dem Herrn Minister der Geistlichen-Unterrichts- und Medizinal-Angelegenheiten Bericht erstattet.

Außer vielen andern Arbeiten gab ich während den letzten Jahren ein Lehrbuch der theoretischen und practischen Pharmacie heraus und beschäftigte mich überhaupt mit der Bildung angehender Pharmaceuten.

Der Wunsch, eine eigene Existenz möglichst nahe bei Bonn zu gründen, hat den Wunsch in mir Rege gemacht eine Apotheke in Beuel errichten zu dürfen und zu diesem Zwecke der Conceßions-Erlangung habe ich vorstehendes Curriculum vitae entworfen, das durch beiliegende Zeugniße so viel als möglich bewahrheitet wird.
    D. Clamor Marquart

[Die Verhandlungen zur Errichtung einer Apotheke in Beuel werden von G. Bayer ausführlich geschildert – die Konzession erhält jedoch nicht Marquart sondern der Apotheker Eich, Sohn eines Bürgermeisters und offensichtlich der Günstling des Coblenzer Oberpräsidenten.]

Zwei Angaben aus Marquarts *Curriculum vitae* sind besonders hervorzuheben – zum einen, dass er das Gymnasium Carolinum in Osnabrück und nicht in Kassel besucht hat, und zum zweiten seine Dissertation u. a. über die *Anthocyane*, die Gruppe von Blütenfarbstoffen, denen Marquart den noch heute gültigen Namen gab.

Das Gymnasium Carolinum in Osnabrück zählt zu den ältesten noch heute bestehenden Schulen in Deutschland, das der Überlieferung zufolge auf den Karl den Großen im Jahr 804 zurückgeht. Nach wechselvoller Geschichte wurde 1801 eine „Königliche Organisationskommission" von der hannoverschen Regierung mit der Schulaufsicht betraut. 1778 hatte das Domkapitel dem Franziskanerorden den Unterricht anvertraut, wodurch verstärkt auch Naturwissenschaften gelehrt wurden. Nach dem Wiener Kongress (1815) wurde 1818 eine bischöfliche Schulkommission gegründet. Die Abitursprüfung wurde erst 1830 eingeführt. Auf dem Schulhof des heutigen Gymnasiums, Große Domfreiheit 1, steht die Statue Karls des Großen.

Die Doktorarbeit Marquarts befindet sich auch in der Bonner Landes- und Universitätsbibliothek und trägt den Titel *„Die Farben der Blüthen. Eine chemisch-physiologische Abhandlung von Dr. L. Clamor Marquart, Apotheker, des botanischen Vereins am Mittel- und Niederrhein wirklichem, der königlich bayrischen botanischen Gesellschaft zu Regensburg correspondirendem, so wie des Apotheker-Vereins im nördlichen Teutschland Ehrenmitglieder. Bonn 1835. Verlag von T. Habicht.* " (digitalisiert) Darin ist im §. 26 (s. 56) der Name *Anthocyan* zu finden, definiert als *„der färbende Stoff in den b l a u e n ,   v i o l e t t e n und r o t h e n und vermittelt ebenfalls die Farbe aller b r a u n e n und p o m e r a n z e n f a r b i g e n Blumen...* "

Die Situation an der Bonner Universität beschreibt G. Bayer [10] wie folgt:

„An der Universität übernahm nach der Erkrankung von Professor Nees von Esenbeck d. J. im Sommersemester 1837 der ausserordentliche Professor Carl Wilhelm Bergemann die Vorlesungen die Vorlesungen für Pharmazie und 1838 auch die Verwaltung des ‚pharmaceutischen Apparates'. Ein Laboratorium, in welchem analytisch oder präparativ gearbeitet werden konnte, besassen die Pharmazeuten nicht. Der ordentliche Professor für Chemie, Karl Gustav Bischof leitete ein solches im Poppelsdorfer Schloss, in welchem höchstens 4 Praktikanten hätten arbeiten können. Das Praktikum wurde aber nicht durchgeführt…"

Maßgeblich beteiligt am Zustandekommen der Zusammenarbeit mit der jungen Universität Bonn waren die Mediziner Johann Christian Friedrich *Harless* (1773–1853; o. Prof. für Pathologie und Therapie) und Karl Wilhelm *Wutzer* (1789–1863; o. Prof. der

Chirurgie, Director des chirurgischen und augenärztlichen Clinicums, Direktor des chirurgischen und pharmaceutischen Studiums).

Harless verfasste im Auftrag der medizinischen Fakultät der Universität ein Gutachten, das eine detailliert formulierte Zustimmung zur Gründung des pharmazeutischen Instituts und zur Zusammenarbeit mit der Universität enthielt. Es vermittelt zugleich die Inhalte der auch für Fresenius wesentlichen Inhalte der Ausbildung und lautete (zitiert n. G. Bayer – kursiv hervorgehobene Wörter bei Bayer unterstrichen):

> „Das von dem Hr. Dr. Philos. Marquart projektirte pharmaceutsiche Institut betr.
>   Da das pharmaceutische Institut, welches der Hr. Dr. Philos. Marquart, Verwalter der Kellerschen Apotheke dahier und Apotheker 1er Klaße, in hiesiger Stadt zu errichten beabsichtigt, und wofür derselbe einen detaillirten Plan dem hohen vorgeordneten Ministerio vorgelegt hat, durchaus nur als ein *Privat* Institut, nicht aber als ein mit der Königl. Universität in unmittelbarer Verbindung zu setzendes, noch einen Theil ihrer Unterrichts Anstalten bildendes zu betrachten ist, so läßt sich gegen die Zuläßigkeit wie gegen die unter guter und geregelter Leitung zu erwartende Nützlichkeit eine solchen Instituts durchaus nichts einwenden. Ja, es dürfte keinen Zweifel leiden, daß ein solches Lehr-Institut für junge Pharmaceuten, wenn es dem mitgeteilten Plan gemäß, unter Mitwirkung der in demselben bezeichneten akademischen Lehrer, – doch nur immer als *privatim* von dem Vorsteher, unter deßen alleiniger Gewährleistung für deren Entschädigung, hierzu einzuladender – erreicht und durchgeführt wird, in ähnlicher Weise, wie vormals das Buchholzische und das Trom(m)sdorffesche, und selbständiger noch, als das Schweigger-Seidelsche, seinen Zweck zur wißenschaftlichen Bildung angehender Pharmaceuten erreichen, und einem in den Rheinlanden längst gestellten wesentlichen Bedürfnis – der Pharmacie und Apothekerkunst schon in den Gehülfen eine mehr wissenschaftliche Grundlage, Richtung und Entfernung vom mechanisch-technisch-Handwerksmäßigen zu geben, ganz ersichtlich entsprechen könne. Auch entspricht die Persönlichkeit des Unternehmers, soweit sie in Hinsicht auf Kenntniß und Erfahrung in der Chemie und Pharmacie und den mit ihr verbundenen Theilen der Naturlehre und Naturgeschichte, die in der Facultät bekannt ist, und nicht minder der moralische Karakter und strenge Ordnungsliebe und Pünktlichkeit desselben, den Eigenschaften, die zu einem solchen Privatunternehmen erfordert werden, in genügendster Weise."

Exkurs zu den *Buchholzischen, Trommsdorfeschen* und *Schweigger-Seidelschen* Lehr-Instituten Christian Friedrich Buch(h)olz (1770–1818) promovierte 1809 zum Dr. phil. an der Universität Erfurt, übernahm die väterliche Römer-Apotheke und wurde am damaligen Collegium medicum et sanitatis zum Assessor, 1810 an der Universität zum ao. Professor und 1813 zum o. Professor der Chemie ernannt. In der „Deutschen Apotheker Biographie" (1975) wird ihm bescheinigt, dass er „durch seinen ‚Katechismus der Apotheker-Kunst' (1810) und ‚Theorie und Praxis der pharmaceutisch-chemischen Arbeiten' (1812)" sich „besonders um die wissenschaftliche Ausbildung der Pharmazeuten verdient gemacht" habe.

Johann Bartholomäus Trommsdorff (1770–1837), der 1790 in Erfurt die väterliche Schwanen-Apotheke übernahm, wirkte ab 1881 gemeinsam mit Bucholz für die Gründung einer Unterstützungseinrichtung für ausgediente Apotheker-Gehilfen. Bereits 1795 gründete er seine *Chemisch-physikalisch-pharmaceutische Pensionsanstalt für Jünglinge* als erstes privates pharmazeutisches Institut. Bis 1828 hatte er über 300 Schüler erfolgreich ausgebildet.

Franz Wilhelm Schweigger-Seidel (1795–1838) wurde Apotheker, studierte in Halle Medizin und Naturwissenschaften, wo er 1824 zum Dr. med. promovierte. Ab 1825 hielt er Vorlesungen für Pharmazeuten und begründete 1829 das Pharmazeutische Institut in Halle. Nach dem Vorbild von Trommsdorff war sein „Pharmazeutisches Institut mit einem Internat verbunden, verfügte über das erste modern eingerichtete chemisch-pharmazeutische Laboratorium in Halle und wurde ab 1831 im Vorlesungsverzeichnis der Universität unter den öffentlichen akademischen Anstalten aufgeführt."

Nicht genannt wird Johann Christian Wiegleb (1732–1800), der 1779 in Langensalza ein chemisch-pharmazeutisches Institut als erste private Einrichtung dieser Art in Deutschland gründete. Zwei seiner Schüler, Sigismund Friedrich Hermbstädt (1760–1833) in Berlin und Johann Friedrich August Göttling (1755–1809) ab 1794 in Weimar gründeten später ebenfalls solche Lehranstalten, die jedoch weniger erfolgreich waren.

Fortsetzung „Harless":

„Anders dürfte selbst der Umstand, daß Hr. Dr. Marquart bis jetzt nur Verwalter, und nicht Besitzer einer Apotheke dahier ist, daher noch keinen ganz stabilen Wohnort dahier hat, kein Hinderniß gegen die Ausführung seines Plans abgeben, da es erstlich doch sehr möglich ist, daß derselbe seine Wohn- und Geburtsverhältniße dahier früher oder später ganz fixire, und da selbst in dem möglichen Fall des Gegentheils es doch immer *seine* Sache bleibt, für das fernere Bestehen und Schicksal seiner Privat Instituts selbst Fürsorge zu leisten.

Unter diesen Verhältnißen nimmt die medicin. Fakultät keinen Anstand, dieses projektirte Institut des Hr. Marquart nach dem mitgeteilten Plan das ganz zweckmäßig, vortheilhaft für die Bildung der angehenden Pharmaceuten und dadurch für die Ausbildung des Apothekerstandes namentlich in den kleineren Städten und auf dem Lande, wo es noch manches Mangelhafte und Ungeeignete darbietet, während es in den größeren Städten der Rheinlande und Westphalens sich fast durchgängig schon in dem erforderlichsten Zustand wißenschaftlicher Betreibung befindet, und somit als sehr empfehlenswerth zu begrüßen.

Nur glaubt die medicin. Fakultät in dem vorgelegten Plan des Hr. m. auf folgende Punkte zur resp. Aenderung und Ergänzung aufmerksam machen zu müßen:

1. Der *ein*jährige Cursus ist für die Meisten der in ein solches Institut aufzunehmenden Zöglingen wohl durchaus zu kurz und ungenügend. Es müßte die Zeit auf *wenigstens* 3 Semester bis *4* Semester ausgedehnt werden. In Baiern sind *alle* Pharmaceuten (als Gehülfen) verpflichtet, volle 2 Jahre auf der Universität zu *studiren* bis sie selbständige Apotheker werden können, nachdem sie vorerst das Examen bestanden und die Collegien Zeugniße befriedigend vorgelegt haben.

2. Nach Paragraph 7 sollten die Zöglinge des Instituts, um die Vorlesungen, welche im Plan angegeben sind, an der hiesigen K. Universität besuchen zu können, die hierzu

erforderliche Erlaubniß beim Köln. Curatorio nachsuchen. Dieses dürfte aber gegen die statutenmäßigen Bestimmungen, nach welchen dahier Collegienbesuch nur den Immatrikulirten gestattet ist, stehen. Es würde demnach die Einrichtung vorzuziehen seyn, daß das Album aus dem Grund der Inscription der Pharmaceuten in das für sie besonders angelegte Album pharmaceuticum, welches der Director des pharmaceutischen Studiums unter seiner Verwaltung hat, von demselben für jedes lernende Mitglied des Privat Instituts ein Inscriptionsschein, vom Dean der medicin. Fakultät contrasignirt, gegen eine geringe Vergütung von etwa einem halben Thaler für jeder solche Ausfertigung ausgestellt und halbjährlich, solange der Collegienbesuch eines Zöglings dauert, erneuert werden. Diese *Erneuerung* in jedem Semester ist notwendig, um möglichen Misbrauch zu verhüten. Es versteht sich, daß Pharmaceuten, welche sich hier bereits in das Album pharmaceut. inskribirt haben, keiner solchen neuen Inskription bedürfen. Auf die Rechts eines Studierenden gibt aber eine solche Inskritpion keinen andern Anspruch, außer dem Recht des Collegienbesuches.

[Fresenius hatte sich direkt als Student der Pharmazie und Chemie an der Bonner Universität eingeschrieben.]

3. Die im Plan angegebenen Vorlesungen sind im Ganzen für völlig zweckmäßig und gutgewählt zu erachten; jedoch ist die Zahl der Stunden, welche dieselben täglich einnehmen sollen, für die Lernenden zu groß, und selbst für den Director (der täglich 5–6 h diesem Unterricht widmen will, wozu eben noch 3–4 h tägliche Collegia bei den Professoren kommen sollen) allzu groß. Und dennoch *fehlt* in dem Verzeichnis der zu hörenden Wissenschaftszweige noch *ein* Fach, das junge Apotheker durchaus nicht vernachlässigen dürfen, nämlich das *Elementare der alten Sprachen*. Wenigstens sollten in *jedem* Semester wöchentlich 2–3 h auf Vorlesung über *lateinische* Sprache und Erklärung eines guten Autors (Plinius, Celsius, Civero's naturhist. Schriften) und 1 h auf das Elementare der *griechischen* Gram(m)atik verwendet werden, damit bei uns jedes Buch richtig gelesen und beredet werden kann. Auch wäre ein Collegium über *vergleichende* Pharmakologie, namentlich behufs der Vergleichung der preußischen Pharmakopoe mit einigen der bedeutendsten anderer Staaten, daher empfehlenswerth. Eben deshalb ist aber die Ausdehnung des Cursus auf 4 Semester rathsam.

Bonn, 13. August 1837   Harless, Dr. com(m)issario nomine facultatis gratissae

Und über den Beginn des Marquartschen Institutes ist dann zu lesen:

„Nach Ertheilung der Erlaubnis zur Errichtung des Institutes im November 1837 war Marquart um den Um- und Ausbau der Kellerschen Apotheke besorgt. Dies erforderte umfangreiche bauliche Veränderungen, da nicht nur Unterrichts- und Laboratoriumsräume, sondern auch Einzelzimmer für die zum Teil dort wohnenden Studenten geschaffen werden mussten…"

Marquart richtete sechs Laboratoriumsplätze ein und konnte zum Wintersemester 1838 sein pharmazeutisches Institut eröffnen. Und so konnte auch Fresenius ab Ostern 1840 dort an den Lehrveranstaltungen teilnehmen – möglicherweise hat er sogar dort eines der genannten Einzelzimmer bezogen.

G. Bayer berichtete, dass die fünf zunächst vorhandenen Plätze im Laboratorium sofort besetzt gewesen seien.

„Unter den ersten Hörern befand sich der Inhaber der Wesselschen Porzellanfabrik in Bonn, Freiherr Karl von Thielmann, der bei Marquart die qualitative und quantitative Analyse zu erlernen und für seine Fabrik nutzbar zu machen suchte. Der Ruf des Instituts verbreitete sich rasch über Deutschland hinaus und der Besuch war so gut, dass Marquart einen kleinen Hörsaal einrichten und die Zahl der Laboratoriumsplätze auf 18 vergrössern musste. Es kamen nicht nur Pharmazeuten, sondern auch Chemiker, Mediziner und Techniker u. a. aus Livland, der Schweiz, Holland und Frankreich."

Im „Jahrbuch für practische Pharmacie und verwandte Fächer. Zeitschrift des allgemeinen deutschen Apothekervereins"(Zweiter Jahrgang 1839, S. 140/141) ist auch die positive Stellungnahme von Professor Wutzer, direkt im Anschluss an einen Text von Marquart (mit unterschiedlichen Jahresangaben!) zu lesen.

„Pharmaceutisches Institut in Bonn.
Der Unterzeichnete erlaubt sich in Beziehung auf seine Ankündigung von Ostern v. J. hierdurch anzuzeigen, dass seine Bildungs-Anstalt für junge Pharmaceuten ins Leben getreten ist. Mit der Bemerkung, dass zu Ostern und Michaelis jeden Jahrs die Aufnahme von Mitgliedern stattfinden kann, mache ich die preussischen Unterthanen zugleich auf die Begünstigung eines hohen Ministerii der geistlichen Unterrrichts- und Medicinal-Angelegenheiten aufmerksam, wodurch ein in meinem Institute zugebrachtes Jahr für zwei Servir-Jahre gerechnet werden soll. Es versteht sich von selbst, dass hierdurch die Bestimmungen der Prüfungs-Reglements vom 1. Dec. 1825, hinsichtlich der dreijährigen Servirzeit der Pharmaceuten, keine Veränderungen erleiden, hingegen diese unter allen Umständen gefordert werden und dem Studien-Jahre vorangehen müssen. –
    Plan der Anstalt und Bedingungen der Aufnahme theile ich auf portofreie Anfragen gerne mit.
    Bonn im April 1839

Dr. Clamor Marquart.
Da die hiesige Universität die Lehrmittel in seltener Vereinigung und in grosser Vollständigkeit darbietet, welche dem jungen Pharmaceuten zu seiner wissenschaftlichen Ausbildung nöthig sind, und da die durch Herrn Dr. C. Marquart beschaffte glückliche Verbindung einer Officin mit seiner pharmaceut. Lehr-Anstalt die ununterbrochene practische Uebung der verschiedenen pharmaceut. Operationen zugleich sehr erleichtert, so werden diejenigen, welche sich in dem Institut desselben und unter dessen einsichtsvoller und gründlicher Anleitung mit dem Studium der Pharmacie beschäftigen wollen, hier die geeigneteste Gelegenheit zu jeder wünschenwerthen Belehrung finden. – Her Dr. Marquart hat sich durch die Gründung eines so nützlichen Lehr-Instituts um so verdienter gemacht, als die Rheinprovinzen eines solchen noch entbehrten. – Mit Vergnügen spreche ich dies, meiner vollen Überzeugung gemäss, hierdurch öffentlich aus.
    Bonn, im April 1838.
    Dr. Wutzer, Geh. Med.-Rath und

Director des pharmaceutischen Studiums an der
Königl. Universität."

Im „Jahrbuch für practische Pharmacie und verwandte Fächer" (IV. Band oder neue
Folge I. Band 1841, S. 380/381) ist eine ausführliche Darstellung der Lehrinhalte des
pharmazeutischen Instituts veröffentlicht, die uns die Informationen auch im Hinblick
auf die Ausbildung von Fresenius vermittelt – und die deshalb hier vollständig zitiert
wird (s. ist auch als Anhang in der Dissertation von G. Bayer enthalten):

- Pharmaceutisches Institut von Dr. Cl. Marquart in Bonn.
Nachstehend geben wir eine Reproduction des gedruckten Prospects über diese noch
jugendliche, aber gleichwol bereits sehr rühmenswerthe wissenschaftliche Anstalt:
„Der Zweck des Instituts ist: allseitige praktische und theoretische Ausbildung des
jungen Pharmaceuten, mit besonderer Berücksichtigung des speciellen Standpunktes jedes
einzelnen. Das Hauptstreben wird sein: den jungen Leuten das zu ersetzen, was ihnen
während ihrer Lehr- und Servirzeit nicht geboten wurde, und eine strenge Leitung ihrer
Studien.
„Der Cursus dauert ein Jahr. –
Sollte eine längere Zeit zur Ausbildung verwandt werden können, so wird nach Mass-
gabe der Zeit der folgende Lehrplan verändert.
„Im Winter-Semester wird im Institute vorgetragen:

1) *der erste Theil der praktischen Pharmacie oder die Roh-Arzneiwaarenkunde, von Dr.*
   Cl. M.
   An der Universität:
2) *Allgemeine Botanik, von Dr. Vogel.*
3) *Physik, oder der wichtigere Theil derselben über Imponderabilien, von Prof. Berge-*
   mann.
4) *Ueber Mineralwasser, von Prof. Bischof.*
   Im Institute werden gehalten:
5) *Repetitorien und Examinatorien über sämtliche besuchte Vorlesungen;*
6) *Ein Cursus in der ausübenden pharmaceutischen Chemie,*
7) *Ein Cursus der analytischen Chemie, und zwar die drei letzten Nummern unter Dr. Cl*
   M.'s Leitung, wo er die Bedürfnisse jedes Theilnehmers speciell kennen lernen und dort,
   wo es fehlt, nachhelfen wird.
   „Im Sommer-Semester wird vorgetragen:
1) *Der zweite Theil der praktischen Pharmacie, oder die pharmaceut. Chemie, von Dr. Cl.*
   M.
2) *Toxikologie und Arzneimittel-Prüfungslehre, von Dr. Cl. M.*
   An der Universität:
3) *Medicinisch-pharmaceutische Botanik, von Dr. Vogel.*
4) *Demonstrationen lebender Pflanzen, von demselben.*
5) *Botanische Exkursionen, geleitet von demselben.*
6) *Allgemeine Experimental-Chemie, von Prof. Dr. Bischof.*

Repetitorien, Examinatorien über die gehörten Vorlesungen, Uebungen in allen praktischen
Arbeiten, in schriftlicher Behandlung der Gegenstände unausgesetzt, und eben so, wie im
Winter-Semester, unter Dr. Cl. M.'s Leitung.

„Bedingungen zur Aufnahme sind:

1) *Jeder Eleve muss die pharmaceutische Lehre bestanden haben.*
2) *Preussische Unterthanen, welche auf den mit dem Aufenthalte in dem Institute verbundenen Einjährigen Erlass an der gesetzlichen Servirzeit Anspruch machen, oder ihr Examen als Apotheker I. Klasse bei einer delegirten Ober-Examinations-Commission in der Provinz machen wollen, müssen auch schon drei Jahre als Gehülfen servirt haben.*
3) *Das pränumenando halbjährlich zu zahlende Honorar für den Unterricht im Institut, für Stoffe und Apparate zu den Arbeiten, für Benutzung der Sammlungen und Bibliothek beträgt 8 Friedrichsd'or.*
4) *Sollen Kost, Logis und Aufwartung im Hause gegeben werden, so beträgt das Honorar hierfür, so wie für den gesammten Unterricht im Institute, halbjährlich 150 Thlr; es gilt hierbei gleich, ob der junge Mann während der Ferien hier bleibt oder nach Hause reiset."*

Mit dieser Wiedergabe einiger wichtiger Dokumente bzw. veröffentlichter Darstellungen ist das Pharmazeutische Institut von Marquart weitgehend beschrieben.

Auch wenn Fresenius an der Universität Bonn als Student eingeschrieben war, so ist er auch im „Verzeichniß der Mitglieder des pharmaceutischen Institutes in Bonn" (Anlage C bei G. Bayer) aufgeführt.

Als die *Anleitung zur qualitativen chemischen Analyse* von Fresenius erstmals 1841 erschien, gab es nur wenige Bücher ähnlichen Inhalts. Als erstes Hochschullehrbuch für die analytische Chemie wird häufig das Buch „Vollständiges chemisches Probirkabinett" (Jena 1790) des Jenaer Chemieprofessors Johann Friedrich Göttling (1755–1809) bezeichnet, dessen Fortsetzung den wissenschaftlicheren Titel „Praktische Anweisung zur prüfenden und zerlegenden Chemie" (Jena 1802) hatte [11]. Von Wilhelm August Lampadius (172–1842), Professor an der Bergakademie Freiberg in Sachsen, stammt das „Handbuch zur chemischen Analyse der Mineralkörper" (Freyberg 1801). Lampadius bezeichnet in seinem Vorwort die „Zerlegung der Mineralkörper", die „Analysis der genannten Körper" als eine „Beschäftigung vorzugsweise analytische Chemie genannt" und erklärt damit diesen Teil der Chemie zu einem selbständigen Fachgebiet.

Das erste Handbuch der analytischen Chemie wurde von dem Arzt Christian Heinrich Pfaff (1773–1852), Professor der Chemie und Pharmazie in Kiel, verfasst. Es wendet sich nicht nur an Chemiker, sondern auch an Ärzte, Apotheker, „Oekonomen und Bergwerks Kundige" mit dem Ziel, gründlichen Stoffkenntnisse und bewährte analytische Verfahrensvorschriften so umfassend zu vermitteln, dass das Handbuch als Anleitung für den Anfänger sowie auch als Nachschlagewerk für den geübten Chemiker und Praktiker dienen konnte. Obwohl schon erste Ansätze zur Klassifikation der Kationen (Metalle) mithilfe von Reagenzien wie Schwefelwasserstoff, Ammoniumsulfid, Kaliumhydroxid und Kaliumoxalat erkennbar sind, wird von Pfaff noch kein Analysengang zur qualitativen Analyse von Stoffgemischen beschrieben. Ein solcher Trennungsgang wird erstmals von Heinrich Rose (1795–1864), Professor für Chemie an der Universität Berlin, in seinem „Handbuch der analytischen Chemie" (1829) angegeben. Roses Handbuch vereinigt eine Fülle von Einzelfakten; alle zu seiner Zeit bekannten Elemente und deren Reaktionen werden behandelt. Ein Analysentrennungsgang lässt sich in Roses Handbuch zwar erkennen, der Stoff wird jedoch kaum in einer systematischen

© Der/die Autor(en), exklusiv lizenziert durch Springer-Verlag GmbH, DE, ein Teil von Springer Nature 2021
G. Schwedt, *Carl Remigius Fresenius,* Klassische Texte der Wissenschaft, https://doi.org/10.1007/978-3-662-63372-4_5

Betrachtungsweise angeboten. Ein relativ komplizierter Aufbau des gesamten Werkes ohne ein hilfreiches System sowie die oft umständliche Sprache erschweren vor allem eine Benutzung durch den Anfänger. Diese Schwächen sind in dem erstmals 1841 in der 1. Auflage erscheinenden Buch von Carl Remigius Fresenius nicht zu finden [12].

G. Bayer ging in einem speziellen Kapitel auch auf *Carl Remigius Fresenius im Institut* von Marquart ein und berichtete, dass nach dem Studienplan des Institutes ein Kursus der analytischen Chemie tägliche Übungen von 3 bis 4 h und pro Semester 200 Analysen umfasste. Und daran anschließend schrieb er (1962) [10]:

> „In allen Quellen, welche den Aufenthalt von Fresenius in Bonn, den von ihm bei Marquart genossenen Unterricht und die Herausgabe des Fresenius Lehrbuches ‚Anleitung zur qualitativen chemischen Analyse' behandeln, ist der Anteil Marquarts an der Ausbildung von Fresenius und dem Zustandekommen des Lehrbuches nicht genügend gewürdigt. Hierzu trägt das von Fresenius sicherlich nicht in böser Absicht verfasste Vorwort Schuld, das Marquart in seiner übergrossen Bescheidenheit nachträglich nicht korrigierte. Zwar dankt Fresenius auf einer nach dem Titelblatt kommenden Seite Marquart, in dem Vorwort selbst ist sein Name nicht mehr ausdrücklich erwähnt, sondern es wird von einem ‚sachkundigen, bewährten Manne' gesprochen…"

Und an diesen Text anschließend zitiert G. Bayer aus dem Vorwort von Fresenius' 1. Auflage und stellt fest, dass Fresenius angegeben hat, dass er „seine eigenen Überlegungen und Kenntnisse in einem Versuch zu eigener Übung niedergeschrieben und dieses Manuskript dann Marquart vorgelegt" (habe).

> „Der Letztere gab ein günstiges Urteil ab und ermunterte zum Druck. Bei Marquart findet sich eine andere und nach der ganzen Sachlage richtige Darstellung:
> ‚Da es in der Literatur an Anleitungen zur chemischen Analyse fehlte, forderte ich Fresenius auf, meine mündlichen Anleitungen schriftlich niederzulegen, was er so gründlich machte, dass daraus ein kleines Werk entstand, wofür ich Henry und Cohen als Verlag erwarb, so dass es am Schlusse das Wintersemesters bereits erscheinen konnte."

Der Verlag *Henry und Cohen* wurde 1828 von Aime Henry und Maximilian Cohen in Bonn als Lithographische Anstalt gegründet.

Die erste Rezension zu Fresenius' „Anleitung zur qualitativen chemischen Analyse" erschien im „Archiv der Pharmacie" – *„Archiv und Zeitung des Apotheker-Vereins in Norddeutschland"*, herausgegeben von Rudolph Brandes und Heinrich Wackenroder. „Erster Band im *Geiger'schen Vereinsjahr.* Hannover. Im Verlage der Hahn'schen Hofbuchhandlung. 1842." (s. 122):

> *„Anleitung zur qualitativen Analyse, oder systematisches Verfahren zur Auffindung der in der Pharmacie, den Künsten und Gewerben häufiger vorkommenden Körper. Für Anfänger bearbeitet von R e m i g i u s F r e s e n i u s. Bonn. Verlag von Henry und Cohen, 1841. S. VI. und 82. In gr. 8.*
> *Der Titel dieser Schrift giebt den Zweck derselben genau an und die Ausführung ist rühmenswert und der Absicht des Verf. entsprechend. Die einleitende Prüfung, die Auflösung der Körper nach ihrem Verhalten zu gewissen Lösungsmitteln, die eigentliche*

Untersuchung und die Bestätigung der durch sie erhaltenen Resultate durch controllirende Versuche bilden die Hauptpunkte, die der Verf. bei der Abfassung dieser Anleitung im Auge hatte. Die gedrängte, aber doch sehr übersichtliche Bearbeitung so wie die systematische Durchführung der Schrift, die consequente Befolgung des Plans, nur das, was in den Kreis der Schrift gehört, darin aufzunehmen, und entferntere Gegenstände derselben nicht zu berühren, machen diese Anleitung für Anfänger in der analytischen Chemie zu einem sehr nützlichen Führer."

In der 4. Auflage von 1846 ist der Titel des Buches wesentlich ausführlicher und lautet:

„Anleitung zur qualitativen chemischen Analyse oder die Lehre von den Operationen, von den Reagentien und von dem Verhalten der bekannteren Körper zur Reagentien sowie systematisches Verfahren zur Auffindung der in der Pharmacie, den Künsten, Gewerben und der Landwirtschaft häufiger vorkommenden Körper in einfachen und zusammengesetzten Verbindungen. Für Anfänger bearbeitet von Dr. C. Remigius Fresenius, Professor der Chemie und Physik am landwirthschaftlichen Institute zur Wiesbaden, zuvor Privatdocenten der Chemie zu Giessen und Assistenten am chemischen Laboratorium daselbst."

G. Bayer ist der Meinung, Fresenius habe zu diesem Zeitpunkt „noch nicht über genügende analytische Erfahrung in theoretischer und praktischer Hinsicht (verfügt), und die Literaturkenntnisse waren natürlich noch nicht breit genug."

Und er stellt fest, dass Marquart wegen der Vorbereitungen zu seinem eigenen „Lehrbuch der praktischen und theoretischen Pharmacie" (1842 erschienen) nicht die Zeit gehabt habe, ein solches Buch selbst zu schreiben. Er habe aber „den hochbegabten und fleissigen Schüler zum Druck der Arbeit" ermuntert und dafür gesorgt, dass das Werk „im Verlag seines Freundes Henry, mit dem er seit 1834 im Naturhistorischen Verein eng zusammenarbeitete" dann auch erscheinen konnte. Die Uneigennützigkeit Marquarts sei auch daraus zu erkennen, dass er Fresenius nach einem Jahr an Liebig in Gießen empfahl.

In der 4. Auflage sind die Fortschritte von Fresenius in der praktischen Durchführung qualitativer Analysen, sowohl aus seiner Lehrtätigkeit in Gießen als auch aus der Zeit im landwirtschaftlichen Institut zu Wiesbaden erkennbar – sowohl in der Systematik als auch in den Anwendungen, deren Bereite schon der zitierte vollständige Titel des Buches deutlich macht. Außerdem enthält diese Auflage erstmals einen „Abschnitt über die Reactionen und die systematische Ausmittelung der wichtigsten Alkaloide".

Fresenius' „Anleitung zur qualitativen chemischen Analyse" beginnt mit einer „Propädeutik der qualitativen chemischen Analyse" – „Ueber Begriff, Aufgabe, Zweck, Nutzen und Gegenstand der qualitativen chemischen Analyse und über die Bedingungen, worauf ein erfolgreiches Studium derselben beruht" – eine Einführung, die Aussage sowohl zur Methodik als auch Problemorientierung analytisch-chemischer Arbeiten vermittelt. Die analytische Arbeitsweise („Operationen") – vom Lösen der Analysensubstanz bis zur Lötrohrprobe und die analytischen Reagenzien mit einer systematischen Unterteilung werden daran anschließend ausführlich dargestellt. Im dritten Abschnitt wird das „Verhalten", d. h. der jeweilige Nachweis, von Kationen (Metalloxide) und anorganischen sowie organischen Anionen (Säuren) beschrieben. Den zweiten Teil ("Abtheilung") des Buches bildet der "Systematische Gang der qualitativen chemischen Analyse", der im Prinzip bis in das 21. Jahrhundert in den anorganischen chemisch-qualitativen Grundpraktika angewendet wurde. Dieser Trennungsgang baut auf dem Löslichkeitsverhalten der Stoffe (in Wasser, Salz- und Salpetersäure) auf, beinhaltet übersichtliche Schemata und eine kritische Betrachtung der Wege, Fehlermöglich-keiten und Ergebnisse. Die erst im 20. Jahrhundert vollzogene unnatürliche Trennung anorganisch- und organisch-chemischer Analytik findet bei Fresenius noch nicht statt. Die Verständlichkeit der stoffbezogenen Erklärungen, der Analysenwege und der Systematik insgesamt, die hier erstmals in dieser Form zu finden ist, sind die wesent-lichsten Charakteristika dieses Lehrbuches, wodurch es sich von den Werken der Vor-gänger deutlich unterscheidet. Außerdem ist vor allem auch die Beschränkung von Fresenius auf die für die analytische Praxis wichtigsten Stoffe hervorzuheben, die seine Werke aufgrund seiner vielseitigen eigenen analytischen Erfahrungen im Ver-gleich z. B. zu Roses Handbuch von 1829 deutlich hervorhebt. Sein Lehrbuch erlebte in seinen Lebzeiten bis 1895 insgesamt 16 Auflagen und wuchs infolge der Fortschritte im eigenen Laboratorium von 84 Seiten (1841) auf 637 Seiten (1895); es wurde in 8 Sprachen (Englisch, Französisch, Italienisch, Niederländisch, Russisch, Spanisch, Ungarisch und Chinesisch) übersetzt. Einen wesentlichen Anteil des Buches (und auch des Laboratoriums bzw. Institutes bis heute) bildete die Mineralwasseranalytik, die im Abschnitt 7 näher vorgestellt wird.

Von Liebig in Gießen nach Wiesbaden

In einem überlieferten Brief von Fresenius an Justus Liebig (1803–1873) in Gießen vom 1. Oktober 1840, der dort seit 1824 eine inzwischen weltberühmte Ausbildungsstätte in seinem Laboratorium geschaffen hatte, ist zu lesen:

Nachdem ich von allen Seiten zur Genüge vernommen habe, dass zu gründlichen Ausbildung in der Chemie kein Ort geeigneter ist, als Gießen und keine Leitung zweckmäßiger und fördernder ist, als die Ihrige, nachdem ich aber auch jeglich erfahren habe, dass der Zudrang zu Ihrem Laboratorium stets außerordentlich groß sei, so glaube ich nicht sicher meiner sehnlichsten Wunsch, zu Anfang des Sommersemesters 1841 unter Euer wohlgeboren Leitung meine Studien und praktische Ausbildung in der Chemie fortzusetzen, erreichen zu können. (Zitiert nach Susanne Poth [1]).

Der Wunsch ging doch in Erfüllung. Am 27. April 1841 konnte sich Fresenius an der Universität in Gießen als Student einschreiben. Bereits im September 1841, seine „Qualitative chemische Analyse" war bereits erschienen, erhielt er sogar eine Assistentenstelle. Zu seinen Aufgaben zählten der Unterricht der Anfänger, die praktischen Arbeiten anzuordnen und zu überwachen und die Vorlesung über analytische Chemie zu halten. Mit dem Sommersemester 1842 wurde Fresenius unbefristet Staatsassistent – mit 300 Gulden Gehalt vom Staat und einer garantierten Einnahme von 550 bis 600 Gulden jährlich.

6.1 Promotion und Habilitation an der Universität Gießen

Mit der zweiten überarbeiteten Auflage seiner „Anleitung zur qualitativen chemischen Analyse" (1842 bei Vieweg in Braunschweig) wurde er am 23. Juli 1842 zum Doktor der Philosophie promoviert. Liebig riet ihm, nicht praktischer Apotheker, wie es Fresenius' Vater wünschte, sondern.

© Der/die Autor(en), exklusiv lizenziert durch Springer-Verlag GmbH, DE, ein Teil von Springer Nature 2021
G. Schwedt, *Carl Remigius Fresenius*, Klassische Texte der Wissenschaft, https://doi.org/10.1007/978-3-662-63372-4_6

Akademischer Lehrer zu werden.

Eine besondere Ehre wurde Fresenius bereits zuteil, als er ausführlich auf der Versammlung der Gesellschaft Deutscher Naturforscher und Ärzte im September 1842 Mainz „Ueber das Thun und Treiben im chemischen Laboratorium zu Giessen mit besonderer Berücksichtigung der Ergebnisse des letzten Jahres" berichten durfte. Nach einer etwas „blumigen" Einleitung über den Zweck der Chemie, vor allem der angewandten Chemie und der Ausbildung in diesem Fach, folgt eine umfassende, sachliche Beschreibung des Liebigschen Laboratoriums. Und danach beschreibt Fresenius, wie er die *Aufgabe des Lehrers* sieht. Dieser Text soll hier im Hinblick auch auf seinen Erstling und seine späteren Lehrbücher wegen seiner grundlegenden Bedeutung in Auszügen zitiert werden:

- *Die erste Aufgabe des Lehrers ist es nun, die Stufe, auf der der Einzelne steht, zu ermitteln und seinen speciellen Zweck zu erfahren, damit er ihn zur Erreichung desselben den besten Weg zu zeigen vermag. (....) – Wenn man mit Voraussetzung allgemeiner Ausbildung in der theoretischen Chemie als die praktische Vorkenntnisse, welche zu selbsständigen chemischen Arbeiten befähigen, folgende feststellt, nämlich das Jeder 1) mit der qualitativen chemischen Analyse vollkommen vertraut seyn muss, dass er 2) Präparate mit Geschick darstellen kann, dass er 3) quantitative Analysen mit Genauigkeit auszuführen im Stand ist und sich darin ein gewisses unentbehrliches Selbstvertrauen erworben hat, und dass er 4) den Gang und die Weise kennen gelernt hat, wie man einen grösseren Stoff angreift, um ihn vollständig zu bewältigen, so hat man einen Standpunkt gewonnen, von dem aus eine Eintheilung der Praktikanten vorgenommen werden kann, (...).*

Die Sprache des Chemikers aber ist die der Experimente, ihre Laute sind die einzelnen Reaktionen; zu ihrer Erlernung wird jetzt allgemein die qualitative Analyse als der beste und kürzeste Weg betrachtet. – Die gründliche Erlernung derselben hat daher einen doppelten Zweck, nämlich den realen und praktischen, unbekannte Substanzen untersuchen zu können, indem sie uns die Bedingungen, von welchen das Gelingen chemischer Arbeiten abhängt, schnell und sicher erkennen lässt. Diese Bedingungen aber sich: 1) Ordnung, Reinlichkeit und Geschick beim Arbeiten; 2) scharfe Beobachtung, genaue Erwägung der Umstände bei jeder Reaktion, richtige Berechnung der Folgen jeden Processes; 3) die Fähigkeit, sachgemässe und für den einzelnen Fall passende Methoden selbständig zu entwerfen; und endlich 4) die Gewöhnung bei Erscheinungen, welche früheren Erscheinungen widersprechen, den Fehler stets zuerst an sich, d. h. an dem Mangel einer zum Eintreten der Erscheinung nothwendigen Bedingung zu suchen. – Zur Erlernung der qualitative Analyse sind nun in dem Laboratorium hundert Nummern aufgestellt, welcher der Anfänger, nachdem er sich mit den einzelnen Reaktionen vertraut gemacht hat, der Reihe nach analysirt. Dieselben umfassen die in der Pharmacie, den Künsten und Gewerben häufiger vorkommenden Körper und sind in der Art geordnet, dass das Leichtere dem Schweren vorangeht. – Die Bestandtheile derselben sind dem Lehrer auf's genaueste bekannt, so dass er dem Arbeitenden jedesmal zugleich zu sagen vermag, ob seine Resultate richtig, unvollständig oder falsch sind. – Diese Anordnung, zur Erlernung der qualitativen Analyse unbekannte Substanzen untersuchen zu lassen, halte ich für ganz besonders wichtig, denn welcher Nutzen kann dem Anfänger daraus erwachsen, wenn ich ihm eine Substanz, deren Bestandtheile ich selbst nicht genau kenne, zur Analyse gebe. Er findet dies und jenes, das unterliegt keinem Zweifel, wo soll aber sein Vertrauen auf die Methode und auf seine eigen Kraft herkommen, wenn ich ihm nur antworten kann: es ist möglich, es kann seyn, und wenn ich nicht zu sagen vermag: ja oder nein. – Nachdem so in der qualitativen Analyse das Fundament gelegt ist, geht der Lernende zur Darstellung chemischer Präparate über und gleichzeitig fängt er mit quantitativen Analysen an. (…).

Das von Fresenius beschriebene Prinzip der Ausbildung im chemischen Grundpraktikum hat mehr als 150 Jahre in den Universitäten Bestand gehabt. Der Bezug auf die *hundert Nummern* bezieht sich offensichtlich auf die Praxis im Bonner Privatlabor von Marquart. Darüber hat Fresenius als Student ein knapp und genau Protokoll verfasst, das erhalten geblieben ist. Die erste Auflage seiner „Anleitung zur qualitativen chemischen Analyse" dokumentiert auf 82 Druckseiten die Fortschritte auf diesem Gebiet aus eigener Erfahrung.

1843 richtet Fresenius ein Gesuch um Habilitation an die Universität Gießen – um die *venia legendi* für allgemeine und angewandte Chemie. Er hatte zur diesem Zeitpunkt bereits mehrere wissenschaftliche Arbeiten – u. a. über *traubensaure Salze,* über die *Anwendung des Cyankaliums in der chemischen Analyse* sowie über ein *neues Verfahren zur Unterscheidung und absoluten Trennung des Arsens vom Antimon* sowie erste Analysen von Mineralwässer (von der Insel Java, des Ludwigsbrunnens zu Homburg vor der Höhe und mit Heinrich Will über die neu gefasste warme Quelle in Assmannshausen) publiziert. Im Juli 1843 konnte sich Fresenius aufgrund seiner bisherigen Veröffentlichungen (heute als kumulativ zu bezeichnen) ohne Disputation habilitieren. Und damit kam er für eine Berufung an eine andere Universität in Betracht. Erste Versuche in Tübingen, München und Erlangen waren jedoch nicht erfolgreich.

S. Poth [1] berichtete ausführlich über die Suche des jungen Fresenius nach einer Berufsmöglichkeit – u. a. schlug ihm sein Vater die Übernahme einer Apotheke, z. B. 1842 auch durch Heirat der siebzehnjährigen Tochter der Apothekerswitwe Stein, oder der Stelle des Professors Böttger beim physikalischen Verein (s. in 3.2) zu übernehmen, falls dieser nach Halle berufen werde. Es ging um eine Entscheidung von Fresenius zwischen einer wissenschaftlich-akademischen und einer praktisch-bürgerlichen Zukunft. Sein Vater riet ihm vom Ersteren ab, Liebig und auch Marquart dagegen waren von einer Zukunft als Wissenschaftler überzeugt.

6.2   Professor am landwirtschaftlichen Institut in Geisberg

1845 bewarb er sich um eine Professur für Chemie, Physik und Technologie an der nassauischen Landwirtschaftsschule auf dem Hof Geisberg bei Wiesbaden, die er auch erhielt. Im September 1845 zog er von Gießen nach Wiesbaden. Die räumlichen Gegebenheiten – Fresenius hatte neben dem vorhandenen Hörsaal für sich selbst ein provisorisches Laboratorium eingerichtet – entsprachen jedoch nicht seinen aus Gießen stammenden Ansprüchen. 1846 konnte er die vierte Auflage seiner „Anleitung zur qualitativen chemischen Analyse" mit wesentlichen Erweiterungen und auch die erste Auflage seiner „Anleitung zur quantitativen chemischen Analyse" veröffentlichen.

Außerdem erschien in den Jahren 1845 bis 1848 u. a. sein „Lehrbuch der Chemie für Landwirthe, Forstmänner und Cameralisten" (Braunschweig 1847), berichtete er „Ueber die Constitution der Alkaloide" in den Annalen der Chemie und Pharmacie" (61 (1847), 149 ff.) und untersuchte er einige „vorzügliche Weine des Rheingaus vom Jahre 1846". Weitere Arbeiten beschäftigten sich mit Mostanalysen, auch mit der Untersuchung von Anstrichfarben und er berichtete „Ueber die Ausfüllung des Mantels der feuerfesten Kassenschränke" als Mitteilung. (S. Poth, S. 290–291).

6.3   Gründung und Entwicklung seines Chemischen Laboratoriums in Wiesbaden

1845/1846 hielt Fresenius Sr. Hoheit Herzog Adolf von Nassau an zwei Abenden wöchentlich chemische Experimentalvorträge. Für diese Vorträge wurde eigens ein Salon des Wiesbadener Schlosses in einen Hörsaal umgestaltet. Dieser Kontakt, wohl auch zu einflussreichen Personen aus der Umgebung des Herzogs, veranlasste Fresenius 1846 sich mit einem Prememoria wegen der Einrichtung einer naturwissenschaftlichen Unterrichtsanstalt für das Herzogtum Hessen-Nassau unmittelbar an den Herzog zu wenden. Seine Erfahrungen im Liebigschen Laboratorium zeigen sich in den Anforderungen an die Einrichtung des zu gründenden chemischen Landeslaboratoriums, die Fresenius 1846 in seiner Schrift an das Herzogliche Staatsministerium formulierte. Zugleich vermitteln sie seine pragmatische Einstellung, denn er fordert kein neues Gebäude, sondern kann sich vorstellen, dass ein vorhandenes „Lokal" entsprechend umgebaut bzw. eingerichtet werden könnte. Sein Plan, der die chemisch-angewandte Forschung mit einer Lehranstalt für eine Ausbildung in der praktischen Chemie verbinden sollte, fand zwar eine wohlwollende Aufnahme, jedoch keine finanzielle Unterstützung. Ein weiterer Vorstoß im Oktober 1847, auch durch Unterstützung des Gewerbevereins, hatte wiederum keinen Erfolg [13].

So ergriff Fresenius selbst die Initiative und kaufte mit finanzieller Unterstützung seines Vaters ein Haus in der heutigen Kapellenstraße. Nachdem diese wesentliche Voraussetzung für ein chemisches Laboratorium geschaffen war, unterstützte ihn nun auch das nassauische Ministerium – durch die Überführung des chemisch-physikalisch-technischen Inventars aus dem Landwirtschaftlichen Institut in Geisberg sowie durch einen einmaligen Zuschuss von 500 Gulden im Januar 1848. Aus diesen Anfängen entwickelte sich das bald weit über die Grenzen des Herzogtums bekannte Chemische Laboratorium Fresenius, das heute aus der Hochschule Fresenius in Idstein und dem *SGS Institut Fresenius* in Taunusstein weiterhin besteht. Ein Schwerpunkt der Arbeiten war ab 1850 die Mineralwasseranalytik, die noch heute mit dem Namen Fresenius verbunden ist (s. weiter unten). Am Haus in der Kapellenstraße 11 wurde am 18. Juli 2013 die Gedenktafel für eine Historische Stätte der Chemie von der Gesellschaft Deutscher Chemiker enthüllt [14, 15] (Abb. 6.1).

Abb. 6.1   Porträt C. R.
Fresenius 1849 – nach einem
Gemälde von Ludwig Knaus
(1829–1910)

Seine Methodik in der Mineralwasseranalytik

In seiner ersten Veröffentlichung zur Mineralwasser-Analytik unter dem Titel „Chemische Untersuchung der wichtigsten Mineralwasser des Herzogthums Nassau" schrieb Fresenius 1850 einleitend [16, 17]:

Die genaue Kenntniß der chemischen Beschaffenheit eines Mineralwassers ist in mehrfacher Hinsicht von wesentlichem Belang. Sie lehrt nämlich erstens den Arzt die Ursachen der Heilkräfte kennen, welche das Wasser erfahrungsmäßig besitzt, sie gibt ihm Aufschlüsse über die richtige Art der Anwendung derselben und gewährt ihm einen sichern Haltpunkt bei Versuchen, das Wasser in neuen Krankheitsformen als Heilmittel anzuwenden; – sie gibt zweitens dem Geologen die wichtigsten Aufschlüsse über Natur und Entstehung der Mineralwasser und über die Rolle, welche sie bei Gestaltung unserer Erdoberfläche gespielt haben; – und sie belehrt endlich – um auch die materiellen Gesichtspunkte nicht außer Betracht zu lassen – den Eigentümer über den wahren Werth seines Besitzthums.

Im Anschluss an den zitierten Text formulierte Fresenius zwei Fragestellungen, die die chemischen Untersuchungen bzw. die Ergebnisse der Analysen beantworten sollten:

a) *Welche Bestandtheile enthält das Mineralwasser und in welchem Verhältniß sind sie darin enthalten?*
b) *Ist das Mineralwasser in Bezug auf Art, Menge und Verhältniß seiner Bestandtheile unveränderlich oder ist es veränderlich und im letzteren Falle, wie bedeutend sind die Schwankungen?* [1]

In jeder Untersuchung beginnt Fresenius mit einer genauen Beschreibung des Zustandes der Quelle – unter der Überschrift „A. Allgemeine und physikalische Verhältnisse."

In diesem Abschnitt beschreibt er die Lage und Fassung der Quelle, in manchen Fällen auch über deren Geschichte (oder auch über den Auftraggeber der Analysen),

G. Schwedt, *Carl Remigius Fresenius*, Klassische Texte der Wissenschaft, https://doi.org/10.1007/978-3-662-63372-4_7

die Abmessungen der Quellen und die Beschaffenheit des Wassers, das er stets frisch in ein Glas füllt und dessen Aussehen, Geruch und Geschmack er angibt. Durch Schütteln in einer halbgefüllten Flasche stellt er fest, ob das freigesetzte Gas Kohlenstoffdioxid eventuell auch nach Schwefelwasserstoff riecht und ob sich Trübungen bzw. Flocken von Eisenocker bilden. Auch die Veränderungen beim Kochen des Wassers gehören zu den Untersuchungen bereits am Quellenort, wobei er u. a. im Selters Brunnen die gelbliche Trübung (durch Ausfällung von Eisencarbonat und Erdalkalicarbonaten) und die alkalische Reaktion (durch Bildung und Hydrolyse von Carbonat-Ionen aus Hydrogencarbonat) beobachtet [2]. Alle Untersuchungen dienen auch der heute als Plausibilitätsprüfung bezeichneten kritischen Prüfung der anschließenden Laborergebnisse. Die Sensorik steht somit am Anfang aller Untersuchungen. Exakte Angaben über das Datum der Probenahme, Luft- und Wassertemperatur, Wassermenge je Stunde und Gasmenge sowie die Bestimmung der Dichte gehören ebenfalls in diesen Abschnitt. Ist er nicht selbst vor Ort, dann gibt er häufig auch den Namen des „Probenehmers" an.

Die kritischen und vor allem persönlichen Untersuchungen am Ort der Quelle führten mit zunehmender Erfahrung auch dazu, dass Fresenius Vorschläge zur Verbesserung nicht nur der Probenahme sondern auch zur Brunnenfassung und Abfülltechnik machen konnte, die mit Erfolg umgesetzt wurden.

In seinen Vorbemerkungen in der ersten Untersuchung (des Kochbrunnenwassers in Wiesbaden) unterscheidet er gelöste von suspendierten Inhaltsstoffen, weiterhin Bestandteile, „welche an und für sich in Wasser unlöslich und nur durch Vermischung freier Kohlensäure in Lösung erhalten werden" und teilt sie in zwei Gruppen ein – in durch atmosphärische Luft oxidier- und ausfällbar (Eisen und Mangan) sowie solche, „welche erst beim Entweichen der sie lösenden Kohlensäure niederfallen" (Erdalkalien). In diesem Zusammenhang betrachtet er auch möglich Sinterbildungen.

Als Reagenzien für die qualitative Analyse am Ort der Probenahme setzt er folgende ein, die bereits in den „Probierkabinetten" des 18. Jahrhunderts zu finden sind [11, 12].

Wässriges Ammoniak – zur Feststellung von Fällungen (Trübungen) im ammoniakalischen Bereich (vor allem von Carbonate und Hydroxiden)

Salzsäure, Chlorwasserstoffsäure – zur Feststellung der mehr oder weniger starken Kohlenstoffdioxid-Entwicklung (-Freisetzung).

Chlorbaryum (Bariumchlorid), *zu dem mit Salzsäure angesäuerten Wasser gesetzt* – zum Nachweis von Sulfat.

Salpetersaures Silberoxyd (Silbernitrat in Salpetersäure) – zum Nachweis von Chlorid.

Oxalsaures Ammon (Ammoniumoxalat) – zum Nachweis von vor allem Calcium als schwer lösliches Oxalat.

Ferricyankalium (Kaliumhexacyanoferrat(III) – rotes Blutlaugensalz) – zum Nachweis von Eisen(II)salzen.

Gerbsäure – zum Nachweis der sich an der Luft bildenden Eisen(III)salzen, ebenso *Gallussäure* (Bildung von Eisen(III)komplexen – blau bis schwarz)

Jodkalium, Stärkekleister und verdünnte Schwefelsäue – zum Nachweis von Nitrit.

Fresenius verwendet auch Reagenzpapiere: *blaues Lackmuspapier* und auch *Curcumapapier* – das letztere lässt er auch an der Luft liegen und kann auf diese Weise hohe Hydrogencarbonat-Gehalte infolge des beim Eintrocknen entstehenden Carbonats durch einen Farbumschlag von Gelb nach Braun (alkalische Reaktion) erkennen.

Zur Erkennung von Iodid verwendet er *Kupferchlorid,* zum Nachweis von Sulfid eine Bleisalz-Lösung.

Die Erfahrungen mit diesen Reagenzien finden in sein Lehrbuch „Anleitung zur qualitativen Analyse" Eingang, so dass er in späteren Untersuchungen darauf verweisen kann. Die erste Auflage erschien bereits 1841 und wurde als 2. Auflage (1842) zur Grundlage seiner Habilitation bei Liebig in Gießen. Als er mit der Reihe von Mineralwasseranalysen begann, gab es bereits die 6. Auflage (1850).

Die Ergebnisse der qualitativen (orientierenden) Analyse werden für die meisten Mineralwässer in Form von *Basen* (= Kationen) und *Säuren* (= Anionen) zusammengestellt.

Es gelingt ihm durch Eindampfen (Einengen) großer Wasservolumina auch *Elementspuren* in Bereichen von wenigen Mikrogrammen je Liter bzw. je Kilogramm nachzuweisen – so u. a. für das Iodid.

In der ersten zitierten Untersuchung des Wiesbadener Kochbrunnens von 1850 ist zu den qualitativen Analysen zu lesen:

> „Bei der Aufzählung der Bestandtheile eines Mineralwassers kann man nur dann zu einem Abschluß kommen, wenn man die Menge des Wassers annähernd angibt, mit der gearbeitet wurde, indem die Empfindlichkeit jeder chemischen Reaction eine Grenze hat. Würde man daher, anstatt etwa 30 Pfund, welche ich zur Ermittelung der Bestandtheile concentrirte, 1000 oder 10,000 Pfund anwenden, so würden sich vielleicht noch unendlich kleine Spuren eines oder des anderen Körpers auffinden lassen, die bei 30 Pfund der Entdeckung entgehen. Ich hebe diesen Gesichtspunkt der Beurtheilung einer Analyse nachdrücklich hervor, weil er sonst fast gar nicht berücksichtigt wurde."

Mit dieser Aussage spricht Fresenius bereits die erst ein Jahrhundert später diskutierte „Allgegenwartskonzentration" chemischer Elemente und indirekt auch das Problem von Blindwerten bzw. der extremen Spurenanalytik an (Abb. 7.1).

1846 erschien die erste und zweite Auflage seiner „Anleitung zur quantitativen chemischen Analyse". Im zweiten Band der sechsten Auflage 1887 hat Fresenius in seinem Lehrbuch – nun mit dem Titel „Anleitung zur quantitativen Analyse für Anfänger und Geübtere" seine Erfahrungen in der Mineralwasseranalytik im *Speciellen Theil* umfassend und systematisch dargestellt. Ebenso ausführlich und nachvollziehbar sind die Berechnungen [18]. Da sie in der Regel auf den Auswaagen definierter Verbindungen beruhen, ließen sich zu Beginn des 20. Jahrhunderts alle Ergebnisse in Ionenkonzentrationen umrechnen. Auch eine Ionenbilanzierung ließ sich mit Erfolg durchführen, wie sie unter Mitwirkung seines Schwiegersohnes Ernst Hintz (1854–1934; von 1897–1912 Direktor und Mitinhaber des Chemischen Laboratoriums von Fresenius in Wiesbaden) erstmalig im ersten *Deutschen Bäderbuch* von 1907 erfolgte – s. In [17].

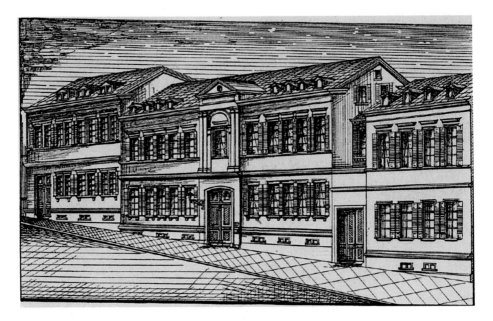

Abb. 7.1 Chemisches Laboratorium von Fresenius in Wiesbaden

Zu Beginn seines Kapitels „Arbeiten im Laboratorium" (1887) weist Fresenius auf Folgendes hin:

Mineralwasser, die lange in Krügen aufbewahrt worden sind, zeigen oft Geruch nach Schwefelwasserstoff, auch wenn sie im frischen Zustande ganz frei davon waren. Es rührt daher, dass ein Theil der schwefelsauren Salze, in Berührung mit dem feuchte Korke oder anderweitigen organischen Substanzen, zu Schwefelmetallen reducirt wird, aus denen dann die freie Kohlensäure Schwefelwasserstoff entwickelt.

Als die wichtigsten von Fresenius angewendeten gravimetrischen Verfahren sind zu nennen:

Schwefelsäure (Sulfat) als Bariumsulfat; *Chlor* (Chlorid) als Silberchlorid; *Kohlensäure* (Hydrogencarbonat) Fällung mit ammoniakalischer Bariumchlorid-Lösung (nach Abtrennung von Bariumsulfat); *Ammon* (Ammonium) durch Abdestillieren in eine salzsaure Lösung und anschließender Fällung als Ammoniumplatinchlorid; *Eisen* als Eisen(III)hydroxid, glühen zum Eisen(III)oxid; *Lithium* als basisches Phosphat; *Calcium* als Oxalat, glühen zum Oxid.

Fresenius entwickelte Trennungsgänge, führte sie auch in die Mineralwasseranalytik ein, ebenso wie auch die Maßanalyse in Form von Titrationsverfahren – jedoch immer erst dann, wenn sie sich für die Anwendung als zuverlässig erwiesen hatten.

Soweit vorhanden vergleicht Fresenius seine Analysenergebnisse – in der Regel aus Doppelbestimmungen – auch mit denen anderer Chemiker (Apotheker oder auch Mediziner), stellt häufig die Frage, ob sich bei unterschiedlichen Ergebnissen vielleicht die Zusammensetzung des Mineralwassers verändert haben könnte, verwirft manche Ergebnisse jedoch dann, wenn die angewendeten Analysenverfahren nach seinen eigenen Erfahrungen nicht geeignet bzw. nicht zuverlässig waren.

In der *Zusammenstellung* werden die Ergebnisse *in wägbarer Menge* sowohl in *1000 Gewichtstheilen* als auch noch in *Pfund = 7680 Gran* angegeben und zwar in Form von Verbindungen (Salzen). Die Zuordnung der Anionen zu den Kationen – die Ionenlehre hatte sich zu dieser Zeit noch nicht allgemein durchgesetzt – ist aus heutiger Sicht nicht immer verständlich – dazu äußerste sich Fresenius in seinem genannten Lehrbuch (§. 213) wie folgt:

Zur Berechnung der Mineralwasseranalyse, Controlle und Zusammenstellung der Resultate:

> *Die (…) gefundenen Resultate sind, wie man leicht ersieht, unmittelbare Ergebnisse directer Versuche. Sie sind in keiner Art abhängig von theoretischen Ansichten, welche man über die Verbindungsweise der Bestandtheile unter einander haben kann. – Da jene mit der Entwicklung der Chemie sich umgestalten können, so ist es absolut nothwendig, dass in dem Bericht über eine Mineralwasseranalyse vor Allem die directen Resultate sammt der Methoden, nach denen sie erhalten wurden, mitgetheilt werden. Alsdann hat die Analyse für alle Zeiten Werth, denn sie bietet mindestens Anhaltspunkte zur Entscheidung der Frage, ob die Zusammensetzung eines Mineralwassers constant ist oder nicht.*

Diese PRINZIPIEN gelten bis in unsere Zeit und viele Vergleiche der Analysenergebnisse von Fresenius mit denjenigen aus dem 21. Jahrhundert zeigen, wie exakt Fresenius analysiert hat, und dass z. B. die Ergebnisse im Spurenbereich von Iodid auch mit den Analysen heute – mittels Ionenchromatographie – übereinstimmen.

In dem genannten Kapitel zur Mineralwasseranalytik zeigt sich Fresenius als ein *Meister der Analytik:* Präzision und auch Richtigkeit – durch kritische Anwendung mehrerer, unterschiedlicher Verfahren – kennzeichnen seine gesamte quantitative Analytik. Spezielle Verfahrensschritte im Hinblick auf die Besonderheiten des untersuchten Mineralwassers werden stets angegeben.

Die Orte der Mineralwasserquellen, die Fresenius in fast einem halben Jahrhundert – zwischen 1850 und 1897 – untersucht hat, reichen von Berlin bis Bad Wildungen, von Hamburg-Barmbeek bis Bad Tölz von Warmbrunn und Salzbrunn (beide ehemals Schlesien) bis Rappoltsweiler im Oberelsaß, von Wiesbaden über Selters, Fachingen, Bad Ems bis Bad Pyrmont, vom Taunus über Lahn, Rhein und Ahr bis in die Eifel [16, 17].

ANLEITUNG

ZUR

QUALITATIVEN CHEMISCHEN

ANALYSE.

ANLEITUNG

ZUR

QUALITATIVEN CHEMISCHEN

ANALYSE

ODER

die Lehre von den Operationen, von den Reagentien
und von dem Verhalten der bekannteren Körper
zu Reagentien,

SOWIE

systematisches Verfahren zur Auffindung der in der Pharmacie, den
Künsten, Gewerben und der Landwirthschaft häufiger vorkommenden
Körper in einfachen und zusammengesetzten Verbindungen

FÜR

ANFÄNGER

BEARBEITET

VON

Dr. C. Remigius Fresenius,

Professor der Chemie und Physik am landwirthschaftlichen Institute zu Wiesbaden,
zuvor Privatdocenten der Chemie zu Giefsen und Assistenten am chemischen
Laboratorium daselbst.

MIT EINEM VORWORT

VON

Dr. Justus Liebig.

VIERTE VERMEHRTE UND VERBESSERTE AUFLAGE.

BRAUNSCHWEIG,

DRUCK UND VERLAG VON FRIEDRICH VIEWEG UND SOHN.

1846.

Herrn

Dr· Clamor Marquart,
Apotheker und Vorsteher des pharmaceutischen Instituts in Bonn,

aus Hochachtung und Dankbarkeit

gewidmet

vom Verfasser.

Vorwort

Herr Dr. Fresenius, welcher in dem hiesigen Universitäts-
Laboratorium den Unterricht der Anfänger in der Mineral-Analyse leitet, hat in den beiden letzten Semestern die Methode befolgt, die in seiner »Anleitung zur qualitativen chemischen Analyse« von ihm beschrieben worden ist. Dieser
Weg hat sich meiner Erfahrung gemäfs ebenso leicht fasslich
als einfach und nützlich bewährt, so dass ich seine Methode Allen empfehlen kann, die sich in den Anfangsgründen der Mineral-Analyse unterrichten wollen. Ich betrachte das vorliegende
Werk als eine sehr zweckmäfsige Vorschule für die Benutzung
des trefflichen Handbuches vom Professor H. Rose und halte es
für den Unterricht in Lehranstalten, und namentlich für Apotheker, besonders geeignet. Die in dem hiesigen Laboratorium gemachten mannichfaltigen neuen Erfahrungen haben Herrn Dr.
Fresenius in den Stand gesetzt, sein Werk mit vielen neuen
und vereinfachten Scheidungsmethoden auszustatten, so dass es
auch Denen willkommen sein wird, welche die gröfseren Werke
über die Mineral-Analyse schon besitzen.

Giefsen, den 6. August 1842.

Dr. Justus Liebig.

Vorrede zur ersten Auflage.

Da ich längere Zeit nicht das Glück hatte, mich unter der Leitung eines Lehrers mit chemischen Analysen zu beschäftigen, sondern in ihrer Ausführung ganz auf mich selbst beschränkt war, so bot sich mir besondere Gelegenheit, die Schwierigkeiten zu erkennen, welche dem sich selbst überlassenen Anfänger, trotz der trefflichen Anleitungen von H. Rose, Duflos und anderen Meistern, fast unvermeidlich entgegentreten. Diesen Schwierigkeiten einigermafsen zu begegnen, ist der Zweck dieses Versuches. Ich schrieb ihn anfänglich nur zu eigener Uebung und würde nicht gewagt haben, ihn dem Drucke zu übergeben, wäre ich nicht von einem sachkundigen, bewährten Manne, dem ich ihn zur Beurtheilung vorlegte, dazu aufgefordert worden. Bei der Ausarbeitung wurden sowohl die ausgezeichneten Schriften, welche wir über diesen Theil der Chemie haben, als auch besonders die mir durch Mittheilung gewordenen Erfahrungen Anderer und die eigenen zu Rathe gezogen. Ich fasste dabei hauptsächlich drei Punkte in's Auge, auf welche nach meiner Ansicht alles das Analysiren von Anfang besonders Erschwerende zurückgeführt werden kann. Erstens nämlich glaube ich bemerkt zu haben, dass Anfanger sich in dem grofsen Reichthum des Materials, welchen z. B. Rose's klassisches Werk bietet, öfters nicht zurecht finden, und trotz der Klarheit des genannten Handbuches häufig den deutlichen Ueberblick verlieren. Zweitens halte ich dafür, dass die Theorie des Verfahrens von dem

Anfänger nicht immer klar durchschaut wird, dass er dem Gange
öfters mechanisch folgt, ohne sich der Gründe deutlich bewusst
zu sein, und drittens möchte häufiges Stocken und vielfache Irrungen der Anwesenheit solcher Substanzen zuzuschreiben sein,
welche die bisherigen Anleitungen zum systematischen Verfahren nicht aufgenommen haben und welche doch nicht selten
vorkommen dürften.   Zur Abhülfe in Ansehung dieses letztern
Punktes wurde der Kreis der Stoffe erweitert und hauptsächlich
auch auf die dem Pharmaceuten wichtigen organischen Säuren
Rücksicht genommen.   Der Anfänger kann sich bei seinen Uebungen den Kreis nichts destoweniger nach Belieben enger ziehen,
da es bei der getroffenen Einrichtung leicht sein wird, die Abschnitte, welche alsdann zu berücksichtigen, welche zu überge-
gehen sind, aufzufinden.

Der leitende Gedanke bei Aufstellung des Verfahrens war
möglichste Sicherheit.   Die Ausführbarkeit alles Gesagten und
die Richtigkeit der Schlüsse habe ich durch vielfache Versuche
durchgängig geprüft.

Aufser allgemeinen chemischen Kenntnissen wird auch die
Kenntniss der Reagentien und der zu qualitativen Analysen nöthigen Instrumente und Apparate vorausgesetzt.   Zu ihrer Er-
werbung bieten die Schriften von Lindes: »die Reagentien
und deren Anwendung«, und Winkelblech: »Elemente der
analytischen Chemie«, treffliche Mittel.

Ob meine Hoffnung, mich dem gesetzten Ziele einigermafsen genähert zu haben, gegründet ist, mögen milde Beurtheiler
dieses ersten Versuches, möge der Erfolg entscheiden.

Frankfurt a. M., im April 1841.

Vorrede zur zweiten Auflage.

Bei der Abfassung meiner im vorigen Jahre erschienenen
»Anleitung zur qualitativen Analyse« bezweckte ich, den angehenden Chemiker schnell zu einfacheren chemischen Untersuchungen zu befähigen, ihm einen klaren Ueberblick über diesen
Fundamentaltheil der Chemie zu verschaffen.

Die Einführung des Schriftchens im Liebig'schen Laboratorium, im pharmaceutischen Institute zu Bonn u. s. w., die
nachsichtsvolle Beurtheilung, welche demselben überhaupt zu
Theil geworden, gewährte mir die gröfste Freude, zugleich aber
auch die Ueberzeugung, dass meine Arbeit ihren Zweck nicht
verfehlt, sondern einem Bedürfnisse angehender Chemiker einigermafsen entsprochen habe.

In Folge der guten Aufnahme, deren sich das Werkchen
zu erfreuen hatte, ist bereits eine zweite Auflage desselben
nöthig geworden. Ich übergebe dieselbe hiermit dem Publikum, und zwar nicht nur auf's sorgfältigste durchgesehen
und vielfach verbessert, sondern auch mit Hinzufügung einer
ganz neuen propädeutischen Abtheilung, so dass das Werkchen jetzt als ein zum Studium und zur gründlichen Erlernung der einfacheren qualitativen Analyse vollständiger Leitfaden angesehen, als ein selbstständiges Ganzes betrachtet werden kann. Ich entschloss mich zur Ausarbeitung dieses pro-

pädeutischen Theiles erst, nachdem mir durch eigene Erfahrung die Ueberzeugung geworden war, dass eine derartige Er-
weiterung keineswegs überflüssig, dass sie vielmehr zur vollständigen Erreichung meiner Absicht zweckmäfsig und nützlich sei.
Auch in dieser Abtheilung ist, wie überhaupt in dem ganzen
Werkchen, nur auf die in der Pharmacie, den Künsten und
Gewerben vorkommenden Körper Rücksicht genommen worden.

Mein eifrigstes Bestreben bei der gegenwärtigen Zusammenstellung war es, das Ganze möglichst consequent durchzuführen und jeden einzelnen Abschnitt in deutliche Beziehung zu
den übrigen zu setzen. Es wurde daher sowohl bei der Auswahl der Reagentien, als auch bei der Angabe des Verhaltens
der Körper zu Reagentien auf den Inhalt der zweiten Abtheilung ganz vorzügliche Rücksicht genommen. — Im Uebrigen ist
der Plan und die Eintheilung des propädeutischen Theiles zu
einfach, um weiterer Erläuterungen zu bedürfen.

Der zweite Hauptabschnitt, welcher den Gang der Analyse
enthält, ist zuvörderst mit einer Anweisung zur Untersuchung
der einfachsten Verbindungen vermehrt worden. Ich bemerke dabei, dass ich diesen einfachen Gang hauptsächlich
als Vorschule zu verwickelteren Untersuchungen betrachte, was
mir zur Rechtfertigung dienen mag, dass ich darin dem kürze-
ren Weg öfters den weiteren, wo er mir lehrreicher schien,
vorgezogen habe. — Die vielfachen Verbesserungen des systematischen Ganges zur Analyse zusammengesetzter Verbindungen verdanke ich theils eigenen fortgesetzten Bestrebun-
gen, theils und hauptsächlich aber auch gütigen mündlichen
Mittheilungen.

Da mir meine gegenwärtige Stellung als Assistent am Liebig'schen Laboratorium einen Blick in die Vorbildung einer
sehr bedeutenden Anzahl beginnender Chemiker gestattet, da
sie mich ihre Bedürfnisse und die Schwierigkeiten, welche sich
dem Anfänger gleich beim Eintritt entgegenstellen, deutlich und
sicher erkennen lässt, so glaube ich einige Hoffnung hegen zu

dürfen, in diesem Werkchen das wahrhaft Nothwendige von
dem Entbehrlicheren glücklich geschieden und eine zur schnellen Einführung in den **Gegenstand**, zum klaren Verständniss
der Sache möglichst zweckmäfsige Darstellung gewählt zu
haben.

Giefsen, im August 1842.

Vorrede zur dritten Auflage.

Innig erfreut, dass es mir wiederum und zwar schon nach
so kurzer Zeit vergönnt war, meine 1842 zum zweiten
Male herausgegebene »Anleitung zur qualitativen chemischen
Analyse« verbessern zu können und dieselbe so auszustatten,
wie es den Anforderungen der Gegenwart entspricht, biete ich
dem Publikum das Werkchen jetzt zum dritten Male dar in der
Hoffnung, durch die gemachten Veränderungen und Zusätze seine
Brauchbarkeit erhöht und manchen mir geäufserten Wünschen
entsprochen zu haben.

Die Anerkennung, welche das Schriftchen im Vaterlande
wie im Auslande gefunden hat (ich freue mich sagen zu können,
dass es bereits im Englischen und Holländischen erschienen ist,
im Französischen und Italienischen demnächst erscheinen wird),
die Urtheile Sachverständiger und die eigene Erfahrung haben
mir den demselben zu Grunde liegenden Plan als seinem Zwecke
entsprechend erwiesen. Ich hatte daher nicht Ursache, denselben wesentlich abzuändern und beschränkte mich bei der Um-
arbeitung auf die Vervollständigung und Verbesserung des Ein-

Vorrede zur dritten Auflage.   XIII

zelnen. Ein Blick auf die propädeutische Abtheilung sowohl, als
namentlich auf den Gang der Analyse, in welchem manche Kapitel ganz neu bearbeitet sind, wird davon überzeugen. Unter
den hinzugekommenen Abschnitten erwähne ich den, Seite 292,
seinen Anfang nehmenden, über die Darstellung der Resultate,
dessen Aufnahme am genannten Ort motivirt ist. — Endlich er-
laube ich mir noch zu bemerken, dass ich, um vielfachen Auf-
forderungen zu genügen, und das Verständniss der Processe zu
erleichtern, den Reagentien und den Verbindungen, welche durch
ihre Einwirkung entstehen, die chemischen Formeln hinzugefügt
habe, wie denn auch verwickeltere Zersetzungen häufiger als
früher durch dieselben erläutert worden sind.

Dem Grundsatze, in dem vorliegenden Werkchen nur durch
eigene Prüfung bewährt Gefundenes aufzunehmen, welchem ich
seit seiner Entstehung huldigte, bin ich auch diesmal ohne Ausnahme treu geblieben.

Giefsen, im April 1844.

Vorrede zur vierten Auflage.

Bei dem Erscheinen der vierten Auflage des vorliegenden
Werkchens habe ich den früheren Vorreden nichts hinzuzufü-
gen, als dass ich auch diesmal nicht Ursache hatte, von der
früher gewählten Form der Darstellung abzugehen.

Obgleich mehrfach dazu aufgefordert, konnte ich mich doch
schlechterdings nicht dazu entschliefsen, zur Darstellung der
Reactionen, sowie des analytischen Ganges, Tabellenform zu
wählen. Eine Tabelle kann, wenn sie übersichtlich bleiben soll,
immer nur das Allerwichtigste, niemals alles Wichtige bieten;
ein Studium nach Tabellen wird daher immer lückenhaft und
ungründlich bleiben, denn nur zu leicht begnügt sich der Schüler — mit Vernachlässigung tieferen Eindringens in die Sache —
blofs das sich einzuprägen, was die kurzgefasste Tabelle
bietet. —

Aus dem Gesagten könnte man vielleicht schliefsen, ich sei
ein Feind der Tabellenform, und doch bin ich ihr wärmster Vertreter. Ich gebe aber beim Unterricht die Tabellen nicht fertig
in die Hand, sondern ich lasse sie von den Schülern selbst entwerfen. — Hierdurch gelangen dieselben am besten zur klaren
Uebersicht, — hierdurch lernen sie am sichersten aus dem
Wichtigen das Wichtigste herausgreifen.

Schliefslich erwähne ich noch, dass ich um vielfach geäufserten Wünschen entgegenzukommen, dieser Auflage anhangs-
weise einen Abschnitt über die Reactionen und die systematische
Ausmittelung der wichtigsten Alkaloide hinzugefügt habe.

Wiesbaden, im März 1846.

Inhalt.

Inhalt.

Inhalt.

Zweite Abtheilung.

Systematischer Gang der qualitativen chemischen Analyse.

xx   Inhalt.

Erste Abtheilung.

Propädeutik

der

qualitativen chemischen Analyse.

Ueber

Begriff, Aufgabe, Zweck, Nutzen und Gegenstand

der

q u a l i t a t i v e n   c h e m i s c h e n   A n a l y s e

und

über die Bedingungen,

worauf ein erfolgreiches Studium derselben beruht.

Die Chemie ist, wie bekannt, die Wissenschaft, welche uns die Stoffe, aus denen unsere Erde besteht, ihre Zusammensetzung und Zersetzung, überhaupt ihr Verhalten zu einander kennen lehrt. Eine besondere Abtheilung derselben wird mit dem Namen a n a l y t i s c h e C h e m i e bezeichnet, insofern sie einen bestimmten Zweck, nämlich die Zerlegung (die Analyse) zusammengesetzter Körper und die Ausmittelung ihrer Bestandtheile verfolgt. Wird bei dieser Ausmittelung der Bestandtheile nur auf die A r t derselben Rücksicht genommen, so ist die Analyse eine q u a l i t a t i v e, soll aber die M e n g e jedes einzelnen Stoffes erforscht werden, so ist sie eine q u a n t i t a t i v e. Die erstgenannte hat daher zur Aufgabe, die Bestandtheile einer unbekannten Substanz in s c h o n b e k a n n t e n Formen darzustellen, so dass diese neuen Formen sichere Schlüsse auf die Anwesenheit der einzelnen Stoffe gestatten. Der Werth ihrer Methode hängt von zwei Umständen ab, sie muss nämlich erstens unfehlbar und zweitens möglichst schnell zum Ziele führen. — Die Aufgabe der quantitativen Analyse hingegen ist, die durch die qualitative Untersuchung bekannt gewordenen Stoffe in Formen darzustellen, welche eine möglichst scharfe Gewichtsbestimmung zulassen.

Die Wege, auf welchen diese verschiedenen Zwecke erreicht werden, weichen wie natürlich sehr von einander ab. Es muss daher das Studium der qualitativen und quantitativen Analyse getrennt und der Natur der Sache nach mit der Erlernung der ersteren der Anfang gemacht werden.

1

2   Ueber Begriff, Aufgabe, Zweck, Nutzen

Nachdem so der Begriff und die Aufgabe der qualitativen
Analyse im Allgemeinen festgestellt ist, müssen zuerst die Vorkenntnisse, welche zur Beschäftigung damit berechtigen, der
Rang, welchen sie überhaupt im Gebiete der Chemie einnimmt,
die Gegenstände, auf die sie sich erstreckt, und ihr Nutzen er-
wogen, sodann aber die Hauptpunkte, auf welche ihr Studium
sich stützt, die Hauptabtheilungen, in welche es zerfällt, in Betrachtung gezogen werden.

Eine Beschäftigung mit qualitativen Untersuchungen setzt vor
Allem eine Bekanntschaft mit den chemischen Elementen und
ihren wichtigsten Verbindungen, wie auch mit den Grundsätzen
der Chemie voraus, und erfordert Uebung in der Erklärung chemischer Processe. Sie verlangt ferner strenge Ordnung, gröfste
Reinlichkeit und ein gewisses Geschick beim Arbeiten. Kommt
hierzu noch die Gewöhnung, in allen Fällen, in welchen der Erfahrung widersprechende Erscheinungen eintreten, den Fehler
stets zuerst an sich, oder vielmehr an dem Mangel einer zum
Eintreten der Erscheinung nothwendigen Bedingung zu suchen,
wie diese Gewöhnung ja aus dem festen Vertrauen auf die Un-
veränderlichkeit der Naturgesetze hervorgehen muss, so ist Alles
gegeben, das Studium der analytischen Chemie zu einem erfolg-
reichen zu machen.

Obgleich sich nun die chemische Analyse auf die allgemeine
Chemie stützt und ohne Kenntnisse in derselben nicht ausgeübt
werden kann, so muss sie andererseits auch als ein Hauptpfeiler
betrachtet werden, auf dem das ganze Wissenschaftsgebäude
ruht, denn sie ist für alle Theile der Chemie, der theoretischen
sowohl, als der angewandten, fast von gleicher Wichtigkeit, und
der Nutzen, den dieselbe dem Arzte, dem Pharmaceuten, dem
Mineralogen, dem rationellen Landwirth, dem Techniker und Anderen gewährt, bedarf keiner Auseinandersetzung.

Es wäre dies gewiss Ursache genug, die Sache mit möglich-
ster Gründlichkeit, mit ernstem Eifer zu betreiben, brächte die
Beschäftigung damit auch eben keine Annehmlichkeit mit sich,
wie sie dies doch Jedem, der sich ihr mit Lust und Liebe hin-
giebt, unzweifelhaft thun muss. Denn der menschliche Geist hat
ein Streben nach Wahrheit; er gefällt sich im Lösen von Räth-
seln, und wo böten sich ihm mehr, bald leichter, bald schwerer
zu lösende, als eben hier. Wie aber ein Räthsel, eine Aufgabe,
deren Lösung wir nach längerem Sinnen nicht finden können,
den Geist unlustig macht und entmuthigt, so ist dies auch bei

jeder chemischen Untersuchung der Fall, wenn man dabei seinen
Zweck nicht erreicht hat, wenn die Resultate nicht den Stempel
der Wahrheit, der unumstöfslichen Gewissheit tragen. Es muss
daher ein Halbwissen, wie überall, so ganz besonders hier, für
schlimmer als ein Nichtwissen erachtet und vor oberflächli-
cher Beschäftigung mit der chemischen Analyse ganz vorzüglich
gewarnt werden. —

Eine qualitative Untersuchung kann man in zweifacher Absicht anstellen, entweder nämlich zum Beweis, dass irgend ein
bestimmter Körper in einer Substanz vorhanden oder nicht vorhanden sei, z. B. Blei im Wein; oder zweitens zur Nachweisung
aller Bestandtheile einer chemischen Verbindung oder eines Gemenges. — Gegenstand einer chemischen Analyse aber kann wie
natürlich jeder Körper sein.

Wir ziehen jedoch in dem vorliegenden Werkchen, wie
schon in der Vorrede bemerkt worden, nur diejenigen Elemente
und Verbindungen in den Kreis unserer Betrachtung, welche in
der Pharmacie, den Künsten und Gewerben Anwendung finden,
und verstehen darunter folgende:

I. Basen:

Kali, Natron, Ammoniak, Baryt, Strontian, Kalk, Magnesia,
Thonerde, Chromoxyd, Zinkoxyd, Manganoxydul, Kobaltoxydul,
Nickeloxydul, Eisenoxydul, Eisenoxyd, Cadmiumoxyd, Bleioxyd,
Wismuthoxyd, Kupferoxyd, Silberoxyd, Quecksilberoxydul,
Quecksilberoxyd, Platinoxyd, Goldoxyd, Zinnoxydul, Zinnoxyd,
Antimonoxyd.

II. Säuren:

Schwefelsäure, Salpetersäure, Phosphorsäure, arsenige Säure,
Arseniksäure, Borsäure, Kohlensäure, Chromsäure, Chlorsäure,
Kieselsäure, Oxalsäure, Weinsteinsäure, Traubensäure, Citronen-
säure, Aepfelsäure, Benzoësäure, Bernsteinsäure, Essigsäure,
Ameisensäure.

III. Salzbilder und nichtmetallische Körper:

Chlor, Jod, Brom, Cyan, Fluor, Schwefel, Kohlenstoff.

Das Studium der qualitativen Analyse beruht nun hauptsächlich auf vier Punkten, nämlich erstens auf der Bekanntschaft mit
den Operationen, zweitens auf dem Kennen der Reagentien und ihrer Anwendung, drittens auf der Kenntniss des

4   Erster Abschnitt. — Die Operationen. — §. 1—2.

Verhaltens der Körper zu den Reagentien, und viertens auf dem Verstehen des bei jeder Untersuchung einzuschla-
genden systematischen Ganges.

Da sich hieraus ergiebt, dass die chemische Analyse nicht
nur ein Wissen, sondern auch ein Können erfordert, so liegt
der Schluss nahe, dass eine blofs geistige Beschäftigung damit,
eben so wenig als ein rein empirisches Betreiben derselben, zum
Ziele führen kann und dass dahin nur die vereinten Wege der
Theorie und der Praxis gelangen lassen.

Erster Abschnitt.

Die Operationen.

§. 1.

Die Verrichtungen, wodurch man chemische Processe herbei-
führt und die dadurch gewonnenen Educte oder Producte isolirt,
werden mit dem Namen »chemische Operationen« bezeichnet. Diese Verrichtungen sind in der synthetischen, wie in
der analytischen Chemie die nämlichen, sie erleiden nur, in Folge
des abweichenden Zwecks und der geringen Quantitäten, mit denen man bei Analysen zu thun hat, gewisse Modificationen.

Die hauptsächlichsten bei qualitativen Untersuchungen in
Anwendung kommenden Operationen sind folgende:

§. 2.

1. Die Auflösung.

Nimmt man das Wort Auflösung in seiner allgemeinsten Bedeutung, so versteht man darunter die Vereinigung irgend eines
Körpers mit einer Flüssigkeit zu einem homogenen Liquidum.
Ist dieser Körper gasförmig, so wird die Auflösung Absorption, ist er flüssig, öfters Mischung genannt, ist er aber fest,
so hat man eine Auflösung im engern oder im gewöhnlichen
Sinne.

Eine Auflösung wird um so mehr erleichtert, je feiner zertheilt der aufzulösende Körper ist. Die Flüssigkeit, wodurch die
Lösung bewirkt wird, heifst das Auflösungsmittel. Geht
dieses mit dem gelösten Körper eine chemische Verbindung ein,

Die Auflösung. — § 2.   5

so ist die Auflösung eine chemische, geht es hingegen keine
bestimmte Verbindung mit demselben ein, so hat man eine einfache Lösung. In einer solchen ist der gelöste Körper unver-
bunden, mit allen seinen ursprünglichen Eigenschaften, insofern
dieselben nicht von seiner Form abhängig sind, enthalten; er
scheidet sich unverändert ab, wenn das Lösungsmittel entfernt
wird. Lässt man z. B. Kochsalz in Wasser zergehen, so hat man
eine einfache Lösung. Der Geschmack derselben ist wie der des
Salzes. Man erhält dieses in ursprünglicher Gestalt wieder, wenn
man das Wasser verdunsten lässt. — Eine einfache Lösung heifst
gesättigt, wenn das Lösungsmittel so viel von dem aufzulösen-
den Körper aufgenommen hat, als es vermag. Flüssigkeiten lösen aber im Durchschnitt um so gröfsere Mengen eines Körpers
auf, je höher ihre Temperatur ist. Es kann sich also der Aus-
druck — gesättigt — immer nur auf eine bestimmte Temperatur
beziehen und es muss als Regel betrachtet werden, dass Erwärmung einfache Lösungen erleichtert und beschleunigt.

Eine chemische Lösung enthält den aufgelösten Körper
nicht in dem Zustande und mit den Eigenschaften, die er zuvor
besafs; er ist nicht frei darin enthalten, sondern mit dem Lösungsmittel, welches seine Eigenschaften ebenfalls eingebüfst hat, zu
einem neuen Körper innig verbunden, daher die Lösung jetzt die
Eigenschaften dieses neu entstandenen Körpers zeigt. Eine chemische Lösung kann zwar durch Temperaturerhöhung ebenfalls
beschleunigt werden und sie wird es auch in der Regel, indem
ja Erwärmung die Einwirkung der Körper auf einander überhaupt begünstigt; die Quantität des gelösten Körpers aber bleibt
bei einer gegebenen Menge des Lösungsmittels auch bei verschiedenen Wärmegraden immer dieselbe, sie ist eine unabänderliche,
eine von der Temperatur unabhängige.

Bei der chemischen Lösung nämlich haben das Lösungsmittel und der Körper, auf welchen es einwirkt, stets entgegengesetzte Eigenschaften; ihr Bestreben ist Ausgleichung dieses Ge-
gensatzes. Ist dieses Bestreben befriedigt, so fehlt der Grund
zur weitern Auflösung; es bleiben also weitere Quantitäten des
festen Körpers unverändert. Die Lösung heifst alsdann ebenfalls
gesättigt oder besser neutralisirt, der Punkt aber, welcher
die beendigte Ausgleichung bezeichnet, heifst der Sättigungs-
oder Neutralitätspunkt.

Die Stoffe, welche chemische Lösungen hervorbringen, sind
in den meisten Fällen entweder Säuren oder Alkalien. Sie be-

dürfen sämmtlich zuvor eines einfachen Lösungsmittels, um als
Flüssigkeiten zu erscheinen. Hat sich der Gegensatz zwischen
Säure und Base ausgeglichen und ist die neue Verbindung entstanden, so erfolgt der wirkliche Uebergang in flüssige Form nur
dann, wenn der neue Körper die Eigenschaft hat, von der vorhandenen Flüssigkeit zu einer einfachen Lösung aufgenommen zu
werden. Bringt man z. B. eine Auflösung von Essigsäure in Wasser mit Bleioxyd zusammen, so erfolgt zuerst eine chemische
Verbindung der Säure mit dem Oxyd, sodann eine einfache Lösung des entstandenen essigsauren Bleioxyds in dem vorhandenen Wasser. —

Den Gegensatz zur Auflösung machen die zwei folgenden
Operationen, die Krystallisation und die Präcipitation,
indem sie das Ueberführen eines flüssigen oder gelösten Körpers
in feste Form zum Zwecke haben. Da beide im Durchschnitt auf
derselben Ursache, nämlich auf dem Mangel an Lösungsmittel
beruhen, so ist ihre scharfe Begrenzung unmöglich, sie gehen in
vielen Fällen in einander über. Wir betrachten jedoch beide ge-
sondert, da sie sich in ihren extremen Formen wesentlich unterscheiden und da die speciellen Zwecke, welche wir durch dieselben zu erreichen suchen, meist sehr verschieden sind.

§. 3.
2. Die Krystallisation.

Man versteht darunter im weitern Sinne jede Operation, jeden Vorgang, wodurch ein Körper in eine feste, mathematisch
bestimmbare, regelmäfsige Form übergeführt wird. Da jedoch
solche Formen, welche wir Krystalle nennen, um so regelmäfsi-
ger, also vollkommner, werden, je langsamer die Operation einge-
leitet wird, so verbindet man mit Krystallisation stets den Neben-
begriff der langsamen Ausscheidung, des allmäligen Ueberganges
in feste Form. Die Bildung der Krystalle hängt von der gesetz-
mäfsigen Anordnung der kleinsten Körpertheilchen (der Atome)
ab; sie kann blofs stattfinden, wenn diesen freie Bewegung gestattet ist, also in der Regel nur, wenn ein Körper aus flüssigem
oder gasförmigem Zustande in den festen übergeht. Die Fälle,
in denen ein blofses Glühen oder Erweichen eines starren Körpers schon hinreicht, dem Streben der Atome nach gesetzmäfsi-
ger Anordnung (nach Krystallbildung) den Sieg über die vermin-

derte Cohäsionskraft zu verleihen, sind als Ausnahmen zu betrachten, z. B. das Trübwerden (die Krystallisation) des Gersten-
zuckers, wenn er feucht wird.

Um eine Krystallisation einzuleiten, müssen die Ursachen der
flüssigen oder Gas-Form eines Körpers aufgehoben werden.
Diese Ursachen sind entweder nur Wärme, z. B. bei geschmolzenen Metallen, oder nur Lösungsmittel, wie bei einer wässrigen Kochsalzsolution, oder beide vereinigt, wie bei einer
heifs gesättigten Lösung des Salpeters in Wasser. Im ersten
Falle erhält man also Krystalle durch blofse Abkühlung, im zweiten durch blofse Verdunstung und im dritten durch jedes der beiden Mittel. Der am häufigsten vorkommende Fall ist die Krystallisation durch Abkühlung heifs gesättigter Lösungen. — Flüssigkeiten, welche nach der Ausscheidung der Krystalle zurückbleiben, nennt man Mutterlaugen. — Starre Körper, welche
keine Krystallform haben, heifsen amorphe Körper.

Die Absicht bei der Krystallisation ist meistens entweder die
Gewinnung des krystallisirten Körpers in fester Form, oder die
Trennung desselben von anderen neben ihm in derselben Flüssig-
keit aufgelösten Substanzen.

§. 4.
3. Die Fällung oder Präcipitation.

Sie unterscheidet sich von der Krystallisation dadurch, dass
bei einer Fällung der Uebergang des gelösten Körpers in feste
Form nicht wie bei jener allmälig, sondern plötzlich erfolgt, gleichgültig, ob der sich abscheidende Körper krystallinisch oder
amorph ist, ob er in der Flüssigkeit untersinkt, schwebt oder auf-
steigt. Eine Fällung wird entweder veranlasst durch die Veränderung des Lösungsmittels, — so scheidet sich Gyps aus seiner Auflösung in Wasser augenblicklich ab, wenn man dieses durch Zusatz von Alkohol in verdünnten Weingeist verwandelt; — oder sie
ist Folge der Ausscheidung eines in der vorhandenen Flüssigkeit
unlöslichen Eductes, — so wird die Thonerde gefällt, wenn man zu
einer Lösung von schwefelsaurer Thonerde Ammoniak setzt, denn
sie wird ja dadurch abgeschieden und ist in dem vorhandenen
Wasser nicht auflöslich; — oder die Ursache einer Fällung ist endlich das Entstehen neuer in der vorhandenen Flüssigkeit unlöslicher Verbindungen durch einfache oder doppelte Wahlverwandtschaft, — so entsteht eine Fällung von oxalsaurem Kalk, wenn man
essigsaurer Kalklösung Oxalsäure zusetzt, — von chromsaurem

8   Erster Abschnitt. — Die Operationen. — §. 4.

Bleioxyd, wenn chromsaures Kali mit salpetersaurem Bleioxyd vermischt wird. Bei solchen Zersetzungen durch einfache oder doppelte Wahlverwandtschaft bleibt meistens eine der entstehenden Verbindungen, oder auch der educirte Körper, aufgelöst, wie in den angeführten Beispielen das schwefelsaure Ammoniak, die Essigsäure und das salpetersaure Kali. Es können jedoch auch Fälle eintreten, in welchen sich Educt und Product oder zwei Producte niederschlagen und in der Flüssigkeit Nichts gelöst bleibt, z. B. beim Vermischen von schwefelsaurer Magnesialösung mit Barytwasser, oder beim Fällen einer Auflösung von schwefelsaurem Silberoxyd mit Chlorbaryum.

Der Zweck einer Fällung ist entweder, wie bei der Krystallisation, Gewinnung einer Substanz in fester Form, oder Trennung eines Körpers von anderen zugleich gelösten Stoffen. In der qualitativen Analyse aber dient diese Operation besonders häufig zur Erkennung von Körpern an der Farbe, überhaupt den Eigenschaften und dem Verhalten derselben, wenn sie isolirt oder in einer Verbindung niedergeschlagen werden. — Der feste Körper, welcher sich bei einer Fällung abscheidet, heifst Präcipitat oder Niederschlag, die Substanz, welche die Abscheidung unmittelbar veranlasst, das Fällungsmittel. Die Niederschläge werden je nach ihrer Beschaffenheit zu näherer Bezeichnung verschieden benannt; so unterscheidet man krystallinische, pulverige, flockige, käsige, gelatinöse Niederschläge u. s. w. Sind Niederschläge so fein zertheilt und so gering, dass ihre Theilchen nicht deutlich unterschieden werden können und die Flüssigkeiten, in welchen sie suspendirt sind, nur unklar erscheinen, so bedient man sich der Ausdrücke Trübung, getrübt. — Die Abscheidung eines Niederschlages wird in der Regel durch starkes Schütteln, wie auch durch Erwärmen der Flüssigkeit begünstigt. Die Gefäfse, in welchen man Fällungen vornimmt, müssen daher wo möglich Beides gestatten. Unten zugeschmolzene Röhren von dünnem Glase, sogenannte Proberöhrchen oder Probecylinder (§. 14. 7.) sind es daher, deren man sich bei der qualitativen Analyse vorzugsweise bedient. Sie gewähren aufser den genannten Vortheilen das Angenehme, alle Vorgänge, sowie die Farbe der Flüssigkeiten und Niederschläge aufs beste sehen und mit sehr kleinen Mengen experimentiren zu können.

Zur mechanischen Trennung einer Flüssigkeit von einem
darin suspendirten Körper wendet man bei der Analyse je nach
den Umständen zwei verschiedene Operationen an, die Filtration und die Decantation.

§. 5.

4. Die Filtration.

Man erreicht durch diese Operation den eben angeführten
Zweck, indem man die Flüssigkeit, welche von den darin schwimmenden festen Körpertheilchen getrennt werden soll, sammt diesen auf einen Seihapparat giefst, und zwar in der Regel auf ein
in einen Trichter zweckmäfsig gelegtes ungeleimtes Papier (Filtrum), da ein solches die Flüssigkeit leicht durchsickern lässt, die
festen Theilchen aber vollständig zurückhält. Man wendet glatte
und faltige Filtra an, erstere, wenn der abfiltrirte feste Körper
benutzt werden soll, letztere, wenn es nur darauf ankommt, die
durchlaufende Flüssigkeit (das Filtrat) klar zu erhalten.   Die
glatten Filtra erhält man durch doppeltes Zusammenfalten eines
kreisrunden Papiers, so dass die Falten rechte Winkel bilden.
Die Anfertigung der faltigen lässt sich besser zeigen als beschrei-
ben. Bei genauen Arbeiten dürfen die Filtra nicht über den Rand
des Trichters hervorragen. — In den meisten Fällen ist es vortheilhaft, das Filtrum vor dem Aufgiefsen anzufeuchten, weil das
Filtriren alsdann nicht nur schneller von Statten geht, sondern
auch von dem abzufiltrirenden Körper weniger leicht etwas durch
die Poren gerissen wird. Das Papier, welches man zum Filtriren
wählt, muss möglichst frei von unorganischen Substanzen, besonders von Eisen und Kalk sein. Es ist zweckmäfsig, zwei Sorten
vorräthig zu haben, ein dichteres zum Abscheiden sehr feiner
Niederschläge und ein poröseres zum schnellen Abfiltriren gröbe-
rer Theilchen. Die Trichter müssen von Glas oder Porzellan sein
(§. 14. 10).

§. 6.

5. Die Decantation oder das Abgiefsen.

Man bedient sich dieser Operation häufig statt des Filtrirens
wenn die abzuscheidenden festen Theilchen ein bedeutend grö-
fseres specifisches Gewicht als die Flüssigkeit, von der sie zu
trennen sind, haben. Sie sinken alsdann schnell unter und setzen
sich auf dem Boden ab, so dass man die überstehende Flüssigkeit

10   Erster Abschnitt. — Die Operationen. — §. 6.

entweder durch Neigen des Gefäfses abgiefsen oder mittelst eines
Hebers oder einer Pipette abnehmen kann.

Ist bei dem Filtriren oder Decantiren das Gewinnen des
festen Körpers Zweck, so muss derselbe durch wiederholtes Wa-
schen von der ihm noch anhängenden Flüssigkeit befreit werden.
Diese Operation heifst Aussüfsen oder Auswaschen. — Zum
Aussüfsen eines auf einem Filtrum gesammelten Niederschlages
bedient man sich meistens der Spritzflasche, eines Glasgefäfses,
welches mit einem Korke, in den eine kleine, nach aufsen in eine
feine Spitze ausgezogene Glasröhre gepasst ist, verstopft wird
(Fig. 1.). Bläst man durch die Röhre *a* Luft in die Flasche und
dreht letztere, wenn die Luft hinlänglich comprimirt ist, um, so
dass die innere Oeffnung der Glasröhre unter Wasser kommt, so
wird ein feiner Wasserstrahl mit einer gewissen Heftigkeit her-
ausgetrieben. Ein solcher Strahl ist alsdann zum Abspülen eines
Niederschlages besonders geeignet. Eine Spritzflasche von anderer Construction ist in Fig. 2 dargestellt. Sie wird gebraucht,

Fig. 1.   Fig. 2.

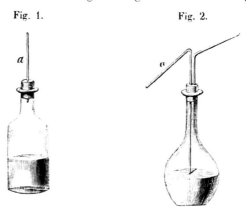

wenn ein Niederschlag mit kochendem Wasser ausgewaschen
werden soll und gewährt aufserdem den Vortheil, dass man damit einen continuirlichen Strahl hervorzubringen im Stande ist.
Die Zeichnung bedarf keiner weitern Erklärung. Die Röhre a ist
vorn in eine feine Spitze ausgezogen.

Der Operationen, durch welche man flüchtige Substanzen
von minder oder nicht flüchtigen trennt, hat man vier, das Ab

dampfen, die Destillation, das Glühen und die Sublimation. Von diesen beziehen sich die ersten beiden stets auf
Flüssigkeiten, die zwei anderen nur auf feste Körper.

§. 7.

6   Das Abdampfen

Es ist eine der am häufigsten in Anwendung kommenden
Operationen. Man stellt sie immer an, wenn man eine flüchtige
Flüssigkeit von einem andern minder oder nicht flüchtigen Körper,
gleichgültig ob dieser flüssig oder fest ist, trennen will, im Falle
bei dieser Trennung nur dieser zurückbleibende Körper gewonnen werden, der sich verflüchtigende aber unberücksichtigt bleiben soll; — also zum Beispiel, um der Lösung eines Salzes einen
Theil des Wassers zu entziehen, damit das Salz krystallisire, oder
wenn man aus der Lösung eines nicht krystallisirbaren Körpers
alles Wasser entfernen will, um denselben in trockner Form zu
haben u. s. w. In beiden Fällen giebt man das sich verflüchtigende Wasser verloren und will nur im ersten Falle eine concen-
trirtere Flüssigkeit, im letztern einen trocknen Körper gewinnen.
Man erreicht diese Zwecke stets dadurch, dass man die zu ent-
fernende Flüssigkeit in Gasform bringt, also in den gewöhnlichen
Fällen durch Erhitzen derselben; zuweilen auch, indem man die
Flüssigkeit längere Zeit mit der Atmosphäre, oder mit einer durch
hygroskopische Substanzen stets trocken erhaltenen, abgeschlos-
senen Luft in Berührung lässt; oder endlich in manchen Fällen,
indem man die Flüssigkeit bei gleichzeitiger Anwendung hygro-
skopischer Substanzen in einen luftverdünnten Raum bringt. Das
Erhitzen geschieht entweder über freiem Feuer (Kohlenfeuer oder
Weingeistflamme), in erhitztem Sand (im Sandbad), mittelst Wasserdämpfen (im Wasserbad) u. s. w. — Als die zweckmäfsigsten
und billigsten hygroskopischen Substanzen sind concentrirte
Schwefelsäure und gebrannter Kalk, wohl auch Chlorcalcium im
Gebrauch. Die Gefäfse zum Abdampfen sind von Porzellan, Glas,
Platin oder Silber und haben in der Regel Schalenform.

§. 8.

7.   Die Destillation.

Sie hat die Trennung einer flüchtigen Flüssigkeit von einem
weniger oder nicht flüchtigen festen oder flüssigen Körper zum
Zweck, wenn dabei die sich verflüchtigende Flüssigkeit wieder
gewonnen werden soll. Um diesen Zweck zu erreichen, muss

12   Erster Abschnitt. — Die Operationen. — §. 9.

man Sorge tragen, dass die Flüssigkeit aus der Dampfform, in
welcher sie entfernt wurde, wieder in die tropfbar flüssige Form
zurückgeführt werde. Bei einem Destillationsapparate sind also
jederzeit drei Theile zu unterscheiden, gleichgültig ob dieselben
getrennt werden können oder nicht: nämlich erstens ein Gefäfs,
in welchem die zu destillirende Flüssigkeit erhitzt, also in Dampfform übergeführt wird, zweitens eine Vorrichtung, in der die
Dämpfe abgekühlt, also wieder in die tropfbar flüssige Form zurückgeführt werden, und drittens eins, in welchem die durch
Abkühlung der Dämpfe erhaltene Flüssigkeit (das Destillat) sich
ansammelt. Im Kleinen bedient man sich zur Destillation meist
gläserner Retörtchen und Vorlagen, im Grofsen aber entweder
metallener Apparate (kupferner Destillirblasen mit Helm und
Kühlröhre von Zinn) oder auch grofser Glasretorten.

§. 9.

8. Das Glühen.

Was das Abdampfen für Flüssigkeiten ist, ist das Glühen ge-
wissermafsen für feste Körper. Es hat nämlich ebenfalls, wenigstens im Durchschnitt, die Trennung eines flüchtigen Körpers von
einem weniger flüchtigen oder feuerbeständigen zum Zweck,
wenn dabei nur der zurückbleibende beachtet wird. Das Glühen
setzt immer die Anwendung einer hohen Temperatur voraus, wodurch es sich vom Trocknen unterscheidet. Der Zustand, welchen
der verflüchtigte Körper beim Erkalten annimmt, ob er also gasförmig bleibt, wie wenn man kohlensauren Kalk glüht, ob er flüssig wird, wie wenn man Kalkhydrat erhitzt, oder fest, wie beim
Glühen einer Salmiak enthaltenden Mischung, ist für die Benen-
nung der Operation gleichgültig.

Der bereits genannte Zweck des Glühens ist der gewöhnliche. Zuweilen glüht man jedoch auch Substanzen, nur um ihren
Zustand zu verändern, ohne dass sich dabei etwas verflüchtigt,
z. B. bei der Ueberführung des Chromoxyds in die sogenannte
unlösliche Modification u. s. w. — Die Gefäfse, deren man sich
zum Glühen bedient, sind die Tiegel. Zu analytischen Versuchen
wählt man je nach den Substanzen Porzellan-, Platin- oder Sil-
bertiegel. Im Grofsen wendet man hessische oder auch Graphyt-
Tiegel an. Zum Erhitzen bedient man sich entweder des Kohlen-
feuers oder im Kleinen am häufigsten der Berzelius'schen
Spirituslampe.

§. 10.

9. Die Sublimation.

Verwandelt man feste Körper durch Erhitzen in Dämpfe und verdichtet diese wieder durch Abkühlung, so heifst diese Operation Sublimation; der verflüchtigte, wieder verdichtete Körper aber ein Sublimat. Die Sublimation ist daher eine Destillation fester Körper. Man wendet dieselbe meist zur Trennung verschieden flüchtiger Substanzen an. In der Analyse ist sie zur Erkennung mehrerer Körper, z. B. des Arsens, von gröfster Wichtigkeit. Die Sublimirgefäfse sind, je nach der Flüchtigkeit der Substanz, von sehr mannichfacher Gestalt. Sublimationen behufs der Analyse nimmt man in der Regel nur in zugeschmolzenen Glasröhren vor.

§. 11.

10. Das Schmelzen und Aufschliefsen.

Man bezeichnet mit Schmelzen das Ueberführen eines festen Körpers in flüssige Form durch Hitze, und bezweckt mit dieser Operation im Durchschnitt die Vereinigung oder Zersetzung von Körpern. Verändert oder zersetzt man in Wasser und Säuren unlösliche oder schwerlösliche Körper durch Zusammenschmelzen mit anderen in der Art, dass dieselben, oder die neu entstandenen Verbindungen, nachher durch Wasser oder Säuren in Auflösung gebracht werden können, so heifst die Operation Aufschliefsen. Das Schmelzen und Aufschliefsen geschieht bei Analysen, je nach Umständen, in Porzellan-, Silber- oder Platin-Tiegeln. Vermag man mit der Berzelius'schen Weingeistlampe nicht den gehörigen Hitzgrad hervorzubringen, so stellt man den die Mischung enthaltenden Tiegel in einen gröfsern hessischen und setzt diesen dem Kohlenfeuer aus.

Die Körper, zu deren Analyse man das Aufschliefsen vorzugsweise nöthig hat, sind die schwefelsauren alkalischen Erden und viele kieselsaure Verbindungen. Das gewöhnlichste Aufschliefsungsmittel ist kohlensaures Natron oder kohlensaures Kali, besser ein Gemenge beider zu gleichen Atomgewichten, siehe §. 76. In gewissen Fällen wird statt der kohlensauren Alkalien Barythydrat angewendet, siehe §. 77.

Das Aufschliefsen mit kohlensauren Alkalien, wie auch mit Barythydrat, geschieht im Platintiegel.

Um Schaden vorzubeugen, soll hier kurz an die beim Ge-

14   Erster Abschnitt. — Die Operationen. — §. 12.

brauche von Platingefäfsen nöthigen Vorsichtsmafsregeln erinnert
werden. ·Es dürfen nämlich in Platingefäfsen keine Substanzen
behandelt werden, welche Chlor entwickeln; salpetersaures Kali,
Aetzkali, Metalle, Schwefelmetalle und Cyanalkalimetalle dürfen
nicht darin geschmolzen, leicht desoxydirbare Metalloxyde, organische Metallsalze und phosphorsaure Salze bei Gegenwart organischer Verbindungen nicht darin geglüht werden. Endlich leiden die Platintiegel, besonders in Bezug auf ihre Deckel, Noth,
wenn man sie direct in starkes Kohlenfeuer setzt, weil sich alsdann durch Einwirkung der Asche leicht Kieselplatin bildet, wodurch sie spröde und zerbrechlich werden.

Als eine mit dem Schmelzen verwandte Operation ist noch
die folgende zu nennen.

§. 12.

11. Die Verpuffung.

Man versteht darunter im weitern Sinne jede, gleichgültig
durch welche Ursache herbeigeführte, mit Knall oder Geräusch
verbundene Zersetzung. Im engern Sinne meint man damit die
Oxydation eines Körpers auf trocknem Wege und zwar durch
den Sauerstoff einer beigemengten Substanz, gewöhnlich eines
salpetersauren oder chlorsauren Salzes, und verbindet hiermit
den Begriff eines plötzlichen und heftigen, mit lebhafter Feuererscheinung und Geräusch oder Knall verbundenen Verbrennens.

Eine Verpuffung hat entweder die Gewinnung des zu erhaltenden Oxyds zum Zwecke, — so verpufft man Schwefelarsen
mit Salpeter, um arsensaures Kali zu bekommen, — oder sie
dient uns als Mittel, die Gegenwart oder Abwesenheit eines
Körpers zu beweisen, — so kann man Salze auf Salpetersäure
oder Chlorsäure prüfen, indem man beobachtet, ob sie beim Zusammenschmelzen mit Cyankalium verpuffen etc. — Zur Erreichung der erstern Absicht trägt man das völlig trockne Gemenge
der Substanz und des Verpuffungsmittels portionenweise in einen
glühenden Tiegel; — Prüfungen letzterer Art stellt man immer
nur mit kleinen Quantitäten, am besten auf einem dünnen Platinblech oder in einem kleinen Löffelchen, an.

§. 13.

12. Die Anwendung des Löthrohrs.

Diese Operation gehört nur der analytischen Chemie an und ist für dieselbe von äußerster Wichtigkeit. Wir haben zuerst die dazu nöthigen Apparate, sodann die Art ihrer Anwendung und endlich den Erfolg des Löthrohrblasens in's Auge zu fassen.

Das Löthrohr ist ein kleines, gewöhnlich aus Messing gefertigtes Instrument. Es wurde zuerst von den Metallarbeitern zum Löthen gebraucht und hat daher seinen Namen. Man unterscheidet daran drei Theile: erstens eine Röhre, durch welche man mit dem Munde Luft einbläst; zweitens ein kleines Gefäß, in welches diese Röhre luftdicht eingedreht ist (es dient zum Ansammeln der mitgerissenen Feuchtigkeit); und drittens eine ebenfalls in dieses Gefäß eingepasste kleinere Röhre, welche mit der gröfsern einen rechten Winkel bildet und am vordern Ende eine sehr feine Oeffnung hat (§. 14. 3.). Das Löthrohr dient dazu, einen fortdauernden feinen Luftstrom in eine Kerzen- oder Lampenflamme zu führen. Brennt eine solche unter gewöhnlichen Umständen, so sehen wir daran drei Theile, nämlich erstens einen dunklen Kern in der Mitte, zweitens einen ihn umgebenden leuchtenden Theil und drittens einen nur schwach leuchtenden, die ganze Flamme umschliefsenden Mantel. Den dunklen Kern bilden die durch die Hitze aus dem Oel oder Fett entwickelten Gasarten, welche aus Mangel an Sauerstoff nicht verbrennen können. In der leuchtenden Sphäre kommen diese Gasarten mit einer zu ihrem vollständigen Verbrennen unzureichenden Menge Luft in Berührung. Es verbrennt daher hauptsächlich der Wasserstoff der Kohlenwasserstoffgase, während der Kohlenstoff im glühenden Zustande ausgeschieden wird und das Leuchten dieses Flammentheils bedingt. In dem äußern Mantel endlich ist der Zutritt der Luft nicht mehr beschränkt, alle noch unverbrannten Stoffe verbrennen daselbst. Dieser Theil der Flamme ist der heifseste. Bringt man daher oxydable Körper in denselben, so oxydiren sie sich möglichst schnell, denn die Bedingungen dazu, hohe Temperatur und unbeschränkter Sauerstoffzutritt, sind gegeben. Es heifst daher dieser Theil der Flamme die Oxydationsflamme. Bringt man aber oxydirte Körper, welche Neigung haben ihren Sauerstoff abzugeben, in den leuchtenden Theil der Flamme, so findet das Entgegengesetzte statt, das heifst, die Körper verlieren ihren Sauerstoff, er wird denselben von dem in dieser Sphäre

16   Erster Abschnitt. — Die Operationen. — §. 13.

befindlichen Kohlenstoff und dem noch unverbrannten Kohlenwasserstoff entzogen, sie werden reducirt. Der leuchtende Theil
der Flamme heifst deshalb die Reductionsflamme.

Führt man nun in eine Flamme einen feinen Luftstrom, so
hat man nicht nur aufsen um die Flamme, sondern auch innen in
derselben Sauerstoff; es findet also hier und dort ein Verbrennen
statt. Die eingeblasene Luft strömt aber mit einer gewissen Heftigkeit in die Flamme, sie reifst daher die entwickelten Gase mit
sich fort, mengt sich innig mit denselben und bewirkt ihre Verbrennung erst in einer gewissen Entfernung von der Löthrohr-
spitze. Diese Stelle giebt sich durch ein bläuliches Licht zu erkennen. Sie ist die heifseste der ganzen Flamme, weil daselbst
die Verbrennung in Folge der innigsten Mengung der Luft mit den
Gasen am vollständigsten geschieht. Indem so der leuchtende
Theil der Flamme auf beiden Seiten von sehr heifsen Flammen
umgeben ist, wird auch seine Temperatur aufserordentlich gesteigert und diese Steigerung ist der hauptsächlichste Zweck, der
durch das Löthrohr erreicht werden soll; der heifseste Punkt ist
alsdann wie natürlich etwas vor der Spitze des innern Kerns. In
einer solchen Reductionsflamme schmelzen nun viele Körper mit
Leichtigkeit, welche in einer gewöhnlichen Flamme unverändert
bleiben. Auch die Temperatur der Oxydationsflamme wird durch
das Löthrohr bedeutend erhöht, indem ihre Hitze sich mehr auf
einen Punkt concentrirt.

Als Brennmaterial nimmt man entweder eine Oellampe,
eine Wachskerze, oder eine Lampe, die mit einer Auflösung von
Terpentinöl in Weingeist gespeist wird. Eine gewöhnliche Spi-
ritusflamme giebt nicht in allen Fällen den erforderlichen Hitzgrad.

Das Blasen geschieht nur mit den Wangenmuskeln und
nicht mit der Lunge. Man erlernt es leicht, wenn man sich eine
Zeit lang übt, mit aufgeblasenen Backen ruhig zu athmen. Hat
man es dahin gebracht, dass man auf diese Art ruhig fortathmen
kann, auch wenn man das Löthrohr zwischen den Lippen hält,
so bedarf es nur noch der Uebung, um ununterbrochen eine
richtige und stete Flamme hervorzubringen.

Die Unterlagen, auf welchen man die zu untersuchenden
Körper der Löthrohrflamme aussetzt, sind in der Regel entweder
Holzkohle, Platindraht oder Platinblech. Bei Auswahl der Kohlen
für Löthrohrversuche hat man darauf zu sehen, dass sie gut aus-
gebrannt sind, weil sie sonst spritzen und die Probe wegschleu-

dern, siehe §. 79. Die zu prüfenden Substanzen bringt man in kleine konische Grübchen, welche man mit einem Messerchen oder mit einer kleinen Blechröhre in die Kohle gräbt. Im Durchschnitt bedient man sich der Kohle als Unterlage, wenn man ein Metalloxyd reduciren oder einen Körper auf seine Schmelzbarkeit prüfen will. Sind Metalle in der Hitze der Reductionsflamme flüchtig, so verdampfen sie während der Reduction ganz oder theilweise. Die Metalldämpfe aber verbrennen beim Durchgang durch die äusere Flamme wieder zu Oxyd und dieses legt sich als ein Anflug an die Kohle rings um die Probe an. Solche Anflüge heisen Beschläge. Viele derselben haben eigenthümliche Farbe, so dass daran die Metalle erkannt werden können. — Den Platindraht, wie auch das Platinblech wählt man ziemlich dünn (siehe §. 14. 5 und 6). Man bedient sich des Platindrahts in der Regel, wenn man Körper mit Flussmitteln (siehe unten §. 82. u. 83.) behandelt, um aus der Farbe, überhaupt den Eigenschaften der entstehenden Perlen auf die Natur der Substanzen zu schliesen.

Die Löthrohrflamme ist bei chemischen Untersuchungen besonders deswegen sehr geschätzt, weil ihre Wirkungen augenblicklich zu Resultaten führen. Diese Resultate sind von zweierlei Art. Entweder nämlich lernen wir nur die allgemeinen Eigenschaften des Körpers kennen, wodurch uns also blofs ein Schluss auf die Classe, in die er zu rechnen, gestattet wird, das heifst, wir erfahren, ob er feuerbeständig, flüchtig, schmelzbar ist u. s. w., oder wir sehen an den eintretenden Erscheinungen sogleich, mit welchem speciellen Körper wir zu thun haben. Welcher Art diese Erscheinungen sind, werden wir zu betrachten Gelegenheit haben, wenn wir an das Verhalten der einzelnen Körper zu Reagentien kommen.

Anhang zum ersten Abschnitt.

§. 14.

Apparate und Geräthschaften.

Da es Vielen, welche sich mit chemischen Analysen zu beschäftigen anfangen, schwer fallen dürfte, bei der Auswahl der dazu nöthigen Apparate und Geräthschaften sogleich die zweckmäfsigsten von den minder geeigneten, die nothwendigen von

den entbehrlichen zu unterscheiden, so füge ich hier ein Ver-
zeichniss bei, welches die zur Ausführung einfacher Untersuchungen wirklich erforderlichen Apparate in kurzer Zusammenstellung enthält, wobei ich zugleich Gelegenheit nehme, auf Einiges aufmerksam zu machen, was beim Einkauf oder der Anfertigung derselben besonders in's Auge zu fassen ist.

    1. Eine Berzelius'sche Weingeistlampe. Bei einer sol-
chen ist wohl zu berücksichtigen, dass der Weingeistbehäl-
ter nur durch eine enge Röhre mit dem Behälter des Doch-
tes in Verbindung stehen, nicht aber geradezu in denselben
übergehen darf, weil sonst beim Anzünden sehr häufig
äußerst unangenehme Explosionen eintreten. — Außerdem
muss beachtet werden, dass der Schornstein nicht zu eng
sei und der Stöpsel auf der Oeffnung, durch welche man
den Weingeist eingießt, nicht luftdicht schließe. — Man
wähle eine Lampe, welche an einem Stativ herauf und herab
geschoben werden kann. An demselben Stativ befinde sich
außerdem ein beweglicher Ring zum Aufsetzen kleiner Scha-
len u. s. w. und eine bewegliche Klammer zum Festhalten
der Kolbenhälse. Zum Aufsetzen der Tiegel bediene man
sich stets kleiner Gestelle von mäßig dicken Eisendrähten,
deren drei so zusammengedreht werden, dass sie in der
Mitte ein Dreieck bilden.

    2. Eine gläserne Weingeistlampe mit übergreifendem,
gut eingeriebenem Glasdeckel und messingener Dochthülse.

    3. Ein Löthrohr (vergl. §. 13.). Man wähle ein messingenes
mit einer passenden Mundspitze von Horn oder Bein. Das
große Rohr kann je nach der Sehweite eine Länge von etwa
7 Zoll haben, das kleine sei etwa 2 Zoll lang. Beide müssen luftdicht in den zum Absetzen der Feuchtigkeit bestimmten Behälter eingerieben sein. Es ist gut, wenn man zwei
kleine Röhren hat, eine mit engerer, die andere mit etwas
weiterer Oeffnung, welche man alsdann, je nach Bedarf, in
den Behälter einschiebt. An diesen Röhrchen sind meistens
vorn nur kleine durchbohrte Platinplättchen eingesetzt,
zweckmäßiger und haltbarer sind die Spitzen, über welche
kleine fein durchbohrte Platinhüllen gestülpt sind. Werden
diese Hüllchen mit der Zeit verstopft, so bedarf es meistens
nur eines Ausglühens derselben vor dem Löthrohr, um sie
wieder zu öffnen.

    4. Ein Platintiegel. Man wähle einen, der 1½ bis 2 Drach-

men Wasser fasst, dessen Deckel durch Uebergreifen schliefst
und der im Verhältniss zur Breite nicht zu tief ist.

5. **Platinblech.** Man nimmt es nicht zu dünn, möglichst glatt
und blank, von etwa 2 Zoll Länge und 1 Zoll Breite.

6. **Platindraht.** Man wählt welchen von der Stärke dünner
Klaviersaiten, schneidet ihn in 3 bis 4 Zoll lange Stückchen,
deren jedes an beiden Enden zu einem kleinen Oehr umge-
bogen wird. Mit 3 oder 4 solcher Drähtchen hat man hinlänglich genug. Sie werden zweckmäfsig in einem Gläschen
mit Wasser aufbewahrt. Man hat sie alsdann immer rein,
da die meisten Perlen bei längerer Berührung mit dem Wasser aufweichen und sich lösen.

7. **Ein Gestell** mit 12—20 **Probecylindern.** Diese seien
6 bis 8 Zoll lang, theils weiter, theils enger. Alle müssen
aus dünnem weifsen Glase gefertigt und so gut abgekühlt
sein, dass sie nicht springen, wenn siedendes Wasser hin-
eingegossen wird. Sie müssen ferner einen etwas umgebo-
genen, ganz runden Rand und keine Schnauze haben, da
solche Ausgüsse gar keinen Nutzen gewähren und ein festes
Zustopfen, sowie gründliches Schütteln sehr erschweren. —

8. Einige **Bechergläser** und **Kölbchen,** möglichst dünn im
Glas und gut abgekühlt.

9. Einige **Porzellanschälchen** und verschiedene kleine
Porzellantiegel. Die aus der königlichen Porzellanfabrik
in Berlin lassen, was geeignete Form und Dauerhaftigkeit
anbetrifft, nichts zu wünschen übrig.

10. Einige **Glastrichter** von verschiedener Gröfse. Sie müssen in einem Winkel von 60° geneigt sein und nicht allmälig in die Röhre verlaufen, sondern in einem bestimmten
Winkel in dieselbe übergehen.

11. Eine **Spritzflasche.** Siehe oben §. 6. Sie halte etwa
12 bis 16 Unzen Wasser.

12. Einige **Glasstäbchen** und verschiedene **Glasröhren.**
Letztere werden über der **Berzelius'schen** Lampe gebogen, ausgezogen u. s. w.

13. Eine Auswahl **Uhrgläser.**

14. Eine kleine **Reibschale** von Achat.

15. Einige **eiserne Löffelchen.** Sie können den Umfang eines Groschenstückes haben und lassen sich sehr einfach aus
Eisenblech machen. Das Stielchen wird mit dem Löffelchen
aus einem Stücke gefertigt.

20   Zweiter Abschnitt. — Die Reagentien. — §. 15.

16. Eine kleine T i e g e l z a n g e. Diese Zangen haben am zweckmäfsigsten Griffe wie eine Scheere. Ihre äufseren Schenkel sind am Ende in einem rechten oder etwas stumpfen
Winkel gebogen und sind dann am besten construirt, wenn
sie nicht blofs an einem Punkt, sondern überall schliefsen.
Sehr zweckmäfsig werden die Zangen zur Verhütung des
Rostens gefirnisst.

Zweiter Abschnitt.

Die Reagentien.

§. 15.

Bei Zerlegung und Vereinigung von Körpern können, wie bekannt, mannichfache Erscheinungen eintreten. Bald ändert eine
Flüssigkeit ihre Farbe, bald entsteht ein Niederschlag, bald ein
Aufbrausen, bald eine Verpuffung u. s. w. — Sind nun solche
Erscheinungen sehr auffallend und begleiten sie nur die Vereinigung oder Zerlegung zweier bestimmter Körper, so ist es klar,
dass man durch den einen dieser Körper immer die Gegenwart
des andern darthun kann. Wenn man z. B. weifs, dass beim
Zusammenkommen von Baryt mit Schwefelsäure ein weifser Niederschlag von ganz bestimmten Eigenschaften entsteht, so ist es
begreiflich, dass, wenn man durch Zusatz von Baryt zu irgend
einer Flüssigkeit einen Niederschlag von demselben Verhalten
bekommt, der Schluss nahe liegt, diese Flüssigkeit enthalte
Schwefelsäure.

Die Körper nun, welche die Gegenwart anderer durch irgend auffallende Erscheinungen anzeigen, nennt man, in Betracht
ihrer wechselseitigen Einwirkung, g e g e n w i r k e n d e   M i t t e l,
R e a g e n t i e n.

Je nach dem Zwecke, den man durch die Anwendung der
Reagentien erreicht, unterscheidet man a l l g e m e i n e und b e -
s o n d e r e Reagentien. Unter den ersteren versteht man diejenigen, welche dazu dienen, die Classe oder Gruppe auszumitteln,
zu welcher der zu untersuchende Körper zu rechnen ist, b e s o n -
d e r e aber nennt man solche, welche uns auf e i n z e l n e bestimmte
Körper hinweisen. Dass die Grenze zwischen diesen beiden Ab-

Die Reagentien. — §. 15.   21

theilungen durchaus nicht scharf gezogen werden kann, thut dieser Eintheilung keinen Eintrag, sie soll ja nur darauf hinführen, dass wir uns über die Absicht, in welcher wir mit einem Reagens operiren, ob also eine Gruppe oder ein einzelner Körper charakterisirt werden soll, jedesmal deutliche Rechenschaft geben.

Der Werth der Reagentien ist von zwei Umständen abhängig, nämlich erstens davon, ob sie charakteristisch, und zweitens davon, ob sie empfindlich sind. Charakteristisch ist ein Reagens, wenn die Veränderung, die es bei Gegenwart des Körpers, zu dessen Entdeckung es dienen soll, hervorbringt, so ausgezeichnet ist, dass sie keinen Fehlschluss zulässt. Eisen ist also ein charakteristisches Reagens für Kupfer, Zinnchlorür für Quecksilber, weil die dadurch hervorgebrachten Erscheinungen, die Ausscheidung des metallischen Kupfers und der Quecksilberkügelchen, keine Verwechselung möglich machen. Empfindlich ist ein Reagens, wenn seine Wirkung noch deutlich ist, auch wenn nur eine höchst geringe Menge des zu bestimmenden Körpers zugegen ist, z. B. Stärkemehl auf Jod.

Sehr viele Reagentien sind zugleich charakteristisch und empfindlich, z. B. Chlorgold auf Zinnoxydul, Ferrocyankalium auf Eisenoxyd und Kupfer u. s. w. —

Dass die Reagentien, wenn ihre Aussagen zuverlässig sein sollen, in der Regel unbedingt chemisch rein sein müssen, das heifst, dass aufser den Bestandtheilen, welche wir als ihre wesentlichen kennen, keine uns unbekannten Körper darin enthalten sein dürfen, bedarf kaum der Erwähnung. Es geht daraus die Regel hervor, dass man ein Reagens, sei es, dass man es selbst dargestellt, sei es, dass man es käuflich bezogen habe, einer sorgfältigen Prüfung unterwerfen muss, bevor man sich seiner zur Untersuchung bedient. Dass bei der nachfolgenden Anleitung zur Prüfung der Reagentien auf ihre Reinheit nur auf die Stoffe Rücksicht genommen werden konnte, mit welchen sie in Folge ihrer Bereitungsart leicht verunreinigt sind, nicht aber auf ganz zufällige, versteht sich von selbst. —

Das Verfehlen des gehörigen Maafses, der richtigen Quantität beim Zusatz eines Reagens zu einem zu prüfenden Körper ist eine der gewöhnlichsten Fehlerquellen bei qualitativen Analysen. Ausdrücke, wie ein Zusatz im Ueberschuss, Uebersättigen u. a. m., verleiten den Anfänger oft zu der Meinung, man könne von dem Reagens gar nicht zu viel zusetzen, und damit sie nur keine zu geringe Menge nehmen, giefsen Manche, um einige Tropfen ei-

22   Zweiter Abschnitt. — Die Reagentien. — § 15.

ner alkalischen Flüssigkeit zu übersättigen, ein Proberöhrchen
voll Säure zu, während doch jeder Tropfen der Säure, welcher
zugesetzt wird, nachdem einmal der Neutralitätspunkt erreicht
ist, schon als ein Säureüberschuss angesehen werden muss.
Ebenso wie nun ein zu reichlicher, so muss auch ein zu geringer
Zusatz vermieden werden, indem bei unzureichender Menge eines Reagens oft ganz andere Erscheinungen eintreten, als bei
einem Ueberschuss desselben. So wird z. B. Quecksilberchlorid
von wenig Schwefelwasserstoff weifs, von überschüssigem aber
schwarz gefällt. Als Erfahrungssatz jedoch kann aufgestellt werden, dass sich Anfänger ihre Arbeiten gewöhnlich dadurch erschweren und unsicher machen, dass sie zu reichliche Mengen
von den Reagentien zusetzen. Der Grund, warum dadurch die
Untersuchung an Sicherheit verliert, liegt am Tage, wenn man
sich erinnert, dass die durch Reagentien bewirkten Veränderungen alle nur bis zu einer gewissen Grenze bemerkbar sind, dass
sie also um so weniger in's Auge fallen, um so leichter übersehen werden, je mehr man sich dieser Grenze durch Verdünnung
der Flüssigkeit nähert.

In Betreff der Vermeidung dieser besprochenen Fehlerquelle
lassen sich durchaus keine bestimmten Gesetze aufstellen, wohl
aber ein allgemeines und dieses reicht auch hin, in allen, wenigstens in den meisten Fällen stets das richtige Maafs zu treffen.
Es besteht einfach darin, dass man jedesmal vor dem Zusatz eines Reagens klar überdenkt, in welcher Absicht man es anwendet, welche Erscheinung man dadurch hervorrufen will.

Je nachdem man den zum Einwirken der Reagentien nothwendigen flüssigen Zustand durch Hitze, oder durch nasse Lösungsmittel herstellt, unterscheidet man Reagentien auf
trocknem und Reagentien auf nassem Wege. Der Uebersicht wegen bringen wir diese Hauptgruppen in folgende Unterabtheilungen:

A. Reagentien auf nassem Wege.
  I. Allgemeine Reagentien.
    a. Solche, welche vorzugsweise als einfache Lösungs-
       mittel gebraucht werden.
    b. Solche, welche hauptsächlich als chemische Lö-
       sungsmittel Anwendung finden.
    c. Solche, welche besonders zur Abscheidung oder zur
       anderweitigen Charakterisirung von Körpergruppen
       dienen.

Allgemeine Reagentien auf nassem Wege. — §. 16—17.   23

II. Besondere Reagentien.
   a. Solche, welche besonders zur Erkennung der einzelnen
      Basen dienen.
   b. Solche, welche vorzugsweise zur Auffindung der ein-
      zelnen Säuren in Anwendung kommen.
B. Reagentien auf trocknem Wege.
   I. Aufschliefsungsmittel.
   II. Löthrohrreagentien.

A. Reagentien auf nassem Wege.

I. Allgemeine Reagentien.

a. Solche, welche vorzugsweise als einfache Lösungsmittel
gebraucht werden.

§. 16.

1. Wasser (HO).

Bereitung. Man destillirt Brunnenwasser aus einer kupfer-
nen Blase, oder aus einer Glasretorte und lässt ein Viertheil desselben zurück. — Im Freien aufgefangenes Regenwasser kann
das destillirte Wasser in den meisten Fällen ersetzen.

Prüfung. Es darf beim Verdampfen keinen Rückstand hinterlassen und Georginenpapier nicht verändern. Salpetersaures
Silber, Chlorbaryum, oxalsaures Ammoniak und Kalkwasser dürfen es nicht trüben.

Anwendung. Das Wasser[1] dient uns erstens als einfaches
Lösungsmittel für eine sehr grofse Anzahl von Körpern. Es findet ferner specielle Anwendung zur Zerlegung einiger neutraler
Metallsalze in saure lösliche und basische unlösliche Verbindungen, insbesondere der Wismuthsalze und des Chlorantimons.

§. 17.

2. Alkohol ($C_4H_6O_2 = AeO + aq.$).

Bereitung. Man braucht bei Analysen erstens einen Weingeist von 0,83 bis 0,84 spec. Gew., den Spiritus Vini rectificatis-

---

[1] Da wir uns bei chemischen Untersuchungen nur des destillirten Wassers
bedienen können, so sei hiermit erklärt, dass in dem ganzen Werkchen
unter Wasser stets destillirtes Wasser zu verstehen ist.

24 Allgemeine Reagentien auf nassem Wege. — §. 18—19.

simus der Apotheken, und zweitens absoluten Alkohol. Den letztern erhält man durch Rectification des erstern unter Zusatz geschmolzenen Chlorcalciums.

Prüfung. Er muss sich vollständig verflüchtigen, darf zwischen den Händen gerieben keinen Fuselölgeruch hinterlassen und Lackmuspapier nicht röthen.

Anwendung. Im Alkohol sind manche Körper löslich, andere unlöslich. Er kann uns daher öfters zur Trennung der ersteren von den letzteren dienen, z. B. zur Scheidung des Chlorstrontiums vom Chlorbaryum. — Der Alkohol wird ferner zur Abscheidung in Weingeist unlöslicher Körper aus ihren wässerigen Lösungen angewendet, z. B. zur Fällung des äpfelsauren Kalks. Wir gebrauchen ihn ausserdem zur Erzeugung verschiedener Aetherarten, besonders zur Bildung des durch seinen Geruch charakterisirten Essigäthers; ferner zur Reduction einiger Körper unter Mitwirkung von Säure, so des Bleisuperoxyds, der Chromsäure etc. — Der Alkohol dient uns endlich zur Erkennung einiger Substanzen, welche die Flamme darüber angezündeten Weingeistes eigenthümlich färben, namentlich der Borsäure, des Strontians, des Natrons und des Kali's.

§. 18.

3. Aether ($C_4H_5O = AeO$).

Der Aether findet in der qualitativen Analyse anorganischer Körper eine höchst beschränkte Anwendung. Er wird nämlich fast nur zur Isolirung des Broms gebraucht (§. 101. b). Zu diesem Zwecke ist der käufliche officinelle Aether hinreichend rein und stark.

b. Reagentien, welche hauptsächlich als chemische Lösungsmittel Anwendung finden.

§. 19.

1. Chlorwasserstoffsäure (HCl)

Bereitung. Man übergiesst in einer Retorte 8 Theile Kochsalz mit einer erkalteten Mischung von $13\frac{1}{2}$ Theilen englischer Schwefelsäure und 4 Theilen Wasser, richtet den Hals der Retorte etwas in die Höhe, erwärmt sie im Sandbade, so lange noch Gas übergeht, und leitet das sich entwickelnde mittelst einer zweischenklichen Röhre in ein beständig abzukühlendes Glas, welches 12 Theile Wasser enthält. Die Röhre lässt man, um

ein Zurücksteigen zu verhüten, nur etwa eine Linie in das vor-
geschlagene Wasser tauchen. Enthält die Schwefelsäure Salpetersäure, so muss das zuerst übergehende Gas, welches alsdann
Chlor enthält, besonders aufgefangen werden. Nach beendigter
Operation prüft man das spec. Gew. der erhaltenen Säure und
verdünnt sie mit Wasser, bis sie 1,11 bis 1,12 wiegt.

Prüfung. Die Salzsäure muss farblos sein und beim Verdampfen keinen Rückstand lassen. Sie darf Indigolösung beim
Kochen nicht entfärben. Chlorbaryum darf in der stark verdünnten Säure weder so einen Niederschlag geben (Schwefelsäure),
noch auch nach dem Kochen mit Salpetersäure (schweflige Säure).
Schwefelwasserstoff muss sie unverändert lassen. Ferrocyankalium darf sie, nach der Neutralisation mit Ammoniak und nach
herigem Zusatz von etwas überschüssiger Essigsäure, nicht blau
färben oder fällen.

Anwendung. Die Salzsäure dient uns als Lösungsmittel für eine
sehr grofse Anzahl von Körpern. Oxyde und Superoxyde löst sie
als Chloride auf, indem im letzten Falle meistens Chlor frei wird; —
Salze mit unlöslichen oder flüchtigen Säuren verwandelt sie ebenfalls in Chlormetalle unter Abscheidung der Säure, z. B. kohlensauren Kalk; — Salze mit nichtflüchtigen und löslichen Säuren
löst sie scheinbar ohne Zersetzung, z. B. phosphorsauren Kalk.
Bei Lösungen letzterer Art müssen wir annehmen, dass sich ein
Chlormetall und ein lösliches saures Salz der andern Säure bilde,
z. B. bei dem phorphorsauren Kalk: Chlorcalcium und saurer
phosphorsaurer Kalk. Bei Salzen solcher Säuren jedoch, welche
keine löslichen sauren Salze mit den betreffenden Basen bilden,
ist diese Erklärung unstatthaft und wir müssen alsdann annehmen, dass entweder die Säure des Salzes sich frei in der Lösung
befinde (borsaurer Kalk) oder dass die Salzsäure nur als e i n-
f a c h e s Lösungsmittel (vergl. §. 2.) wirke. — Die Salzsäure findet
aufserdem specielle Anwendung zur Entdeckung und Abscheidung
des Silberoxyds, Quecksilberoxyduls und Bleies (siehe unten),
wie auch zur Erkennung des freien Ammoniaks an der auf der
Entstehung von Salmiak in der Luft beruhenden Nebelbildung.

§. 20.

2. Salpetersäure (NO_5).

Bereitung. Man setzt zu käuflicher Salpetersäure, welche
fast immer Schwefelsäure und Salzsäure enthält, salpetersaure

26   Allgemeine Reagentien auf nassem Wege. — §. 21.

Silberoxydlösung, so lange noch ein Niederschlag von Chlorsilber
entsteht, lässt absitzen, giefst in eine Retorte und destillirt bis auf
einen kleinen Rest über. Das Destillat verdünnt man alsdann,
wenn es nöthig ist, mit Wasser, bis die Säure ein spec. Gewicht
von 1,2 hat.

Prüfung. Sie muss farblos sein und auf einem Platinblech
verdampft keinen Rückstand lassen. Salpetersaures Silber und
salpetersaurer Baryt dürfen sie nicht trüben. Vor dem Zusatz
dieser Reagentien ist die Säure stark mit Wasser zu verdünnen,
widrigenfalls sich salpetersaure Salze niederschlagen.

Anwendung. Die Salpetersäure dient erstlich als chemisches
Lösungsmittel für Metalle, Oxyde, Schwefelverbindungen, Sauerstoffsalze u. s. w. Ihre Wirkung beruht bei den Metallen und
Schwefelmetallen auf Oxydation dieser Körper auf Kosten eines
Theils des Sauerstoffs der Säure und auf nachheriger Auflösung
der gebildeten Oxyde zu salpetersauren Salzen. Die meisten
Oxyde werden von Salpetersäure geradezu als salpetersaure
Salze gelöst, ebenso die meisten in Wasser unlöslichen Salze mit
schwächeren Säuren, indem bei den letzteren die Salpetersäure
die schwächere Säure austreibt. — Salze mit löslichen, nicht
flüchtigen Säuren löst sie in der bei der Chlorwasserstoffsäure
beschriebenen Weise. — Die Salpetersäure dient ferner als ge-
wöhnlichstes Oxydationsmittel, z. B. zur Ueberführung des Eisenoxyduls in Oxyd, zur Zersetzung der Jodwasserstoffsäure und
Jodmetalle u. s. w.

§. 21.

3. Königswasser (N Cl$_2$ O$_3$).

Bereitung. Man mischt einen Theil reiner Salpetersäure mit
3 bis 4 Theilen reiner Salzsäure.

Anwendung. Salpetersäure und Salzsäure zerlegen sich in
der Art, dass Wasser und eine neue bei gewöhnlicher Temperatur gasförmige, in Wasser lösliche Verbindung NCl$_2$O$_3$ (von ihrem
Entdecker Baudrimont Chlorstickstoffsäure genannt) entsteht.
(2 ClH + NO$_5$ = NCl$_2$O$_3$ + 2 HO.) Diese Zerlegung hört auf,
wenn die Flüssigkeit mit dem Gase gesättigt ist; sie beginnt sogleich wieder, wenn dieser Sättigungszustand durch Erwärmen
oder durch Zersetzung der Säure aufhört. — Durch den Gehalt
an dieser Säure, welche ihr Chlor, wie auch einen Theil ihres
Sauerstoffs, sehr schwach gebunden enthält, ist das Königswasser
unser stärkstes Lösungsmittel für Metalle, diejenigen ausgenommen,

welche mit Chlor unlösliche Verbindungen bilden. Seine Haupt-
anwendung ist die zur Lösung des Golds und Platins, welche sowohl in Salzsäure als Salpetersäure unlöslich sind, zur Zersetzung
verschiedener Schwefelmetalle, z. B. des Zinnobers u. s. w.

§. 22.

4. Essigsäure ($C_4H_3O_3 = \bar{A}$).

Bereitung. Man reibt 10 Theile krystallisirtes neutrales essigsaures Bleioxyd mit 3 Theilen zerfallenem Glaubersalz zusammen, giebt das Gemenge in eine Retorte, setzt ein erkaltetes Ge-
misch von $2\frac{1}{2}$ Theilen englischer Schwefelsäure und ebenso viel
Wasser zu und destillirt aus dem Sandbad bis zur Trockne. Die
Vorlage verbindet man mit der Retorte sehr zweckmäfsig durch
einen Lie big'schen Kühlapparat.

Prüfung. Die Essigsäure darf biem Verdampfen keinen
Rückstand lassen. Schwefelwasserstoff, Silber- und Barytlösung
dürfen die verdünnte Säure nicht fällen, Barytlösung auch dann
nicht, wenn die Essigsäure zuvor mit Salpetersäure gekocht worden ist. Ist letzteres der Fall, was eine Verunreinigung der Essigsäure mit schwefliger Säure verräth, so rectificirt man sie nach
vorhergegangener Digestion mit etwas braunem Bleisuperoxyd.
— Indigolösung darf beim Erhitzen mit der Säure nicht entfärbt
werden. Siehe §. 102. a.

Anwendung. Die Anwendung der Essigsäure bei der qualitativen Analyse gründet sich meistens darauf, dass sie ein unglei-
ches Lösungsvermögen für verschiedene Substanzen hat. So wird
sie z. B. zur Unterscheidung des oxalsauren Kalks vom phosphorsauren angewendet. — Die Essigsäure dient ferner zum Ansäuern von Flüssigkeiten, wenn Mineralsäuren vermieden werden
sollen.

§. 23.

5. Chlorammonium (NH_4, Cl).

Bereitung. Den käuflichen Salmiak kann man meistens durch
einfaches Umkrystallisiren rein erhalten. Enthält er Eisen, so setzt
man der Auflösung etwas Schwefelammonium zu, lässt den entstehenden Niederschlag sich absetzen, filtrirt, setzt Salzsäure bis
zur schwach sauren Reaction zu, kocht auf, filtrirt, sättigt mit
Ammoniak und bringt zur Krystallisation. Einen Theil des Salzes
löst man zum Gebrauche in 8 Theilen Wasser.

Prüfung. Auf einem Platinblech verdampft muss die Salmiak-

28   Allgemeine Reagentien auf nassem Wege. — §. 24.

lösung einen Rückstand hinterlassen, der sich bei weiterem Erhitzen vollständig verflüchtigt. Schwefelammonium darf sie nicht
verändern. Ihre Reaction sei völlig neutral.

Anwendung. Der Salmiak dient hauptsächlich dazu, gewisse
Oxyde, z. B. Manganoxydul, Magnesia, oder Salze, z. B. weinsteinsauren Kalk, in Auflösung zu erhalten, wenn andere Oxyde
oder Salze durch Ammoniak oder ein anderes Reagens niedergeschlagen werden. Diese Anwendung gründet sich auf die Neigung der Ammoniaksalze, mit anderen Salzen Doppelverbindungen zu bilden. Ferner dient der Salmiak zur Unterscheidung
mancher im Uebrigen ähnlicher Niederschläge, z. B. der in Salmiak unlöslichen basisch phosphorsauren Ammoniak-Magnesia von
anderen Magnesianiederschlägen. Endlich wendet man ihn an
zur Fällung verschiedener in Kali löslicher, in Ammoniak unlöslicher Körper aus ihren kalischen Lösungen, z. B. der Thonerde,
des Chromoxyds. Der Salmiak setzt sich nämlich mit dem Kali
um, es bildet sich Chlorkalium, Wasser und Ammoniak. Der Salmiak findet ferner specielle Anwendung zur Fällung des Platins
als Platinsalmiak.

c. Reagentien, welche besonders zur Abscheidung oder zur
anderweitigen Charakterisirung von Körpergruppen dienen.

§. 24.

1. Reagenspapiere: α. Blaues Lackmuspapier.

Bereitung. Man digerirt einen Theil käuflichen Lackmus mit
6 Theilen Wasser, filtrirt, theilt die intensiv blaue Flüssigkeit in
2 Theile, sättigt in der einen Hälfte das freie Alkali, indem man
wiederholt mit einem in sehr verdünnte Schwefelsäure getauchten Glasstabe umrührt, bis die Farbe eben roth erscheint, mischt
die noch blaue Hälfte hinzu, giefst Alles in eine Schale und zieht
Streifen feinen, umgeleimten Papiers durch die Tinctur. Zum
Trocknen hängt man die Streifen an Fäden auf. Das Lackmuspapier muss gleichmäfsig, weder zu hell noch zu dunkel gefärbt
sein.

Anwendung. Das Lackmuspapier dient zur Entdeckung freier
Säure in einer Flüssigkeit, indem dadurch seine blaue Farbe in
Roth übergeführt wird. — Dieselbe Umwandlung erleidet es
übrigens auch durch die neutralen Salze der meisten schweren
Metalloxyde, was wohl zu beachten ist.

Geröthetes Lackmuspapier. — Curcumapapier. — §. 24.   29

β. Geröthetes Lackmuspapier.

Bereitung. Man rührt blaue Lackmustinctur wiederholt mit einem in verdünnte Schwefelsäure getauchten Glasstäbchen um, bis ihre Farbe eben deutlich roth geworden. Mit dieser Tinctur tränkt man sodann Papierstreifen. Sie müssen nach dem Trocknen deutlich roth sein.

Anwendung. Reine Alkalien und alkalische Erden, ebenso die Schwefelverbindungen dieser Körper, kohlensaure Alkalien, wie auch die löslichen Salze einiger anderer schwacher Säuren, namentlich der Borsäure, stellen die blaue Farbe des gerötheten Lackmuspapiers wieder her. Es dient daher zur Erkennung dieser Körper im Allgemeinen.

γ. Georginenpapier.

Bereitung. Die violetten Corollenblätter der Georgina purpurea kocht man mit Wasser, oder digerirt sie mit Weingeist und tränkt mit der erhaltenen Tinctur Papierstreifen. Man muss die Flüssigkeit gerade so concentrirt wählen, dass das Papier nach dem Trocknen eine schön blauviolette, nicht zu dunkle Farbe hat. Fällt es zu roth aus, so setzt man der Tinctur ein Minimum Ammoniak zu.

Anwendung. Das Georginenpapier wird von Säuren roth, von Alkalien schön grün gefärbt. Es ist daher zum Gebrauche sehr bequem, indem es sowohl das blaue, als das geröthete Lackmuspapier ersetzt. Bei guter Bereitung ist es sowohl auf Säuren, als Alkalien äufserst empfindlich. Concentrirte Lösungen ätzender Alkalien färben es gelb, indem sie den Farbestoff zerstören.

δ. Curcumapapier.

Bereitung. Man digerirt und erwärmt einen Theil zerstofsener Curcumawurzel mit 6 Theilen schwachen Weingeistes und tränkt mit der filtrirten Tinctur Streifen von feinem Papier. Das Curcumapapier muss nach dem Trocknen eine schön gelbe Farbe haben.

Anwendung. Es dient ebenso wie das rothe Lackmuspapier und das Georginenpapier zur Entdeckung freier Alkalien u. s. w., indem durch dieselben seine gelbe Farbe in eine braune umgewandelt wird. Es ist nicht so empfindlich wie die anderen Reagenspapiere, die Farbenveränderung ist aber sehr charakteristisch und kann bei manchen gefärbten Flüssigkeiten besonders gut

30   Allgemeine Reagentien auf nassem Wege. — §. 25.

wahrgenommen werden, daher das Curcumapapier nicht gut zu
entbehren ist. Bei Prüfungen mit demselben ist zu berücksichtigen, dass auch einige Körper, welche nicht zu den oben (beim
geröteten Lackmuspapier) angeführten gehören, z. B die Borsäure, seine gelbe Farbe in Braun verwandeln.

Alle Reagenspapiere werden in Streifchen zerschnitten und in
gut verschlossenen Kästchen oder Gläsern aufbewahrt.

§. 25.

2. Schwefelsäure (SO$_3$).

Man kann sich bei qualitativen Analysen stets der englischen
Schwefelsäure bedienen, wenn man dieselbe durch Kochen von
Salpetersäure befreit hat und wenn sie kein Arsen enthält. Enthält sie letzteres, so muss dieselbe auf folgende Weise vorbereitet werden, ehe man sich ihrer bei der Marsh'schen Arsenik-
probe bedienen kann. Man verdünnt sie mit der sechsfachen
Gewichtsmenge Wassers, sättigt die Flüssigkeit mit Schwefelwasserstoff, lässt dieselbe an einem mäfsig warmen Orte stehen,
bis sie klar geworden, filtrirt alsdann von dem Niederschlag ab,
kocht bis die Säure geruchlos geworden und hebt sie zum Gebrauche auf.

Prüfung. Die Schwefelsäure darf mit wenig Indigolösung
gekocht die blaue Farbe derselben nicht zerstören. Sie muss
mit reinem Zink und Wasser Wasserstoffgas liefern, welches beim
Durchleiten durch eine glühende Röhre keinen Anflug von Arsen
giebt. Vergl. §. 95. d.

Anwendung. Da die Schwefelsäure zu den meisten Basen
gröfsere Verwandtschaft hat, als beinahe alle übrigen Säuren, so
bedient man sich ihrer besonders zum Freimachen und Austrei-
ben anderer Säuren, namentlich der Phosphorsäure, Borsäure,
Salzsäure, Salpetersäure und Essigsäure. — Die Schwefelsäure
dient ferner zum Freimachen des Jods in den Jodmetallen. Sie
oxydirt dabei die Metalle auf Kosten ihres eigenen Sauerstoffs
und geht in schweflige Säure über. — Auf die grofse Verwandtschaft der Schwefelsäure zum Wasser gründet sich die Zersetzung mehrerer Körper, welche ohne Wasser nicht bestehen
können (z. B die der Oxalsäure), wenn sie mit concentrirter
Schwefelsäure zusammenkommen. Die frei werdenden Zersetzungsproducte lassen alsdann auf den zersetzten Körper schliefsen. — Die Schwefelsäure ist aufserdem zur Entwicklung mehr-
rer Gase, besonders des Wasserstoffgases und Schwefelwasser-

Schwefelwasserstoff. — §. 26.   31

stoffs, in häufigem Gebrauch. — Zur Entdeckung und Fällung des Baryts, Strontians und Bleies findet sie endlich specielle Anwendung. Man bedient sich dazu einer mit 4 Theilen Wasser verdünnten Säure.

§. 26.

3. Schwefelwasserstoff (HS).

Bereitung. In einen rothglühenden Schmelztiegel trägt man portionenweise ein inniges Gemenge von 30 Theilen Eisenfeile und 21 Theilen Schwefelblumen mit der Vorsicht ein, dass man immer das die stattfindende Vereinigung bezeichnende Erglühen der eingetragenen Menge abwartet, bevor man neue Portionen

Fig. 3.

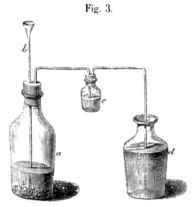

zusetzt. Nachdem Alles eingetragen ist, lässt man den Tiegel wohl bedeckt noch eine kleine Weile im Feuer. Hat man einen Gebläse- oder einen sehr gut ziehenden Wind-Ofen, so erhält man ein reineres und besseres, wohlgeflossenes Schwefeleisen, wenn man Eisendrehspäne in einem hessischen Tiegel zum heftigsten Glühen erhitzt und alsdann nach und nach Schwefelstücke darauf wirft, bis die ganze Masse in Schwefeleisen verwandelt ist. Nicht unzweckmäfsig ist es, in dem Boden des Tiegels ein Loch zu machen. Das gebildete Schwefeleisen fliefst alsdann jedesmal sogleich ab und kann in dem Aschenloche in einer Kohlenschaufel aufgefangen werden. — Das auf die eine oder andere Art erhaltene Präparat schlägt man in Stückchen, übergiefst sie in einer Entwicklungsflasche (*a*) mit Wasser und setzt durch die Trichterröhre (*b*) concentrirte Schwefelsäure zu. Das sich entwickelnde Gas leitet man zur Reinigung durch etwas Wasser (*c*).

Das Schwefelwasserstoffwasser bereitet man durch Einleiten des Gases in ausgekochtes, möglichst kaltes Wasser (*d*) bis zur Sättigung, bis also alles Gas gänzlich unabsorbirt entweicht. Ob das Wasser völlig mit Gas gesättigt ist, erkennt man am leichtesten, wenn man die Flasche mit dem Daumen verschliefst und tüchtig schüttelt. Wird alsdann ein Druck nach

32   Allgemeine Reagentien auf nassem Wege. — §. 27.

aufsen fühlbar, so ist die Operation zu Ende, wird hingegen der
Daumen nach innen gezogen, so kann das Wasser noch mehr
Gas aufnehmen. Das Schwefelwasserstoffwasser muss wohlver-
stopft aufbewahrt werden, sonst erleidet es bald vollständige
Zersetzung. Sehr lange hält es sich, wenn man es gleich nach
der Bereitung in kleine Gläser füllt und diese gut verkorkt in
mit Wasser gefüllte Töpfchen umstürzt. Es muss klar sein, in
hohem Grade den Geruch des Gases haben und mit Eisenchlorid
einen starken Niederschlag von Schwefel geben. Bei Zusatz von
Ammoniak darf es nicht schwärzlich werden.

Anwendung. Der Schwefelwasserstoff hat grofse Neigung,
sich mit Metalloxyden in Wasser und Schwefelmetalle umzuset-
zen. Da nun diese gröfstentheils in Wasser unlöslich sind, so ist
eine solche Umsetzung meistens von einer Fällung der Metalle
aus ihren Lösungen begleitet. Die Bedingungen, unter welchen
diese Fällungen erfolgen, sind in der Art verschieden, dass wir
durch Abänderung derselben sämmtliche fällbare Metalle wiederum
in Gruppen scheiden können, wie dies unten auseinandergesetzt
werden soll. Es ist daher der Schwefelwasserstoff zur Trennung
der Metalle in Hauptgruppen ein ganz unschätzbares Mittel. Von
den durch Schwefelwasserstoff erzeugten Niederschlägen, von den
Schwefelmetallen also, haben einige so ausgezeichnete Farbe,
dass wir daraus auf die darin enthaltenen Metalle schliefsen können. Diejenigen Metalle, zu deren specieller Erkennung der
Schwefelwasserstoff dient, sind besonders folgende: Zinn, Antimon, Arsen, Cadmium, Mangan und Zink. Das Nähere siehe im
3ten Abschnitte. Durch seine leicht erfolgende Zersetzbarkeit
wird der Schwefelwasserstoff auch zum Reductionsmittel für viele
Körper, so werden Eisenoxydsalze dadurch in Oxydulsalze verwandelt, Chromsäure in Chromoxyd u. s. w. Bei diesen Reductionen scheidet sich der Schwefel in Form eines feinen, weifsen
Pulvers aus.

§. 27.

4.. Schwefelwasserstoff-Schwefelammonium (NH$_4$S, HS).

Bereitung. Man leitet durch Ammoniakflüssigkeit Schwefelwasserstoffgas bis zur vollkommenen Sättigung, bis also schwefelsaure Magnesialösung davon nicht mehr gefällt wird. Die erhaltene Flüssigkeit muss in gut verschlossenen Gläsern aufbewahrt
werden, da sie sich in Berührung mit der Luft zersetzt.

Prüfung. Das Schwefelwasserstoff-Schwefelammonium ist

anfangs farblos und scheidet beim Vermischen mit Säuren keinen
Schwefel ab, in Berührung mit der Luft färbt es sich gelb, indem
sich Schwefelammonium im Maximum (NH_4, S_5) bildet. Eine
solche gelbe Färbung macht das Reagens keineswegs unbrauchbar. Es scheidet aber jetzt beim Vermischen mit Säuren Schwefel ab, was zu berücksichtigen ist. Das Schwefelwasserstoff-
Schwefelammonium muss klar sein, beim Erhitzen sich ohne Rückstand verflüchtigen und, wie gesagt, Magnesialösung nicht fällen.

   Anwendung. Es wurde bereits angeführt, dass die Scheidung der durch Schwefelwasserstoff fallbaren Metalloxyde in
weitere Gruppen von gewissen zu ihrer Präcipitation nothwendigen Bedingungen abhängig sei. Eine dieser Bedingungen ist die
Gegenwart, eine andere die Abwesenheit eines Alkali's; das will
sagen, gewisse Schwefelmetalle schlagen sich nur dann nieder,
wenn die Flüssigkeit alkalisch ist, weil sie in Säuren löslich sind,
andere nur, wenn die Flüssigkeit sauer ist, weil sie in alkalischen
Schwefelmetallen löslich sind. Das Schwefelwasserstoff-Schwefelammonium nun (welches der Kürze wegen in Zukunft nur Schwefelammonium genannt werden soll) kann als ein Reagens betrachtet werden, in dem Schwefelwasserstoff und Ammoniak neben
einander wirken. Es sind also darin sowohl die Bedingungen
gegeben, welche zur Fällung der eben erwähnten ersten Gruppe
nothwendig sind, als auch die, welche der Fällung der Schwefelmetalle der andern Gruppe vorbeugen, oder eine Wiederauflö-
sung derselben bewirken, wenn die aus saurer Lösung niedergeschlagenen mit dem Reagens digerirt werden. Behufs dieser
letzteren Anwendung muss das Schwefelammonium in gewissen
Fällen einen Ueberschuss an Schwefel enthalten.

   Aufser Schwefelmetallen, deren Fällung aus einem Zusam-
menwirken des Schwefelwasserstoffs und des Ammoniaks hervorgeht, schlägt das Schwefelammonium durch blofse Wirkung
seines Ammoniaks das Chromoxyd und die Thonerde als Oxydhydrate nieder, sowie auch solche Substanzen, welche nur durch
freie Säure gelöst waren, z. B. in Salzsäure gelösten phosphorsauren Kalk, was wohl in's Auge zu fassen.

§. 28.

5. Schwefelkalium $(KO, S_2O_2 + 2 K S_2)$.

   Bereitung. Man hält dieses Reagens nicht vorräthig, sondern
bereitet es sich erst beim jedesmaligen Gebrauche durch Auflösen
von etwas Schwefel in erhitzter Kalilauge. Um stets ein gleich-

förmiges Präparat zu bekommen, misst man zwei gleiche Portionen Kalilauge ab, kocht die eine mit überschüssigem Schwefel, giefst von dem ungelösten ab und vermischt die dunkelgelbe Flüssigkeit mit dem andern Theil der Lauge.

Anwendung. Das Schwefelkalium muss statt des Schwefelammoniums angewendet werden, wenn Schwefelkupfer von in alkalischen Schwefelmetallen löslichen Schwefelverbindungen, z. B. von Zinnsulfür, getrennt werden soll, da das Schwefelkupfer in Schwefelammonium nicht ganz unlöslich ist.

§. 29.

6. Kali (KO).

Bereitung. Man löst eine Unze reines kohlensaures Kali §. 30.) in 12 Unzen Wasser, bringt die Lösung in einem blanken eisernen Gefäfs zum Kochen und setzt, während die Flüssigkeit fortwährend siedet, so lange Kalkhydrat in kleinen Portionen zu, bis eine Probe der Flüssigkeit, in Salzsäure filtrirt, kein Aufbrausen mehr verursacht. (Man braucht zu 2 Theilen kohlensaurem Kali das Hydrat von etwa 1 Theil kaustischem Kalk.) Das Gefäfs wird jetzt vom Feuer genommen. Wenn genau nach der Vorschrift verfahren worden ist, setzt sich der gebildete kohlensaure Kalk sehr schnell zu Boden. Man giefst, sowie dies geschehen, die Lauge auf ein Seihezeug von gebleichter Leinwand und verdampft das Filtrat in einem eisernen, besser in einem silbernen Gefäfs bei raschem Feuer, bis es 4 Unzen beträgt, also etwa ein spec. Gew. = 1,33 hat. Die Kalilauge wird am besten in Fläschchen aufgehoben, welche mit übergreifendem Deckel nach Art der gläsernen Spirituslampen verschlossen sind. In Ermangelung solcher legt man um den Glasstopfen eines gewöhnlichen Glases vor dem Eindrehen ein schmales Streifchen Schreibpapier. Versäumt man diese Vorsichtsmafsregel, so geht nach kurzer Zeit der Stopfen nicht mehr aus dem Glase.

Prüfung. Die Kalilauge muss farblos sein. Sie soll nach Uebersättigung mit Salpetersäure, wobei nur ein geringes Aufbrausen entstehen darf, weder mit Chlorbaryum, noch mit salpetersaurem Silberoxyd Niederschläge geben und nach dem Abdampfen zur Trockne beim Aufnehmen des Rückstandes mit Wasser keine Kieselsäure zurücklassen. Beim Erwärmen mit einer gleichen Menge Salmiaklösung darf keine Trübung entstehen.

Anwendung. Vermöge seiner grofsen Verwandtschaft zu Säuren zersetzt das Kali die Salze der meisten Basen und schlägt daher aus ihren Lösungen alle diejenigen nieder, welche in Wasser unlöslich sind. Von diesen Oxyden werden manche von Kaliüberschuss gelöst, z. B. Thonerde, Chromoxyd, Bleioxyd; andere nicht, wie Eisenoxyd, Wismuthoxyd u. s. w. Das Kali giebt also auch ein Mittel an die Hand, die ersteren Oxyde von den letzteren zu trennen. — Das Kali löst ferner viele Salze (z. B. chromsaures Blei), Schwefelverbindungen u. s. w. auf und trägt so sowohl zur Trennung, als auch zur Unterscheidung derselben bei. — Viele der durch Kali erzeugten Niederschläge zeigen eigenthümliche Farbe oder haben sonst charakteristische Eigenschaften, wie z. B. Manganoxydul, Eisenoxydul, Quecksilberoxydul, so dass man an diesen Niederschlägen die Metalle erkennen kann. Das Kali treibt das Ammoniak aus seinen Salzen aus, so dass es sich alsdann an seinem Geruche, seiner Reaction auf Pflanzenfarben u. s. w. erkennen lässt.

§. 30.

7. Kohlensaures Kali (KO, CO_2).

Bereitung. Man glühe gereinigten, gut ausgewaschenen Weinstein in einem Eisengefäfse, bis die Masse vollständig verkohlt ist, koche den Rückstand mit Wasser aus, filtrire die Lauge, verdampfe sie, zuletzt unter stetem Umrühren, in einem blanken eisernen Gefäfse zur Trockne und hebe das trockne Salz in einem wohl verschlossenen Glase auf. Zum Gebrauche löst man einen Theil desselben in 5 Theilen Wasser.

Prüfung. Das kohlensaure Kali sei vollkommen weifs. Seine Lösung darf, nach Uebersättigung mit Salpetersäure, weder von Chlorbaryum, noch von salpetersaurem Silberoxyd getrübt werden und muss, mit Salzsäure übersättigt und zur Trockne verdampft, beim Wiederlösen in Wasser keinen Rückstand (Kieselerde) lassen.

Anwendung. Das kohlensaure Kali fällt alle Basen mit Ausnahme der Alkalien und zwar die meisten als kohlensaure Verbindungen, einige auch als Oxyde. Aus sauren Auflösungen werden diejenigen Basen, welche als doppeltkohlensaure Salze in Wasser löslich sind, erst beim Kochen vollständig gefällt. Viele von den durch kohlensaures Kali erzeugten Niederschlägen sind eigenthümlich gefärbt und können daher zur Erkennung der einzelnen Metalle dienen. Die kohlensaure Kalilauge wird ferner zur Zerlegung vieler unlöslicher Salze mit alkalisch erdiger oder metallischer Base, besonders derer mit organischen Säuren

36   Allgemeine Reagentien auf nassem Wege. — §. 31.

angewendet. Diese Salze werden nämlich beim Kochen mit kohlensaurem Kali in kohlensaure Verbindungen umgewandelt, während die Säuren an das Kali treten, also in Lösung kommen.
Das kohlensaure Kali dient aufserdem zur Sättigung freier Säuren, um sie als Kalisalze zu bekommen und findet endlich specielle Anwendung zur Fällung des Platins aus salzsäurehaltigen
Lösungen.

§. 31.

8. Ammoniak (NH$_3$).

Bereitung. Man löscht 4 Thle. kaustischen Kalk mit 1$\frac{1}{3}$ Thl.
Wasser, mischt das Hydrat in einem Glaskolben mit 5 Thln. gepulvertem Salmiak und tröpfelt vorsichtig noch so viel Wasser
hinzu, dass das Pulver beim Umschütteln Klumpen bildet. Man
setzt alsdann den Kolben in ein Sandbad und bringt ihn mit zwei,
in der Mitte durch einen kleinen Waschapparat verbundenen
Gasleitungsröhren in Verbindung, gerade wie dies oben (§. 26.)
bei dem Schwefelwasserstoff angegeben und abgebildet ist. In
das Waschgläschen giebt man eine sehr kleine Menge Wasser,
in das zur Absorption bestimmte aber 10 Thle. Das letztere
stellt man in ein Gefäfs mit kaltem Wasser und beginnt alsdann
zu erwärmen. Die Gasentwicklung erfolgt rasch. Man feuert,
bis keine Blasen mehr kommen, und öffnet alsdann schnell den
Pfropf des Kolbens, damit die Flüssigkeit nicht zurücksteige.
Der in dem Waschgläschen enthaltene Salmiakgeist ist unrein,
der in dem zweiten Glase enthaltene aber ist rein, enthält ungefähr 16 Procent Ammoniak, hat also ein spec. Gew. von etwa
0,93. Man bewahrt ihn in mit Glasstopfen verschlossenen Gläsern auf.

Prüfung. Der Salmiakgeist muss farblos sein, darf beim
Verdampfen auf einem Uhrglase nicht den geringsten Rückstand
lassen, Kalkwasser nicht trüben (Kohlensäure) und nach dem
Uebersättigen mit Salpetersäure weder durch Baryt-, noch durch
Silber-Lösung getrübt, noch auch durch Schwefelwasserstoff ge-
färbt werden.

Anwendung. Das Ammoniak ist eins derjenigen Reagentien, welche mit am häufigsten in Gebrauch kommen. Es dient
besonders zum Sättigen saurer Flüssigkeiten, zur Fällung sehr
vieler Metalloxyde und Erden, sowie zur Trennung der fällbaren
von einander, indem manche derselben von Ammoniaküberschuss

als ammoniakalische Doppelsalze gelöst werden, wie Zink-, Cadmium-, Silber-, Kupfer-, Oxyd etc., andere in freiem Ammoniak nicht löslich sind. Sowohl die Niederschläge, als die ammoniakalischen Lösungen derselben sind zum Theil ausgezeichnet gefärbt und lassen die Metalle erkennen. —

Viele Oxyde, welche aus neutralen Lösungen durch Ammoniak niedergeschlagen werden, erleiden dadurch aus sauren Lösungen keine Fällung, indem dieselbe durch das gebildete Ammoniaksalz verhindert wird, vergl. oben Chlorammonium (§. 23.).

§. 32.

9. Kohlensaures Ammoniak (NH_4 O, CO_2).

Bereitung. Man nimmt gereinigtes, nicht nach Thieröl riechendes, anderthalb-kohlensaures Ammoniak, wie es im Grofsen durch Sublimation aus Salmiak und Kreide gewonnen wird, schabt die Rinden auf ihrer äufsern und innern Seite sorgfältig ab und löst einen Theil des Salzes in 4 Thln. Wasser, welchem man 1 Thl. Aetzammoniakflüssigkeit zugesetzt hat.

Prüfung. Das kohlensaure Ammoniak muss sich vollständig verflüchtigen und darf, nach Uebersättigung mit Salpetersäure, weder durch Baryt-, noch Silber-Lösung, noch auch durch Schwefelwasserstoff gefärbt oder gefällt werden.

Anwendung. Das kohlensaure Ammoniak fällt wie das kohlensaure Kali die meisten Metalloxyde und Erden. Die vollständige Fällung vieler derselben erfolgt ebenfalls erst beim Kochen. Von den gefällten Verbindungen lösen sich einige in einem Ueberschusse des Fällungsmittels wieder auf. In gleicher Weise löst das kohlensaure Ammoniak manche Oxydhydrate und gestattet so eine Trennung derselben von anderen unlöslichen. Diese Auflösungsfähigkeit beruht auf der Neigung der Ammoniaksalze, lösliche, durch freies und kohlensaures Ammoniak unzersetzbare Doppelsalze zu bilden. —

Wie das Aetzammoniak und aus demselben Grunde schlägt auch das kohlensaure Ammoniak viele Oxyde nicht aus sauren Auflösungen nieder, welche aus neutralen Lösungen davon gefällt werden. Vergl. §. 31. — In dem Gang der Analyse dient das kohlensaure Ammoniak vorzüglich zur Abscheidung des Baryts, Strontians und Kalkes und zur Trennung derselben von der Magnesia, da die letztere davon bei Gegenwart von Ammoniaksalzen nicht gefällt wird.

38   Allgemeine Reagentien auf nassem Wege.— §. 33—34.

§. 33.

10. Chlorbaryum (Ba Cl).

Bereitung. Man menge 6 Theile fein gepulverten Schwerspath mit 1 Thl. Kohlenpulver und 1½ Thln. Mehl und setze das Gemenge in einem hessischen Tiegel einer möglichst starken Glühhitze aus. Die erkaltete Masse zerreibe man, bringe etwa ⁹⁄₁₀ davon mit der vierfachen Menge Wasser zum Kochen und versetze mit Salzsäure, bis kein Aufbrausen von Schwefelwasserstoff mehr entsteht und die Flüssigkeit schwach sauer reagirt. Alsdann füge man das letzte ¹⁄₁₀ des geglühten Gemenges hinzu, koche noch eine Weile, filtrire und bringe die alkalische Flüssigkeit zur Krystallisation. Die getrockneten Krystalle digerire man mit Alkohol und wasche sie damit aus, löse sie wieder in Wasser auf und bringe neuerdings zur Krystallisation. Zum Gebrauche wird ein Theil der Krystalle in 10 Thln. Wasser gelöst.

Prüfung. Das Chlorbaryum darf Pflanzenfarben nicht verändern, seine Lösung darf weder durch Schwefelwasserstoff, noch durch Schwefelammonium gefärbt oder gefällt werden. Reine Schwefelsäure muss daraus alles Feuerbeständige niederschlagen, so dass die abfiltrirte Flüssigkeit, auf Platinblech verdampft, nicht den geringsten Rückstand lässt.

Anwendung. Der Baryt bildet mit manchen Säuren lösliche, mit anderen unlösliche Verbindungen. Es können daher die ersteren Säuren, welche von Chlorbaryum nicht gefällt werden, von den letzteren, in deren Salzlösungen durch Chlorbaryum Niederschläge entstehen, unterschieden werden. Die gefällten Barytniederschläge zeigen zu anderen Körpern (Säuren) ein verschiedenes Verhalten. Indem wir solche Körper auf dieselben einwirken lassen, können wir demnach die Gruppe der fällbaren Säuren wieder in Abtheilungen bringen, gewisse Säuren aber direct erkennen. Das Chlorbaryum ist durch seine Anwendbarkeit zur Unterscheidung der Säuregruppen, wie auch insbesondere zur Entdeckung der Schwefelsäure, eins unserer wichtigsten Reagentien.

§. 34.

11. Salpetersaurer Baryt (Ba O, NO₅).

Bereitung. Man bringe eine verdünnte Lösung von Chlorbaryum zum Kochen und setze kohlensaures Ammoniak hinzu, so lange dadurch noch ein Niederschlag entsteht, bis also die Flüssigkeit alkalisch reagirt. Den erhaltenen kohlensauren Baryt wasche man sorgfältig aus und trage ihn in erwärmte verdünnte Salpetersäure, bis die Flüssigkeit nicht mehr sauer reagirt. Die filtrirte Lösung bringe man durch Abdampfen zur Krystallisation. Zum Gebrauche löse man einen Theil des Salzes in 10 Thln. Wasser. — Auf seine Reinheit wird der salpetersaure Baryt eben so wie das Chlorbaryum geprüft. Durch salpetersaures Silber darf seine Lösung nicht getrübt werden.

Anwendung. Der salpetersaure Baryt wirkt wie das Chlorbaryum, er wird statt dessen angewendet, wenn man kein Chlormetall in eine Flüssigkeit bringen will.

§. 35.

12. Chlorcalcium (Ca Cl).

Bereitung. Man bringe in verdünnte erwärmte Salzsäure Kreide bis zum Verschwinden der sauren Reaction, versetze die filtrirte Lösung mit etwas Ammoniak und lasse einige Stunden in gelinder Wärme stehen. Man filtrire alsdann, erhitze das Filtrat zum Kochen, setze kohlensaures Ammoniak zu, bis aller Kalk gefällt ist, und wasche den erhaltenen kohlensauren Kalk sorgfältig aus. — Man erwärme jetzt eine Mischung von 1 Thl. reiner Salzsäure mit 5 Thln. Wasser und bringe so lange von dem ausgewaschenen kohlensauren Kalk hinzu, bis die letzten Portionen nicht mehr gelöst werden und die Flüssigkeit nicht mehr sauer ist, koche alsdann einige Mal auf, filtrire die Lösung und bewahre sie zum Gebrauche auf.

Prüfung. Die Chlorcalciumlösung muss neutral sein, darf von Schwefelammonium nicht gefärbt oder gefällt werden und mit Kali oder Kalkhydrat vermischt kein Ammoniak entbinden.

Anwendung. Das Chlorcalcium wirkt wie das Chlorbaryum und findet auch eine analoge Anwendung. Wird nämlich dieses zur Gruppentheilung der unorganischen Säuren gebraucht, so dient jenes zur Gruppenunterscheidung bei den organischen Säuren, indem es einen Theil derselben nicht niederschlägt, einen andern aber fällt. Wie bei den Barytniederschlägen, so geben auch bei den unlöslichen Kalksalzen die Bedingungen, unter welchen sie niedergeschlagen werden, Mittel zu weiterer Unterscheidung der Säuren an die Hand.

40 Allgemeine Reagentien auf nassem Wege. — §. 36.

§. 36.

13. Salpetersaures Silberoxyd (AgO, NO₅).

Bereitung. Man löse kupferhaltiges Silber, z. B. ein Gulden-
stück oder dergl., in Salpetersäure, verdampfe die Lösung zur
Trockne und schmelze den Rückstand in einer kleinen Porzellanschale über der Weingeistlampe bei gelinder Hitze, bis alles
salpetersaure Kupferoxyd zersetzt ist, bis also die grüne Farbe
des Salzes auch bei den an den oberen Wandungen des Schäl-
chens sitzenden Theilen vollständig verschwunden ist und eine in
Wasser gelöste Probe, mit überschüssigem Ammoniak vermischt,
nicht mehr blau wird. Die erkaltete Masse koche man mit Wasser
aus und bringe die filtrirte Lösung zur Krystallisation. Einen
Theil der Krystalle löse man zum Gebrauche in 20 Thln. Wasser.
Das beim Auflösen der geschmolzenen Masse zurückbleibende
Kupferoxyd enthält stets etwas Silber. Um dieses nicht zu verlieren, löse man besagten Rückstand in Salpetersäure und fälle
aus der Lösung das Silber als Chlorsilber.

Prüfung. Aus der Auflösung des salpetersauren Silbers muss
durch verdünnte Salzsäure alles Feuerbeständige gefällt werden,
so dass die von dem Chlorsilber abfiltrirte Flüssigkeit, auf einem
Uhrglase verdampft, keinen Rückstand lässt und von Schwefelwasserstoff nicht gefällt oder gefärbt wird.

Anwendung. Das Silberoxyd bildet mit manchen Säuren
lösliche, mit anderen unlösliche Verbindungen, daher das salpetersaure Silberoxyd, wie das Chlorbaryum, zur Gruppenbestim-
mung der Säuren gebraucht werden kann.

Von den unlöslichen Silberverbindungen sind die meisten in
verdünnter Schwefelsäure löslich, das Chlor-, Jod-, Brom- und
Cyan-Silber werden davon nicht aufgenommen. Es ist daher das
salpetersaure Silberoxyd ein treffliches Mittel, die den zuletzt
genannten Silberverbindungen entsprechenden Wasserstoffsäuren
von allen anderen Säuren zu unterscheiden und zu trennen. —
Da viele von den Silberniederschlägen eine eigenthümliche Farbe
(chromsaures, arseniksaures Silberoxyd), oder ein eigenthümliches
Verhalten zu anderen Reagentien oder beim Erhitzen (ameisensaures Silberoxyd) zeigen, so ist das salpetersaure Silberoxyd
auch zur bestimmten Erkennung einzelner Säuren von grofser
Wichtigkeit

§. 37.

14. Eisenchlorid (Fe₂ Cl₃).

Bereitung. Man erwärmt 2 Thle. Salzsäure, welche man zuvor mit 6 — 8 Thln. Wasser verdünnt, mit einem Ueberschuss kleiner rostfreier Nägel, bis sich kein Wasserstoffgas mehr entwickelt, giefst die Lösung ab, vermischt sie mit 1 Thl. Salzsäure, bringt in einem sehr geräumigen Gefäfs zum Kochen und setzt während des Kochens vorsichtig und allmälig so lange Salpetersäure in kleinen Portionen zu, bis bei weiterm Hinzutröpfeln kein Aufbrausen von Stickoxydgas mehr entsteht, also keine rothen Dämpfe von salpetriger Säure mehr sichtbar werden, und bis eine Probe Ferridcyankaliumlösung §. 44. nicht mehr blau färbt. Ein kleiner Ueberschuss von Salpetersäure bringt nicht den geringsten Nachtheil. Die erhaltene Lösung verdünne man mit Wasser, bringe sie zum Kochen, setze Ammoniak bis zur alkalischen Reaction zu und wasche den erhaltenen Niederschlag von Eisenoxydhydrat vollständig mit heifsem Wasser aus. Alsdann erwärme man eine Mischung von 2½ Thln. Salzsäure mit 10 Thln. Wasser und bringe so lange von dem noch feuchten Eisenoxydhydrat hinzu, bis die letzten Antheile auch bei längerem Erwärmen nicht mehr aufgelöst werden. Die filtrirte Lösung bewahre man zum Gebrauche auf.

Prüfung. Die Eisenchloridlösung darf keine überschüssige Säure enthalten, eine Probe derselben muss also beim Umrühren mit einem in Ammoniak getauchten Stäbchen einen beim Umschütteln nicht verschwindenden Niederschlag geben. Ferridcyankalium darf sie nicht blau färben.

Anwendung. Das Eisenchlorid dient zur weitern Gruppentheilung der durch Chlorcalcium nicht fällbaren organischen Säuren, da es mit benzoësauren und bernsteinsauren Salzen Niederschläge erzeugt, essigsaure und ameisensaure Salze aber nicht fällt. Die neutralen Eisenoxydsalze dieser letzteren Säuren lösen sich mit intensiv rother Farbe in Wasser, es giebt daher das Eisenchlorid auch zu ihrer Erkennung ein brauchbares Mittel ab. — Ueber die Anwendung desselben zur Zerlegung phosphorsaurer alkalischer Erden, wozu es aufserordentlich geeignet ist, vergl. unten §. 99. a. 8. Das Eisenchlorid dient endlich zur Entdeckung der Ferrocyanwasserstoffsäure, mit der es Berlinerblau erzeugt.

II. Besondere Reagentien auf nassem Wege.

a. Solche, welche vorzugsweise zur Erkennung oder Abscheidung einzelner Basen dienen.

§. 38.

1. Schwefelsaures Kali (KO, SO_3).

Bereitung. Man krystallisirt das käufliche um und löst einen Theil des reinen Salzes in 12 Thln. Wasser.

Anwendung. Das schwefelsaure Kali fällt aus Baryt- und Strontian-Lösungen die in Wasser unlöslichen schwefelsauren Salze dieser Oxyde. Es dient daher zu ihrer Erkennung und Abscheidung. In ganz concentrirten Kalklösungen bringt es ebenfalls einen Niederschlag hervor, er entsteht jedoch meistens erst nach einiger Zeit; verdünnte Kalklösungen fällt es nicht. Das schwefelsaure Kali ist der ebenso wirkenden verdünnten Schwefelsäure in vielen Fällen vorzuziehen, weil dadurch die Neutralität der Lösungen nicht gestört wird.

§. 39.

2. Phosphorsaures Natron (PO_5, $2 NaO$, HO).

Bereitung. Man erhitzt verdünnte käufliche rohe Phosphorsäure und setzt ihr kohlensaure Natronlösung zu, bis kein Aufbrausen mehr entsteht und die Flüssigkeit alkalisch reagirt. Man filtrirt alsdann, verdampft zur Krystallisation und reinigt die erhaltenen Krystalle durch wiederholtes Umkrystallisiren. Ein Theil des Salzes wird zum Gebrauche in 10 Theilen Wasser gelöst. Beim Erwärmen der Lösung mit Ammoniak darf keine Trübung entstehen. Die Niederschläge, welche in der Lösung durch Baryt- und Silberlösung bewirkt werden, müssen bei Zusatz von verdünnter Salpetersäure vollkommen verschwinden.

Anwendung. Das phosphorsaure Natron fällt die alkalischen Erden und alle Metalloxyde durch doppelte Wahlverwandtschaft. Es dient in dem Gang der Analyse, nach der Abscheidung der schweren Metalloxyde, zur Prüfung auf alkalische Erden im Allgemeinen, und nach der Abscheidung des Baryts, Strontians und Kalkes bei gleichzeitigem Zusatz von Ammoniak, zur Erkennung der Magnesia, welche unter diesen Umständen als basisch phosphorsaure Ammoniak-Talkerde niedergeschlagen wird.

§. 40.

3. Antimonsaures Kali (KO, Sb O$_5$).

Bereitung. Man mengt 4 Thle. käuflichen Antimonmetalls mit
9 Thln. Salpeter, trägt die Mischung portionenweise in einen rothglühenden hessischen Tiegel, erhält denselben alsdann noch eine
Weile im Glühen, kocht die erhaltene Masse mit Wasser aus, bis
nichts mehr ausgezogen wird, trocknet den Rückstand, mischt
50 Thle. desselben mit 24 Thln. trocknen kohlensauren Kali's und
setzt das Gemenge in einem hessischen Tiegel eine halbe Stunde
lang der Rothglühhitze aus. Die bröcklige Masse hebe man in
einem verschlossenen Glase auf. — Um die zum Gebrauche geeignete Lösung zu bereiten, digerirt man 1 Thl. der zerriebenen
Masse mit 20 Thln. Wasser in gelinder Wärme, lässt vollständig
erkalten und filtrirt alsdann. — Auch die beim Auskochen des
Antimonium diaphoreticum non ablutum erhaltene Flüssigkeit lässt
sich geradezu anwenden. Die beigemischten Salze beeinträchtigen
die Empfindlichkeit der Reaction kaum.

Anwendung. Die Antimonsäure bildet mit dem Natron ein
sehr schwerlösliches Salz. Das antimonsaure Kali giebt somit ein
Mittel zur Entdeckung des Natrons ab. Da die Antimonsäure jedoch auch mit den alkalischen Erden und den meisten Metalloxyden
unlösliche Verbindungen bildet, so kann das antimonsaure Kali
nur dann als Reagens auf Natron dienen, wenn die zu prüfende
Flüssigkeit nur Natron oder Kali enthalten kann. — Die bei seiner
Anwendung ferner zu beobachtenden Vorsichtsmafsregeln siehe
unten §. 86.

§. 41.

4. Neutrales chromsaures Kali (KO, Cr O$_3$).

Bereitung. Man löst das im Handel vorkommende saure
chromsaure Kali in Wasser und setzt kohlensaures Kali bis zur
schwach alkalischen Reaction zu. Die jetzt gelbe Flüssigkeit
bringt man zur Krystallisation. Von den gut abgewaschenen Krystallen löst man einen Theil in 10 Thln. Wasser. Die Lösung muss
neutral sein.

Anwendung. Das chromsaure Kali zersetzt durch doppelte
Wahlverwandtschaft die meisten löslichen Metalloxydsalze. Die
entstehenden Niederschläge der chromsauren Metalloxyde sind
gröfstentheils sehr schwer löslich und zeigen oft so eigenthümliche Färbungen, dass die Metalle daran leicht zu erkennen sind.

44   Besondere Reagentien auf nassem Wege. — §. 42.

Wir bedienen uns des chromsauren Kali's hauptsächlich zur Prüfung auf Blei.

§. 42.

5. Cyankalium (K Cy).

Bereitung. Man erhitzt käufliches eisenblausaures Kali unter
Umrühren gelinde, bis sein Krystallwasser vollständig ausgetrieben ist, zerreibt es alsdann, mengt 8 Thle. des trocknen Pulvers
mit 3 Thln. ganz trocknen kohlensauren Kali's, trägt die Mischung
in einen rothglühenden hessischen, besser eisernen Tiegel und
erhält denselben wohlbedeckt im mäfsigen Rothglühen, bis die
Masse klar und ruhig fliefst. Alsdann giefst man das geschmolzene
Cyankalium in eine erwärmte Porzellan- oder Silberschale oder
auf ein blankes Eisenblech mit der Vorsicht aus, dass von dem
am Boden des Tiegels befindlichen, in fein zertheilter Form ausgeschiedenen Eisen nichts mit herausfliefst. Das erhaltene Cyankalium ist zur Anwendung in der Analyse trefflich geeignet, obgleich es cyansaures Kali enthält, welches sich beim Auflösen in
Wasser in kohlensaures Ammoniak und kohlensaures Kali verwandelt KO, $NC_2O + 4 HO = KO, CO_2 + NH_4O, CO_2$). Seine
Zusammensetzung wird demnach eigentlich durch die Formel
5 KCy + KO, CyO ausgedrückt. Zum Gebrauche löst man
einen Theil desselben in 4 Thln. destillirtem Wasser ohne Erwärmen auf.

Prüfung. Das Cyankalium sei milchweifs, von Eisenkörnern
frei und in Wasser klar löslich. Es darf keine Kieselsäure und
kein Schwefelkalium enthalten. Seine Lösung muss demnach durch
Bleisalze rein weifs gefällt werden und mit Salzsäure übersättigt
und abgedampft, einen in Wasser klar löslichen Rückstand liefern.

Anwendung. Das (cyansaures Kali enthaltende) Cyankalium
bewirkt in der Lösung der meisten Metalloxydsalze in Wasser
unlösliche Niederschläge von Cyanmetallen, Oxyden oder kohlensauren Salzen. Von diesen sind die ersteren in Cyankalium löslich. Sie lassen sich demnach von den Oxyden etc., die sich in
Cyankalium nicht lösen, durch einen weitern Zusatz des Reagens
scheiden. Von den Cyanmetallen werden einige, auch bei Anwesenheit freier Blausäure, stets als Cyankalium-Cyanmetalle
gelöst, andere vereinigen sich mit Cyan zu neuen Radicalen und
bleiben als solche mit Kalium verbunden in Lösung. Die gewöhnlichsten Verbindungen letzterer Art sind das Kobaltcyanidkalium, das Ferro- und Ferrid-Cyankalium. Sie unterscheiden

Ferrocyankalium. — Ferridcyankalium. — §. 43—44.   45

sich von den Cyandoppelverbindungen der andern Art besonders
dadurch, dass verdünnte Säuren daraus die Cyanmetalle nicht
abscheiden. Es lassen sich also durch Cyankalium auch die solche Verbindungen eingehenden Metalle von allen denjenigen
trennen, deren Cyanmetalle aus ihrer Lösung in Cyankalium von
Säuren gefällt werden. Im Gang der Analyse findet dieses Reagens eine sehr wichtige Anwendung zur Scheidung des Nickels
vom Kobalt, sowie des Kupfers vom Cadmium, vergl. §§. 89 u. 92.

§. 43.

6. Ferrocyankalium $(C_6 N_3 Fe + 2 K = Cfy + 2 K)$.

Bereitung. Das Blutlaugensalz kommt hinlänglich rein im
Handel vor. Zum Gebrauche löst man einen Theil in 12 Thln.
Wasser.

Anwendung. Das Ferrocyan bildet mit den meisten Metallen
in Wasser unlösliche, oft sehr eigenthümlich gefärbte Verbindungen. Sie entstehen, wenn Ferrocyankalium mit löslichen Metall-
oxydsalzen, Chloriden u. s. w. zusammenkommt, indem das Kalium mit den Metallen die Stelle tauscht. Die charakteristischsten
Färbungen zeigen das Ferrocyankupfer und das Eisenferrocyanid,
daher das Ferrocyankalium besonders als Reagens auf Kupfer
und Eisenoxyd Anwendung findet.

§. 44.

7. Ferridcyankalium $(C_{12} N_6 F_2 + 3 K = 2 Cfy + 3 K)$.

Bereitung. Man leitet in eine Auflösung von 1 Theil Blutlaugensalz in 10 Thln. Wasser Chlorgas, bis eine Probe der Flüssigkeit zu Eisenchloridlösung gesetzt, dieselbe nicht mehr blau
fällt oder färbt. Alsdann concentrirt man die Lösung durch Abdampfen, setzt etwas kohlensaures Kali zu bis zur schwach alkalischen Reaction, filtrirt und lässt erkalten. Von den erhaltenen
prächtig rothen Krystallen löst man einen Thl. in 10 Thln. Wasser.
Die Lösung darf, wie schon erwähnt, Eisenchloridlösung nicht
blau färben oder fällen.

Anwendung. Das Ferridcyankalium zersetzt sich mit Metall-
oxydlösungen auf dieselbe Art, wie das Ferrocyankalium. Von
den Ferridcyanmetallen ist das Ferridcyaneisen durch seine Farbe
besonders charakterisirt, daher wir das Ferridcyankalium vorzugsweise als Reagens auf Eisenoxydul gebrauchen. — Zu dieser
Prüfung kann es auch recht gut ex tempore dargestellt werden,
indem man unter Vermeidung alles Erwärmens zu Ferrocyankalium-

46   Besondere Reagentien auf nassem Wege. — §. 45—46.

lösung so lange unter Umschütteln Salpetersäure tröpfelt, bis eine
Probe der Mischung Eisenchloridlösung nicht mehr blau färbt.

§. 45.

8. **Schwefelcyankalium (2 CyS + K).**

Bereitung. Man bringt in ein verschliefsbares eisernes Gefäfs
eine Mischung von 46 Thln. wasserfreiem Blutlaugensalz, 17 Thln.
kohlensaurem Kali und 32 Thln. Schwefel, erhitzt bei gelindem
Feuer zum Schmelzen, erhält bei dieser Temperatur, bis die am
Anfang sich stark aufblähende Masse ruhig und klar fliefst und
giebt zu Ende der Operation eine schwache Glühhitze, um das
gebildete unterschwefligsaure Kali zu zerstören. Die halb erkaltete, noch weiche Masse nimmt man aus dem Schmelzgefäfs, zer-
stöfst sie und kocht sie mit Alkohol aus. Beim Erkalten schiefst
das Schwefelcyankalium in farblosen Krystallen an. Den. Rest
erhält man durch Abdestilliren des Weingeistes aus der Mutter-
lauge. Zum Gebrauche löst man 1 Thl. in 10 Thln. Wasser.

Anwendung. Das Schwefelcyankalium dient zur Entdeckung
des Eisenoxyds, dessen Gegenwart es mit gröfster Empfindlichkeit
und Schärfe anzeigt, so dass es in dieser Hinsicht allen anderen
Reagentien vorzuziehen ist.

§. 46.

9. **Kieselfluorwasserstoffsäure (SiFl₂, FlH).**

Bereitung. Man übergiefst ein Gemenge von einem Theil
Sand und einem Theil Flussspathpulver mit 6 Thln. englischer
Schwefelsäure in einem Glaskolben, dessen Oeffnung mit einem
Korke, in welchen das eine Ende einer zweischenklichen Röhre
luftdicht eingepasst ist, verschlossen wird. Der andere Schenkel
der Gasleitungsröhre gehe bis auf den Boden eines hohen Glasgefäfses mit flachem Boden. In dieses giefse man so viel Quecksilber, dass die Röhre einige Linien hineintaucht und darüber 4
Thle. Wasser. Die Entwicklung des Kieselfluorgases nimmt schon
in der Kälte ihren Anfang, man befördert sie durch mäfsige Erwärmung des Kolbens im Sandbad. Jede durch das Quecksilber
aufsteigende Gasblase bewirkt im Wasser einen Niederschlag von
Kieselsäurehydrat, indem sich von je 3 Aeq. Fluorkiesel (Si Fl₂) immer
1 Aeq. mit 2 Aeq. Wasser in Kieselsäure (Si O₂), welche sich ausscheidet, und in Fluorwasserstoffsäure, die sich mit den 2 unzersetzten Aeq. Fluorkiesel zu Kieselfluorwasserstoffsäure verbindet,
umsetzt; [3 Si Fl₂ + 2 HO = 2 (Si Fl₂, FlH) + Si O₂]. Durch das

ausgeschiedene Kieselsäurehydrat wird die Flüssigkeit gallertartig, weshalb man eben die Röhre unter Quecksilber münden
lassen muss, weil sie sich sonst bald verstopfen würde. Es bilden sich zuweilen, besonders gegen Ende der Operation, in der
Gallerte förmliche Kanäle, durch welche das Gas unzersetzt entweicht. Man verhindere dies durch Umrühren. Wenn die Gasentwicklung aufgehört hat, giebt man den gelatinösen Brei auf
ein leinenes Tuch, drückt die Flüssigkeit durch, filtrirt sie alsdann
und hebt sie zum Gebrauche auf. Die Kieselfluorwasserstoffsäure
darf, mit 2 Thln. Wasser vermischt, in der Lösung eines Stron-
tiansalzes keinen Niederschlag hervorbringen.

Anwendung. Die Kieselfluorwasserstoffsäure setzt sich mit
Basen um, es bildet sich Wasser und es entstehen Kieselfluorme-
talle. Von diesen sind manche unlöslich, andere löslich, letztere
können also durch dieses Reagens von ersteren unterschieden
werden. Im Gang der Analyse findet es nur zur Erkennung des
Baryts Anwendung.

§. 47.

10.   Oxalsäure ($2\,CO + O = C_2O_3 = \bar{O}$).

Bereitung. Man übergiefse in einer Porzellanschale 1 Thl.
Stärke mit einer Mischung von 5 Thln. Salpetersäure von 1.42
spec. Gewicht und 10 Thln. Wasser und erwärme so lange gelinde, bis keine salpetrige Säure mehr entweicht. Man filtrirt
alsdann, bringt zur Krystallisation und reinigt die von der Mut-
terlauge getrennten Krystalle durch Umkrystallisiren. Die Kleesäure bewahrt man in Pulverform auf, da sich ihre Lösung bald
zersetzt. Sie darf beim Kochen mit wenig Indigolösung dieselbe
nicht entfärben.

Anwendung. Die Kleesäure bildet mit vielen Basen in Wasser unlösliche Salze. Sie kann daher zur Fällung dieser Basen
benutzt werden. Von den in Wasser unlöslichen oxalsauren Salzen
sind manche in einem Ueberschuss der Oxalsäure leicht, andere
schwierig löslich. Durch dieses Verhalten unterscheiden sich also
auch die gefällt werdenden Basen wieder von einander. — Da
alle in Wasser unlöslichen kleesauren Salze in stärkeren Säuren
(Salzsäure, Salpetersäure) löslich sind, so erfolgt in den meisten
Fällen durch Kleesäure nur dann eine vollständige Fällung, wenn
die frei werdende Säure durch ein Alkali gesättigt wird. — Im
Gang der Analyse ist die Oxalsäure zur Erkennung und Abscheidung des Kalkes von grofser Wichtigkeit.

48   Besondere Reagentien auf nassem Wege. — §. 48—50.

§. 48.

11. Oxalsaures Ammoniak (NH₄ O, Ō).

Bereitung. Man löst Oxalsäure in Wasser, setzt Ammoniak bis zur schwach alkalischen Reaction zu und bringt zur Krystallisation. Ein Theil des Salzes wird zum Gebrauche in 24 Thln. Wasser gelöst.

Anwendung. Das oxalsaure Ammoniak wendet man der Bequemlichkeit wegen statt Oxalsäure und Ammoniak an. Es hat vor der freien Säure den Vorzug, dass seine Lösung sich beim Aufbewahren nicht zersetzt.

§. 49.

12. Weinsteinsäure (C₄H₂O₅ = T̄).

Die Weinsteinsäure kommt hinlänglich rein im Handel vor. Sie wird am besten als Pulver vorräthig gehalten, da ihre Lösung sich bei längerem Aufbewahren unter Schimmelbildung zersetzt.

Anwendung. Wird Weinsteinsäure einer Lösung von Eisen, Mangan, Chrom, Thonerde, Kobalt und von verschiedenen anderen Metallen zugesetzt und alsdann ein Alkali hinzugefügt, so werden die sonst fällbaren Oxyde der angeführten Metalle nicht niedergeschlagen, weil sich, durch Alkalien unzerlegbare, weinsaure Doppelsalze gebildet haben.

Es kann daher die Weinsäure zur Trennung der genannten Metalle von solchen, deren Fällung sie nicht verhindert, benutzt werden. — Die Weinsteinsäure bildet mit Kali, nicht aber mit Natron, ein schwer lösliches saures Salz. Sie ist daher eins der besten Mittel, das Kali vom Natron zu unterscheiden.

§. 50.

13. Aetzbaryt (BaO).

Bereitung. Man kocht Schwefelbaryum (§. 33) mit 20 Theilen Wasser, setzt der heifsen Lösung gepulverten Kupferhammerschlag im Ueberschuss zu und erhitzt damit, bis eine filtrirte Probe mit essigsaurem Blei keine schwarze Färbung mehr hervorbringt. Alsdann filtrirt man heifs ab, setzt so viel Wasser zu, dass beim Erkalten nur ein kleiner Theil des aufgelösten Barythydrats herauskrystallisirt und bewahrt das ge-

sättigte Barytwasser in gut verschlossenen Gläsern auf. Sollte
es einen geringen Kupfergehalt haben, so setzt man vorsichtig
etwas Schwefelwasserstoff zu und filtrirt von dem gefällten
Schwefelkupfer ab.

Anwendung. Der kaustische Baryt wirkt dem Kali analog,
das heifst er fällt, als starke Base, die in Wasser unlöslichen Metalloxyde und Erden aus ihren Salzlösungen. — Wir bedienen
uns desselben im Gang der Analyse nur zur Fällung der Magnesia. Zu diesem Behufe kann auch eine Lösung von Schwefelbaryum angewendet werden, insofern sie, wie dies immer der Fall
ist, wenn bei der Bereitung des Schwefelbaryums die Temperatur nicht aufserordentlich hoch war, kaustischen Baryt enthält. —
Das Barytwasser kann ferner ebenso wie die schon abgehandelten Barytsalze zur Fällung der Säuren, welche mit Baryt unlösliche Verbindungen bilden, angewendet werden; wir gebrauchen
jedoch dasselbe in dieser Beziehung meist nur zur Entdeckung
der Kohlensäure.

§. 51.

14. Zinnchlorür, (Sn Cl).

Bereitung. Man pulvere englisches Zinn, indem man es in
einem eisernen Löffel schmilzt, alsdann vom Feuer nimmt und
mit einem Pistill bis zum Erstarren reibt. Dieses Pulver koche
man in einem Kolben längere Zeit mit concentrirter Salzsäure
(wobei stets Sorge zu tragen, dass Zinn im Ueberschuss vorhanden ist), verdünne die Lösung mit der vierfachen Menge Wasser,
dem man etwas weniges Salzsäure zumischt, und filtrire. Die
klare Lösung giefst man in ein Glas, in welchem sich kleine
Stücke metallischen Zinns befinden, und bewahrt sie darin bei
sorgfältigem Verschluss auf. Versäumt man diese Vorsichtsmafsregeln, so wird das Reagens bald unbrauchbar, indem das Chlorür in Chlorid übergeht.

Prüfung. Das Zinnchlorür muss mit Quecksilberchlorid sogleich eine weifse Fällung von Quecksilberchlorür hervorbringen,
mit Schwefelwasserstoff einen dunkelbraunen Niederschlag geben
und von Schwefelsäure nicht gefällt oder getrübt werden.

Anwendung. Die Neigung des Zinnchlorürs Sauerstoff aufzunehmen, also Zinnoxyd oder vielmehr, da sich das gebildete
Oxyd mit der vorhandenen freien Salzsäure im Entstehungsmo-
ment umsetzt, Zinnchlorid zu bilden, macht es zu einem der kräftigsten Reductionsmittel. Wir bedienen uns desselben im Gang

4

50   Besondere Reagentien auf nassem Wege. — §. 52—53.

der Analyse zur Entdeckung des Goldes, zu welchem Behuf es
zuvor mit etwas Salpetersäure ohne Erwärmung zu mischen ist,
und ferner zur Prüfung auf Quecksilber.

§. 52.

15. Goldchlorid, (AuCl₃).

Bereitung. Man übergiefse in einem Kölbchen fein zerschnit-
tenes Gold, welches sowohl mit Silber als mit Kupfer legirt sein
darf, mit überschüssiger Salpeter-Salzsäure und erwärme gelinde,
bis sich nichts mehr löst. War das Gold mit Kupfer legirt, was
man an dem braunrothen Niederschlag erkennt, welchen Ferrocyankalium in einer mit Wasser verdünnten Probe der Lösung
hervorbringt, so versetzt man die kupferhaltige Goldsolution mit
Eisenvitriollösung im Ueberschuss. Das Gold wird reducirt und
scheidet sich als feines braunschwarzes Pulver ab; man wäscht
es in einem Kölbchen aus, löst neuerdings in Königswasser, dampft
die Lösung im Wasserbade zur Trockne ab und löst den Rückstand in 30 Thln. Wasser. War das Gold mit Silber legirt, so
bleibt dieses bei der Behandlung mit Königswasser als Chlorsilber
zurück. Man verdampft alsdann gleich die erste Lösung zur
Trockne und löst den Rückstand zum Gebrauche auf.

Anwendung. Das Goldchlorid hat eine grofse Neigung, sein
Chlor abzugeben; es verwandelt daher leicht Chlorüre in Chlo-
ride, Oxydule in Oxyde und Chloride u. s. w. Diese Oxydatio-
nen geben sich gewöhnlich durch eine Ausscheidung regulinischen
Goldes in Form eines braunschwarzen Pulvers zu erkennen. Im
Gang der Analyse dient das Goldchlorid nur zur Erkennung des
Zinnoxyduls, in dessen Lösungen es eine purpurrothe Färbung
oder Fällung erzeugt, siehe unten.

§. 53.

16. Platinchlorid, (Pt Cl₂).

Bereitung. Man übergiefse in einem enghalsigen Kolben
durch Kochen mit Salpetersäure gereinigte Platinspäne mit concentrirter Salzsäure und etwas Salpetersäure, erwärme gelinde
längere Zeit und setze je zuweilen wieder etwas Salpetersäure zu, bis alles Platin gelöst ist. Die Lösung verdampfe
man unter Zusatz von Salzsäure im Wasserbade zur Trockne und
löse den Rückstand in 10 Thln. Wasser.

Anwendung. Das Platinchlorid bildet mit dem Chlorkalium
und Chlorammonium, nicht aber mit dem Chlornatrium, sehr

schwer lösliche Doppelsalze. Es dient daher zur Erkennung des Ammoniaks und des Kali's und ist für das letztere fast unser empfindlichstes Reagens.

§. 54.

17. Zink, (Zn).

Man wähle ein gutes destillirtes Zink, welches vor Allem kein Arsen enthalten darf, auf welche Verunreinigung es nach der §. 25. angegebenen Methode geprüft werden muss, schmelze es und giefse einen Theil in einem dünnen, unterbrochenen Strahl in ein grofses Gefäfs mit Wasser, einen andern bringe man durch Ausgiefsen in mit Kreide ausgestrichene Holzrinnen in die Form kleiner Stängelchen.

Anwendung. Die grofse Verwandtschaft des Zinks zum Sauerstoff, so wie die des Zinkoxyds zu Säuren bewirkt, dass das Zink sehr viele Metalle, indem es ihnen Sauerstoff und Säure entzieht, regulinisch niederschlägt. Da die ausgeschiedenen Metalle verschiedene Farbe, Form u. s. w. haben, so kann das Zink sowohl zu ihrer Abscheidung, als auch zu ihrer Erkennung dienen. Wir gebrauchen es besonders zur Fällung des Antimons und Zinns. — Das Zink findet ferner zur Entwickelung des Wasserstoffgases häufige Anwendung.

§. 55.

18. Eisen, (Fe).

Das Eisen reducirt, wie das Zink, viele Metalle und schlägt sie regulinisch nieder. Wir gebrauchen es besonders zur Entdeckung des Kupfers, welches sich darauf mit seiner eigenthümlichen Farbe niederschlägt. Zu dieser Prüfung sind alle blanken Eisenflächen, als Messerklingen, Nadeln, Drahtstückchen u. s. w. geeignet.

§. 56.

19. Kupfer, (Cu).

Wir wenden es blofs zur Reduction des Quecksilbers an, welches sich darauf als weifser, beim Reiben silberglänzend werdender Ueberzug niederschlägt. Jede abgeschliffene, mit feinem Sand gescheuerte Kupfermünze, überhaupt jede blanke Kupferfläche lässt sich zu diesem Versuche brauchen.

4 *

52   Besondere Reagentien auf nassem Wege. — §. 57—58.

b.   Besondere Reagentien, welche vorzugsweise zur Erkennung oder Abscheidung der Säuren dienen.

§. 57.

1.   Essigsaures Kali, (KO, $\overline{\mathrm{A}}$).

Bereitung. Man löst 1 Theil reines kohlensaures Kali in
2 Theilen Wasser und sättigt die erwärmte Lösung genau mit
Essigsäure.

Anwendung. Jedes Kalisalz kann zur Erzeugung eines Weinsteinniederschlages, also zur Entdeckung der Weinsteinsäure dienen. Das essigsaure Kali ist aber dazu besonders geeignet, da
der abgeschiedene Weinstein in der frei werdenden Essigsäure
nicht auflöslich ist. — Das essigsaure Kali wird außerdem angewendet, um Verbindungen, welche in freien Mineralsäuren löslich, in Essigsäure aber unlöslich sind, aus ihren Lösungen in
ersteren niederzuschlagen. Im Gang der Analyse dient es namentlich, um behufs der Zerlegung der phosphorsauren alkalischen Erden das phosphorsaure Eisenoxyd aus salzsaurer Lösung
zu fällen. — Da es nur seltener in Anwendung kommt, bereitet
man es am besten erst vor dem jedesmaligen Gebrauche.

§. 58.

2.   Aetzkalk, (CaO).

Man schüttele und digerire frisch bereitetes Kalkhydrat mit
kaltem destillirten Wasser einige Zeit, lasse sich absetzen und
hebe die klar abgegossene Flüssigkeit in wohl verschlossenen
Gläsern auf. Das Kalkwasser muss Curcumapapier stark braun
färben und mit kohlensaurem Kali einen nicht zu geringen Niederschlag geben. Zeigt es diese Eigenschaften nicht mehr, was
bald geschieht, wenn es dem Zutritt der Luft ausgesetzt war, so
ist es unbrauchbar. — Außer Kalkwasser halte man auch Kalkhydrat vorräthig.

Anwendung. Kalk bildet mit manchen Säuren unlösliche,
mit anderen lösliche Salze. Kalkwasser kann daher zur Unterscheidung dieser Säuren dienen, indem es die ersteren fällt, mit
den letzteren aber keine Niederschläge hervorbringt. Von den
fällbaren Säuren werden manche nur unter gewissen Bedingungen, z. B. beim Kochen (Citronensäure) niedergeschlagen, daher
man dieselben durch Abänderung dieser Bedingungen auf eine
leichte Weise auch von einander unterscheiden kann. Wir bedienen uns des Kalkwassers insbesondere zur Entdeckung der

Schwefelsaurer Kalk. — Chlormagnesium. — §. 59—60.   53

Kohlensäure, und zur Unterscheidung der Traubensäure, Weinsteinsäure und Citronensäure. Das Kalkhydrat dient wie das
Aetzkali zum Freimachen des Ammoniaks und ist demselben in
vielen Fällen vorzuziehen.

§. 59.

3. Schwefelsaurer Kalk, (CaO, SO₃).

Bereitung. Man versetze eine concentrirte Lösung von Chlor-
calcium mit verdünnter Schwefelsäure, wasche den entstandenen
Niederschlag gut aus, digerire und schüttele ihn längere Zeit mit
Wasser, lasse absitzen und bewahre die klare Flüssigkeit zum
Gebrauche auf.

Anwendung. Der schwefelsaure Kalk dient zur weitern
Unterscheidung der durch Chlorcalcium fällbaren Säuren, indem,
seiner Schwerlöslichkeit wegen, in seiner Lösung nur einige Säuren aus der angeführten Gruppe (Oxalsäure, Traubensäure) Niederschläge erzeugen. — Die Gypslösung dient aufserdem auch
als Reagens auf Basen, nämlich zur Unterscheidung des Baryts,
Strontians und Kalks. Den letztern nämlich kann sie natürlicher-
weise nicht fällen, zu Baryt- und Strontianlösungen aber zeigt
sie dasselbe Verhalten wie eine sehr verdünnte Schwefelsäure,
d. h. sie fällt den Baryt sogleich, den Strontian erst nach einiger
Zeit.

§. 60.

4. Chlormagnesium, (MgCl).

Bereitung. Man erwärme eine Mischung von 1 Thl. Salzsäure mit 2½ Thln. Wasser und trage so lange basisch kohlensaure Magnesia (Magnesia carbonica der Apotheken) hinein, bis
die Flüssigkeit nicht mehr sauer reagirt. Die noch einmal aufge-
kochte Lösung filtrire man und bewahre sie zum Gebrauch auf.
Statt des Chlormagnesiums kann in den meisten Fällen auch
schwefelsaure Magnesia angewendet werden.

Anwendung. Das Chlormagnesium dient fast ausschliefslich
zur Erkennung der Phosphorsäure, da es aus den wässerigen Lösungen ihrer Salze bei Gegenwart von Ammoniak ein fast unlösliches, in seinem Verhalten sehr charakteristisches Doppelsalz
(basisch phosphorsaure Ammoniak-Magnesia) fällt. Das Chlormagnesium wird aufserdem zur Prüfung des Schwefelammoniums
gebraucht s. §. 27.

54   Besondere Reagentien auf nassem Wege. — §. 61—63.

§. 61.

5. Schwefelsaures Eisenoxydul, (FeO, SO_3).

Bereitung. Man erwärme eine überschüssige Menge rostfreier Nägel mit verdünnter Schwefelsäure, bis sich kein Wasserstoffgas mehr entwickelt, filtrire die Lösung, setze ihr einige
Tropfen verdünnter Schwefelsäure zu und lasse erkalten. War
die Lösung hinlänglich concentrirt, so erhält man sogleich Krystalle, war sie verdünnter, so muss sie durch Abdampfen eingeengt werden. Die Krystalle werden mit Wasser, welchem
man ein Minimum Schwefelsäure zusetzt, abgewaschen, alsdann
getrocknet und aufbewahrt.

Anwendung. Das schwefelsaure Eisenoxydul hat eine grofse
Begierde in schwefelsaures Eisenoxyd überzugehen, also Sauerstoff aufzunehmen. Es wirkt daher als ein kräftiges Reductionsmittel. Wir bedienen uns desselben hauptsächlich zur Reduction
der Salpetersäure, aus welcher es Stickstoffoxyd abscheidet, indem es ihr 3 Atome Sauerstoff entzieht. Da diese Zersetzung von
dem Entstehen einer ganz eigenthümlichen, intensiv braunschwarz
gefärbten Verbindung des Stickoxyds mit unzersetztem Eisenoxydulsalz begleitet wird, so ist die genannte Reaction zur Entdeckung der Salpetersäure eine besonders charakteristische und
empfindliche. — Das schwefelsaure Eisenoxydul dient aufserdem
zur Entdeckung der Ferridcyanwasserstoffsäure, mit der es eine
Art Berlinerblau erzeugt, und zur Ermittelung des Goldes, welches dadurch aus seinen Lösungen metallisch gefällt wird.

§. 62.

6. Eisenoxyduloxydlösung, $(FeO, SO_3 + Fe_2 Cl_3)$.

Man hält dieses Reagens nicht vorräthig, sondern bereitet es
beim Gebrauch durch Vermischen einer Eisenvitriollösung mit etwas Eisenchlorid. Es dient zur Entdeckung der Blausäure, welche
damit, wenn sie zuvor an Alkalien gebunden worden, einen Niederschlag von Eisen-Ferrocyanid (Berlinerblau) hervorbringt.

§. 63.

7. Bleioxyd, (PbO).

Es dient zur Entdeckung der freien Essigsäure, da es nur
mit dieser Säure eine lösliche alkalisch reagirende Verbindung
eingeht. Zu diesem Versuche ist fein geschlämmte Bleiglätte
hinlänglich geeignet. Vergl. §. 105. a. 7.

§. 64.

8. Neutrales essigsaures Bleioxyd, (PbO, $\overline{A}$).

Die besseren Sorten des im Handel vorkommenden Blei-
zuckers sind genügend rein.   Zum Gebrauch löse man einen
Theil in 10 Thln. Wasser.

Anwendung. Das Bleioxyd bildet mit sehr vielen Säuren in
Wasser unlösliche, zum Theil eigenthümlich gefärbte oder durch
charakteristisches Verhalten ausgezeichnete Verbindungen.   Es
bewirkt daher das essigsaure Bleioxyd in den Lösungen dieser
Säuren oder ihrer Salze Niederschläge und trägt zur Charakterisirung und Ausmittelung mehrerer derselben wesentlich bei.   So
ist namentlich das chromsaure Bleioxyd durch seine gelbe Farbe,
das phosphorsaure Bleioxyd durch sein eigenthümliches Verhalten vor dem Löthrohre und das äpfelsaure Bleioxyd durch seine
Leichtschmelzbarkeit ausgezeichnet.

§. 65.

9. Basisch essigsaures Bleioxyd (Bleiessig), (3 PbO, $\overline{A}$).

Bereitung. Man übergiefst in einer Flasche 7 Thle. fein geschlämmte Bleiglätte und 6 Thle. Bleizucker mit 30 Thln. Wasser,
und lässt dieselbe unter öfterem Umschütteln wohl verstopft so
lange an einem mäfsig warmen Orte stehen, bis der Bodensatz
darin völlig weifs geworden ist.   Nach dem Absetzen giefse man
die klare Flüssigkeit ab und bewahre dieselbe in einem gut verschlossenen Glase auf.   Ist der Bleiessig kupferhaltig, wird er
also beim Vermischen mit Ammoniak blau, so ist er zum Gebrauche nicht geeignet.   Man digerirt ihn in diesem Falle mit
metallischem Blei, bis alles Kupfer niedergeschlagen ist.

Anwendung. Das basisch essigsaure Bleioxyd schlägt wie
das neutrale die Säuren nieder, welche mit Bleioxyd unlösliche
Verbindungen eingehen und zwar alle, welche in Essigsäure löslich sind, mit gröfserer Vollständigkeit als jenes.   Man gebraucht
es in der Analyse besonders zur Entdeckung des Schwefelwasserstoffs, für welchen es fast das empfindlichste Reagens ist.   Es
dient aufserdem zum Abstumpfen freier Säuren, wenn kein Alkali
in's Spiel kommen soll, z. B. um sehr saure salpetersaure Wismuthlösungen durch Wasser fällbar zu machen.

§. 66.

10. Wismuthoxydhydrat, (BiO + HO).

Bereitung. Man trägt in reine Salpetersäure von 1,2 spec.

56   Besondere Reagentien auf nassem Wege. — §. 67.

Gewicht so lange gröblich gepulvertes Wismuth, als noch Auflösung erfolgt, indem man die Einwirkung durch gelindes Erwärmen unterstützt. Die erhaltene Lösung verdünnt man mit etwa
der gleichen Menge warmen Wassers, dem man etwas Salpetersäure zugesetzt hat, filtrirt, versetzt das Filtrat mit 10—20 Thln.
Wasser, fügt zu der milchigen Flüssigkeit Ammoniak bis zum
merklichen Vorwalten, erwärmt, wäscht den erhaltenen Niederschlag zuerst durch Abgießen, dann auf einem Filter aus und
trocknet ihn zwischen Fließpapier an einem mäßig warmen Orte.

Anwendung. Das Wismuthoxyd setzt sich beim Kochen mit
alkalischen Auflösungen von Schwefelmetallen mit diesen um, es
bilden sich Metalloxyde und Schwefelwismuth. Es ist zu diesen
Zerlegungen geeigneter als das zu gleichem Zwecke anwendbare
Kupferoxyd, weil man beim Hinzubringen neuer Mengen alsbald
erkennt, ob die Zersetzung schon beendigt ist oder nicht. Es
hat außerdem vor dem Kupferoxyd den Vortheil, dass es sich
bei Gegenwart organischer Substanzen nicht wie dieses in der
alkalischen Flüssigkeit löst und dass es auf reducirbare Sauerstoffverbindungen nicht reducirend wirkt. Es dient uns namentlich zum Ueberführen des arsenigen und des Arsen-Sulfids in die
entsprechenden Säuren, zu welchem Behufe Kupferoxyd nicht
anwendbar ist, weil es unter Reduction zu Oxydul arsenige Säure
alsobald in Arsensäure verwandelt.

§. 67.

11. Schwefelsaures Kupferoxyd, (CuO, SO_3).

Bereitung. Man reinige käuflichen Kupfervitriol durch wiederholtes Umkrystallisiren.

Anwendung. Das schwefelsaure Kupferoxyd findet in der
qualitativen Analyse zur Fällung der Jodwasserstoffsäure als Kupferjodür Anwendung. Zu diesem Behufe muss die Lösung von 1 Thl.
Kupfervitriol mit $2\frac{1}{4}$ Thln. schwefelsaurem Eisenoxydul versetzt werden, sonst scheidet sich die Hälfte des Jods in freiem
Zustande aus. Das Eisenoxydul geht dabei in Oxyd über, indem
es das Kupferoxyd zu Oxydul reducirt. — Der Kupfervitriol ist
außerdem als ein zwar empfindliches, aber keineswegs sehr charakteristisches Reagens für arsenige und Arsenik-Säure im Gebrauch.
Zu diesem Zwecke bereitet man sich am besten erst schwefelsaures Kupferoxyd-Ammoniak, indem man der Lösung des Kupfervitriols Ammoniak zusetzt, bis der entstandene Niederschlag
eben wieder gelöst ist. In anderer Weise jedoch, nämlich unter

Quecksilberoxyd. — Quecksilberchlorid. — §. 68—70.   57

Zusatz von Kali, angewendet, giebt er ein vortreffliches Mittel ab
zur Unterscheidung der arsenigen Säure von der Arsensäure, indem bei Anwesenheit der erstern rothes Kupferoxydul ausgeschieden wird, vergl. §. 95. d. 7. — Der Kupfervitriol kann endlich zur Entdeckung der Ferrocyanwasserstoffsäure dienen.

§. 68.

12. Salpetersaures Quecksilberoxydul, (Hg_2O, NO_5).

Bereitung. Man erwärmt in einem Kölbchen 9 Thle. Salpetersäure von 1,23 spec. Gew. mit 10 Thln. Quecksilber gelinde,
bis sich keine rothen Dämpfe von salpetriger Säure mehr zeigen,
und kocht alsdann unter Ersetzung des verdampfenden Wassers
die Lösung mit dem ungelösten metallischen Quecksilber längere
Zeit, bis aus einer Probe durch überschüssige Kochsalzlösung
alles Quecksilber als Chlorür gefällt wird, so dass in der davon
abfiltrirten Flüssigkeit Zinnchlorür keine Fällung mehr hervorbringt. Man schüttelt alsdann die Lösung mit dem Quecksilber
bis zum Erkalten, zerreibt die erhaltenen Krystalle, schüttelt sie
mit 20 Thln. kaltem Wasser, dem etwas weniges Salpetersäure
zugesetzt worden und bewahrt die nöthigenfalls filtrirte Lösung
in einem Glase auf, dessen Boden mit Quecksilber bedeckt ist.

Anwendung. Das salpetersaure Quecksilberoxydul wirkt
dem entsprechenden Silbersalze analog. Es schlägt erstens viele
Säuren nieder, insbesondere die Wasserstoffsäuren, und es dient
zweitens zur Erkennung mehrerer leicht oxydirbarer Körper,
z. B. der Ameisensäure, da die Oxydation derselben auf Kosten
des Sauerstoffs des Quecksilberoxyduls von der sehr charakteristischen Ausscheidung metallischen Quecksilbers begleitet ist.

§. 69.

13. Quecksilberoxyd, (HgO).

Man zerreibt das käufliche Quecksilberoxyd, nachdem man
es, um das Stäuben zu verhüten, mit etwas Alkohol befeuchtet hat,
zu einem möglichst feinen Pulver und bewahrt dieses zum Gebrauche auf. Das Quecksilberoxyd bietet, da es sich nur bei Gegenwart der Blausäure in einer alkalischen Flüssigkeit löst, zur
Entdeckung dieser Säure ein sicheres Mittel (vergl. §. 101. d. 5).

§. 70.

14. Quecksilberchlorid, ($HgCl$).

Es kommt im Handel hinlänglich rein vor. Zum Gebrauche
löse man einen Theil in 16 Thln. Wasser.

58   Besondere Reagentien auf nassem Wege. — §. 71—73.

Anwendung. Das Quecksilberchlorid bringt mit verschiedenen Säuren, z. B. mit der Jodwasserstoffsäure, charakteristisch
gefärbte Niederschläge hervor, ist aber nichtsdestoweniger zur
Charakterisirung der Säuren eins der entbehrlichsten Reagentien. —
Es wirkt aufserdem als Oxydationsmittel und giebt uns die Anwesenheit leicht oxydirbarer Körper, z. B. des Zinnoxyduls, durch
die Abscheidung von Quecksilberchlorür zu erkennen.

§. 71.

15. Salpetersaures Silberoxyd–Ammoniak, $(AgO, NO_5 + 2NH_3)$,

Man hält dieses Reagens nicht vorräthig, sondern bereitet es
beim jedesmaligen Gebrauche, indem man zu salpetersaurer Silberoxydlösung so lange vorsichtig und tropfenweise Aetzammoniak setzt, bis der entstandene Niederschlag eben wieder gelöst
ist. Es dient zur Erkennung der arsenigen und der Arsenik-
Säure in Auflösungen, welche eine freie Säure enthalten.

§. 72.

16. Schweflige Säure, (SO_2).

Bereitung. Man erwärme in einem Kolben kleine Kohlen-
stückchen mit ihrem sechs- oder achtfachen Gewicht englischer
Schwefelsäure und leite das sich entwickelnde Gas in abgekühl-
tes Wasser, bis keine schweflige Säure mehr absorbirt wird. Die
erhaltene Lösung muss in wohl verschlossenen Gläsern aufbewahrt werden.

Anwendung. Die schweflige Säure hat ein grofses Bestreben
durch Sauerstoffaufnahme in Schwefelsäure überzugehen. Sie ist
daher eins unserer kräftigsten Reductionsmittel und scheidet aus
Quecksilberlösungen das Quecksilber ebenso gut ab, führt die
Chromsäure ebenso leicht in Chromoxyd über, wie das Zinnchlorür. Wir bedienen uns der schwefligen Säure hauptsächlich
zur Ueberführung der Arseniksäure in arsenige Säure, um das
Arsen alsdann schneller und vollständiger durch Schwefelwasserstoff fällen zu können (s. §. 95. e. 3). Vor dem jedesmaligen Gebrauche überzeuge man sich durch den Geruch, ob das Reagens
noch gut und brauchbar ist.

§. 73.

17. Chlor, (Cl).

Bereitung. Man übergiefst in einem Kölbchen 1 Thl. Braun-
steinpulver mit 4 bis 5 Thln. roher Salzsäure, erwärmt gelinde

und leitet das sich entwickelnde Chlorgas in ein Glas, welches
etwa 30 bis 40 Thle. möglichst kaltes Wasser enthält. Das erhaltene Chlorwasser muss in einem wohl verschlossenen, gegen
den Einfluss des Lichtes sorgfältig geschützten Glase aufbewahrt
werden, da es sich ohne diese Vorsicht bald vollständig zersetzt,
d. h. unter Sauerstoffentwickelung (von zersetztem Wasser her-
rührend) zu einer verdünnten Chlorwasserstoffsäure wird.

Anwendung. Das Chlor hat sowohl zu Metallen, als auch
zu Wasserstoff gröfsere Verwandtschaft als das Jod und Brom.
Wir haben daher an dem Chlorwasser ein gutes Mittel, das Jod
und Brom aus ihren Verbindungen auszutreiben. Da freies Chlor
mit Brom Chlorbrom und mit Jod Chlorjod bildet und diese Verbindungen ein anderes Verhalten zeigen, als die ungebundenen
Metalloide, so hat man sich in gewissen Fällen, z. B. bei der
Prüfung auf Jod mit Stärkemehl (§. 101. c. 8.), vor einem Zusatz
des Chlorwassers im Ueberschuss sehr zu hüten. — Das Chlor
dient aufserdem zur Zerstörung organischer Substanzen, indem
es bei Gegenwart derselben vorhandenem Wasser seinen Wasserstoff entzieht, so dass der frei werdende Sauerstoff sich mit
den Pflanzenstoffen verbinden und so eine Zersetzung derselben
bewirken kann. Behufs dieser letztern Anwendung entwickelt
man am zweckmäfsigsten das Chlor erst in der Flüssigkeit, welche die organischen Substanzen enthält, indem man ihr Salzsäure
zusetzt, sie zum Kochen erhitzt und alsdann chlorsaures Kali
hinzufügt. Es entsteht Chlorkalium und Wasser, Unterchlorsäure,
welche wie Chlor wirkt, wird frei, vergl. §. 102. b. 8.

§. 74.

18. Indigolösung.

Bereitung. Man erwärmt einen Theil gepulverten Indigo's
mit 7 Thln. rauchender Schwefelsäure. Die erhaltene Lösung verdünne man zum Gebrauche mit so viel Wasser, dass die Flüssigkeit eben noch deutlich blau erscheint.

Anwendung. Indigo wird beim Kochen mit Salpetersäure
zersetzt, es bilden sich Oxydations-Producte von gelber Farbe.
Er dient daher zur Entdeckung der Salpetersäure in freiem Zustande oder in ihren Salzen, in welchen letzteren jedoch die Salpetersäure durch Zusatz von Schwefelsäure erst frei gemacht
werden muss.

60   Reagentien auf trocknem Wege. — §. 75—76.

§. 75.

19. Stärkekleister.

Bereitung. Man reibe gewöhnliche Stärke mit kaltem Wasser an und erhitze alsdann unter Umrühren zum Kochen. Der
Kleister sei gleichförmig und so dünn, dass er fast fliefst.

Anwendung. Stärke bildet beim Zusammenkommen mit
freiem Jod eine eigenthümliche blauschwarze Verbindung, deren
Farbe so intensiv ist, dass sie noch auf's deutlichste erkannt
werden kann, auch wenn die Substanzen im höchst verdünnten
Zustande mit einander in Berührung kommen. Es ist daher der
Stärkekleister zur Entdeckung des freien Jods ein unübertreff-
liches Reagens. Weit weniger empfindlich ist er für Brom, da
die feuergelbe Farbe des Bromamylums lange nicht so charakteristisch und intensiv ist, wie die des Jodstärkemehls.

B. Reagentien auf trocknem Wege.

1. Aufschliefsungs- und Zersetzungsmittel.

§. 76.

1. Mischung von kohlensaurem Natron und kohlensaurem Kali
$(Na\,O,\ CO_2\ +\ KO,\ CO_2)$.

Bereitung. Man reibt 10 Thle. zerfallenes kohlensaures Natron mit 13 Thln. trocknem kohlensauren Kali zusammen und
bewahrt das Gemenge in einem verschlossenen Gefäfse auf.

Anwendung. Wird Kieselsäure oder eine kieselsaure Verbindung mit etwa 4 Thln., also mit einem Ueberschuss, von kohlensaurem Kali oder Natron geschmolzen, so bildet sich, indem
Kohlensäure unter Aufbrausen entweicht, basisch kieselsaures
Alkali, welches als eine in Wasser lösliche Verbindung von etwa
ausgeschiedenen Metalloxyden getrennt werden kann und aus
dem Salzsäure die Kieselsäure stets in ihrer löslichen Modification abscheidet. — Schmilzt man ein fixes kohlensaures Alkali
mit schwefelsaurem Baryt, Strontian oder Kalk zusammen, so
entstehen kohlensaure alkalische Erden und schwefelsaures Alkali,
in welchen Verbindungen jetzt sowohl die Base als die Säure
der früher unlöslichen Salze mit Leichtigkeit erkannt zu werden

vermag. — Wir bedienen uns jedoch zum Aufschliefsen der unlöslichen kieselsauren und schwefelsauren Verbindungen weder
des kohlensauren Kali's, noch der Soda, sondern obengedachter
Mischung beider, weil diese einen weit niedereren Schmelzpunkt
als ihre beiden Bestandtheile hat und so ein Aufschliefsen der erwähnten Verbindungen über der Berzelius'schen Lampe leicht
möglich macht. Das Aufschliefsen mit den kohlensauren Alkalien
wird, wenn keine reducirbaren Metalloxyde zugegen sind, stets
im Platintiegel vorgenommen.

§. 77.

2. Barythydrat (BaO, HO).

Bereitung. Man erhitzt die nach §. 50. erhaltenen Barytkrystalle in einem Porzellanschälchen bei gelinder Hitze, bis alles
Krystallwasser ausgetrieben ist, zerreibt die zurückbleibende
weifse Masse und hebt sie zum Gebrauche in einem wohlver-
schlossenen Glase auf.

Anwendung. Das Barythydrat schmilzt in gelinder Rothglühhitze ohne sein Wasser zu verlieren. — Schmilzt man nun
kieselsaure Verbindungen mit etwa ihrem vierfachen Gewichte
Barythydrat zusammen, so setzen sich dieselben mit dem Baryt
um, es bildet sich überbasisch kieselsaurer Baryt und die Oxyde
werden in Freiheit gesetzt. Behandelt man die geschmolzene
Masse mit Salzsäure, verdampft die Lösung zur Trockne und
digerirt den Rückstand mit Salzsäure, so wird die Kieselsäure
abgeschieden, die Oxyde kommen als Chlormetalle in Lösung. —
Man bedient sich des Barythydrats zum Aufschliefsen, wenn man
kieselsaure Verbindungen auf Alkalien prüfen will. — Es verdient
dem zu gleichem Behufe anwendbaren kohlensauren oder salpetersauren Baryt vorgezogen zu werden, weil dabei nicht wie
bei jenem eine sehr hohe Temperatur erfordert, noch wie bei
diesem durch in der Masse sich entwickelndes Gas ein Spritzen
veranlasst wird. — Das Aufschliefsen mit Barythydrat geschieht
in Silber- oder Platintiegeln.

§. 78.

3. Salpetersaures Kali (KO, NO_5).

Bereitung. Man bringe Wasser zum Kochen und löse darin
käuflichen Salpeter bis zur Sättigung. Alsdann verdünne man
die Lösung mit einer kleinen Menge Wasser, filtrire heifs in ein
Becherglas, stelle dieses in kaltes Wasser und rühre die Lösung

bis zum Erkalten. Das erhaltene Krystallpulver werfe man auf ein Filtrum und wasche es so lange mit kaltem·Wasser, bis das Filtrat durch salpetersaures Silber nicht mehr getrübt wird. Alsdann trockne man es gut und bewahre es zum Gebrauche auf.

Prüfung. Eine Lösung des salpetersauren Kali's darf weder durch Silber-, noch durch Baryt-Lösung getrübt, noch durch kohlensaures Kali gefällt werden.

Anwendung. Der Salpeter dient, indem er beim Erhitzen mit verbrennlichen Substanzen Sauerstoff an dieselben abgiebt, als ein sehr kräftiges Oxydationsmittel. Wir bedienen uns desselben hauptsächlich zur Ueberführung mehrerer Schwefelmetalle, besonders des Schwefelzinns, Schwefelantimons und Schwefelarsens, in Oxyde und Säuren; — ferner zur schnellen und vollständigen Verbrennung organischer Körper. Zur Erreichung des letztern Zwecks verdient das durch Sättigung von Salpetersäure mit kohlensaurem Ammoniak zu erhaltende salpetersaure Ammoniak meistens den Vorzug.

II. Löthrohrreagentien.

§. 79.

1. Kohle, (C).

Man kann zu Löthrohrversuchen jede vollständig durchgebrannte Holzkohle brauchen. Die Kohle des Fichten- oder Linden-Holzes ist jedoch anderen Sorten bei weitem vorzuziehen. Man wähle glatte Stücke aus, da die knorrigen beim Erhitzen spritzen und die Proben wegschleudern.

Anwendung. Die Kohle dient hauptsächlich als Unterlage bei Löthrohrproben (s. oben §. 13.). Folgende Eigenschaften sind es, welche sie in dieser Beziehung so werthvoll machen: erstens ihre Unschmelzbarkeit; — zweitens ihr geringes Leitungsvermögen für Wärme, welches gestattet, dass eine Probe auf der Kohle stärker, als auf jeder andern Unterlage erhitzt werden kann; — drittens ihre Porosität, wodurch sie leicht schmelzbare Körper, z. B. Borax, Soda u. s. w., einsickern lässt, während unschmelzbare auf ihrer Oberfläche zurückbleiben; — viertens ihre Fähigkeit oxydirte Körper zu reduciren, wodurch sie zur Reduction der Oxyde durch die innere Löthrohrflamme mitwirkt. — Die Kohle dient ferner zur Reduction der arsenigen Säure und der Areniksäure, indem sie denselben in der Glühhitze den Sauerstoff entzieht. Zu diesem Behuf wendet man die Kohle entweder in Form kleiner Splitter oder als gröbliches Pulver an. Zuweilen muss man zur Ausscheidung des Arsens gleichzeitig ein kohlensaures Alkali anwenden; man bedient sich in solchen Fällen am besten einer Mischung von zerfallener Soda mit Kienrufs, welches Gemenge in einem bedeckten Tiegel geglüht und in einem verstopften Gläschen aufbewahrt werden muss.

§. 80.

2. Kohlensaures Natron, (NaO, CO$_2$).

Bereitung. Man bringt ein inniges Gemenge von 1 Thl. krystallisirtem und 3 Thln. zerfallenem kohlensauren Natron in einen abgesprengten Retortenhals, eine weite Glasröhre oder dergl., verschliefst die eine Oeffnung mit einem durchbohrten Korke, die andere lässt man offen. In den Kork passt man eine Röhre ein, welche mit einer Gasentbindungsflasche in Verbindung steht, in der man, wenn der Apparat hergestellt ist, aus Kalkstein und Salzsäure Kohlensäure entwickelt. Man erhält auf diese Weise doppelt kohlensaures Natron. Die vollständige Sättigung des einfach kohlensauren Natrons mit Kohlensäure erkennt man daran, dass die eingetretene Erwärmung des Gemenges abnimmt und ein vor die offene Mündung der Röhre gehaltener brennender Span sogleich gelöscht wird. Man bringt jetzt das Salz auf einen Trichter, wäscht es so lange mit kaltem Wasser, bis die ablaufende Flüssigkeit nach Uebersättigung mit Salpetersäure durch Chlorbaryum und salpetersaures Silber nicht mehr getrübt wird, trocknet dasselbe und glüht es in einem Platin-, Silber- oder Porzellan-Tiegel. Man erhält auf diese Weise einfach kohlensaures Natron, indem 1 At. Kohlensäure ausgetrieben wird. Das kohlensaure Natron wird auf seine Reinheit wie das kohlensaure Kali geprüft. Schwefelammonium darf seine Lösung nicht verändern.

Anwendung. Die Soda dient uns erstens ihrer Schmelzbarkeit wegen zur Begünstigung der Reduction oxydirter Körper durch die innere Löthrohrflamme. Indem sie schmilzt, bringt sie die Oxyde mit der Kohlenunterlage in innigste Berührung und gestattet der Löthrohrflamme mit allen Theilen der Probe zusammenzutreffen. Durch ihre Materie, durch Umsetzung ihrer Bestandtheile wirkt sie hierbei nicht mit. — War die Probe sehr gering, so befindet sich das reducirte Metall oft in den Poren der Kohle. Man gräbt alsdann die um das Grübchen befindlichen Theile derselben mit einem Messer heraus, zerreibt Alles in einem Mörserchen und schlämmt die Kohle von den Metalltheilen ab, welche

64   Reagentien auf trocknem Wege. — §. 81.

alsdann, je nach ihrer Natur, als Pulver oder als ausgeplattete
Flitterchen sichtbar werden.

In manchen Fällen, z. B. zur Reduction des Zinnoxyds setzt
man der Soda, um die Masse leichter schmelzbar zu machen, mit
Vortheil etwas Borax zu. — Die Soda wirkt zweitens als Auflösungsmittel. Zur Prüfung, ob Körper in Soda löslich sind, bedient
man sich am liebsten des Platindrahts als Unterlage. Man macht
zu diesem Ende die Probe mit etwas Soda und Wasser zu einem
Teige, bringt diesen auf das Oehr des Platindrahts und erhitzt.
Von den Basen lösen sich nur wenige in schmelzender Soda, die
Säuren hingegen werden leicht gelöst. Die Kieselsäure unterscheidet sich von allen übrigen dadurch, dass das Glas, welches
dieselbe mit Soda bildet, beim Erkalten klar bleibt, wenn nämlich
die richtigen Verhältnisse beider Bestandtheile getroffen sind. —
Die Soda dient ferner als Zersetzungs- und Aufschliessungsmittel,
und zwar vorzüglich für unlösliche schwefelsaure Salze, mit welchen sie die Säure tauscht, wobei gleichzeitig eine Reduction des
gebildeten schwefelsauren Natrons zu Schwefelnatrium stattfindet;
für Schwefelarsen, mit dem sie sich beim Zusammenschmelzen
zu Schwefelarsen-Schwefelnatrium und arsenig- oder arsensaurem
Natron umsetzt und dasselbe also in eine Form bringt, in der es
durch Wasserstoff reducirbar ist. — Zur Entdeckung des Mangans
ist endlich die Soda das empfindlichste Reagens auf trocknem
Wege, indem sie, mit einer Mangan enthaltenden Substanz in der
äufsern Flamme zusammengeschmolzen, in Folge der Entstehung
mangansauren Natrons eine grüne unklare Perle bildet.

§. 81.

3. Cyankalium (KCy).

Seine Bereitung siehe oben §. 42.

Anwendung. Das Cyankalium ist auf trocknem Wege ein so
starkes Reductionsmittel, dass es in seiner Wirkung fast alle übrigen übertrifft, und zwar scheidet es nicht nur aus den meisten
Sauerstoffverbindungen, sondern auch aus Schwefelverbindungen
die Metalle ab, indem sich im erstern Falle durch Sauerstoffaufnahme cyansaures Kali, im letztern Schwefelcyankalium bildet.
Es lassen sich durch dieses Reagens aus Körpern, wie antimonige
Säure, Schwefelantimon, Eisenoxyd u. s. w., auf die leichteste
Weise (gewöhnlich schon im Porzellantiegel über der Weingeistlampe) regulinische Metalle darstellen. Ihre Abscheidung wird
durch die Leichtflüssigkeit des Cyankaliums sehr begünstigt. In

der Analyse ist es uns von ganz besonderer Wichtigkeit zur Reduction arsenigsaurer und arseniksaurer Salze und namentlich
des Schwefelarsens; das Nähere siehe §. 95. d. 10. — Als Löthrohrreagens ist das Cyankalium ebenfalls sehr wichtig. Seine
Wirkung ist höchst energisch. Körper wie Zinnoxyd, Schwefelzinn u. s. w., welche, um mit Soda reducirt zu werden, schon
einer guten Flamme bedürfen, reduciren sich mit Cyankalium mit
gröfster Leichtigkeit. Man wendet bei Löthrohrversuchen immer
ein Gemenge von gleichen Theilen Soda und Cyankalium an, da
das Cyankalium allein zu leicht schmilzt. Dieses Gemenge hat
aufser dem Vorzug einer kräftigeren Wirkung vor der Soda noch
den voraus, dass es sich äufserst leicht in die Kohle zieht, so dass
die Metallkügelchen in gröfster Reinheit sichtbar werden.

§. 82.

4. Doppelt borsaures Natron (Borax) (Na O, 2 B O₃).

Man prüfe käuflichen Borax, ob seine Lösung durch kohlensaures Kali gefällt wird, oder ob in derselben nach Zusatz von
Salpetersäure durch Baryt- und Silberlösung Niederschläge entstehen. Bewirken die angegebenen Reagentien keine Veränderung, so ist der Borax rein, entsteht durch eins oder das andere
eine Trübung oder Fällung, so muss er umkrystallisirt werden.
Den reinen krystallisirten Borax erhitze man in einem Platintiegel
gelinde, bis er sich nicht mehr weiter aufbläht, zerreibe denselben und hebe ihn zum Gebrauche auf.

Anwendung. Die Borsäure zeigt, wenn sie schmelzend mit
Oxyden in Berührung kommt, eine grofse Verwandtschaft zu denselben. Sie verbindet sich daher erstens direct mit Oxyden,
zweitens treibt sie minder starke Säuren aus ihren Salzen aus und
drittens disponirt sie Metalle, Schwefel- und Haloidverbindungen
bei Mitwirkung der äufsern Löthrohrflamme zur Oxydation, um
sich mit den Oxyden verbinden zu können. — Die gebildeten borsauren Oxyde schmelzen meistens schon an und für sich, sie
schmelzen aber weit leichter mit borsaurem Natron zusammen,
indem dasselbe entweder nur als Flussmittel, oder durch Bildung
von Doppelsalzen wirkt. — Im sauren borsauren Natron haben
wir erstlich freie Borsäure, zweitens borsaures Natron, wir haben
demnach darin beide Bedingungen vereinigt, wodurch, wie angeführt, Oxyde, Sulphurete, Metalle u. s. w. zur Auflösung und
Schmelzung gebracht werden, und es ist daher der Borax für uns
als Löthrohrreagens von gröfster Wichtigkeit. Als Unterlage wählt

5

man bei seinem Gebrauche meistens Platindraht; macht zu dem
Ende das Oehr desselben glühend, taucht es in das Boraxpulver
und bringt in die äufsere Flamme, wodurch man eine farblose
Perle erhält. An diese befestigt man nun, indem man sie noch
heifs, oder indem man sie befeuchtet mit der Probe in Berührung
bringt, ein wenig derselben, setzt neuerdings erst der Flamme
der Weingeistlampe, dann der Löthrohrflamme aus und beobachtet die Erscheinungen. Folgende Punkte sind dabei besonders in's
Auge zu fassen: erstens, ob sich der Körper zur klaren Perle
löst, oder nicht, und ob eine klare Perle beim Erkalten ihre
Durchsichtigkeit behält oder nicht; — zweitens, ob eine solche
Perle eine bestimmte Farbe zeigt, was in vielen Fällen, z. B. beim
Kobalt zur augenblicklichen, sichern Erkennung führt, — und
drittens, ob die Perlen in äufserer und innerer Flamme gleiches
oder verschiedenes Verhalten zeigen. Erscheinungen letzterer
Art sind von dem Uebergang höherer Oxydationsstufen in niederere oder auch in Metall abhängig und für einzelne Körper besonders bezeichnend.

§. 83.

5. **Phosphorsaures Natron-Ammoniak (Phosphorsalz)** (PO_5, NaO, NH_4 O, HO).

Bereitung. Man löst 6 Thle. phosphorsaures Natron und 1
Thl. reinen Salmiak in 2 Thln. heifsem Wasser und lässt erkalten.
Die Krystalle des Doppelsalzes, welche man dadurch erhält, rei-
nigt man durch Umkrystallisiren von dem ihnen anhängenden
Chlornatrium. Man trocknet sie alsdann und bewahrt sie zerrie-
ben auf.

Anwendung. Wird phosphorsaures Natron-Ammoniak erhitzt, so entweicht mit dem Wasser das Ammoniak. Es bleibt
also alsdann eine Verbindung, welche in Bezug auf Zusammensetzung (freie Säure und leichtschmelzbares Salz) dem Borax sehr
nahe steht. Die Wirkung des Phosphorsalzes ist daher der des
sauren borsauren Natrons ganz analog. Da jedoch die Erfahrung
lehrt, dass die Gläser, welche es mit vielen Körpern bildet, schöner und deutlicher gefärbt sind, als die des Boraxes, so wird es
diesem in vielen Fällen als Auflösungs- und Flussmittel vorgezogen. — Bei Anwendung des Phosphorsalzes bedient man sich
ebenfalls des Platindrahtes als Unterlage, wobei zu berücksichtigen, dass man das Oehr desselben klein und schmal machen
muss, widrigenfalls die Perle nicht daran haftet. Man verfährt im
Uebrigen, wie beim Borax angegeben ist.

§. 84.

6. Salpetersaures Kobaltoxydul (CoO, NO_5).

Bereitung. Man trägt ein inniges Gemenge von 2 Thln. sehr fein gepulvertem Glanzkobalt, 4 Thln. Salpeter, 1 Thl. zerfallener Soda und 1 Thl. trocknem kohlensauren Kali portionenweise in einen rothglühenden Schmelztiegel und erhitzt nach dem Eintragen noch eine Zeit lang möglichst stark, bis die Masse, wenn auch nicht vollständig geschmolzen, doch stark zusammengesintert ist. Nach dem Erkalten pulvert man den Inhalt, kocht mit Wasser, wäscht das unreine Kobaltoxyd vollständig aus, digerirt und erhitzt es mit Salzsäure bis zur Lösung. Dieselbe erscheint dunkelgrün und ist gewöhnlich von ausgeschiedener Kieselsäure gallertartig. Man verdampft sie zur Trockne, befeuchtet den Rückstand mit Salzsäure, erwärmt, setzt alsdann Wasser zu, kocht eine kleine Weile, filtrirt und setzt zu dem Filtrat, während man es im Kochen erhält, kohlensaures Ammoniak, bis die Flüssigkeit nicht mehr sauer reagirt. Die filtrirte Lösung fällt man mit kohlensaurem Kali, wäscht aus, löst den Niederschlag in Salpetersäure, verdampft bei gelinder Wärme zur Trockne und löst zum Gebrauche einen Theil des Rückstandes in 10 Thln. Wasser. Die so erhaltene Kobaltlösung enthält Nickel, wenn, wie dies fast immer der Fall ist, das Kobalterz nickelhaltig war. Diese Verunreinigung ist jedoch für die sogleich zu erwähnenden Reactionen ohne erheblichen Nachtheil.

Anwendung. Das Kobaltoxydul geht beim Glühen mit einigen unschmelzbaren Körpern eigenthümlich gefärbte Verbindungen ein und kann daher zu ihrer Erkennung dienen. Um die Prüfungen vorzunehmen, glüht man die gepulverte Probe auf der Kohle, bringt alsdann ein Tröpfchen Kobaltlösung darauf und glüht wiederum. Zinkoxyd wird dabei intensiv grün, Thonerde blau, Magnesia schwach röthlich gefärbt. Die Färbung, welche die letztere erleidet, ist so wenig intensiv, dass durch diese Reaction Anfänger sehr leicht irre geführt werden. Kieselerde wird, wenn man sie, mit Kobaltlösung befeuchtet, glüht, ebenfalls etwas blau, worauf bei Prüfungen auf Thonerde Rücksicht zu nehmen ist. Die blaue Verbindung der letztern ist jedoch weit schöner und intensiver gefärbt, als die der Kieselerde.

Dritter Abschnitt.
Verhalten der Körper zu Reagentien.

§. 85.

Die qualitative Analyse beruht, wie oben erwähnt worden, im Allgemeinen darauf, dass man Versuche macht, die unbekannten Bestandtheile eines Körpers in neue, ihrem Verhalten und ihren Eigenschaften nach bekannte Formen überzuführen, um aus diesen alsdann auf die Bestandtheile schliefsen zu können. — Mit solchen Versuchen verhält es sich wie überhaupt mit allen Fragen; sie sind um so besser, je gewisser sie zu einem bestimmten Resultate, gleichgültig ob dasselbe positiver oder negativer Natur ist, führen müssen. Wie uns aber eine Frage nicht klüger macht, wenn wir die Sprache, in der uns die Gegenrede wird, nicht verstehen, so kann uns auch ein Versuch nichts nützen, wenn wir die Ausdrucksweise nicht kennen, in welcher die Beantwortung erfolgt, wenn wir also nicht wissen, welcher Schluss daraus zu ziehen ist, im Falle ein Reagens einen Körper unverändert lässt oder im Falle es in Folge einer Form- oder Zustands-Aenderung des Körpers irgend eine Erscheinung hervorruft.

Bevor daher zur Analyse selbst geschritten werden kann, ist es unerlässliche Bedingung, dass man die Formen und Verbindungen der Körper, welche dann als bekannt angenommen werden sollen, auch wirklich völlig kenne. Eine solche völlige Bekanntschaft beruht aber erstens auf einem Wissen und Verstehen der Bedingungen, die zum Entstehen der neuen Verbindungen, überhaupt zum Eintreten der verschiedenen Reactionen nothwendig sind, und zweitens auf einer sinnlichen Einprägung der Farbe, Form, überhaupt der physikalischen Eigenschaften, welche die neuen Verbindungen charakterisiren. Es ist daher dieser Abschnitt nicht blofs durchzustudiren, sondern vor Allem auch durchzuexperimentiren.

Um das Verhalten der Köper zu Reagentien kennen zu lernen, werden gewöhnlich die Körper einzeln nach einander vorgenommen und ihre charakteristischen Reactionen angegeben. Zweckmäfsiger für den Anfänger dürfte aber die folgende Darstellung erscheinen, welche diejenigen Körper, die in vieler Beziehung Analogieen zeigen, in Gruppen zusammenfasst und so durch ein Gegenüberstellen der Aehnlichkeiten und Verschiedenheiten die letzteren so viel wie möglich in's Licht setzt.

A. Verhalten der Metalloxyde

§. 86.

Erste Gruppe.

Kali, Natron, Ammoniak.

Eigenschaften der Gruppe. Die Alkalien sind im reinen (kaustischen) Zustande, als Schwefelverbindungen und als kohlensaure Salze in Wasser leicht löslich. Es schlagen sich daher dieselben weder im reinen, noch im kohlensauren Zustande gegenseitig nieder, noch werden sie durch Schwefelwasserstoff unter irgend einer Bedingung gefällt. — Die Lösungen der reinen Alkalien sowohl, als die ihrer Schwefelverbindungen und kohlensauren Salze bläuen geröthetes Lackmuspapier und bräunen Curcumapapier im höchsten Grade.

Besondere Reactionen.

a. Kali (KO).

1) Das Kali, sein Hydrat und seine Salze sind bei der Hitze einer Weingeistlampe nicht flüchtig. Das Kali und sein Hydrat zerfliefsen an der Luft. Die entstehenden ölartigen Flüssigkeiten erhärten nicht durch Anziehen von Kohlensäure.

2) Die Kalisalze lösen sich fast alle leicht in Wasser. Sie sind farblos, wenn die Säure nicht gefärbt ist. Die neutralen Kalisalze mit starken Säuren verändern Pflanzenfarben nicht. Kohlensaures Kali krystallisirt schwierig, zerfliefst an der Luft. Schwefelsaures Kali enthält kein Wasser, verändert sich an der Luft nicht.

3) *Platinchlorid* erzeugt in den neutralen und sauren Lösungen der Kalisalze einen gelben, krystallinischen, schweren Niederschlag von Kaliumplatinchlorid ($KCl + PtCl_2$), und zwar in concentrirten Lösungen sogleich, in verdünnten nach einiger, oft erst nach längerer Zeit. Anwesenheit freier Salzsäure begünstigt seine Bildung. In Wasser ist er schwer löslich, in Alkohol unlöslich. Es zeigt daher das Platinchlorid Kalisalze mit ganz besonderer Schärfe an, wenn dieselben in Weingeist gelöst sind. Am empfindlichsten ist die Reaction, wenn man die wässerige

70   Reactionen der Metalloxyde. — §. 86.

Lösung des Kalisalzes mit Platinchlorid im Wasserbade bis fast zur Trockne verdampft und den Rückstand alsdann mit Weingeist übergiefst, wobei das Kaliumplatinchlorid ungelöst zurückbleibt. Man hüte sich vor der Verwechselung desselben mit Ammonium-platinchlorid (§. 86. c. 4.).

4) *Weinsteinsäure* erzeugt in neutralen oder alkalischen Auf-lösungen der Kalisalze (in welch' letzterm Falle das Reagens bis zur stark sauren Reaction zuzusetzen ist) einen weifsen, sich schnell zu Boden setzenden, k ö r n i g krystallinischen Niederschlag von s a u r e m w e i n s t e i n s a u r e n Kali $(KO,\overline{T} + HO,\overline{T})$, und zwar in concentrirten Lösungen sogleich, in verdünnten oft erst nach l ä n g e r e r Zeit. Heftiges Umschütteln der Flüssigkeit be-fördert das Entstehen des Niederschlages bedeutend, freie Alkalien und freie Mineralsäuren lösen denselben auf, in kaltem Wasser ist er schwer löslich, ziemlich leicht löslich in heifsem. Will man saure Lösungen mit Weinsteinsäure auf Kali prüfen, so muss die freie Säure erst durch Zusatz von reinem oder kohlensaurem Na-tron neutralisirt werden.

5) Werden Kalisalze mittelst eines Platindrahts in die Spitze der innern *Löthrohrflamme* gehalten, so färbt sich die äufsere Flamme, in Folge einer Reduction und Wiederoxydation des ge-bildeten Kaliums v i o l e t t. Bei phosphorsaurem und borsaurem Kali ist die Reaction kaum bemerkbar. Gegenwart von Natron verdeckt sie gänzlich.

6) Erhitzt man ein Kalisalz mit wenig Wasser, setzt *Alkohol* zu und zündet diesen an, so erscheint die Flamme v i o l e t t. An-wesenheit von Natron lässt auch diese Reaction nicht bemerken.

b. N a t r o n (Na O).

1) Das Natron, sein Hydrat und seine Salze zeigen im All-gemeinen dasselbe Verhalten wie die entsprechenden Kaliverbin-dungen. Die beim Zerfliefsen des Natrons an der Luft entstehende ölartige Lösung erhärtet bald wieder durch Aufnahme von Kohlen-säure. — Das kohlensaure Natron krystallisirt leicht. Die Krystalle verwittern schnell an der Luft. Dasselbe gilt vom schwefelsauren Natron.

2) *Antimonsaures Kali* bringt in neutralen oder alkalischen Natronlösungen einen weifsen, krystallinischen Niederschlag von antimonsaurem Natron (Na O, Sb O$_5$) hervor. Sind die Auflösungen concentrirt, so entsteht er sogleich, aus verdünnteren scheidet er sich erst nach einiger, oft erst nach längerer Zeit ab. Starkes

Schütteln beschleunigt seine Bildung. — Rührt man nach dem
Zusatz des Reagens die Flüssigkeit mit einem Glasstabe in der
Art um, dass man dabei an den Wänden des Glases herumfährt,
so werden die genommenen Bahnen selbst bei ziemlich bedeutender Verdünnung bald sichtbar, indem sich der Niederschlag
an den geriebenen Stellen zuerst absetzt. Die Anwesenheit neutral reagirender Kalisalze beeinträchtigt die Entstehung des Niederschlages in keiner Weise. Kohlensaures Kali jedoch verhindert
seine Abscheidung, je nachdem es in gröfserer oder geringerer
Menge zugegen ist, theilweise oder gänzlich. Soll daher eine
kohlensaures Kali enthaltende Lösung auf Natron geprüft werden,
so muss zuerst Salzsäure oder Essigsäure zugesetzt werden, bis
die Flüssigkeit nur noch schwach alkalisch reagirt. Saure Lösungen müssen erst mit Kali neutralisirt werden, indem sonst das
Reagens zerlegt und Antimonsäurehydrat oder saures antimonsaures Kali aus demselben niedergeschlagen werden würde.

3) Natronsalze auf einem Platindraht der innern *Löthrohrflamme* ausgesetzt, färben die äufsere in Folge einer Reduction
und einer Wiederoxydation des entstandenen Natriums intensiv
gelb. Diese Reaction ist sichtbar, wenn dem Natron auch eine
grofse Menge Kali beigemischt ist.

4) Behandelt man Natronsalze wie bei Kali sub 6. angeführt
worden, so färbt sich die *Alkoholflamme* stark gelb. Auch diese
Reaction wird durch anwesendes Kalisalz nicht verdeckt.

5) *Platinchlorid* erzeugt in Natronlösungen keinen Nieder-
schlag, *Weinsteinsäure* nur dann, wenn sie höchst concen-
trirt sind. Das saure weinsteinsaure Natron, welches in solchem
Falle nach längerer Zeit herauskrystallisirt, erscheint immer in
Form kleiner Nadeln und Säulen und nicht, wie das Kalisalz, in
Gestalt eines körnig krystallinischen Niederschlages.

c. Ammoniak (NH_3).

1) Das reine, bei gewöhnlicher Temperatur gasförmige Ammoniak kommt uns am häufigsten in seiner wässerigen Lösung
vor, in welcher es sich durch seinen penetranten Geruch sogleich
verräth. Beim Erhitzen derselben wird es ausgetrieben.

2) Die Ammoniaksalze sind sämmtlich in der Hitze flüchtig
und zwar entweder unter Zersetzung oder unzerlegt. Die meisten
lösen sich leicht in Wasser. Die Lösungen sind farblos. Die neutralen Verbindungen des Ammoniaks mit starken Säuren verändern Pflanzenfarben nicht.

72 Reactionen der Metalloxyde. — §. 86.

3) Werden Ammoniaksalze mit *Kalkhydrat*, am besten unter Zusatz einiger Tropfen Wasser, zusammengerieben, oder werden dieselben in fester Form oder gelöst mit *Kalilauge* erwärmt, so wird das Ammoniak gasförmig frei und giebt sich erstens durch seinen eigenthümlichen Geruch, zweitens durch seine Reaction auf feuchte Reagenspapiere, und drittens dadurch zu erkennen, dass es die Bildung weißer Nebel veranlasst, wenn mit Salzsäure, Salpetersäure, Essigsäure, überhaupt mit flüchtigen Säuren befeuchtete Gegenstände (Glasstäbchen) damit in Berührung kommen. Diese Nebel sind durch die beim Zusammentreffen der Gase in der Luft entstehenden festen Salze bedingt. Salzsäure giebt dabei die empfindlichste Reaction ab, Essigsäure aber gestattet weniger leicht eine Täuschung.

4) *Platinchlorid* verhält sich gegen Ammoniksalze wie gegen Kalisalze, der entstehende gelbe Niederschlag von Ammonium-Platinchlorid $(NH_4Cl + PtCl_2)$ hat eine etwas hellere Farbe als das Kalium-Platinchlorid.

5) *Weinsteinsäure* bringt in Ammoniaksalzslösungen einen Niederschlag von saurem weinsteinsauren Ammoniak $(NH_4O,\bar{T} + HO,\bar{T})$ hervor, welcher unter denselben Umständen wie die entsprechende Kaliverbindung entsteht und nur etwas leichter löslich ist als diese.

Zusammenstellung und Bemerkungen. Kali- und Natron-Salze sind in gewöhnlicher Glühhitze nicht flüchtig, Ammoniaksalze verflüchtigen sich leicht. Es können daher diese durch Glühen leicht von jenen getrennt werden. Die sicherste Erkennung des Ammoniaks beruht auf seiner Austreibung durch Kali oder Kalk. — Kalisalze können nur erkannt werden, wenn die Ammoniaksalze entfernt sind, weil beide zu Platinchlorid und Weinsteinsäure gleiches oder ähnliches Verhalten zeigen. Ist das Ammoniak entfernt, so ist das Kali durch die beiden genannten Reagentien bestimmt charakterisirt. In den beiden schwer löslichen Verbindungen, die wir kennen gelernt haben, dem Kalium-Platinchlorid und dem sauren weinsteinsauren Kali, wird es am einfachsten erkannt, wenn man die genannten Salze erst durch Glühen zerstört. Man erhält dadurch das Kali aus der Platinverbindung als Chlorkalium, aus dem Weinstein als kohlensaures Salz. — Was das Natron betrifft, so hat sich nunmehr zu den einzigen bisher bekannten positiven Erkennungsmitteln (Krystallform, überhaupt Beschaffenheit einiger seiner Salze, und gelbe Färbung, welche dieselben der Löthrohr-

und Weingeistflamme ertheilen) noch das antimonsaure Kali ge-
sellt. Es füllt die bisher zuweilen sehr fühlbare Lücke jedoch
nur dann gut aus, wenn es vorsichtig und mit aufmerksamer Berücksichtigung der Umstände angewandt wird. Aufser den oben
angeführten Bedingungen ist noch ganz besonders in's Auge zu
fassen, dass man, ehe das Reagens zugesetzt werden darf, dessen
sicher sein muss, dass in der Lösung keine anderen Basen als
Natron oder Kali enthalten sind; indem die Salze der schweren
Metalloxyde, die der eigentlichen und alkalischen Erden und endlich die des Ammoniaks durch antimonsaures Kali ebenfalls niedergeschlagen werden.

§. 87.
Zweite Gruppe.
Baryt, Strontian, Kalk, Magnesia.

Eigenschaften der Gruppe. Die alkalischen Erden sind im
reinen (kaustischen) Zustande und als Schwefelverbindungen in
Wasser löslich (die Magnesia freilich sehr schwer löslich). Diese
Lösungen zeigen alkalische Reaction (die alkalische Reaction der
Magnesia ist dann am deutlichsten wahrnehmbar, wenn sie auf befeuchtetes Reagenspapier gelegt wird). Die neutralen kohlensauren und phosphorsauren Verbindungen der alkalischen Erden sind
in Wasser unlöslich. — Es werden daher die Lösungen der alkalisch erdigen Salze durch Schwefelwasserstoff unter keiner Bedingung gefällt, kohlensaure und phosphorsaure Alkalien aber
schlagen sie nieder. Dieses Verhalten unterscheidet die Oxyde
der zweiten Gruppe von denen der ersten. — Die alkalischen
Erden und ihre Salze sind nicht flüchtig, farblos.

Besondere Reactionen.
a. Baryt (BaO).
1) Der kaustische Baryt ist in heifsem Wasser ziemlich leicht,
in kaltem etwas schwer löslich, von verdünnter Salz- oder Salpe-
ter-Säure wird er leicht aufgenommen. Das Barythydrat verliert
beim Glühen sein Wasser nicht.
2) Die Barytsalze sind meist in Wasser unlöslich. Die löslichen verändern Pflanzenfarben nicht, sie werden, mit Ausnahme
des Chlorbaryums, beim Glühen zerlegt. Die unlöslichen werden, mit Ausnahme des schwefelsauren Baryts, von Salzsäure
aufgenommen. — Salpetersaurer Baryt und Chlorbaryum sind unlöslich in Alkohol, sie zerfliefsen nicht an der Luft.

74   Reactionen der Metalloxyde. — §. 87.

3) *Ammoniak* bewirkt in den Lösungen der Barytsalze keine Fällung, *Kali* (kohlensäurefreies) nur dann, wenn dieselben sehr concentrirt sind. Wasser löst den entstandenen voluminösen Niederschlag (Barytkrystalle, BaO, HO + 9 aq.) wieder auf.

4) *Kohlensaure Alkalien* fällen aus Barytlösungen kohlensauren Baryt (BaO, CO$_2$) in Gestalt eines weifsen Niederschlages. Bei der Anwendung von kohlensaurem Ammoniak, oder wenn die Flüssigkeit sauer war, tritt erst beim Erwärmen vollständige Fällung ein. Die Anwesenheit von Ammoniaksalzen hat auf die Fällung keinen hindernden Einfluss.

5) *Schwefelsäure* und alle löslichen *schwefelsauren Salze* bewirken auch in den verdünntesten Barytlösungen sogleich einen feinpulverigen, weifsen Niederschlag von schwefelsaurem Baryt (BaO, SO$_3$), der in Säuren und Alkalien unlöslich ist.

6) *Kieselfluorwasserstoffsäure* fällt aus Barytlösungen Kieselfluorbaryum (BaFl + SiFl$_2$) in Gestalt eines farblosen, krystallinischen, schnell zu Böden sinkenden Niederschlages. In verdünnten Auflösungen entsteht er erst nach einiger Zeit, Salzsäure und Salpetersäure lösen ihn kaum merklich auf.

7) *Phosphorsaures Natron* bewirkt in neutralen oder alkalischen Lösungen einen weifsen, in freien Säuren löslichen Niederschlag von phosphorsaurem Baryt (PO$_5$, 2BaO, HO). Zusatz von Ammoniak vermehrt weder die Menge des Niederschlages, noch befördert es sein Entstehen.

8) *Oxalsäure* bewirkt nur in concentrirten Lösungen einen weifsen, in Säuren löslichen Niederschlag von oxalsaurem Baryt (BaO, Ō). Wird aber Ammoniak zugesetzt, so ist die Reaction weit empfindlicher und es entsteht alsdann nur in sehr verdünnten Lösungen kein Niederschlag.

9) Barytsalze ertheilen, mit verdünntem *Weingeist* erhitzt, der Flamme desselben eine wenig charakteristische gelbliche Farbe.

b. Strontian (SrO).

1) Der Strontian, sein Hydrat und seine Salze kommen in ihren allgemeinen Eigenschaften mit den entsprechenden Barytverbindungen fast völlig überein. — Das Strontianhydrat ist in Wasser schwerer löslich als das Barythydrat. — Chlorstrontium löst sich in wasserfreiem, — salpetersaurer Strontian in wasserhaltigem Alkohol; an der Luft zerfliefsen beide nicht.

2) Zu *Ammoniak* und *Kali*, wie auch zu den *kohlensauren*

Zweite Gruppe. — Kalk. — §. 87.   75

Alkalien und dem *phosphorsauren Natron* zeigen die Strontiansalze ganz dasselbe Verhalten, wie die Barytsalze.

3) *Schwefelsäure* und *schwefelsaure Salze* fallen aus Strontianlösungen schwefelsauren Strontian (SrO, SO_3) in Gestalt eines weißen, in Säuren und Alkalien unlöslichen Pulvers.
Der schwefelsaure Strontian ist in Wasser weit löslicher als die
entsprechende Barytverbindung, daher entsteht der Niederschlag
in verdünnteren Lösungen meist erst nach einiger Zeit, er entsteht jedenfalls (auch in concentrirten Lösungen) erst nach einiger Zeit, wenn man zur Fällung *Gypssolution* anwendet.

4) *Kieselfluorwasserstoffsäure* bewirkt selbst in concentrirten
Strontianlösungen keinen Niederschlag.

5) *Oxalsäure* schlägt auch aus ziemlich verdünnten Lösungen
nach einiger Zeit oxalsauren Strontian ($SrO, \bar{O}$) als weißes
Pulver nieder. Zusatz von Ammoniak befördert die Abscheidung
und vermehrt die Menge des Niederschlages bedeutend.

6) Werden in Wasser oder Alkohol lösliche Strontiansalze
mit wässerigem *Weingeist* erhitzt und dieser angezündet, so ertheilen sie der Flamme, besonders beim Umrühren, eine sehr
intensive carminrothe Färbung. Man verwechsele die Farbe
nicht mit der, welche der Weingeistflamme durch Kalksalze mit-
getheilt wird.

    c. Kalk (CaO).

1) Der Kalk, sein Hydrat und seine Salze zeigen in den allgemeinen Eigenschaften große Aehnlichkeit mit den entsprechenden Baryt- und Strontianverbindungen. — Das Kalkhydrat ist in
Wasser weit schwerer löslich als das Baryt- und Strontian-Hydrat,
in heißem Wasser löst sich weniger, als in kaltem. — Das Kalkhydrat verliert beim Glühen sein Wasser. — Chlorcalcium und
salpetersaurer Kalk sind in absolutem Alkohol löslich, an der Luft
zerfließlich.

2) *Ammoniak, Kali, kohlensaure Alkalien* und *phosphorsaures
Natron* zeigen gegen Kalksalze dasselbe Verhalten, wie gegen
Barytsalze.

3) *Schwefelsäure* und *schwefelsaures Natron* bewirken in
ganz concentrirten Kalklösungen sogleich weiße Niederschläge
von schwefelsaurem Kalk (CaO, SO_3), welche von viel Wasser vollständig aufgenommen werden, und in Säuren noch weit
löslicher sind, als in Wasser. In weniger concentrirten Lösungen
entstehen die Niederschläge erst nach längerem Stehen, ver-

76   Reactionen der Metalloxyde. — §. 87.

dünntere werden nicht gefällt. Gypslösung kann natürlicher Weise
keinen Niederschlag bewirken, aber auch eine mit gleichviel Wasser vermischte, kalt gesättigte Lösung von schwefelsaurem Kali
bringt in Kalklösungen keinen Niederschlag hervor, wenigstens
nie sogleich. Sind Kalklösungen so verdünnt, dass Schwefelsäure
keine Fällung bewirkt, so entsteht sie sogleich, wenn der Lösung
Alkohol hinzugesetzt wird.

4) *Kieselfluorwasserstoffsäure* fällt Kalksalze nicht.

5) *Oxalsäure* bringt selbst in sehr verdünnten neutralen Kalklösungen einen weifsen Niederschlag von oxalsaurem Kalk
(Ca O, $\bar{\text{O}}$) hervor. Zusatz von Ammoniak beschleunigt die Ausscheidung und vermehrt die Menge des Niederschlages. Der oxalsaure Kalk löst sich leicht in Salzsäure und Salpetersäure, nicht
merklich aber in Essigsäure und Oxalsäure.

6) Lösliche Kalksalze ertheilen, mit wässerigem *Weingeist*
erhitzt, der Flamme eine gelbrothe Farbe, welche mit der
durch Strontian gefärbten oft verwechselt wird.

d. Magnesia (MgO).

1) Die Magnesia und ihr Hydrat sind weifse, weit voluminö-
sere Pulver als die entsprechenden Verbindungen der anderen
alkalischen Erden. Sie lösen sich in kaltem wie heifsem Wasser kaum. Das Magnesiahydrat verliert beim Glühen sein
Wasser.

2) Die Magnesiasalze sind in Wasser theils löslich, theils unlöslich. Die löslichen schmecken ekelhaft bitter, verändern im
neutralen Zustande Pflanzenfarben nicht und werden, mit Ausnahme
der schwefelsauren Magnesia, beim Glühen, meist sogar schon
beim Abdampfen ihrer Lösungen, zerlegt; die unlöslichen werden
sämmtlich von Salzsäure leicht aufgenommen.

3) *Ammoniak* fällt aus den Lösungen neutraler Magnesiasalze
einen Theil der Bittererde als Bittererdehydrat (Mg O, HO)
in Gestalt eines weifsen, voluminösen Niederschlages. Der andere
Theil der Magnesia bleibt, mit dem bei der Zersetzung entstandenen Ammoniaksalz zu einem durch Ammoniak nicht zerlegbaren
Doppelsalze verbunden, in Auflösung. Diese Neigung der Magnesiasalze, mit Ammoniakverbindungen solche Doppelsalze zu bilden, bedingt es, dass bei Gegenwart von Ammoniaksalzen Magnesiasalze durch Ammoniak nicht gefällt werden, oder, was dasselbe ist, dass Ammoniak in sauren Magnesialösungen keinen
Niederschlag erzeugt, und dass eine durch Ammoniak in neutraler

Lösung erzeugte Fällung durch Zusatz eines Ammoniaksalzes wieder verschwindet.

4) *Kali* und *kaustischer Baryt* fällen aus Magnesialösungen Bittererdehydrat. Seine Ausscheidung wird durch Aufkochen sehr begünstigt. Ammoniaksalze lösen das gefällte Hydrat wieder auf. Werden sie der Magnesialösung vor dem Zusatz des Fällungsmittels in genügender Menge zugemischt, so entsteht gar kein Niederschlag. Wird aber die Lösung alsdann mit Kaliüberschuss gekocht, so muss er natürlich zum Vorschein kommen, weil ja dadurch die Bedingung seines gelöst Bleibens, das Ammoniaksalz, zersetzt und entfernt wird.

5) *Kohlensaures Kali* bewirkt in neutralen Magnesialösungen einen weifsen Niederschlag von basisch kohlensaurer Magnesia, $3 (MgO, CO_2 + aq.) + MgO, HO$. Der vierte Theil der Kohlensäure des zersetzten kohlensauren Natrons wird hierbei ausgeschieden und erhält einen Theil der kohlensauren Magnesia als doppeltkohlensaures Salz in Lösung. Durch Kochen wird diese Kohlensäure ausgetrieben, Erhitzen der Flüssigkeit beschleunigt daher die Ausscheidung und vermehrt die Menge des Niederschlages. Ammoniaksalze verhindern auch diese Fällung und lösen einen schon gebildeten Niederschlag wieder auf.

6) *Kohlensaures Ammoniak* schlägt in der Kälte Magnesialösungen nicht, beim Kochen aber unvollständig nieder. Ammoniaksalze verhindern die Entstehung eines Niederschlages gänzlich.

7) *Phosphorsaures Natron* schlägt aus Magnesialösungen, wenn sie nicht zu verdünnt sind, phosphorsaure Bittererde $(PO_5, 2 MgO, HO)$ als weifses Pulver nieder. Ihre Ausscheidung wird durch Aufkochen der Flüssigkeit sehr begünstigt. Setzt man aber der Magnesialösung vor oder nach dem Zufügen des phosphorsauren Natrons Ammoniak zu, so entsteht, auch wenn dieselbe sehr verdünnt ist, ein weifser, krystallinischer Niederschlag **von** basisch phosphorsaurer Ammoniak-Magnesia $(PO_5, 2 MgO, NH_4O)$. Seine Abscheidung aus verdünnten Flüssigkeiten wird durch heftiges Umrühren derselben (mit einem Glasstabe) beschleunigt. Ist die Verdünnung so grofs, dass kein Niederschlag mehr entsteht, so werden doch nach einiger Zeit die Bahnen, die man an der Wandung des Gefäfses beim Umrühren genommen hat, als weifse Striche sichtbar. Chlorammonium, überhaupt Ammoniaksalze, lösen die basisch phosphorsaure Ammoniak-Talkerde nicht auf, wohl aber freie Säuren, selbst Essigsäure.

8) *Oxalsaures Ammoniak*, nicht aber freie Oxalsäure, be-

78   Reactionen der Metalloxyde. — § 87.

wirkt einen weifsen Niederschlag von oxalsaurer Magnesia
$(MgO, \bar{O})$. Ammoniaksalze verhindern seine Entstehung.

9) *Schwefelsäure* und *Kieselfluorwasserstoffsäure* fällen die
Magnesiasalze nicht.

10) Wird Talkerde oder ein Talkerdesalz mit salpetersaurer
Kobaltoxydullösung befeuchtet und längere Zeit auf Kohle einer
guten Löthrohrflamme ausgesetzt, so bekommt man eine schwach
fleischrothe Masse, deren Farbe erst nach dem Erkalten deutlich
hervortritt, aber niemals sehr intensiv ist.

Zusammenstellung und Bemerkungen. Die Schwerlöslichkeit
des Magnesiahydrats, die Leichtlöslichkeit der schwefelsauren
Magnesia und die Neigung der Magnesiasalze mit Ammoniakverbindungen Doppelsalze zu bilden, sind die drei Hauptpunkte, in
denen sich die Bittererde von den anderen alkalischen Erden.
unterscheidet. Um dieselben zu erkennen, entfernen wir immer
zuerst die Baryt-, Strontian- und Kalkerde, im Falle sie zugegen
sind, und zwar entweder durch Erwärmen mit kohlensaurem
Ammoniak unter Salmiakzusatz, oder durch schwefelsaures Kali
und oxalsaures Ammoniak unter Salmiakzusatz, und wählen zu
dieser Erkennung stets die Reaction mit phosphorsaurem Natron
und Ammoniak. — Die Ermittelung des Baryts ist unter allen
Umständen leicht, der sogleich entstehende Niederschlag mit
Gypslösung, die Reaction mit Kieselfluorwasserstoffsäure lassen
dabei keinen Zweifel. — Strontianerde ist durch ihr Verhalten
zu Gypslösung nur dann leicht zu erkennen, wenn kein Baryt
zugegen ist. Sie muss daher, im Falle sie mit Baryt in einer
Lösung ist, zuvor davon geschieden werden. Man bewerkstelligt diese Trennung am besten, indem man beide Erden in trockne
Chlormetalle verwandelt und diese mit absolutem Alkohol digerirt. Das Chlorstrontium löst sich auf, das Chlorbaryum bleibt
zurück. Bei der Prüfung auf Strontian mittelst der Weingeistflamme hat man sich vor Verwechselung mit der durch Kalksalze
bewirkten Färbung zu hüten. — Zur Erkennung der Kalkerde
wählt man stets die Oxalsäure. Zuvor müssen jedoch die Baryt-
und Strontianerde durch schwefelsaures Kali entfernt worden
sein, da sie ja zu Oxalsäure eine von der des Kalkes nur in Betreff der Empfindlichkeit verschiedene Reaction zeigen. Bei der
Abscheidung des Baryts und Strontians mit schwefelsaurem Kali
kann möglicher Weise auch ein Theil des Kalkes gefällt werden.

Es ist dies gleichgültig, da jedenfalls in der Flüssigkeit so viel
gelöst bleibt, dass er darin durch Oxalsäure mit zweifelloser
Sicherheit nachgewiesen werden kann. — Um die alkalischen
Erden in ihren phosphorsauren Salzen zu erkennen, werden diese
am zweckmäfsigsten durch Eisenchlorid unter Zusatz von essigsaurem Kali zerlegt, siehe §. 99. a. 8. — In ihren oxalsauren Verbindungen erkennt man sie, nachdem man dieselben durch Glühen
in kohlensaure Salze verwandelt hat. — Schwefelsaurer Baryt und
Strontian werden behufs der Entdeckung des Baryts und Strontians mit kohlensaurem Alkali aufgeschlossen, vergl. §. 98. 5.

§. 88.

Dritte Gruppe.

Thonerde, Chromoxyd.

Eigenschaften der Gruppe. Thonerde und Chromoxyd sind
im reinen Zustande und als Hydrate in Wasser unlöslich. Sie
bilden mit Kohlensäure keine neutralen Salze. Ihre Schwefelverbindungen können auf nassem Wege nicht dargestellt werden.
Schwefelwasserstoff fällt daher Thonerde- und Chromoxydlösungen nicht, Schwefelammonium fällt aus denselben die Oxydhydrate. Dieses Verhalten zu Schwefelammonium unterscheidet die
Oxyde der dritten Gruppe von den vorhergehenden.

Besondere Reactionen.

a. Thonerde $(Al_2 O_3)$.

1) Die Thonerde ist nicht flüchtig und, wie auch ihr Hydrat,
farblos. Sie löst sich in Säuren langsam und sehr schwierig.
Das Hydrat ist im amorphen Zustande leicht, im krystallisirten
sehr schwer löslich in Säuren. Nach dem Glühen mit Alkalien
wird die Thonerde von Säuren leicht aufgenommen. —

2) Die Thonerdesalze sind farblos, meist nicht flüchtig,
theils löslich, theils unlöslich. Die löslichen schmecken süfs-
lich, zusammenziehend, röthen Lackmus und verlieren beim Glühen ihre Säuren. Die unlöslichen werden, mit Ausnahme gewisser
natürlich vorkommender Verbindungen, von Salzsäure gelöst. Die
in Salzsäure unlöslichen werden durch Glühen mit kohlensaurem
Natron in Säuren löslich.

3) *Kali* fällt aus den Auflösungen der Thonerde einen voluminösen Niederschlag von kalihaltigem, meist auch mit basischem
Salz gemengtem Thonerdehydrat $(Al_2 O_3, 3 HO)$, welcher
sich in einem Ueberschuss des Fällungsmittels leicht und voll-

80   Reactionen der Metalloxyde. — §. 88.

ständig löst, aus dieser Lösung aber durch Zusatz von Chlorammonium schon in der Kälte, vollständiger beim Erwärmen, wieder niedergeschlagen wird (vergl. §. 23.). Ammoniaksalze verhindern die Fällung durch Kali nicht.

4) *Ammoniak* bewirkt gleichfalls einen Niederschlag von mit basischem Salz gemengtem, ammoniakhaltigem Thonerdehydrat. Er wird von einem sehr bedeutenden Ueberschuss des Fällungsmittels ebenfalls gelöst, aber schwierig und zwar um so schwieriger, je mehr Ammoniaksalze die Thonerdelösung enthält. Aus diesem Verhalten erklärt sich die vollständige Fällung des Thonerdehydrats aus kalischer Lösung durch überschüssiges Chlorammonium.

5) Wird Thonerde oder eine Verbindung derselben auf Kohle vor dem Löthrohre geglüht, alsdann mit etwas *salpetersaurer Kobaltoxydullösung* befeuchtet und von Neuem stark geglüht, so erhält man eine ungeschmolzene, tief himmelblaue Masse, eine Verbindung der beiden Oxyde. Die Farbe tritt erst beim Erkalten deutlich hervor. Bei Kerzenlicht erscheint sie violett.

b. Chromoxyd (Cr_2O_3).

1) Das Chromoxyd ist ein grünes, sein Hydrat ein bläulich graugrünes Pulver. Das Chromoxyd kommt in zwei Modificationen vor. In der einen wird es von verdünnten Säuren langsam, in der andern gar nicht gelöst. Kochende concentrirte Schwefelsäure nimmt es in diesem Zustande, immer aber nur langsam, auf. Die lösliche Modification geht bei starkem Erhitzen unter lebhaftem Erglühen in die unlösliche über. Das Chromoxydhydrat ist in Säuren leicht löslich.

2) Die beiden Modificationen des Oxyds findet man in den Salzen wieder. Die der unlöslichen entsprechenden sind hellviolett, in Wasser und Säuren unlöslich; die anderen sind grün, theils löslich, theils unlöslich in Wasser, ohne Ausnahme löslich in Salzsäure. Beim Erhitzen gehen viele von den grünen Salzen unter Annahme violetter Farbe in die unlösliche Modification über; durch Schmelzen mit Soda werden sie wieder in die lösliche zurückgeführt. — Die Auflösungen der Chromoxydsalze zeigen auch bei bedeutender Verdünnung eine höchst eigenthümliche, schwärzlich grüne Färbung. Die Lösungen einiger Doppelsalze, z. B. des Chromalauns, des oxalsauren Chromoxydkali's etc., sind schwärzlich violett. — Die löslichen Chromoxydsalze röthen

Dritte Gruppe. — Chromoxyd. — §. 88.   81

Lackmus; — die flüchtige Säuren enthaltenden werden beim Glühen zerlegt.

3) *Kali* bewirkt in Chromoxydlösungen einen bläulich grünen Niederschlag von Chromoxydhydrat ($Cr_2 O_3$, 5 HO), der sich in einem Ueberschuss des Fällungsmittels leicht und vollständig zu einer smaragdgrünen Flüssigkeit löst. Wird diese Lösung anhaltend gekocht, so scheidet sich der Niederschlag wieder vollständig ab, so dass die überstehende Flüssigkeit vollkommen farblos erscheint. Wird die kalische Lösung mit Chlorammonium versetzt und erhitzt, so wird alles gelöste Chromoxydhydrat ebenfalls wieder gefällt.

4) *Ammoniak* bewirkt denselben Niederschlag von Chromoxydhydrat. Ein Ueberschuss des Fällungsmittels löst ihn in der Kälte in geringer Menge zu einer pfirschblüthrothen Flüssigkeit auf; wird aber die Lösung nach dem Zusatz von überschüssigem Ammoniak erwärmt, so ist die Fällung vollständig.

5) Wird Chromoxyd oder eine Verbindung desselben mit *Salpeter* und etwas *kohlensaurem Natron* zusammengeschmolzen, so erhält man unter allen Umständen chromsaures Alkali, indem ein Theil des Sauerstoffs der Salpetersäure aus seiner Verbindung austritt und mit dem Chromoxyd Chromsäure bildet, welche sich mit dem Kali des zersetzten Salpeters und dem vorhandenen Natron vereinigt. Die Reactionen der Chromsäure siehe unten §. 97. b.

6) *Phosphorsalz* löst Chromoxyd und seine Salze, sowohl in der Oxydations-, als auch in der Reductionsflamme zu klaren, schwach gelbgrünen Gläsern auf, deren Farbe beim Erkalten in's Smaragdgrüne übergeht. Borax verhält sich ähnlich.

Zusammenstellung und Bemerkungen. Die Löslichkeit der Hydrate des Chromoxyds und der Thonerde in Kali und die Fällbarkeit derselben aus der kalischen Lösung durch Chlorammonium gestatten erstlich eine Trennung derselben von den Oxyden anderer Gruppen und bieten zweitens ein sicheres Erkennungsmittel für die Thonerde, wenn kein Chromoxyd zugegen ist. Ist dieses daher vorhanden, was entweder schon die Farbe der Lösung oder unter allen Umständen die Reaction mit Phosphorsalz zu erkennen giebt, so muss es abgeschieden werden, bevor man auf Thonerde prüfen kann. Diese Abscheidung geschieht am vollständigsten, wenn die gemengten Oxyde mit Salpeter geschmolzen wer-

6

82   Reactionen der Metalloxyde. — §. 89.

den. Die Ausscheidung des Chromoxyds durch Kochen seiner
kalischen Lösung ist ebenfalls, wenn das Kochen lange genug
fortgesetzt wird, hinlänglich genau, sie giebt aber nichtsdestoweniger
häufig zu Täuschungen Anlass. Wohl zu merken ist endlich
noch, dass in den Auflösungen der Thonerde und des Chromoxyds
durch Alkalien keine Niederschläge entstehen, wenn nichtflüchtige organische Substanzen (Zucker, Weinsteinsäure etc.)
zugegen sind.

§. 89.
Vierte Gruppe.

Zinkoxyd, Manganoxydul, Nickeloxydul, Kobaltoxydul, Eisenoxydul, Eisenoxyd.

Eigenschaften der Gruppe. Die den genannten Oxyden entsprechenden Schwefelverbindungen sind in verdünnten Säuren
mehr oder weniger löslich, in Wasser, in Alkalien und alkalischen
Schwefelmetallen aber unlöslich. Es werden daher die Lösungen
der Salze dieser Oxyde durch Schwefelwasserstoff, wenn
sie freie Säure enthalten. gar nicht, wenn sie neutral sind, entweder ebenfalls nicht oder nur unvollständig, wenn sie aber alkalisch sind, oder wenn statt des Schwefelwasserstoffs ein alkalisches Schwefelmetall angewendet wird, vollständig gefällt.

Besondere Reactionen.

a. Zinkoxyd (ZnO).

1) Das Zinkoxyd und sein Hydrat sind weifse, in Salzsäure,
Salpetersäure und Schwefelsäure leicht lösliche Pulver. Das
Zinkoxyd wird beim Erhitzen citrongelb, beim Erkalten wieder
weifs.

2) Die Verbindungen des Zinkoxyds sind farblos. Die löslichen neutralen Salze röthen Lackmus und werden, mit Ausnahme
des Zinkvitriols, der schwache Glühhitze verträgt, beim Erhitzen
leicht zersetzt.

3) *Schwefelwasserstoff* fällt aus neutralen Zinklösungen einen Theil des Zinks als weifses Schwefelzink (ZnS). In sauren Auflösungen entsteht kein Niederschlag, wenn die anwesende
freie Säure eine der stärkeren ist.

4) *Schwefelammonium* fällt aus neutralen, ebenso wie Schwefelwasserstoff aus alkalischen Lösungen alles Zink als Schwe-

Vierte Gruppe. — Manganoxydul. — §. 89.   83

felzink in Gestalt eines weifsen Niederschlages. Derselbe wird
weder von überschüssigem Schwefelammonium, noch von Kali
oder Ammoniak gelöst; Salzsäure, Salpetersäure und verdünnte
Schwefelsäure nehmen ihn leicht auf.

5) *Kali* und *Ammoniak* fällen aus Zinklösungen Zinkoxyd-
hydrat (ZnO, HO) in Form eines weifsen gallertartigen Niederschlages, der von einem Ueberschuss der Fällungsmittel leicht
und vollständig gelöst wird.

6) *Kohlensaures Kali* bewirkt einen im Ueberschuss des
Fällungsmittels unlöslichen Niederschlag von basisch kohlensaurem Zinkoxyd (3[ZnO, HO] + 2[ZnO, CO$_2$]). Ammoniaksalze verhindern seine Entstehung oder lösen den schon gebildeten Niederschlag wieder auf, indem sich Zinkoxyd-Ammoniak-
Doppelsalze bilden.

7) *Kohlensaures Ammoniak* bewirkt denselben Niederschlag
wie kohlensaures Kali, mehr zugesetztes kohlensaures Ammoniak
löst ihn wieder auf.

8) Zinkoxyd oder ein Zinkoxydsalz mit *kohlensaurem Natron* gemengt und der *Reductionsflamme* ausgesetzt, beschlägt
die Kohle mit einem, so lange er heifs ist, gelben, beim Erkalten weifs werdenden Anflug von Zinkoxyd. Derselbe wird erzeugt, indem sich das reducirte metallische Zink im Entstehungs-
moment verflüchtigt und bei seinem Durchgange durch die äufsere
Flamme wieder oxydirt.

9) Wird Zinkoxyd oder ein Zinksalz mit *salpetersaurer Kobaltoxydullösung* befeuchtet und in der Löthrohrflamme erhitzt,
so erhält man eine ungeschmolzene, schön grün gefärbte Verbindung von Zinkoxyd mit Kobaltoxydul.

b. Manganoxydul (MnO).

1) Das Manganoxydul ist graugrünlich, sein Hydrat weifs.
Beide ziehen Sauerstoff aus der Luft an und werden, indem das
Oxydul in Oxyd übergeht, braun. In Salzsäure, Salpetersäure
und Schwefelsäure sind sie leicht löslich.

2) Die Manganoxydulsalze sind farblos oder blassroth,
theils löslich, theils unlöslich. Die löslichen zersetzen sich mit
Ausnahme des schwefelsauren Manganoxyduls beim Glühen leicht.
Ihre Lösungen verändern Pflanzenfarben nicht.

3) *Schwefelwasserstoff* schlägt saure Manganoxydullösungen
nicht, neutrale ebenfalls nicht oder nur höchst unvollständig nieder.

4) *Schwefelammonium* fällt aus neutralen Lösungen, ebenso

6*

84   Reactionen der Metalloxyde. — §. 89.

wie Schwefelwasserstoff aus alkalischen, alles Mangan als S c h w e - f e l m a n g a n (MnS) in Form eines hellfleischrothen, an der Luft dunkelbraun werdenden, in Schwefelammonium und Alkalien unlöslichen, in Salzsäure und Salpetersäure leicht löslichen Nie- derschlages.

5) *Kali* und *Ammoniak* bewirken weifsliche Niederschläge von M a n g a n o x y d u l h y d r a t (MnO, HO), welche in Berührung mit der Luft bald bräunlich, endlich dunkel schwarzbraun wer- den, indem das Oxydulhydrat durch Aufnahme von Sauerstoff aus der Atmosphäre in Oxydhydrat übergeht. Ammoniak und kohlensaures Ammoniak lösen den Niederschlag nicht auf, Sal- miak aber verhindert die Fällung durch Ammoniak gänzlich, die durch Kali theilweise. Von schon gebildeten Niederschlägen werden von Salmiaksolution nur diejenigen Theile aufgelöst, welche sich noch nicht höher oxydirt haben. Die Lösung des Oxydulhydrats in Salmiak beruht auf der Neigung der Mangan- oxydulsalze mit Ammoniaksalzen Doppelsalze zu bilden. Die kla- ren Lösungen dieser Doppelsalze werden an der Luft braun und setzen dunkelbraunes Manganoxydhydrat (Mn$_2$O$_3$, $_2$HO) ab.

6) Wird irgend eine Manganverbindung mit *Soda* auf Pla- tin in der äufsern Flamme geschmolzen, so entsteht m a n g a n - s a u r e s N a t r o n (NaO, MnO$_3$), welches die Probe, so lange sie heifs ist, g r ü n, nach dem Erkalten aber, wobei sie zugleich unklar wird, b l a u g r ü n erscheinen lässt. Diese Reaction giebt die kleinsten Mengen Mangan zu erkennen. Ihre Empfindlich- keit wird noch gesteigert, wenn man der Soda eine Spur Salpe- ter zusetzt.

7) *Borax* und *Phosphorsalz* lösen in der äufsern Flamme Manganverbindungen zu klaren, violettrothen Gläsern auf, welche beim Erkalten amethystroth erscheinen und in der innern Flamme, in Folge einer Reduction des Oxyds zu Oxydul, ihre Farbe ver- lieren. Das Boraxglas erscheint bei grofsem Gehalt an Mangan- oxyd schwarz, das Phosphorsalzglas aber verliert seine Durch- sichtigkeit niemals. Letzteres wird in der innern Flamme weit leichter farblos als ersteres.

c. N i c k e l o x y d u l (NiO).

1) Das Nickeloxydul ist ein graues, sein Hydrat ein grünes Pulver. Beide sind an der Luft unveränderlich, in Salzsäure, Salpetersäure und Schwefelsäure leicht löslich.

2) Die Salze des Nickeloxyduls sind im wasserfreien Zustande meist gelb, im wasserhaltigen grün, die Lösungen derselben sind

hellgrün. Die löslichen neutralen Salze röthen Lackmus und zersetzen sich beim Glühen.

3) *Schwefelwasserstoff* schlägt durch Mineralsäuren saure Nickellösungen nicht, neutrale ebenfalls nicht oder nur sehr unvollständig nieder.

4) *Schwefelammonium* bewirkt in neutralen, ebenso wie Schwefelwasserstoff in alkalischen Lösungen einen schwarzen Niederschlag von Schwefelnickel (NiS), der in Schwefelammonium, soferne es freies Ammoniak oder Fünffachschwefelammonium enthält, nicht ganz unlöslich ist, daher die Flüssigkeit, aus welcher er sich abgesetzt hat, meist eine bräunliche Farbe zeigt. Salzsäure nimmt das Schwefelnickel sehr schwierig, Königswasser aber leicht auf.

5) *Kali* bewirkt einen hellgrünen, in Kali unlöslichen, an der Luft unveränderlichen Niederschlag von Nickeloxydulhydrat (NiO, HO). Kohlensaures Ammoniak löst denselben zu einer grünlich blauen Flüssigkeit auf, aus der Kali den Nickelgehalt als gelbgrünes Nickeloxydulhydrat fällt.

6) *Ammoniak* schlägt ebenfalls Oxydulhydrat nieder, ein Ueberschuss des Fällungsmittels aber löst es leicht als Nickeloxydul-Ammoniak-Doppelsalz zu einer blauen Flüssigkeit auf. Kali fällt aus dieser Lösung Nickeloxydulhydrat. In Lösungen, welche Ammoniaksalze, oder freie Säure enthalten, bringt Ammoniak keinen Niederschlag hervor.

7) *Cyankalium* bewirkt einen gelblichgrünen Niederschlag von Cyannickel (NiCy), der von einem Ueberschuss des Fällungsmittels leicht zu einer bräunlichgelben Lösung von Cyannickel-Cyankalium (NiCy + KCy) aufgenommen wird. Schwefelsäure und Salzsäure fallen, indem sie das Cyankalium zersetzen, aus dieser Lösung wiederum Cyannickel, welches in einem Ueberschusse dieser Säuren in der Kälte sehr schwer löslich, beim Kochen leicht löslich ist.

8) *Borax* und *Phosphorsalz* lösen Nickeloxydulverbindungen in der äußern Flamme zu klaren Gläsern von dunkelgelber Farbe mit einem Stich in's Rothbraune, welche beim Erkalten heller, fast farblos werden. Ein Zusatz von Salpeter oder kohlensaurem Kali verändert die Farbe in's Blau- oder Dunkel-Purpurfarbene. In der innern Flamme bleibt das Phosphorsalzglas unverändert, das Boraxglas aber wird von reducirtem Nickel grau und trübe.

    d. Kobaltoxydul (CoO).

1) Das Kobaltoxydul ist ein graues, sein Hydrat ein blass-

86   Reactionen der Metalloxyde. — §. 89.

rothes Pulver. Beide lösen sich leicht in Salzsäure, Salpetersäure
und Schwefelsäure.

2) Die Kobaltoxydulsalze sind im wasserfreien Zustande
blau, im wasserhaltigen eigenthümlich hellroth. Die Lösungen
derselben zeigen diese Farbe bis zu bedeutender Verdünnung.
Die löslichen neutralen Salze röthen Lackmus und zersetzen sich
in der Glühhitze.

3) *Schwefelwasserstoff* schlägt saure Kobaltlösungen nicht,
neutrale, wenn sie schwache Säuren enthalten, höchstens unvollständig mit schwarzer Farbe nieder.

4) *Schwefelammonium* fällt aus neutralen, ebenso wie
Schwefelwasserstoff aus alkalischen Lösungen alles Kobalt als
schwarzes S c h w e f e l k o b a l t (CoS). Dasselbe ist in Alkalien
und Schwefelammonium unlöslich, in Salzsäure schwer löslich, in
Königswasser leicht löslich.

5) *Kali* bewirkt in Kobaltlösungen blaue, an der Luft durch
Sauerstoffaufnahme grün werdende, beim Kochen in blassrothes,
meist durch gebildetes Oxyd missfarbig erscheinendes, Kobaltoxydulhydrat übergehende Niederschläge von basischen Kobalt-
salzen. Dieselben sind in Kali unlöslich. Neutrales kohlensaures Ammoniak aber löst sie vollständig zu intensiv gefärbten violettrothen Flüssigkeiten, in denen Kali keinen oder nur einen
sehr geringen Niederschlag bewirkt.

6) *Ammoniak* bewirkt denselben Niederschlag, wie Kali,
ein Ueberschuss des Fällungsmittels löst ihn jedoch zu einer
röthlichbraunen Flüssigkeit, in der Kali keinen oder nur einen
geringen Niederschlag hervorbringt, auf. In Lösungen, welche
Ammoniaksalze oder freie Säuren enthalten, entsteht bei Zusatz
von Ammoniak kein Niederschlag.

7) Setzt man zu einer mit Salzsäure angesäuerten Kobaltlösung *Cyankalium,* so entsteht ein bräunlichweißer Niederschlag von K o b a l t c y a n ü r (CoCy), der sich beim Erhitzen
mit einem Ueberschuss des Fällungsmittels bei Anwesenheit freier
Blausäure leicht zu Kobaltcyanidkalium (Cy_6 Co_2 $+$ $3K$ $=$
$2CKy$ $+$ $3K$) löst. Säuren bewirken in der Lösung dieses Salzes keinen Niederschlag.

8) *Borax* löst Kobaltverbindungen in innerer und äußerer
Flamme zu klaren, prächtig blauen, bei großem Kobaltgehalt
fast schwarz erscheinenden Gläsern auf. Diese Reaction ist ebenso charakteristisch als empfindlich. Phosphorsalz verhält sich
ebenso, ist aber minder empfindlich.

e. Eisenoxydul (FeO).

1) Das Eisenoxydul ist ein schwarzes, sein Hydrat ein weifses, im feuchten Zustande unter Aufnahme von Sauerstoff schnell
graugrün, endlich braunroth werdendes Pulver. Beide werden
von Salzsäure, Schwefelsäure und Salpetersäure leicht gelöst.

2) Die Eisenoxydulsalze haben eine grünliche Farbe, die
Lösungen derselben erscheinen nur im ganz concentrirten Zustande gefärbt. An der Luft nehmen sie Sauerstoff auf und verwandeln sich in Oxyduloxydsalze. Die löslichen neutralen Eisenoxydulsalze röthen Lackmus und werden beim Glühen zerlegt.

3) *Schwefelwasserstoff* schlägt saure Auflösungen nicht, neutrale, wenn sie schwache Säuren enthalten, höchstens unvollständig mit schwarzer Farbe nieder.

4) *Schwefelammonium* fällt aus neutralen, ebenso wie
Schwefelwasserstoff aus alkalischen Lösungen alles Eisen als
schwarzes, in Alkalien und alkalischen Schwefelmetallen unlösliches, in Salzsäure und Salpetersäure leicht lösliches Eisensulfür (FeS).

5) *Kali* und *Ammoniak* bewirken einen Niederschlag von
Eisenoxydulhydrat (FeO, HO), der im ersten Augenblicke
fast weifs erscheint, durch Aufnahme von Sauerstoff aus der Luft
aber nach sehr kurzer Zeit schmutzig grün, zuletzt rothbraun
wird. Ammoniaksalze verhindern die Fällung durch Kali theilweise, die durch Ammoniak ganz. Aus solchen unter Mitwirkung von Ammoniaksalzen erhaltenen alkalischen Eisenoxydullösungen schlägt sich, wenn sie an der Luft stehen, Eisenoxydhydrat nieder.

6) *Ferrocyankalium* bewirkt in Eisenoxydullösungen einen
bläulich weifsen Niederschlag von Ferrocyankaliumeisen
(2Cfy + K + 3Fe), der durch Aufnahme von Sauerstoff aus der
Luft bald blau wird, indem von 3 Aeq. der Verbindung alles Kalium und 1 Aeq. Eisen oxydirt wird und 2 Aeq. Berlinerblau
(3Cfy + 2Fe$_2$) zurückbleiben. Salpetersäure oder Chlor bewirken diese Oxydation sogleich.

7) *Ferridcyankalium* erzeugt einen prächtig blauen Niederschlag von Ferridcyaneisen (2Cfy + 3Fe). Derselbe ist
vom eigentlichen Berlinerblau in der Farbe nicht verschieden. Er
ist in Salzsäure unlöslich, Kali aber zersetzt ihn mit Leichtigkeit.
Bei sehr grofser Verdünnung der Eisenlösung bewirkt das Reagens nur eine dunkelblaugrüne Färbung.

88   Reactionen der Metalloxyde. — §. 89.

8) *Schwefelcyankalium* verändert oxydfreie Eisenoxydullösungen in keiner Weise.

9) *Borax* löst Eisenoxydulverbindungen in der Oxydationsflamme zu dunkelrothen Gläsern auf, deren Farbe in der innern
Flamme durch Reduction des gebildeten Oxyds zu Oxyduloxyd
in's Bouteillengrüne übergeht. Beide Färbungen verschwinden
beim Erkalten der Gläser gröfstentheils oder gänzlich. Phosphorsalz verhält sich ähnlich, die Farbe seines Glases nimmt beim Erkalten noch stärker ab.

f. Eisenoxyd $(Fe_2 O_3)$.

1) Das Eisenoxyd ist ein bald mehr, bald weniger dunkel
gefärbtes, rothbraunes Pulver, sein Hydrat hat eine etwas hellere
Farbe. Beide werden von Salzsäure, Salpetersäure und Schwefelsäure gelöst. Das Hydrat leicht, das Oxyd schwerer, besonders nach dem Glühen.

2) Die Eisenoxydsalze sind mehr oder weniger rothgelb.
Ihre Lösungen zeigen diese Färbung bis zu ziemlicher Verdünnung. Die löslichen neutralen Salze röthen Lackmus und zersetzen sich beim Erhitzen.

3) *Schwefelwasserstoff* bewirkt in neutralen und sauren Lösungen eine milchig weifse Trübung von ausgeschiedenem S ch w e -
fel. Eisenoxyd und Schwefelwasserstoff zersetzen sich nämlich
gegenseitig. Der Wasserstoff entzieht dem Oxyd ein Drittel seines Sauerstoffs, damit Wasser bildend. Das Oxydsalz geht dadurch in Oxydulsalz über, der Schwefel des zersetzten Schwefelwasserstoffs scheidet sich aus.

4) *Schwefelammonium* fällt aus neutralen, ebenso wie Schwefelwasserstoff aus alkalischen Lösungen, alles Eisenoxyd als schwarzes Eisensulfür (FeS), indem der Fällung eine Reduction zu
Oxydulsalz vorausgeht. Bei grofser Verdünnung bewirkt das
Reagens nur eine schwärzlich grüne Färbung der Flüssigkeit.
Das fein zertheilte Eisensulfür setzt sich alsdann erst nach längerem Stehen ab. Die Löslichkeitsverhältnisse des Eisensulfürs
sind beim Eisenoxydul angeführt worden.

5) *Kali* und *Ammoniak* bewirken rothbraune, voluminöse,
im Ueberschuss der Fällungsmittel, wie auch in Ammoniaksalzen
unlösliche Niederschläge von Eisenoxydhydrat $(Fe_2 O_3, HO)$.

6) *Ferrocyankalium* erzeugt auch bei sehr bedeutender Verdünnung einen prächtig blauen, in Salzsäure unlöslichen, durch

Kali unter Abscheidung von Eisenoxyd leicht zersetzbaren Niederschlag von Eisen-Ferrocyanid (Berlinerblau), $(3Cfy + 2Fe_2)$.

7) *Ferridcyankalium* färbt Eisenoxydlösungen etwas dunkler rothbraun, bewirkt aber keinen Niederschlag.

8) *Schwefelcyankalium* bringt in neutralen oder sauren Eisenoxydlösungen in Folge der Entstehung löslichen Eisenschwe-
felcyanids eine höchst intensive blutrothe Färbung hervor.
Mit Hülfe von diesem Reagens lässt sich die Gegenwart des Eisenoxyds in Flüssigkeiten nachweisen, welche so verdünnt sind, dass
kein anderes Reagens eine sichtbare Veränderung darin hervorbringt. Die entstandene rothe Färbung erkennt man in solchen
Fällen am deutlichsten, wenn man das Proberöhrchen auf einen
Bogen weißes Papier stellt und von oben hinein sieht.

9) Vor dem *Löthrohre* zeigen die Eisenoxydsalze dasselbe
Verhalten, wie die Oxydulverbindungen.

Zusammenstellung und Bemerkungen. Von den Metalloxy-
den der vierten Gruppe ist das Zinkoxyd allein in Kali löslich.
Es unterscheidet sich durch dieses Verhalten von den übrigen
Oxyden der Gruppe und schließt sich an die dritte Gruppe an.
Darin, dass es aus der kalischen Lösung durch Schwefelwasser-
stoff gefällt wird, weicht es jedoch vom Chromoxyd und der
Thonerde ab. Es wird durch dieses Verhalten stets am sicher-
sten erkannt. — Manganoxydul, Nickeloxydul, Kobaltoxydul und
Eisenoxydul bilden mit Ammoniaksalzen Doppelsalze, aus denen
die Metalloxyde durch freies Ammoniak nicht gefällt werden,
Eisenoxyd aber wird, ebenso wie die Oxyde der dritten Gruppe,
von Ammoniak auch bei Gegenwart von Ammoniaksalzen vollständig niedergeschlagen. Es ergiebt sich hieraus erstens, dass
Mangan, Nickel und Kobalt durch dieses Verhalten sowohl vom
Eisenoxyd, als auch vom Chromoxyd und der Thonerde geschieden werden können, und zweitens, dass zur Trennung des Eisenoxyduls von jenen Metallen, dasselbe erst in Oxyd übergeführt werden muss, was am einfachsten durch Kochen der Lösung mit Salpetersäure geschieht. — Durch seine Unauflöslichkeit
in Kali weicht das Eisenoxyd vom Verhalten des Chromoxyds
und der Thonerde ab, durch Ferrocyankalium aber unterscheidet man das Eisenoxyd vom Oxydul. — Nickeloxydulhydrat und
Kobaltoxydulhydrat lösen sich in kohlensaurem Ammoniak, Man-
ganoxydulhydrat ist darin unlöslich. Durch dieses Lösungsmittel
können wir also das Manganoxydul von den beiden anderen

90   Reactionen der Metalloxyde. — §. 89.

Oxyden trennen. Das Braunwerden des weißen Oxydulhydrats
an der Luft, so wie die Löthrohrreactionen, besonders die mit
Soda, lassen es am sichersten erkennen. — Cyannickel und
Cyankobalt lösen sich in Cyankalium auf. Das Cyannickel wird
aber aus dieser Lösung durch Säuren abgeschieden, das Cyankobalt nicht, wenn die Lösung freie Säure enthielt und erhitzt
wurde. Dieses Verhalten, das heißt, das Entstehen eines Niederschlages in der Auflösung der beiden Cyanmetalle in Cyankalium beim Zusatz von Salzsäure, giebt uns unter allen Umstän
den völlige Gewissheit von der Anwesenheit des Nickels. Was
der Niederschlag sei, ob Cyannickel oder Kobaltcyanidnickel,
ist zum Zweck der Nickelerkennung ganz gleichgültig, wir haben
nur fest zu halten, dass k e i n Niederschlag entsteht, wenn Kobalt allein in der Lösung ist, da Kobaltcyanidkalium von Salzsäure nicht zersetzt wird. Um uns die Zusammensetzung der
entstehenden Niederschläge und überhaupt den Vorgang zu erklären, sind drei besondere Fälle in's Auge zu fassen, deren Verschiedenheit durch die ungleiche relative Menge des Nickels und
Kobalts bedingt wird.

1) Ni : Co = 3 Aeq. : 2 Aeq.
2) Ni : Co = 3 Aeq. : 2 Aeq. + x
3) Ni : Co = 3 Aeq. + x : 2 Aeq.

Wir bekommen demnach im ersten Falle in die Lösung 1 Aeq.
Kobaltcyanidkalium ($Cy_6 Co_2 + 3 K$) und 3 Aeq. Cyannickel-
Cyankalium ($Cy_3 Ni_3 + Cy_3 K_3$), und wenn wir dieser Lösung
Salzsäure im Ueberschuss zusetzen, so erhalten wir, indem das
Cyannickel-Cyankalium zersetzt wird und das Kalium im Kobaltcyanidkalium mit dem Nickel im Cyannickel seine Stelle tauscht,
einen schmutzig grünen Niederschlag von Kobaltcyanidnickel
($Cy_6 Co_2 + 3 Ni$), der alles Nickel und alles Kobalt enthält;
außerdem bildet sich Chlorkalium und Cyanwasserstoffsäure. —
Im zweiten Falle bekommen wir ebenfalls einen Niederschlag von
Kobaltcyanidnickel; dieser enthält aber jetzt wohl alles Nickel,
nicht aber alles Kobalt, denn der Ueberschuss des Kobaltcyanid-
kaliums wird ja nicht zersetzt. — Im dritten endlich entsteht ein
Niederschlag von Kobaltcyanidnickel, der alles Kobalt und einen
Theil des Nickels enthält, gemengt mit unlöslichem Cyannickel,
welches den Rest des Nickels enthält. Der erstere ist entstanden wie im Falle 1., das Cyannickel aber durch Zersetzung des

überschüssigen Cyannickel-Cyankaliums. Es ergiebt sich hieraus aufs deutlichste, dass Nickel immer eine nothwendige Bedingung zum Entstehen des Niederschlages ist und dass daher ein solcher über seine Anwesenheit keinen Zweifel lassen kann. — Da Kobalt durch sein ausgezeichnetes Löthrohrverhalten unter allen Umständen sicher und leicht zu entdecken ist, so bedürfte es eigentlich zur blofsen Erkennung der beiden Metalle keiner weiteren Angaben mehr, aber weil die völlige Scheidung derselben uns jetzt sehr nahe liegt, so soll sie noch kurz mit einigen Worten berührt werden. Im ersten und zweiten der oben erwähnten Fälle dürfen wir nämlich nach dem Zusatz der Salzsäure die Flüssigkeit sammt dem darin suspendirten Niederschlage von Kobaltcyanidnickel nur erhitzen, bis die freie Blausäure vertrieben ist (wobei sowohl das Kobaltcyanidnickel, als auch das im Falle 2. vorhandene Kobaltcyanidkalium unverändert bleibt), um alsdann das Kobaltcyanidnickel durch Zusatz von kaustischem Kali ganz einfach in Kobaltcyanidkalium, welches gelöst bleibt, und in Nickeloxydul, welches sich als Hydrat ausscheidet, zu zerlegen. — Im Falle 3. aber müssen wir mehr Salzsäure zusetzen und damit so lange kochen, bis das in dem Niederschlage enthaltene Cyannickel (welches durch Kali nur unvollständig zerlegt werden würde) in Chlornickel umgewandelt und bis die dabei entstehende Blausäure völlig vertrieben ist, um alsdann durch Kochen mit kaustischem Kali alles Nickel als unlösliches Oxydulhydrat und alles Kobalt als lösliches Kobaltcyanidkalium zu erhalten. — Endlich muss noch erwähnt werden, dass die Oxyde der vierten Gruppe, ebenso wie die der dritten, durch Alkalien nicht gefällt werden können, wenn in den Lösungen nichtflüchtige organische Substanzen (z. B. Zucker, Weinsteinsäure) enthalten sind.

§. 90.
Fünfte Gruppe.

Silberoxyd, Quecksilberoxydul, Quecksilberoxyd, Bleioxyd, Wismuthoxyd, Kupferoxyd, Cadmiumoxyd.

Eigenschaften der Gruppe. Die den angeführten Oxyden entsprechenden Schwefelmetalle sind sowohl in verdünnten Säuren, als auch in alkalischen Schwefelmetallen unlöslich, es werden daher die Lösungen dieser Oxyde durch Schwefelwasser-

92   Reactionen der Metalloxyde. — §. 91.

stoff unter allen Umständen, d. h. bei neutraler, alkalischer und
saurer Reaction vollständig niedergeschlagen.

Zu besserer Uebersicht bringen wir die Oxyde dieser Gruppe
in zwei Abtheilungen und unterscheiden:

1) Durch Salzsäure fällbare Oxyde, nämlich Silberoxyd, Quecksilberoxydul, Bleioxyd;

2) Durch Salzsäure nicht fällbare Oxyde, als Quecksilberoxyd, Kupferoxyd, Wismuthoxyd, Cadmiumoxyd.

Auf das Blei muss bei beiden Abtheilungen Rücksicht genommen werden, da die Schwerlöslichkeit seiner Chlorverbindung Verwechselung mit Quecksilberoxydul und Silberoxyd möglich macht, aber kein Mittel zu vollständiger Abscheidung von
den Oxyden der zweiten Abtheilung an die Hand giebt.

§. 91.

Erste Abtheilung der fünften Gruppe: durch Salzsäure fällbare Oxyde.

Besondere Reactionen.

a. S i l b e r o x y d (AgO).

1) Das Silberoxyd ist ein graubraunes, in verdünnter Salpetersäure leicht lösliches Pulver. Es bildet kein Hydrat.

2) Die Salze des Silberoxyds sind nicht flüchtig, farblos; am
Licht werden die meisten schwarz. Die löslichen verändern im
neutralen Zustande Pflanzenfarben nicht und werden beim Glühen
zersetzt.

3) *Schwefelwasserstoff* und *Schwefelammonium* schlagen
schwarzes, in verdünnten Säuren, in Alkalien, alkalischen Schwefelmetallen und Cyankalium unlösliches S c h w e f e l s i l b e r (AgS)
nieder, welches von kochender Salpetersäure leicht zersetzt und
unter Abscheidung von Schwefel gelöst wird.

4) *Kali* und *Ammoniak* fällen S i l b e r o x y d in Form eines
hellbraunen Pulvers, welches in Kali nicht, in Ammoniak aber
leicht löslich ist. Ammoniaksalze verhindern die Fällung ganz
oder theilweise

5) *Salzsäure* und lösliche *Chlormetalle* erzeugen einen weifsen, käsigen Niederschlag von C h l o r s i l b e r (AgCl). Bei sehr
grofser Verdünnung lässt er die Flüssigkeit nur bläulich weifs
opalisirend erscheinen. Das weifse Chlorsilber wird unter Einfluss des Lichtes erst violett, endlich schwarz; es löst sich nicht
in Salpetersäure, leicht in Ammoniak zu Chlorsilber-Ammoniak.
Aus dieser Verbindung wird es durch Säuren wieder ausgeschie-

den. Beim Erhitzen schmilzt das Chlorsilber ohne Zersetzung zu einer durchscheinenden hornartigen Masse.

6) Werden Silberverbindungen mit *Soda* gemengt und im Kohlengrübchen der innern *Löthrohr-Flamme* ausgesetzt, so erhält man weiße, glänzende, dehnbare Metallkügelchen ohne gleichzeitigen Beschlag.

b. Quecksilberoxydul (Hg_2O).

1) Das Quecksilberoxydul ist ein schwarzes, beim Erhitzen unter Zersetzung flüchtiges, in Salpetersäure leicht lösliches Pulver. Es bildet kein Hydrat.

2) Die Quecksilberoxydulsalze verflüchtigen sich beim Glühen entweder unzersetzt, oder sie werden zersetzt und das ausgeschiedene Quecksilber verflüchtigt sich als solches. Sie sind größtentheils farblos. Die löslichen röthen im neutralen Zustande Lackmus; sie zerfallen beim Vermischen mit viel Wasser in unlösliche basische und in lösliche saure Salze.

3) *Schwefelwasserstoff* und *Schwefelammonium* bewirken schwarze, in verdünnten Säuren, wie auch in Schwefelammonium und in Cyankalium unlösliche Niederschläge von Quecksilbersulfür (Hg_2S). Schwefelkalium löst daraus unter Abscheidung von metallischem Quecksilber doppelt Schwefelquecksilber auf; von kochender concentrirter Salpetersäure wird das Quecksilbersulfür nicht, von Königswasser leicht zersetzt und gelöst.

4) *Kali* und *Ammoniak* bewirken schwarze, im Ueberschuss der Fällungsmittel unlösliche Niederschläge, ersteres von Quecksilberoxydul, letzteres von einem basischen Quecksilberoxydul-Ammoniaksalz z. B. $(NH_3, NO_5 + 3Hg_2O)$.

5) *Salzsäure* und *lösliche Chlormetalle* schlagen Quecksilberchlorür (Hg_2Cl) als blendend weißes, feines Pulver nieder. Kalte Salzsäure und kalte Salpetersäure nehmen dasselbe nicht auf; wird es aber mit diesen Säuren lange gekocht, so löst es sich, wenn auch sehr schwierig und langsam, indem es von Salzsäure unter Abscheidung von metallischem Quecksilber in Quecksilberchlorid umgewandelt wird, von Salpetersäure aber in Quecksilberchlorid und salpetersaures Oxyd. Salpetersalzsäure oder Chlorwasser lösen das Quecksilberchlorür leicht auf, indem sie es in Chlorid verwandeln. — Ammoniak und Kali zersetzen das Quecksilberchlorür und scheiden schwarzes Oxydul daraus ab.

6) Bringt man auf *blankes Kupfer* einen Tropfen einer neu-

94   Reactionen der Metalloxyde. — §. 91.

tralen oder schwach sauren Quecksilberoxydullösung, wäscht
nach einiger Zeit ab und reibt den Fleck mit Wolle, Papier u. dgl.,
so erscheint er silberweifs, metallglänzend. Bei dem Erhitzen
verschwindet die scheinbare Versilberung, indem sich das ausgeschiedene Quecksilber verflüchtigt.

7) *Zinnchlorür* bewirkt in Quecksilberoxydullösungen einen
grauen Niederschlag von metallischem Quecksilber, der
sich durch Erwärmen und Schütteln, am leichtesten durch Kochen
mit Salzsäure, zu Kügelchen vereinigen lässt.

8) Werden Quecksilberverbindungen mit wasserfreier *Soda*
innig gemengt und, mit einer Sodaschicht überdeckt, in einer ausgezogenen Glasröhre vor dem Löthrohre erhitzt, so tritt stets eine
Zersetzung in der Art ein, dass metallisches Quecksilber frei wird.
Es legt sich oberhalb der erhitzten Stelle als grauer Sublimat an.
Reibt man denselben mit einem Glasstäbchen, so vereinigen sich
die feinen Quecksilbertheilchen zu gröfseren Kügelchen.

c. B l e i o x y d (PbO).

1) Das Bleioxyd ist ein gelbes oder röthlichgelbes, in der
Hitze zu einer glasartigen Masse schmelzbares Pulver. Sein Hydrat ist weifs. Von Salpetersäure und Essigsäure werden beide
leicht gelöst.

2) Die Bleioxydsalze sind nicht flüchtig, farblos; die lösli
chen röthen im neutralen Zustande Lackmus und zersetzen sich
beim Glühen.

3) *Schwefelwasserstoff* und *Schwefelammonium* bewirken
schwarze, in verdünnten Säuren, in Alkalien, alkalischen Schwefelmetallen und Cyankalium unlösliche Niederschläge von S c h w e -
f e l b l e i (PbS). Von kochender concentrirter Salpetersäure wird
dasselbe zerlegt; alles Blei geht zuerst in salpetersaures Bleioxyd
über, der gröfste Theil des Schwefels scheidet sich ab, ein anderer wird in Schwefelsäure verwandelt. Diese zerlegt wiederum
einen Theil des gebildeten salpetersauren Oxyds und bewirkt
daher, dass bei der Lösung aufser dem abgeschiedenen Schwefel
ein weifses Pulver, das gebildete schwefelsaure Bleioxyd, zurückbleibt. — Enthält eine Bleilösung ein Uebermaafs einer concentrirten Mineralsäure, so entsteht durch Schwefelwasserstoff erst
nach dem Zusatz von Wasser ein Niederschlag.

4) *Kali* und *Ammoniak* fällen b a s i s c h e S a l z e in Form
weifser Niederschläge, welche in Ammoniak unlöslich, in Kali
schwer löslich sind. In Auflösungen von essigsaurem Bleioxyd

bringt Ammoniak keinen Niederschlag hervor, indem sich lösliches drittelessigsaures Bleioxyd bildet.

5) *Kohlensaures Kali* fällt *kohlensaures Bleioxyd* (PbO, CO_2), als weifsen, im Uebermaafs des Fällungsmittels, so wie in Cyankalium unlöslichen Niederschlag.

6) *Salzsäure* und lösliche *Chlormetalle* erzeugen in concentrirten Lösungen schwere, weifse, in vielem Wasser, besonders beim Erhitzen, lösliche Niederschläge von Chlorblei ($Pb\, Cl$). Dasselbe erleidet von Ammoniak keine Veränderung, in verdünnter Salpetersäure und Salzsäure ist es schwieriger löslich, als in Wasser.

7) *Schwefelsäure*, auch *schwefelsaure Salze* bewirken weifse, in Wasser und verdünnten Säuren fast unlösliche Niederschläge von schwefelsaurem Bleioxyd (PbO, SO_3). Die Fällung erfolgt aus verdünnten Lösungen und namentlich solchen, welche viel freie Säure enthalten, erst nach einiger, oft erst nach längerer Zeit. Es ist unter allen Umständen zweckmäfsig, einen ziemlichen Ueberschuss von verdünnter Schwefelsäure zuzusetzen. Die Empfindlichkeit der Reaction wird dadurch gesteigert, indem das schwefelsaure Blei in verdünnter Schwefelsäure weit unlöslicher ist, als in Wasser. Von concentrirter Salpetersäure wird dasselbe in etwas aufgenommen, kochende concentrirte Salzsäure löst es schwierig, Kalilauge leichter auf.

8) *Chromsaures Kali* erzeugt einen gelben, in Kali leicht löslichen, in verdünnter Salpetersäure schwer löslichen Niederschlag von chromsaurem Bleioxyd (PbO, CrO_3).

9) Bleiverbindungen geben mit *Soda* gemengt und im Kohlengrübchen der *Reductionsflamme* ausgesetzt, sehr leicht weiche, dehnbare Metallkügelchen. Gleichzeitig beschlägt sich die Kohle mit einem gelben Anflug von Bleioxyd.

Zusammenstellung und Bemerkungen. Die Metalloxyde der ersten Abtheilung der fünften Gruppe sind in den entsprechenden Chlorverbindungen am deutlichsten charakterisirt, indem uns das verschiedene Verhalten dieser Chlormetalle zu Ammoniak sowohl Erkennung als auch Scheidung derselben gestattet. Das Chlorsilber wird nämlich, wie angeführt worden, von Ammoniak gelöst, Quecksilberchlorür und Chlorblei bleiben zurück. Aus der Lösung des Chlorsilberammoniaks können wir durch Zusatz von

96   R e a c t i o n e n   d e r   M e t a l l o x y d e. — §. 92.

Salpetersäure das Chlorsilber wieder fällen, und da diese Reaction
keine Verwechselung möglich macht, bedürfen wir zur Entdeckung
des Silbers eigentlich keines weitern Mittels. — Von den beiden
anderen Chlormetallen wird das Quecksilberchlorür durch Ammoniak in schwarzes Oxydul verwandelt, das Chlorblei bleibt
unverändert. Das entstandene Quecksilberoxydul kann von dem
Chlorblei sowohl durch Kochen mit Wasser, wobei das Chlorblei,
als auch durch Behandeln mit Salpetersäure, wodurch das Quecksilberoxydul gelöst wird, geschieden werden. Das Quecksilberoxydul ist durch das angegebene Verhalten hinlänglich charakterisirt, zur weitern Prüfung auf Blei wählt man die Reactionen
mit Schwefelsäure oder mit chromsaurem Kali.

§. 92.

Zweite Abtheilung der fünften Gruppe. Durch Salzsäure nicht fällbare Oxyde.

Besondere Reactionen.

a. Q u e c k s i l b e r o x y d (HgO).

1) Das Quecksilberoxyd stellt meist eine hochrothe krystallinische, zuweilen mehr orangerothe, beim Zerreiben ein mat-
tes gelbrothes Pulver gebende Masse dar. Beim Erhitzen nimmt
es vorübergehend eine dunklere Farbe an, in schwacher Glühhitze zerfällt es in Sauerstoff und Quecksilber. Das Quecksilberoxydhydrat ist gelb. Von Salzsäure und Salpetersäure werden
beide leicht aufgenommen. —

2) Die Salze des Quecksilberoxyds verflüchtigen sich beim
Glühen theils unzerlegt, theils unter Zersetzung. Sie sind mei-
stentheils farblos. Die löslichen röthen im neutralen Zustande
Lackmus. Das salpetersaure und das schwefelsaure Quecksilberoxyd werden durch viel Wasser in saure lösliche und basische
unlösliche Salze zersetzt.

3) Wird *Schwefelwasserstoffwasser* oder *Schwefelammonium*
in sehr geringer Menge zu Quecksilberoxydlösungen gesetzt, so
erhält man nach dem Umschütteln einen völlig weißen Niederschlag; ein etwas größerer Zusatz bewirkt, dass der Niederschlag
gelb, orange bis braunroth wird; ein Ueberschuss der Fällungsmittel aber erzeugt einen rein schwarzen Präcipitat von Q u e c k-
s i l b e r s u l f i d (HgS). Diese je nach der Menge des Schwefelwasserstoffs eintretende Farbenveränderung des Niederschlages
unterscheidet das Quecksilberoxyd von allen anderen Körpern.

Sie hat ihre Begründung darin, dass zuerst eine weifse Doppelverbindung von Quecksilbersulfid mit unzersetztem Quecksilberoxydsalz (bei Quecksilberchlorid z. B. Hg Cl + 2 HgS) entsteht,
welche dann, je nachdem sie mehr und mehr mit schwarzem
Sulfid gemengt wird, den Niederschlag in den angeführten Nüan-
cen erscheinen lässt. Das Quecksilbersulfid wird weder von
Schwefelammonium, noch von Kali oder Cyankalium aufgenommen,
in Salzsäure und in Salpetersäure ist es selbst beim Kochen ganz
unlöslich. Schwefelkalium nimmt es vollständig auf, Königswasser
zersetzt und löst es mit Leichtigkeit.

4) *Kali* bewirkt, in unzureichender Menge zu neutralen oder
schwach sauren Quecksilberoxydlösungen gesetzt, einen rothbraunen, im Ueberschuss zugefügt, einen gelben Niederschlag.
Der erstere ist ein basisches Salz, der gelbe hingegen
Quecksilberoxydhydrat (HgO,3HO). Ein Ueberschuss des
Fällungsmittels löst die Niederschläge nicht auf. In sehr sauren
Auflösungen tritt die Reaction entweder nicht, oder nur unvollständig ein; bei Gegenwart von Ammoniaksalzen entstehen weder
rothbraune, noch gelbe, sondern weifse Niederschläge, Verbindungen von Quecksilberoxydsalz mit Quecksilberamid. So wird
z. B. unter den genannten Umständen aus Sublimatlösung Quecksilberchlorid — Quecksilberamid (Hg Cl + Hg NH₂) niedergeschlagen

5) *Ammoniak* bewirkt dieselben weifsen Niederschläge, welche
Kali bei Gegenwart von Ammoniaksalzen erzeugt.

6) *Zinnchlorür* bewirkt, in geringer Menge zu Quecksilber-
oxydsalzen gesetzt, eine Reduction zu Oxydul, in Folge welcher
ein weifser Niederschlag von Quecksilberchlorür (Hg₂Cl)
entsteht; im Ueberschuss zugefügt, entzieht es dem Quecksilber
Sauerstoff und Säure oder den Salzbilder vollständig, es tritt
wie bei dem Quecksilberoxydul eine Ausscheidung des Quecksilbers in metallischer Form ein. Der zuerst weifse Niederschlag
wird daher grau und lässt sich durch Kochen mit Salzsäure zu
Kügelchen vereinigen.

7) Zu metallischem *Kupfer* und mit *Soda* gemengt beim Erhitzen in einer Glasröhre verhalten sich die Quecksilberoxydsalze
wie die des Oxyduls.

b. Kupferoxyd (CuO).

1) Das Kupferoxyd ist ein schwarzes, feuerbeständiges Pul-

7

98   Reactionen der Metalloxyde. — § 92.

ver. Sein Hydrat ist hellblau. In Salzsäure, Schwefelsäure und
Salpetersäure lösen sich beide mit Leichtigkeit. —

2) Die neutralen Kupferoxydsalze sind meistens in Wasser
löslich, die löslichen röthen Lackmus und erleiden, mit Ausnahme
des Kupfervitriols, welcher eine etwas höhere Temperatur verträgt, schon in gelinder Glühhitze eine Zersetzung. Sie haben im
wasserfreien Zustande eine weifse, im wasserhaltigen eine blaue
oder grüne Farbe, welche ihre Lösungen noch bei ziemlicher
Verdünnung zeigen.

3) *Schwefelwasserstoff* und *Schwefelammonium* erzeugen in
alkalischen, neutralen und sauren Lösungen braunschwarze Niederschläge von K u p f e r s u l f i d (CuS). Dasselbe löst sich weder
in verdünnten Säuren, noch in kaustischen Alkalien. Heifse Lösungen von Schwefelkalium und Schwefelnatrium nehmen es
ebenfalls nicht auf, in Schwefelammonium aber ist es keineswegs
ganz unlöslich, daher dieses Reagens zur vollkommnen Trennung
des Kupfersulfids von anderen Schwefelmetallen nicht anwendbar
ist. Von kochender concentrirter Salpetersäure wird das Schwefelkupfer leicht zersetzt und gelöst. Cyankaliumlösung nimmt es
vollständig auf.—Enthält eine Kupferlösung ein Uebermaafs einer
concentrirten Mineralsäure, so entsteht durch Schwefelwasserstoff
erst nach dem Zusatz von Wasser ein Niederschlag.

4) *Kali* bewirkt einen hellblauen, voluminösen Niederschlag
von K u p f e r o x y d h y d r a t (CuO,HO). Derselbe wird bei Kaliüberschuss, wenn die Lösungen sehr concentrirt sind, nach einiger
Zeit schon in der Kälte, unter allen Umständen aber beim Kochen
mit der (nöthigenfalls verdünnten) Flüssigkeit, in der er suspendirt
ist, schwarz und verliert seine voluminöse Beschaffenheit. Das
Oxydhydrat geht dabei in Oxyd über.

5) *Kohlensaures Kali* fällt w a s s e r h a l t i g e s b a s i s c h
k o h l e n s a u r e s K u p f e r o x y d (CuO,CO$_2$+CuO,HO) als grünlich
blauen, beim Kochen in braunschwarzes Oxyd übergehenden, in
Ammoniak zu einer lasurblauen, in Cyankalium zu einer bräunli-
chen Flüssigkeit löslichen Niederschlag.

6) *Ammoniak* bewirkt, in geringer Menge zugesetzt, einen
grünlich blauen Niederschlag eines b a s i s c h e n K u p f e r s a l-
z e s. Derselbe löst sich in mehr zugesetztem Ammoniak sehr
leicht zu einer vollkommen klaren, prächtig lasurblauen Flüssigkeit, welche ihre Farbe dem entstandenen basischen K u p f e r-
o x y d a m m o n i a k s a l z verdankt. So bildet sich z. B. bei
schwefelsaurem Kupferoxyd NH$_3$, CuO + NH$_4$ O, SO$_3$.

Die blaue Färbung ist nur bei grofser Verdünnung nicht mehr sichtbar. Kali bewirkt in einer solchen blauen Lösung in der Kälte erst nach längerem Stehen einen Niederschlag von blauem Oxydhydrat, beim Kochen aber wird dadurch der gesammte Kupfergehalt als schwarzes Oxyd gefällt. Kohlensaures Ammoniak zeigt zu Kupfersalzen dasselbe Verhalten, wie reines Ammoniak.

7) *Ferrocyankalium* erzeugt auch bei sehr grofser Verdünnung einen rothbraunen Niederschlag von Ferrocyankupfer (Cfy + 2Cu). Derselbe ist in verdünnten Säuren unlöslich, von Kali aber wird er zersetzt.

8) *Metallisches Eisen* überzieht sich in Berührung mit Kupferlösungen, wenn diese concentrirt sind, fast augenblicklich, bei grofser Verdünnung aber erst nach einiger Zeit mit einem kupferrothen Ueberzug von metallischem Kupfer. Die Reaction ist höchst empfindlich, sie tritt am schnellsten ein, wenn die Lösung etwas freie Säure (Salzsäure) enthält.

9) Werden Kupferverbindungen mit *Soda* gemengt und im Kohlengrübchen der innern *Löthrohrflamme* ausgesetzt, so erhält man ohne gleichzeitigen Beschlag regulinisches Kupfer, das man stets am besten erkennt, wenn man die Masse sammt den sie umgebenden Kohletheilchen in einem kleinen Mörser mit Wasser zerreibt und das Kohlenpulver abschlämmt. Die kupferrothen Metallflitterchen bleiben alsdann zurück.

c. Wismuthoxyd (BiO₃).

1) Das Wismuthoxyd ist ein gelbes, beim Erhitzen vorübergehend dunkelgelb werdendes, in der Rothglühhitze schmelzbares Pulver. Das Wismuthoxydhydrat ist weifs. Beide werden von Salzsäure, Schwefelsäure und Salpetersäure leicht gelöst.

2) Die Wismuthsalze sind mit Ausnahme weniger (Chlorwismuth) nicht flüchtig, die meisten werden beim Glühen zersetzt. Sie sind farblos, in Wasser theils löslich, theils unlöslich. Die löslichen röthen im neutralen Zustande Lackmus und werden durch viel Wasser in lösliche saure und unlösliche basische Salze zerlegt.

3) *Schwefelwasserstoff* und *Schwefelammonium* bewirken in neutralen und sauren Lösungen schwarze, in verdünnten Säuren, in Alkalien, alkalischen Schwefelmetallen und Cyankalium unlösliche Niederschläge von Schwefelwismuth (BiS₃). Kochende concentrirte Salpetersäure zersetz und löst es leicht. Wismuth-

7*

100   Reactionen der Metalloxyde. — §. 92.

lösungen, welche einen Ueberschuss von concentrirter Salzsäure oder Salpetersäure enthalten, werden erst nach dem Verdünnen mit Wasser von Schwefelwasserstoff gefällt.

4) *Kali* und *Ammoniak* fällen Wismuthoxydhydrat als weißen, im Ueberschuss der Fällungsmittel unlöslichen Niederschlag.

5) *Kohlensaures Kali* fällt basisch *kohlensaures Wismuthoxyd*, BiO_3, CO_2, als weißen, voluminösen, im Ueberschuss des Fällungsmittels, so wie in Cyankalium unlöslichen Niederschlag.

6) *Chromsaures Kali* schlägt chromsaures Wismuthoxyd als gelbes Pulver nieder. Dasselbe unterscheidet sich von chromsaurem Bleioxyd dadurch, dass es in verdünnter Salpetersäure löslich, in Kali unlöslich ist.

7) Die Reaction, welche das Wismuthoxyd besonders charakterisirt, ist die Zerlegbarkeit seiner neutralen Salze durch *Wasser* in saure lösliche und basische unlösliche Salze. Wird nämlich eine Wismuthlösung mit vielem Wasser verdünnt, so entsteht, wenn keine zu große Menge freier Säure zugegen ist, sogleich ein blendend weißer Niederschlag. Bei Chlorwismuth ist die Reaction am empfindlichsten, indem das basische Chlorwismuth $(BiCl_3, 2BiO_3)$ in Wasser fast absolut unlöslich ist. Entsteht in salpetersauren Lösungen, in Folge der Anwesenheit einer zu großen Menge freier Säure, durch Wasser kein Niederschlag, so kann man ihn sogleich bewirken, wenn man durch Zusatz von überschüssigem Bleiessig die Säure abstumpft. Ehe man zu diesem Hülfsmittel greift, muss man sich natürlich von der Abwesenheit der Schwefelsäure u. s. w. überzeugt haben. Von den unter gleichen Umständen entstehenden basischen Antimonsalzen sind die Wismuthniederschläge durch ihre Unlöslichkeit in Weinsteinsäure leicht zu unterscheiden.

8) Werden Wismuthverbindungen mit *Soda* gemengt im Kohlengrübchen der *Reductionsflamme* ausgesetzt, so erhält man spröde, unter dem Hammer zerspringende Wismuthkörner. Gleichzeitig beschlägt sich die Kohle mit einem geringen gelben Anflug von Oxyd.

d. Cadmiumoxyd (CdO).

1) Das Cadmiumoxyd ist ein gelbbraunes, feuerbeständiges Pulver. Sein Hydrat ist weiß. In Salzsäure, Salpetersäure und Schwefelsäure sind beide leicht auflöslich.

2) Die Cadmiumoxydsalze sind farblos oder weiß, meist in

Wasser löslich. Die löslichen röthen im neutralen Zustande Lackmus und werden beim Glühen zersetzt.

3) *Schwefelwasserstoff* und *Schwefelammonium* bewirken in alkalischen, neutralen und sauren Lösungen lebhaft gelbe, in verdünnten Säuren, in Alkalien, alkalischen Schwefelmetallen und Cyankalium unlösliche Niederschläge von Schwefelcadmium (CdS). Kochende concentrirte Salpetersäure zersetzt und löst es mit Leichtigkeit. Lösungen mit zu grossem Säureüberschuss werden durch Schwefelwasserstoff erst nach dem Verdünnen gefällt.

4) *Kali* bewirkt einen weissen, im Ueberschuss des Fällungsmittels unlöslichen Niederschlag von Cadmiumoxydhydrat (CdO,HO).

5) *Ammoniak* schlägt ebenfalls weisses Oxydhydrat nieder, überschüssiges Ammoniak aber löst den Niederschlag wieder leicht und vollständig zur farblosen Flüssigkeit auf.

6) *Kohlensaures Kali* und *kohlensaures Ammoniak* bewirken weisse, im Ueberschuss der Fällungsmittel unlösliche Niederschläge von kohlensaurem Cadmiumoxyd (CdO,CO_2). Ammoniaksalze verhindern die Fällung nicht. Von Cyankaliumlösung wird der Niederschlag leicht aufgenommen.

7) Werden Cadmiumverbindungen mit *Soda* gemengt und im Kohlengrübchen der *Reductionsflamme* ausgesetzt, so beschlägt sich die Kohle, indem das reducirte Metall sogleich wieder verflüchtigt und beim Durchgang durch die äussere Flamme oxydirt wird, mit einem rothgelben Anflug von Cadmiumoxyd.

Zusammenstellung und Bemerkungen. Die Metalloxyde der zweiten Abtheilung der fünften Gruppe können, wie angeführt, vom Quecksilberoxydul und Silberoxyd durch Salzsäure vollständig, vom Bleioxyd aber nur unvollständig geschieden werden. — Das Quecksilberoxyd ist von den anderen durch die Unlöslichkeit der ihm entsprechenden Schwefelungsstufe in kochender Salpetersäure unterschieden. Dieses Verhalten bietet ein bequemes Mittel zu seiner Trennung dar. Die Reactionen mit Zinnoxydul oder metallischem Kupfer, wie auch die auf trocknem Wege lassen es ausserdem, wenn das Oxydul entfernt ist, mit Leichtigkeit erkennen.

Von den noch übrigen Oxyden unterscheiden sich die des Kupfers und Cadmiums dadurch, dass die in ihren Lösungen durch Ammoniak erzeugten Niederschläge im Uebermaasse des

102   Reactionen der Metalloxyde. — §. 93.

Ammoniaks löslich sind, während die durch dieses Reagens in Blei- und Wismuthlösungen bewirkten Niederschläge sich im Ueberschuss des Fällungsmittels nicht lösen. Das Wismuthoxyd kann vom Bleioxyd durch Schwefelsäure getrennt, an der Zersetzbarkeit seiner Salze durch Wasser aber am sichersten erkannt werden. Die weiteren Erkennungsmittel des Bleies sind bereits angeführt worden. — Kupferoxyd und Cadmiumoxyd lassen sich durch kohlensaures Ammoniak trennen, ersteres ist besonders durch die Reactionen mit Ferrocyankalium und Eisen, wie auch durch das Löthrohrverhalten charakterisirt; das Cadmiumoxyd aber erkennt man stets an seiner gelben, in Schwefelammonium unlöslichen Schwefelverbindung und seinem eigenthümlichen Beschlage bei der Reduction auf Kohle. — Wegen einer Trennung der Oxyde der fünften Gruppe von einander mittelst Cyankaliums siehe der zweiten Abtheilung zweiten Abschnitt, Zusätze und Bemerkungen zu §. 120.

§. 93.

Sechste Gruppe.

Goldoxyd, Platinoxyd, Antimonoxyd, Zinnoxyd, Zinnoxydul, Arsenige und Arseniksäure*).

Eigenschaften der Gruppe. Die den genannten Oxyden entsprechenden Schwefelungsstufen sind in verdünnten Säuren unlöslich. Mit alkalischen Schwefelmetallen verbinden sie sich zu löslichen Schwefelsalzen, in welchen sie die Rolle der Säure spielen. Es werden daher obgenannte Oxyde durch Schwefelwasserstoff aus angesäuerten Lösungen vollständig, aus alkalischen Lösungen aber nicht gefällt. Die niedergeschlagenen Schwefelmetalle lösen sich in Schwefelammonium, Schwefelkalium u. s. w. und werden durch Zusatz von Säuren aus diesen Lösungen wieder gefällt.

Wir bringen die Oxyde dieser Gruppe in zwei Abtheilungen und unterscheiden:

1) Solche, deren entsprechende Schwefelungsstu-

---

*) Die beiden Arseniksäuren werden bei den Säuren noch einmal aufgeführt. Sie wurden den Metalloxyden deswegen angereiht, weil das Verhalten des Schwefelarsens sie leicht mit einigen Oxyden der sechsten Gruppe verwechseln lässt, und weil man beim Gang der Analyse das Schwefelarsen stets mit Schwefelantimon, Schwefelzinn u. s. w. in einem Niederschlage erhält.

fen in Salzsäure und in Salpetersäure unlöslich
sind, nämlich Goldoxyd und Platinoxyd;
2) Solche, deren entsprechende Schwefelverbindungen in Salzsäure oder Salpetersäure löslich
sind. Die angeführten Oxyde des Antimons, Zinns und Arseniks.

§. 94.

Erste Abtheilung.

Besondere Reactionen.

a. Goldoxyd (AuO₃).

1) Das Goldoxyd ist ein schwarzbraunes, sein Hydrat ein
kastanienbraunes Pulver. Beide werden durch Licht und Wärme
reducirt, von Salzsäure leicht, von verdünnten Sauerstoffsäuren
hingegen nicht gelöst. Concentrirte Salpetersäure und Schwefelsäure lösen das Goldoxyd. Wasser scheidet es aus den Lösungen wieder ab. —

2) Sauerstoffsalze des Goldes sind so gut wie nicht bekannt.
Die Haloidsalze sind gelb, ihre Lösungen zeigen diese Färbung
bis zu grofser Verdünnung. Alle werden beim Glühen mit Leichtigkeit zerlegt, die löslichen röthen im neutralen Zustande Lackmus.

3) *Schwefelwasserstoff* fällt aus neutralen und sauren Lösungen alles Gold als schwarzes, in einfachen Säuren unlösliches, in
Kali theilweise in geschwefelten alkalischen Schwefelmetallen und
in Königswasser vollständig lösliches Schwefelgold (AuS₃).

4) *Schwefelammonium* bewirkt denselben Niederschlag. Ein
Uebermaafs des Fällungsmittels löst ihn nur dann wieder auf,
wenn das Schwefelammonium überschüssigen Schwefel enthält.

5) *Kali* bewirkt in concentrirteren Lösungen einen röthlich-
gelben, beim Kochen dunkler werdenden, in Kaliüberschuss unlöslichen Niederschlag von Goldoxyd, dem immer Goldoxydsalz
oder Chlorgold, sowie auch Kali beigemengt ist. Saure Lösungen
werden in der Kälte nicht gefällt.

6) *Ammoniak* bewirkt, ebenfalls nur in concentrirteren Lösungen, röthlich gelbe Niederschläge von Goldoxydammoniak
(Knallgold). Enthalten die Lösungen freie Säure oder ein Ammoniaksalz, so entsteht der Niederschlag erst beim Kochen.

7) Zinnchlorid enthaltendes *Zinnchlorür* erzeugt auch in höchst

verdünnten Goldlösungen einen purpurrothen, zuweilen mehr
violetten oder in's Braunrothe neigenden Niederschlag oder eine
solche Färbung von sogenanntem Goldpurpur (einer Verbindung
von Zinnoxyd mit metallischem Gold?). Der Niederschlag ist in
Salzsäure unlöslich.

8) *Eisenoxydulsalze* reduciren das Goldoxyd in seinen Lösungen und scheiden metallisches Gold in Gestalt eines höchst
feinen braunen Pulvers, welches beim Drücken mit einer Messer-
klinge oder dergl. Metallglanz zeigt, daraus ab. Die Flüssigkeit,
in welcher der Niederschlag suspendirt ist, erscheint bei durchfallendem Lichte schwärzlich blau.

    b) Platinoxyd (PtO_2).

1) Das Platinoxyd ist ein schwarzbraunes, sein Hydrat ein
rothbraunes Pulver. Beide werden beim Erhitzen reducirt. Sie
sind in Salzsäure leicht, in Sauerstoffsäuren schwer löslich.

2) Die Platinoxydsalze werden beim Glühen zerlegt. Sie haben eine rothbraune Farbe, welche ihre Lösungen bis zu bedeutender Verdünnung zeigen. Die löslichen röthen im neutralen Zustande Lackmus.

3) *Schwefelwasserstoff* schlägt aus sauren und neutralen,
nicht aber, oder wenigstens nicht vollständig, aus alkalischen Lösungen nach einiger Zeit schwarzbraunes Schwefel-Platin
(PtS_2) nieder. Erhitzt man die schwefelwasserstoffhaltige Lösung,
so entsteht der Niederschlag sogleich. Kali und alkalische Schwefelmetalle, namentlich höher geschwefelte, lösen ihn, wenn sie in
grofsem Ueberschuss angewendet werden. In Salzsäure, wie auch
in Salpetersäure ist das Schwefelplatin unlöslich, Königswasser
nimmt es auf.

4) *Schwefelammonium* bewirkt denselben Niederschlag, von
einem grofsen Uebermaafse des Fällungsmittels wird er, wenn
dieses überschüssigen Schwefel enthält, vollständig aufgenommen
Säuren fallen ihn aus dieser Lösung unverändert.

5) *Kali* und *Ammoniak* bewirken in nicht allzu verdünnten
Platinlösungen gelbe, krystallinische, in Säuren unlösliche, im
Ueberschusse der Fällungsmittel beim Erhitzen lösliche Niederschläge von Kalium- und Ammonium-Platinchlorid. Gegenwart von freier Salzsäure begünstigt, indem sie die Verwand-
lung der freien Alkalien in Chlormetalle bewirkt, die Fällung in
hohem Grade.

6) *Zinnchlorür* bewirkt, in Lösungen, welche viel freie Salz-

säure enthalten, in Folge einer Reduction des Oxyds oder Chlorids zu Oxydul oder Chlorür, eine intensive dunkelbraunrothe Färbung der Flüssigkeit, aber keinen Niederschlag.

***

Zusammenstellung und Bemerkungen. Die Reactionen des Goldes und Platins gestatten, wenigstens theilweise, sowohl eine Erkennung dieser Metalle bei Gegenwart vieler anderer Oxyde, als auch namentlich dann, wenn Platin und Gold sich in einer Lösung befinden. Als besonders charakteristische Reagentien für das Gold verdienen Zinnchlorür und Eisenoxydul, für das Platin aber Kali und Ammoniak bei Gegenwart von freier Salzsäure, oder was dasselbe ist, Chlorkalium und Chlorammonium genannt zu werden.

§. 95.

Zweite Abtheilung der sechsten Gruppe.

Besondere Reactionen.

a. Antimonoxyd (SbO₃).

1) Das Antimonoxyd stellt je nach seiner Darstellungsweise entweder weiße, glänzende, nadelförmige Krystalle, oder ein graulichweißes Pulver dar. Es schmilzt in gelinder Glühhitze und verflüchtigt sich ohne Zersetzung in höherer Temperatur. Von Salzsäure und Weinsteinsäure wird es leicht, von Salpetersäure nicht gelöst. Mit Cyankalium geschmolzen wird es leicht reducirt.

2) Die Salze des Antimonoxyds werden beim Glühen zum Theil zersetzt, die Haloidsalze verflüchtigen sich leicht und ohne Zerlegung. Die löslichen neutralen Antimonsalze röthen Lackmus; durch viel Wasser werden sie in unlösliche basische und lösliche saure Salze verwandelt. So scheidet Wasser aus der Lösung des Antimonchlorürs in Salzsäure einen weißen, voluminösen, nach einiger Zeit schwer und krystallinisch werdenden Niederschlag von basischem Chlorantimon (Algarothpulver), SbCl₃.5SbO₃, ab. Weinsteinsäure löst den Niederschlag mit Leichtigkeit, sie verhindert daher auch die Fällung, wenn sie, vor dem Verdünnen mit Wasser, zugesetzt wird. Durch dieses Verhalten unterscheidet sich das basische Antimonchlorür von den unter gleichen Umständen gebildeten basischen Wismuthsalzen.

3) *Schwefelwasserstoff* schlägt das Antimonoxyd aus neutralen Lösungen unvollkommen, aus alkalischen nicht, oder wenigstens nicht vollständig, aus sauren aber vollständig als orangerothes **Antimonsulfür** (SbS_3) nieder. Der Niederschlag wird von Kali und von alkalischen Schwefelmetallen, besonders wenn diese einen Ueberschuss an Schwefel enthalten, leicht, von Ammoniak wenig, von doppeltkohlensaurem Ammoniak aber, wenn er frei von eingemengtem Schwefel so wie von antimonigem oder Antimon-Sulfid ist, fast nicht aufgenommen. In verdünnten Säuren ist er unlöslich. Concentrirte kochende Salzsäure löst denselben unter Entwicklung von Schwefelwasserstoffgas. Beim Erhitzen an der Luft geht er in ein Gemenge von antimoniger Säure mit Schwefelantimon über. Wird er mit Salpeter verpufft, so erhält man schwefelsaures und antimonsaures Kali. Kocht man die kalische Auflösung des Antimonsulfürs mit Kupferoxyd, so entsteht Schwefelkupfer, und in der Lösung bleibt Antimonoxyd in Kali gelöst. Schmilzt man Schwefelantimon mit Cyankalium, so bekommt man regulinisches Antimon und Schwefelcyankalium. Nimmt man die Operation in einem, unten zu einer Kugel aufgeblasenen Röhrchen, oder in einem Strome von kohlensaurem Gas vor (siehe §. 95. d. 10.), so bekommt man keinen Sublimat von Antimon. Erhitzt man hingegen mit Soda oder mit Soda und Cyankalium gemengtes Schwefelantimon in einem Strome von Wasserstoffgas (vergl. §. 95. d. 3.), so erhält man einen Antimonspiegel in der Röhre dicht hinter der Stelle, an der das Gemenge lag.

4) *Schwefelammonium* bewirkt einen orangerothen Niederschlag von **Antimonsulfür**. Ein Uebermaafs des Fällungsmittels nimmt ihn, wenn es überschüssigen Schwefel enthält, leicht auf. Säuren schlagen aus dieser Lösung das Schwefelantimon unverändert nieder. Seine Farbe erscheint jedoch alsdann durch beigemengten Schwefel heller.

5) *Kali, Ammoniak, kohlensaures Kali* und *kohlensaures Ammoniak* schlagen aus den Lösungen des Antimonchlorürs oder einfacher Antimonoxydsalze, nicht aber, wenigstens nicht sogleich, aus der Lösung des Brechweinsteins oder analoger Verbindungen, weifses voluminöses **Antimonoxyd** nieder, welches in einem Uebermaafse von Kali leicht, in Ammoniak nicht, in kohlensaurem Kali und Ammoniak nur in der Wärme löslich ist.

6) *Metallisches Zink* scheidet aus allen Antimonoxydlösungen, wenn sie keine freie Salpetersäure enthalten, **metallisches**

Antimon als schwarzes Pulver ab. Enthalten sie aber freie Salpetersäure, so schlägt sich gleichzeitig mit dem Metall Antimonoxyd nieder.

7) Bringt man eine Auflösung von Antimonoxyd mit *Zink* und *Schwefelsäure* zusammen, so oxydirt sich das Zink nicht nur auf Kosten des Sauerstoffs aus dem Wasser, sondern auch auf Kosten dessen im Antimonoxyd. Antimon scheidet sich also metallisch ab, ein Theil desselben verbindet sich aber im Moment der Abscheidung mit Wasserstoff zu Antimonwasserstoffgas (SbH_3). Nimmt man diese Operation in einer Gasentbindungsflasche vor, verschliefst die Oeffnung derselben mit einem Kork, in welchen der eine Schenkel einer Glasröhre gepasst ist, deren anderer in eine fein ausgezogene, am Ende abgekneipte Spitze ausgeht *), und entzündet, nachdem alle atmofphärische Luft ausgetrieben ist, das aus der feinen Oeffnung strömende Wasserstoffgas, so erscheint die Flamme durch das beim Verbrennen des Antimonwasserstoffs sich ausscheidende, in derselben glühende Antimon bläulichgrün; es erhebt sich daraus ein weifser Rauch von Antimonoxyd, der sich leicht an kalte Körper anlegt und von Wasser nicht gelöst wird. — Hält man aber einen kalten Körper, am besten eine Porzellanschale, in die Flamme, so setzt sich darauf das metallische Antimon höchst fein zertheilt, mit tiefschwarzer Farbe, als fast glanzloser Fleck ab. — Erhitzt man die Glasröhre, durch welche das Gas strömt, in der Mitte zum Glühen, so nimmt die bläulichgrüne Färbung der Flamme ab, und man erhält gleichzeitig zu beiden Seiten der erhitzten Stelle in der Glasröhre einen silberglänzenden Metallspiegel von Antimon. Leitet man jetzt durch dieselbe Glasröhre einen ganz langsamen Strom trocknes Schwefelwasserstoffgas und erhitzt den Spiegel mit einer einfachen Spirituslampe am besten von aufsen nach innen zu, also gegen die Richtung des Gasstromes, so verwandelt sich der Antimonspiegel in mehr oder weniger rothgelbes, in dicken Schichten fast schwarz erscheinendes Schwefelantimon. Führt man nun durch die nämliche Glasröhre einen schwachen Strom trocknen salzsauren Gases, so verschwindet das Schwefelantimon, wenn es eine dünne Schicht bildete, augenblicklich, wenn

---

*) Bei genauen Prüfungen muss das Gas, um das Mitreifsen von Feuchtigkeit in die Röhre, aus welcher es ausströmt, zu verhüten, durch eine weitere mit Baumwolle locker angefüllte Röhre geleitet werden. Vergleiche die zur Marsh'schen Arsenprüfung gehörige Abbildung, §. 95.d.8.

108   Reactionen der Metalloxyde. — §. 95.

der Anflug dicker war, in wenigen Secunden. Das Schwefelantimon setzt sich nämlich leicht mit dem Chlorwasserstoff um, und
das entstehende Antimonchlorür ist in dem Strome des salzsauren Gases aufserordentlich flüchtig. Leitet man denselben in etwas Wasser, so lässt sich in diesem die Gegenwart des Antimons
mit Leichtigkeit durch Schwefelwasserstoff nachweisen. Durch diese
Vereinigung von Reactionen ist das Antimon von allen anderen
Metallen mit Sicherheit zu unterscheiden.

8) Setzt man mit *Soda* und *Cyankalium* gemengte Antimonverbindungen im Kohlengrübchen der inneren *Löthrohrflamme*
aus, so erhält man spröde Kügelchen von metallischem Antimon. Zugleich findet eine, selbst nach dem Entfernen der
Probe aus der Flamme noch längere Zeit fortdauernde Verflüchtigung des reducirten und wieder oxydirten Metalls Statt, welche
besonders hervortritt, wenn man mit dem Löthrohr einen Luftstrom auf die erkaltende Probe führt. Das gebildete Oxyd setzt
sich theils an der Kohle als weifser Beschlag ab, theils umgiebt
es das Metallkörnchen in Gestalt feiner Krystallnadeln.

b. Zinnoxydul (SnO).

1) Das Zinnoxydul ist ein schwarzes oder grauschwarzes Pulver. Sein Hydrat ist weifs. Mit Cyankalium geschmolzen wird
es reducirt. In Salzsäure ist es leicht löslich. Salpetersäure verwandelt es in im Ueberschuss der Säure unlösliches Oxyd.

2) Die Zinnoxydulsalze werden beim Erhitzen zerlegt; sie
sind farblos. Die löslichen röthen im neutralen Zustande Lackmus. Beim Behandeln derselben mit Wasser entsteht eine milchige Trübung, indem sich das neutrale Salz in saures lösliches
und basisches unlösliches zersetzt. Zusatz von Salzsäure macht
die entstandene Trübung verschwinden.

3) *Schwefelwasserstoff* fällt aus neutralen und sauren, nicht
aber, oder wenigstens nicht vollständig, aus alkalischen Lösungen
dunkelbraunes Zinnsulfür (SnS). Dasselbe ist sowohl in Kali
und alkalischen Schwefelmetallen, besonders höher geschwefelten, als auch in concentrirter kochender Salzsäure löslich. Kochende Salpetersäure verwandelt es in unlösliches Zinnoxyd.

4) *Schwefelammonium* bewirkt denselben Niederschlag von
Zinnsulfür. Dasselbe löst sich im Ueberschuss des Fällungsmittels sehr schwierig auf. Ist jedoch das Schwefelammonium
schon gelb geworden, enthält es also einen Ueberschuss von
Schwefel, oder setzt man etwas fein gepulverten Schwefel zu, so

Sechste Gruppe. — Zinnoxyd. — 95.   109

erfolgt die Lösung leicht. Aus einer Auflösung in solchem Schwefelammonium fällen Säuren alsdann gelbes Zinnsulfid (SnS$_2$), gemengt mit Schwefel.

5) *Kali, Ammoniak, kohlensaures Kali* und *kohlensaures
Ammoniak* fällen weifses, voluminöses Zinnoxydulhydrat
(SnO,HO), welches von überschüssigem Kali leicht aufgenommen
wird, im Uebermaafse der anderen Fällungsmittel aber unlöslich
ist. Erhitzt man die kalische Lösung im concentrirten Zustande,
so zerfällt das gelöste Zinnoxydul in Zinnoxyd, welches gelöst
bleibt, und in metallisches Zinn, welches sich in Form brauner
Flocken abscheidet.

6) *Goldchlorid* bewirkt in Zinnchlorür- oder Zinnoxydullö-
sungen, wenn denselben, ohne zu erwärmen, etwas Salpetersäure
zugesetzt wird, einen Niederschlag oder eine Färbung von Goldpurpur, vergleiche §. 94. a. 7.

7) Wird zu Zinnchlorür- oder Zinnoxydullösung *Quecksilber-
chloridsolution* im Ueberschuss gesetzt, so entsteht, indem das
Zinnsalz dem Quecksilberchlorid die Hälfte seines Chlors entzieht,
ein weifser Niederschlag von Quecksilberchlorür.

8) Werden Zinnoxydulverbindungen mit *Soda* und etwas
Borax oder besser mit einem Gemenge von gleichen Theilen *Soda* und *Cyankalium* gemengt und im Kohlengrübchen der innern
Löthrohrflamme ausgesetzt, so erhält man ohne gleichzeitigen Beschlag dehnbare Körnchen von metallischem Zinn. Man erkennt dieselben am besten, wenn man die Probe nebst den umgebenden Kohletheilen in einem Mörserchen mit Wasser heftig
drückend reibt und die Kohle alsdann abschlämmt.

c. Zinnoxyd (SnO$_2$).

1) Das Zinnoxyd erscheint in zwei in Bezug auf ihr Verhalten zu Lösungsmitteln verschiedenen Modificationen. Wird es aus
seinen Salzen durch Alkalien niedergeschlagen, so löst es sich
sowohl in Kali als auch in Säuren mit Leichtigkeit, wird es aber
durch Oxydation des Metalls mit Salpetersäure dargestellt, so
kann es ebensowenig wie das niedergeschlagene nach dem Glühen durch die genannten Mittel aufgelöst werden. Durch Schmelzen mit Soda geht die unlösliche Modification in die lösliche über.

2) Die Zinnoxydsalze werden beim Glühen zersetzt und sind
farblos. Die löslichen röthen im neutralen Zustande Lackmus.

3) *Schwefelwasserstoff* fällt aus sauren und neutralen Lösungen, besonders beim Erhitzen, einen gelben Niederschlag von

110   Reactionen der Metalloxyde. — §. 95.

Zinnsulfid (SnS$_2$). Alkalische Lösungen werden nicht niedergeschlagen. Das Zinnsulfid löst sich schwer in reinem und kohlensaurem Ammoniak, leicht in Kali, alkalischen Schwefelmetallen und in concentrirter kochender Salzsäure. Salpetersäure verwandelt es in unlösliches Zinnoxyd. Beim Verpuffen
des Zinnsulfids mit Salpeter erhält man schwefelsaures Kali und
Zinnoxyd-Kali. Kocht man die Lösung des Zinnsulfids in Kali mit
Kupferoxyd, so bildet sich Schwefelkupfer und Zinnoxyd, welches
letztere in der kalischen Flüssigkeit gelöst bleibt.

4) *Schwefelammonium* bewirkt denselben Niederschlag von
Zinnsulfid, ein Ueberschuss des Fällungsmittels nimmt ihn mit
Leichtigkeit auf. Säuren scheiden aus dieser Lösung das Zinn-
sulfid wieder unverändert ab.

5) *Kali* und *Ammoniak, kohlensaures Kali* und *kohlensaures
Ammoniak* schlagen weifses Zinnoxydhydrat (SnO$_2$,HO) nieder, welches von Kali leicht, von Ammoniak etwas schwerer, von
kohlensauren Alkalien am schwierigsten aufgenommen wird.

6) *Metallisches Zink* fällt aus Zinnchlorid oder Zinnoxydsalz-
Lösungen, wenn dieselben keine freie Salpetersäure enthalten,
metallisches Zinn in Gestalt grauer Blättchen oder als schwamm-
artige Masse. Bei Gegenwart von Salpetersäure scheidet sich
hingegen entweder nur weifses Oxydhydrat oder ein Gemenge von Metall und Oxydhydrat ab.

7) Vor dem Löthrohre verhalten sich die Zinnoxydverbin-
dungen wie die des Zinnoxyduls.

d. Arsenige Säure (AsO$_3$).

1) Die arsenige Säure stellt meistens entweder eine durchsichtige glasartige, oder eine weifse porzellanartige Masse dar.
Zerrieben erscheint sie als schweres weifses Pulver. Sie verflüchtigt sich beim Erhitzen in weifsen geruchlosen Dämpfen. In
kaltem Wasser ist sie schwer, in heifsem leichter löslich. Von
Salzsäure, sowie von Kali wird sie in reichlicher Menge aufgenommen.

2) Die arsenigsauren Salze zerfallen beim Glühen meist in
feuerbeständigere arsensaure Salze und in Arsenik, der sich verflüchtigt. Von den arsenigsauren Salzen sind nur die mit alkalischer Base in Wasser löslich. Die in Wasser unlöslichen werden
von Salzsäure aufgenommen oder wenigstens zersetzt.

3) *Schwefelwasserstoff* schlägt die Lösung der arsenigen

Sechste Gruppe. — Arsenige Säure. — §. 95.   111

Säure und die ihrer neutralen Salze langsam und unvollständig,
bei Gegenwart einer freien Säure augenblicklich und vollständig,
mit lebhaft gelber Farbe nieder.   Alkalische Lösungen werden
nicht gefällt.   Der gelbe Niederschlag von arsenigem Sulfid
(AsS$_3$) wird von reinen, von einfach und doppelt kohlensauren
Alkalien, sowie von alkalischen Schwefelmetallen schnell und
vollständig, von Salzsäure fast nicht aufgenommen.   Kochende
Salpetersäure zersetzt und löst ihn leicht.   Beim Verpuffen desselben mit Soda und Salpeter erhält man arseniksaures und schwefelsaures Alkali.   Beim Kochen einer kalischen Lösung des arsenigen Sulfids mit Kupferoxyd bildet sich Schwefelkupfer und arseniksaures Kali.   Beim Kochen der gleichen Lösung mit hydratischem
kohlensaurem oder basisch salpetersaurem Wismuthoxyd entsteht
Schwefelwismuth und arsenige Säure.   Mengt man Schwefelarsen
mit drei bis vier Theilen Soda unter Zusatz von etwas Wasser,
streicht die breiartige Masse auf kleine Glassplitterchen und erhitzt diese nach gutem Austrocknen in einer Glasröhre, durch
welche trocknes Wasserstoffgas geleitet wird, rasch zum Glühen,
so wird, wenn die Temperatur hoch genug ist, alles Arsen reducirt und ausgetrieben.   Einen Theil desselben erhält man in Form
eines Metallspiegels in der Glasröhre, der Rest wird in dem Gas
suspendirt fortgerissen und bewirkt, dass dasselbe, angezündet, mit
bläulicher Flamme brennt, sowie dass man Arsenflecken auf
einer in die Flamme gehaltenen Porzellanschale bekommt.   Die
Meinung, dass hierbei Arsenwasserstoff entstehe, ist irrig, obgleich man durch Erhitzen der Röhre an einer zweiten Stelle, hinter dem glühenden Theile nochmals einen Metallspiegel bekommt.
Diese Erscheinung beruht darauf, dass sich die suspendirten Arsentheilchen an der glühenden Stelle wiederum in Arsendampf verwandeln, der sich an der kalten Glasröhre verdichtet.   Dass dem so
sei, ersieht man leicht, wenn man das mit den Arsentheilchen
beladene Gas durch Wasser, dann durch eine lange mit befeuch-
teter Baumwolle gefüllte Röhre leitet.   Es entweicht alsdann reines Wasserstoffgas aus der Röhre, alles Arsen bleibt in dem
Wasser und der Baumwolle als schwarzes Pulver zurück. — Beim
Zusammenschmelzen von 2 Aeq. arsenigem Sulfid und 4 Aeq.
Natron entsteht zuerst Schwefelarsen-Schwefelnatrium und arsenigsaures Natron.   Beim Erhitzen dieser Producte in Wasserstoffgas wird am Anfange nur die arsenige Säure, bei stärkerem
Erhitzen aber auch das Schwefelarsen in metallisches Arsen übergeführt. — Diese Reductionsmethode giebt zwar sehr genaue Re-

112   Reactionen der Metalloxyde. — §. 95.

sultate, sie gestattet jedoch nicht, Arsen von Antimon mit genügender Sicherheit zu unterscheiden, oder jenes neben diesem
zu entdecken, vergl. §. 95. a. 3. Dem Apparat giebt man folgende
Einrichtung.

Fig. 4.

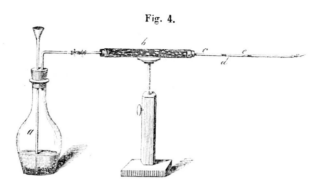

a ist die Entwickelungsflasche, *b* eine Röhre mit Chlorcalcium, *c*
die Röhre, in welcher bei *d* das Glassplitterchen mit dem Gemenge liegt. Man erwärmt dieses, wenn der Apparat vollständig
mit reinem Wasserstoffgas erfüllt ist, erst ganz gelinde, um etwa
noch vorhandene Feuchtigkeit zu entfernen, dann plötzlich sehr
stark, am besten mit der Löthrohrflamme, um das Sublimiren
unzersetzten Schwefelarsens zu verhüten. Bei *e* legt sich alsdann
der Metallspiegel an. — Eine neue Methode, das Schwefelarsen
in metallisches Arsen überzuführen, welche mit gröfster Empfindlichkeit den Vorzug verbindet, Verwechselung des Arsens mit
Antimon unmöglich zu machen, wird unter Nummer 10 dieses
Paragraphen besprochen werden.

4) *Schwefelammonium* bewirkt ebenfalls die Bildung von
arsenigem Sulfid. Es scheidet sich dasselbe jedoch, wenn
die Lösungen neutral oder alkalisch sind, nicht aus, sondern bleibt als Schwefelarsen - Schwefelammonium gelöst. Bei
Zusatz von freier Säure wird es aus dieser Lösung sogleich gefällt.

5) *Salpetersaures Silberoxyd* erzeugt in neutralen Lösungen
arsenigsaurer Salze, ebenso wie *salpetersaures Silberoxyd-Ammoniak* in den Lösungen der arsenigen Säure oder ihrer Salze,
wenn sie eine freie Säure enthalten, einen gelben Niederschlag
von arsenigsaurem Silberoxyd ($2AgO$, AsO_3), welcher so-

wohl in verdünnter Salpetersäure, als auch in Ammoniak auflöslich ist.

6) *Schwefelsaures Kupferoxyd* und *schwefelsaures Kupfer-
oxyd-Ammoniak* bewirken, unter denselben Umständen wie die
Silbersalze, gelbgrüne Niederschläge von a r s e n i g s a u r e m
K u p f e r o x y d $(2CuO, AsO_3)$.

7) Löst man arsenige Säure in überschüssiger kaustischer
Kalilauge, oder versetzt man die Lösung eines arsenigsauren Alkali's mit *ätzendem Kali*, fügt alsdann etwas weniges einer verdünnten *Kupfervitriollösung* hinzu und kocht, so bekommt man
einen rothen Niederschlag von K u p f e r o x y d u l; in der Lösung
hat man arsensaures Kali.   Diese Reaction ist, wenn man nicht
zu viel Kupferlösung nimmt, in hohem Grade empfindlich.   Ist
der rothe Niederschlag des Kupferoxyduls bei durchfallendem
Lichte nicht mehr erkennbar, so wird er doch, auch wenn er in
geringster Menge zugegen ist, noch mit grofser Deutlichkeit
wahrgenommen, wenn man von oben in das Proberöhrchen sieht.
Dass diese Reaction, so wichtig sie in einzelnen Fällen zur bestätigenden Prüfung auf arsenige Säure, vor Allem aber zur Unterscheidung der arsenigen Säure von der Arsensäure ist, nicht
als Mittel dienen kann, die Anwesenheit des Arsens geradezu zu
erforschen, versteht sich von selbst, da ja Traubenzucker und
andere organische Substanzen aus Kupfersalzen auf die nämliche
Art Kupferoxydul abscheiden.

8) Bringt man eine saure oder neutrale Auflösung der arsenigen Säure oder irgend einer Verbindung derselben mit *Zink,
Wasser* und *Schwefelsäure* zusammen, so bildet sich auf dieselbe
Weise gasförmiger A r s e n w a s s e r s t o f f (AsH_3), auf welche sich
bei Anwesenheit einer Antimonverbindung Antimonwasserstoffgas erzeugt.   Vergleiche §. 95. a. 7.   Dieses Verhalten des Arsens bietet uns ein zu seiner Ausmittelung äufserst empfindliches und zu seiner Abscheidung in hohem Grade wichtiges
Mittel. Welchen dieser beiden Zwecke man nun auch erreichen will, man nimmt unter allen Umständen den Versuch
in dem beim Antimon pag. 107 angegebenen und hier zu besserer Versinnlichung abgebildeten Apparate vor.

8

114   Reactionen der Metalloxyde. — §. 95.

a ist das Entwicklungsgefäfs, in welchem sich Zinkstück-
chen und Wasser befinden, *b* eine Trichterröhre, durch welche

Fig. 7.

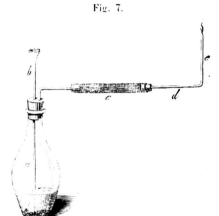

erst die Schwefel-
säure und später die
auf Arsen zu prüfen-
de Flüssigkeit in
die Flasche gebracht
wird. *c* ist eine mit
Baumwolle, besser
noch mit Stücken ge-
schmolzenen Chlor-
calciums, locker an-
gefüllte Glasröhre, in
welche die zwei-
schenkliche, an ihrem
Ende *e* in eine Spitze
ausgezogene und
vorn abgekneipte, aus
schwer schmelzbarem Glase bestehende Röhre *d* mittelst
eines durchbohrten Korkes gepasst ist. Wenn die Wasserstoffgasent-
wicklung eine geraume Zeit im Gange ist, so dass man sicher sein
kann, dass aus dem Apparate alle atmosphärische Luft entfernt ist,
entzündet man das Gas bei *e*, wobei die Vorsichtsmafsregel, zuvor ein
Tuch um die Flasche zu schlagen, wodurch man sich bei etwaigen
Explosionen vor Verletzung schützt, keineswegs zu verachten ist.
Man muss sich jetzt zuerst mit Sicherheit überzeugen, dass weder das
Zink noch die Schwefelsäure Arsen enthält, und dieses geschieht
erstens, indem man eine Porzellanschale in der Art in die Flamme
hält, dass sich diese auf der Fläche ausbreiten muss, und zweitens, indem man die Röhre *de*, deren in der Figur nach oben gerichteter
Schenkel bei diesem Versuche in waagerechte Lage gedreht wird,
in der Mitte zum Glühen erhitzt. Zeigt sich weder an der Schale
noch in der Röhre ein Anflug, so waren die angewandten Reagentien arsenfrei. Man giefst jetzt die zu prüfende Flüssigkeit
durch die Trichterröhre in die Entwicklungsflasche. Enthält sie
Arsen, so entwickelt sich alsbald gleichzeitig mit dem Wasserstoff Arsenwasserstoff, welcher die Flamme, in Folge des ausgeschiedenen, in der Flamme glühenden Arsens sogleich bläulich
erscheinen lässt. Zu gleicher Zeit erhebt sich aus der Flamme
ein weifser Rauch von arseniger Säure, welcher sich an kalte
Körper anlegt. Hält man jetzt eine Porzellanschale in die Flamme

Sechste Gruppe — Arsenige Säure — §. 95.   115

so setzt sich das ausgeschiedene, noch nicht wieder oxydirte Arsen, gerade so wie das Antimon (vergl. pag. 107) in Gestalt
schwarzer Flecken ab. Die des Arsens sind jedoch mehr braunschwarz, stark glänzend, die des Antimons, wie angeführt, matt
und tief schwarz. Erhitzt man die Röhre *d*, durch welche das
Gas ausströmt, etwa in der Mitte ihres längeren Schenkels zum
Glühen, so erhält man in dem kälteren Theile der Röhre einen
besonders schönen und deutlichen Metallspiegel, welcher dunkler
und weniger silberweiß ist, als der des Antimons, auch an dem
eigenthümlichen, unten näher zu besprechenden knoblauchartigen
gen Geruche erkannt werden kann, welcher sich verbreitet, wenn
man die Röhre neben dem Anflug abschneidet und denselben sodann durch Erhitzen in die Luft verflüchtigt. — Hat man durch
einen an der Porzellanschale entstehenden Metallanflug Grund
auf Arsen zu schließen, so muss man sich auf jeden Fall noch
näher überzeugen, ob der Anflug wirklich Arsen und nicht vielleicht Antimon sei, denn auch die auf dem genannten Geruche
beruhende bestätigende Prüfung ist nicht hinreichend, um alle
Zweifel zu beseitigen. Man wählt zu dieser Ueberzeugung am
besten folgende Mittel:

a. Man erhitzt die Röhre, durch welche das Arsenwasser-
stoffgas streicht, in der Mitte zum Glühen und verschafft sich auf
diese Art einen möglichst starken Metallspiegel. Man leitet alsdann einen ganz schwachen Strom trocknes Schwefelwasserstoffgas durch die Röhre und erhitzt den Metallspiegel mit einer einfachen Weingeistlampe von außen nach innen zu. Man erhält
dadurch, im Falle nur Arsen zugegen war, gelbes Schwefelarsen
in der Röhre, im Falle nur Antimon anwesend ist, orangerothes
oder schwarzes Schwefelantimon, im Falle aber der Metallspiegel aus Arsen und Antimon bestanden hat, beide Schwefelmetalle neben einander in der Art, dass das Schwefelarsen als das
flüchtigere sich immer vor dem minder flüchtigen Schwefelanti
mon befindet. Vor nicht langer Zeit wurde diese Umwandlung
des Antimons und Arsens in Schwefelmetalle als sicherstes Mittel,
beide Metalle zu unterscheiden, in Vorschlag gebracht. Die angegebenen Verschiedenheiten der genannten Schwefelverbindungen in Farbe und Flüchtigkeit sind jedoch nicht hervorstechend
genug, um Irrungen ganz vorzubeugen, wie die Erfahrung gezeigt hat. Leitet man aber durch die Röhre, welche das Schwefelarsen, Schwefelantimon oder die Mischung beider enthält, trocknes
Chlorwasserstoffgas ohne zu erwärmen, so bleibt, wenn nur

8*

Schwefelarsen zugegen ist, Alles unverändert, auch wenn das
Gas lange Zeit über das Schwefelarsen streicht. War nur Antimon zugegen, so verschwindet, wie schon oben erwähnt, Alles
aus der Röhre, war endlich Arsen und Antimon gleichzeitig vorhanden, so verflüchtigt sich das Schwefelantimon alsobald, das
gelbe Schwefelarsen bleibt zurück.   Zieht man jetzt etwas Ammoniak in das Röhrchen hinauf, so wird das Schwefelarsen gelöst und kann so leicht von etwa ausgeschiedenem Schwefel unterschieden werden. — Diese verschiedenen Reactionen in ihrer
Vereinigung lassen eigenen Versuchen zufolge über die Anwesenheit des Arsens nie in Zweifel.

b. Man richtet den Schenkel e waagerecht, entzündet das
Gas und lässt die Flamme in einem etwa 12 Unzen fassenden
Glaskolben brennen.   Den Kolben legt man in ein Becherglas mit kaltem Wasser und dreht ihn fortwährend, so dass er
sich nicht erhitzt. Nach einiger Zeit, wenn der Sauerstoff ver-
zehrt ist, wenn demnach die Flamme nur noch schwach brennt,
setzt man einen anderen Kolben an die Stelle des ersten und
füllt auf diese Art mehrere.   Dieselben enthalten jetzt entweder
nur arsenige Säure, oder nur Antimonoxyd oder beides. Im ersteren Fall muss sich der erhaltene weiße Anflug vollständig in
heißem Wasser lösen. Die Lösung kann mit Reagentien weiter
geprüft werden. Im zweiten wird sich nichts lösen, im dritten
bleibt, wenn hinreichend Antimonoxyd zugegen ist, ebenfalls
Alles ungelöst, indem sich arsenigsaures Antimonoxyd bildet.
Man findet in einem solchen Rückstande alsdann das Arsen, indem man ihn in etwas verdünnter Kalilauge löst, Schwefelwasserstoff zusetzt und alsdann doppelt kohlensaures Ammoniak im
Ueberschuss zufügt.   Das Antimon wird hierdurch als Schwefelantimon gefällt, das Schwefelarsen bleibt im Ueberschusse des
doppelt kohlensauren Ammoniaks gelöst und fällt bei Zusatz von
Salzsäure bis zur sauren Reaction nieder. — Diese Unterscheidung
ist jedoch weniger zuverlässig als die in a angegebene.

Die Methode, das Arsen durch Erzeugung von Arsenwasserstoff zu entdecken, wurde von Marsh zuerst angegeben.

9) Wird arsenige Säure oder eine Verbindung derselben mit
kohlehaltiger Soda gemengt und das völlig trockne Gemenge in
einer am einen Ende verschlossenen, ausgezogenen, gut getrockneten Glasröhre über der Weingeistlampe von oben nach der
ausgezogenen Spitze hin zum Glühen erhitzt, so oxydirt sich die
Kohle auf Kosten des Sauerstoffs der arsenigen Säure, Arsen wird

Sechste Gruppe. — Arsenige Säure. — §. 95.   117

frei, verflüchtigt sich und legt sich oberhalb der erhitzten Stelle
als mehr oder weniger braunschwarzer, stark glänzender Metallspiegel, der durch Hitze weiter getrieben und durch den Geruch
beim Verflüchtigen an der Luft näher geprüft werden kann, an.
Zur Reduction der freien arsenigen Säure wendet man statt der
kohlehaltigen Soda einen blofsen Kohlensplitter an, in der Art,
dass man die arsenige Säure in die ausgezogene Spitze wirft, das
Splitterchen darüber schiebt, dieses zum Glühen bringt und dann
die Spitze erhitzt. Der Vorzug dieses Verfahrens besteht darin,
dass dabei die Glasröhre weniger leicht, als durch die kohlehaltige
Soda, beschmutzt wird.   Bevor man aus dem Nichterscheinen
eines Metallspiegels beim Behandeln eines vermeintlichen arsenigsauren Salzes mit kohlehaltiger Soda auf die Abwesenheit des
Arsens schliefst, muss man sich immer durch einen Gegenversuch
überzeugen, ob das vorliegende arsenigsaure Salz auch wirklich,
auf die angegebene Art behandelt, einen Spiegel liefern kann;
denn nicht aus allen Verbindungen (besonders aus einigen mit
gewissen schweren Metalloxyden, z. B. Eisenoxyd) ist man im
Stande, deutliche Spiegel zu bekommen.

   10) Werden arsenigsaure Salze, arsenige Säure oder Schwefelarsen mit einem Gemenge von gleichen Theilen trockner *Soda*
und *Cyankalium* zusammengeschmolzen, so wird unter allen Umständen alles Arsen und je nach der Natur der Basen auch diese
reducirt, indem der Sauerstoff derselben einen Theil des Cyankaliums in cyansaures Kali verwandelt. Bei der Reduction von
Schwefelarsen bildet sich Schwefelcyankalium. — Man bringt die
völlig trockne Arsenverbindung in ein am einen Ende zu einer
kleinen Kugel aufgeblasenes Glasröhrchen und überschüttet sie
mit der sechsfachen Quantität des ebenfalls völlig trocknen Gemenges. Die Kugel darf dadurch nur etwas mehr als halb angefüllt werden, widrigenfalls das schmelzende Cyankalium sich
leicht in die Röhre hinaufzieht. Die Reductionen erfolgen beim
Erhitzen mit der Spirituslampe, wobei man nicht zu früh aufhö-
ren muss, indem es oft eine kleine Weile dauert, bis sich das
Arsen vollständig sublimirt hat. Die Spiegel, welche man erhält,
sind von ausgezeichneter Reinheit. Man bekommt sie aus allen
den arsenigsauren Salzen, deren Basen entweder gar nicht, oder
zu solchen Arsenmetallen reducirt werden, die in der Hitze ihr
Arsen theilweise oder ganz verlieren. — Diese Methode, Arsen-
verbindungen mit Cyankalium zu reduciren, verdient wegen ihrer
Einfachheit, wegen der Sicherheit ihres Resultats auch bei Ge-

genwart sehr kleiner Mengen Arsenik und wegen der Reinlichkeit, mit welcher sie ausgeführt werden kann, ganz besonders
hervorgehoben zu werden. — Vorzüglich geeignet ist sie zur
directen Darstellung metallischen Arsens aus Schwefelarsen, in
welcher Beziehung sie zweifelsohne alle bisher angegebenen Methoden an Einfachheit und Genauigkeit übertrifft. — Die Empfindlichkeit der Reductionsmethode mit Cyankalium lässt sich aufserordentlich steigern, wenn man das Gemenge in einem Strome von
trocknem kohlensauren Gas erhitzt. — Allen und jeden Anforderungen entsprechende Resultate bekommt man nach eigenen, in
Gemeinschaft mit Dr. v. Babo angestellten Versuchen auf folgende
Weise mit dem in Fig. 8 und 9 abgebildeten Apparat.

Fig. 8.

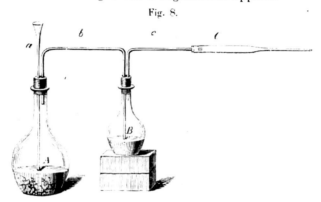

A ist eine geräumige Flasche zur Entwicklung von Kohlensäure. Sie ist zur Hälfte mit Wasser und gröfseren Stücken von
festem Kalkstein oder Marmor (nicht Kreide, die keinen constan-
ten Strom giebt) angefüllt. Durch die eine Oeffnung des doppelt
durchbohrten Korkes geht eine Trichterröhre a bis beinahe auf
den Boden. Durch die andere leitet eine Röhre b das Gas in
den kleineren Kolben B, in welchem es durch das darin befindliche Schwefelsäurehydrat getrocknet wird. Die Röhre c führt
die Kohlensäure in die Reductionsröhre C, welche in Figur 9. in
⅓ ihrer Länge abgebildet ist.

Fig. 9.

Wenn der Apparat zugerüstet ist, reibt man in einem etwas erwärmten Reibschälchen das zur Reduction bestimmte völlig trockne Schwefelarsen oder arsenigsaure Salz mit etwa 12 Theilen eines aus 3 Th. Soda und 1 Th. Cyankalium bestehenden wohlgetrockneten Gemenges zusammen, bringt das Pulver auf ein schmales, rinnenförmig gebogenes Streifchen Kartenpapier, schiebt dieses in die Reductionsröhre bis e ein und dreht alsdann die Röhre halb um ihre Axe. Das Gemenge kommt auf diese Weise an die Stelle $d\,e$ der Reductionsröhre zu liegen, ohne dass sie sonst an irgend einem andern Theile beschmutzt wird. Die so gefüllte Röhre steckt man nunmehr an den Gasentbindungsapparat, entwickelt alsdann durch Eingiefsen von Salzsäure einen mäfsigen Strom von Kohlensäure und trocknet das Gemenge auf's sorgfältigste aus, indem man die Röhre ihrer ganzen Länge nach mit einer Spirituslampe sehr gelinde erwärmt. Ist jeder Beschlag von Wasser aus der Röhre verschwunden und hat sich der Gasstrom so verlangsamt, dass die einzelnen Blasen ungefähr in Zwischenräumen von einer Secunde durch die Schwefelsäure gehen, so erhitzt man den Theil g durch eine Spirituslampe zum Glühen. Ist dieser Punkt erreicht, so erhitzt man mit einer zweiten gröfseren Weingeistlampe das Gemenge von d nach e fortschreitend, bis alles Arsen ausgetrieben ist. — Das reducirte Arsen schlägt sich bei h nieder, während ein äufserst kleiner Theil bei i entweicht und die Luft mit Knoblauchgeruch erfüllt. Man rückt zuletzt mit der zweiten Lampe bis gegen g langsam vor und treibt auf diese Weise alles Arsen, was sich etwa in dem weiten Theile der Röhre angelegt hat, nach h. Ist dieses geschehen, so schmilzt man die Röhre an der Spitze zu und treibt den Spiegel durch Erhitzen von i nach h hin zusammen, wodurch er ein ganz besonders schönes und rein metallisches Ansehen bekommt. Man kann auf diesem Wege aus $1/300$ Gran Schwefelarsen noch vollkommen deutliche Metallspiegel darstellen.—Schwefelantimon oder andere Antimonverbindungen, auf gleiche Art behandelt, liefern keine Metallspiegel.

11) Setzt man zu arseniger Säure in fester Form oder in Lösung etwas *Essigsäure* und dann *Kali* im Ueberschuss, verdampft zur Trockne und erhitzt den Rückstand in einem Röhrchen zum Glühen, so bildet sich Alkarsin (Kakodyloxyd, C_4H_6 As $+$ O), das sich durch seinen eben so charakteristischen als furchtbaren Geruch sogleich zu erkennen giebt. Derselbe ändert sich alsbald in den nicht minder charakteristischen des Chlorkakodyls um, wenn man den geglühten Inhalt des Röhr-

120 Reactionen der Metalloxyde. — §. 95.

chens mit einigen Tropfen Zinnchlorür erwärmt. Dieses Verhalten bietet uns ebenfalls ein Mittel, mit dem Marsh'schen Apparat erhaltene Metallspiegel näher zu prüfen. Man kocht dieselben zu dem Ende mit lufthaltigem Wasser bis zur Auflösung, versetzt die Lösung mit Essigsäure und überschüssigem Kali, verdampft zur Trockne, glüht den Rückstand in einem Röhrchen und verfährt überhaupt wie eben angegeben. Diese Methode, Arsenspiegel zu prüfen, ist von Bunsen angegeben worden. Die Lösung von Arsenikspiegeln durch Kochen mit lufthaltigem Wasser erfolgt jedoch sehr langsam.

12) Wird arsenige Säure oder eine ihrer Verbindungen auf *Kohle* der innern *Löthrohrflamme* ausgesetzt, so verbreitet sich, besonders wenn der Probe noch etwas Soda zugesetzt wird, ein sehr charakteristischer, an den des Knoblauchs erinnernder Geruch, welcher in der Reduction und Wiederoxydation des Arsens seinen Grund hat und selbst sehr kleine Spuren desselben erkennen lässt. Diese Reaction kann nichts desto weniger wie alle, welche sich auf Gerüche gründen, zu Irrungen führen. Der knoblauchartige Geruch gehört weder den Dämpfen der arsenigen Säure, noch denen des Arsens, sondern wahrscheinlich einer niederen Oxydationsstufe des letzteren an. Er entsteht immer, wenn Arsenik bei Luftzutritt erhitzt wird.

e. Arsensäure (AsO_5).

1) Die Arsensäure stellt eine wasserhelle oder weifse, an der der Luft allmälig zerfliefsende, in Wasser langsam lösliche Masse dar. Bei gelinder Glühhitze schmilzt sie ohne Zersetzung, bei höherer Temperatur zerfällt sie in Sauerstoff und arsenige Säure, welche sich verflüchtigt.

2) Die arsensauren Salze sind meist in Wasser unlöslich. Löslich sind von den sogenannten neutralen Salzen nur die mit alkalischer Basis. Die meisten neutralen und basischen arsensauren Salze ertragen starke Glühhitze ohne zerlegt zu werden. Die sauren Salze verlieren ihren Säureüberschuss, indem er in arsenige Säure und Sauerstoff zerfällt.

3) *Schwefelwasserstoff* fällt alkalische und neutrale Lösungen nicht, in angesäuerten aber bringt er einen gelben Niederschlag von Arsensulfid (AsS_5) hervor. Derselbe entsteht nie sogleich in verdünnten Lösungen oft erst nach sehr langem Stehen, z. B. nach 24 Stunden. Seine Abscheidung wird durch Erwärmen begünstigt. Das Arsensulfid verhält sich zu den beim

arsenigen Sulfid angegebenen Lösungs- und Zersetzungs-Mitteln wie dieses. Fügt man zur Auflösung der freien oder gebundenen Arsensäure schweflige Säure, so setzt sich diese (am schnellsten beim Erwärmen) mit der Arsensäure um, es entsteht arsenige Säure und Schwefelsäure. Fügt man jetzt Schwefelwasserstoff und, wenn es nöthig ist, eine Säure zu, so wird augenblicklich alles Arsen als arseniges Sulfid gefällt.

4) *Schwefelammonium* verwandelt in neutralen und alkalischen Lösungen die Arsensäure in Arsensulfid, welches als Arsensulfid-Schwefelammonium in Lösung bleibt. Durch Zusatz von Säure wird diese Verbindung zersetzt, das Arsensulfid scheidet sich ab. Die Abscheidung geht schneller vor sich, als aus sauren Lösungen durch Schwefelwasserstoff. Durch Erwärmen wird sie begünstigt.

5) *Salpetersaures Silberoxyd* und *salpetersaures Silberoxyd-Ammoniak* bewirken unter den bei der arsenigen Säure angegebenen Umständen sehr charakteristische rothbraune Niederschläge von arsensaurem Silberoxyd ($3AgO,AsO_5$), welche in verdünnter Salpetersäure und in Ammoniak löslich sind.

6) *Schwefelsaures Kupferoxyd* und *schwefelsaures Kupferoxyd-Ammoniak* bewirken unter den bei der arsenigen Säure angeführten Umständen blaugrünliche Niederschläge von arsensaurem Kupferoxyd ($AsO_5, 2CuO, HO$).

7) Zu *Wasserstoff*, zu *kohlehaltiger Soda*, zu *Cyankalium* und vor dem *Löthrohr* verhalten sich die arseniksauren Verbindungen wie die der arsenigen Säure.

Zusammenstellung und *Bemerkungen.* Die Trennung und sichere Erkennung der in die zweite Abtheilung der sechsten Gruppe gehörenden Oxyde ist unter Umständen, besonders was das Zinn betrifft, mit Schwierigkeiten verbunden. Ist das Zinn als Oxydul vorhanden, so ist seine Erkennung leicht, die Reactionen mit Goldchlorid oder mit Quecksilberchlorid lassen es auch bei Gegenwart anderer Oxyde mit Sicherheit erkennen. Eine Trennung des Zinnoxyds vom Antimonoxyd gelingt auf nassem Wege ziemlich vollständig durch heiße Weinsteinlösung oder auch

122   Reactionen der Metalloxyde. — §. 95

durch eine Lösung von freier Weinsäure; sie gelingt aber nur
dann, wenn sich das Zinnoxyd in der Modification befindet, in
welcher es durch Einwirkung von Salpetersäure auf Metall erhalten wird. Um es in dieselbe zu bringen, ist also, im Falle
man keine Legirung hat, eine Reduction auf nassem Wege mit
Zink (wobei die Gegenwart von Salpetersäure sorgfältig zu vermeiden ist), oder auf trocknem Wege mit Cyankalium nöthig.
Die Methode, die Schwefelverbindungen durch Ammoniak zu
trennen, giebt stets zu Täuschungen Veranlassung, da die hö
heren Schwefelungsstufen des Antimons in Ammoniak löslich sind,
und da auch das Antimonsulfür darin nicht absolut unlöslich ist. —
Die Gegenwart des Zinnoxyds darf nur dann als gewiss angenommen werden, wenn man in der Reductionsflamme eine durch
seine Fähigkeit, sich ausplatten zu lassen, vom Antimon zu
unterscheidendes Zinnkorn erhalten hat.   Diese Reduction gelingt mit Hülfe einer Mischung von gleichen Theilen Cyankalium
und Soda überaus leicht; man hat jedoch dabei Sorge zu tragen, dass das Zinnoxyd nicht etwa mit Salpeter, wodurch
eine Verpuffung entsteht, u. d. m. gemengt ist.   Will man sich
durch einen directen Versuch überzeugen, dass ein erhaltenes,
dehnbares Metallkorn Zinn sei, so kocht man dasselbe mit etwas
concentrirter Salzsäure und prüft die erhaltene Lösung nach vor-
herigem Zusatz von Wasser mit Quecksilberchlorid, siehe §. 95.
b. 7. — Vor dem Löthrohre lassen sich Zinnoxyd und Antimonoxyd auch neben einander erkennen, indem das Antimon durch
seinen charakteristischen Oxydbeschlag, das Zinnoxyd aber nach
der Verflüchtigung des Antimons, wie erwähnt, durch seine Dehn-
barkeit ausgezeichnet ist.   Anfängern misslingt jedoch, wie mich
die Erfahrung gelehrt hat, dieses Nebeneinandererkennen oft.
Das Antimon ist außerdem an der Zersetzung des Chlorantimons
durch Wasser und an der Farbe seiner Schwefelverbindung zu
erkennen.   Ist dem Schwefelantimon sehr viel Schwefelarsen beigemengt, so wird das letztere Kennzeichen unsicher.   In solchem
Falle kann man die gemengten Schwefelmetalle glühen, wobei
das Schwefelarsen verflüchtigt wird, den Rückstand in Salzsäure
lösen und diese Lösung neuerdings mit Schwefelwasserstoff prüfen. —
    Die Auffindung des Arsens ist gewiss im Ganzen keineswegs
schwierig zu nennen, nichts desto weniger kann man dabei häufige
Täuschungen beobachten, besonders wenn bloß aus einzelnen
Reactionen, z. B. dem Geruch beim Erhitzen auf Kohle, ohne

Weiteres sichere Schlüsse gezogen werden. Beim Arsen muss daher als Regel aufgestellt werden, dass seine Gegenwart nur durch das Zusammentreffen der verschiedenen Reactionen, besonders aber durch seine Darstellung in metallischer Form bewiesen wird. — Vom Zinn kann es durch Verpuffen der Schwefelverbindungen mit Soda und Salpeter ziemlich vollständig geschieden werden. Die Anwesenheit des Zinns ist im Uebrigen der Auffindung des Arsens nicht hinderlich. Anders verhält es sich mit dem Antimon, besonders in Bezug auf die jetzt so allgemein in Gebrauch gekommene Marsh'sche Methode. Ein durch dieselbe erhaltener Metallspiegel kann und darf daher nie einen Beweis für die Anwesenheit des Arsens abgeben, wenn man sich nicht durch nähere Prüfung auf's gewisseste überzeugt hat, dass der Anflug wirklich von Arsen herrührt. Die zu diesem Zwecke §. 95. d. 8. sub a angeführte Methode liefert nach meiner Erfahrung bei grösster Empfindlichkeit die untrüglichsten Resultate.

Eine einigermafsen vollständige Trennung, also auch eine Unterscheidung des Arsens und Antimons lässt sich durch doppelt kohlensaures Ammoniak bewerkstelligen. Einfach Schwefelantimon ist nämlich darin fast ganz unlöslich, Schwefelarsen wird davon mit Leichtigkeit aufgenommen. Diese Methode der Unterscheidung giebt aber nur in wenigen Fällen Gewissheit, nämlich nur in denen, in welchen man bestimmt weifs, dass dem einfach Schwefelantimon weder eine höhere Schwefelungsstufe des Antimons, noch auch freier Schwefel beigemengt sein kann, und wenn die Quantität des vorhandenen Arsens nicht zu gering ist; in allen anderen Fällen giebt sie sehr leicht zu Irrungen Veranlassung. Zur Trennung der unter gewöhnlichen Umständen erhaltenen Schwefelmetalle lässt sie sich also in der Regel nicht anwenden. Noch weit weniger vollständig sind die Trennungen des Antimons vom Arsen. welche sich auf das Verhalten der Schwefelmetalle zu concentrirter Salzsäure oder kaustischem Ammoniak gründen. Auch durch Auflösen der Schwefelmetalle in Kali und Kochen der Lösung mit Kupferoxyd gelingt die Trennung beider Metalle nicht. Zu weit besserem Resultate führt das Verpuffen der Schwefelmetalle mit Soda und Salpeter, Behandeln der Masse mit Wasser und Zersetzen des im Filtrat in geringer Menge gelösten basisch antimonsauren Alkali's mit Salpetersäure. Man bekommt dadurch so ziemlich alles Antimon in unlöslicher, alles Arsen in löslicher Verbindung.

124   Reactionen der Säuren. — §. 96.

Bei den Reductionen arsenig- oder arsensaurer Salze mit kohlehaltiger Soda oder mit Cyankalium und Soda kann die Anwesenheit des Antimons keinen Irrthum veranlassen. —

Die Unterscheidung der arsenigen Säure und der Arsensäure gelingt in wässrigen Lösungen am besten durch salpetersaures Silberoxyd. Lassen zugleich in der Lösung befindliche Substanzen die directe Prüfung nicht zu, so fällt man mit Schwefelwasserstoff vollständig, löst die Schwefelmetalle in Kalilauge, kocht die Lösung mit hydratischem, kohlensaurem oder basisch salpetersaurem Wismuthoxyd, filtrirt von dem gebildeten Schwefelwismuth ab und prüft einen Theil des Filtrats nach der §. 95. d. 7. angegebenen Methode mittelst Kupfervitriols auf arsenige Säure, einen andern neutralisirt man mit Salpetersäure und prüft mit salpetersaurem Silber auf Arsensäure.

B. Verhalten der Säuren zu Reagentien.

§. 96.

Die Reagentien, welche zur Ausmittelung der Säuren dienen, zerfallen wie die, welche wir zur Auffindung der Basen benutzen, in allgemeine oder auf die Gruppe hindeutende und in specielle, das heisst solche, welche die einzelnen Säuren erkennen lassen. Die Bestimmung und Abgrenzung der Gruppen lässt sich bei den Säuren kaum mit der Schärfe vornehmen, mit welcher dies bei den Basen möglich war.

Die zwei Hauptabtheilungen, in welche die Säuren zerfallen, sind die der unorganischen und die der organischen Säuren. Die Charakterisirung dieser Abtheilungen ist nicht leicht mit Bestimmtheit durchzuführen, denn wir können weder die ternäre Zusammensetzung als Kennzeichen organischer Säuren aufstellen, ohne z. B. die Kleesäure davon auszuschliessen, noch auch als Merkmal angeben, dass zur Bildung organischer Säuren die Lebenskraft mitwirken müsse, da diese Definition nicht allein über sehr viele Säuren, z. B. die Ameisensäure, Bernsteinsäure u. s. w. keine bestimmte Entscheidung abgiebt, sondern auch aller Wissenschaftlichkeit entbehrt, indem ja die Lebensprocesse im Pflanzen- und Thier-Körper nur modificirte chemische Processe sind. Das Kennzeichen, an das wir uns daher halten wollen, sei ein auf ds Verhalten der Säuren in höherer Temperatur gegründetes, œmzufolge wir diejenigen Säuren zu den organischen rechnen, deren Salze (insbesondere die mit alkalischer und alkalisch erdiger Basis) beim Glühen unter Kohleabscheidung zersetzt werden. Es hat dieses Merkmal den Vorzug, dass es leicht in die Augen fällt und durch einen höchst einfachen vorläufigen Versuch sogleich über die Hauptabtheilung, in welche die Säure zu rechnen st, Gewissheit giebt. — Die Salze der organischen Säuren mit alkalischer und alkalisch erdiger Basis gehen beim Glühen in kohlensaure Verbindungen über.

I. Unorganische Säuren.

Erste Gruppe.

Säuren, welche durch Chlorbaryum aus neutralen Lösungen gefällt werden: Arsenige Säure, Arseniksäure, Chromsäure, Schwefelsäure, Phosphorsäure, Borsäure, Oxalsäure, Fluorwasserstoffsäure, Kohlensäure, Kieselsäure.

Wir bringen diese Gruppe der Uebersichtlichkeit wegen in vier Abtheilungen und unterscheiden:
1) Säuren, welche durch Schwefelwasserstoff in saurer Auflösung zerlegt werden, auf die man deswegen schon bei der Prüfung auf Basen hingewiesen wird, nämlich arsenige Säure, Arseniksäure und Chromsäure.
2) Säuren, welche durch Schwefelwasserstoff in saurer Auflösung nicht zersetzt werden und deren Barytverbindungen in Salzsäure unlöslich sind.   Von den hier in Betracht kommenden Säuren gehört in diese Abtheilung nur die Schwefelsäure.
3) Säuren, welche von Schwefelwasserstoff in saurer Lösung nicht zerlegt werden und deren Barytverbindungen in Salzsäure, scheinbar ohne Zersetzung, löslich sind, insofern die Säuren aus der salzsauren Lösung durch Erhitzen oder Eindampfen nicht vollständig abgeschieden werden können: Phosphorsäure, Borsäure, Oxalsäure und Fluorwasserstoffsäure. (Die Oxalsäure wird, wenn gleich sie auch bei den organischen Säuen betrachtet werden soll, hier angeführt, weil das Verhalten ihrer Salze, beim Glühen

126   Reactionen der unorgan. Säuren. -- §. 97.

ohne eigentliche Verkohlung zerlegt zu werden, sie leicht
als organische Säure übersehen lässt.)

4) Säuren, welche von Schwefelwasserstoff in saurer Lösung
nicht zerlegt werden und deren Barytsalze in Chlorwasserstoffsäure unter Zersetzung (unter Abscheidung der
Säure) löslich sind: Kohlensäure, Kieselsäure.

Erste Abtheilung

der ersten Gruppe der unorganischen Säuren.

§. 97.

a. Die arsenige Säure und die Arseniksäure werden,
wie wir oben gesehen haben, durch Schwefelwasserstoff in der
Art zersetzt, dass die denselben entsprechenden Schwefelungsstufen abgeschieden werden. Sie sind dieses Verhaltens wegen,
welches eher eine Verwechselung derselben mit Metalloxyden als
mit anderen Säuren veranlasst, bei den Basen aufgeführt worden, siehe §. 95.

b. Chromsäure (CrO_3).

1) Die Chromsäure stellt eine scharlachrothe, krystallinische
Masse, oder deutliche, nadelförmige Krystalle dar. Beim Glühen
zerfällt sie in Chromoxyd und Sauerstoff. An der Luft zerfliefst
sie schnell, in Wasser löst sie sich mit dunkelrothbrauner, selbst
bei sehr bedeutender Verdünnung sichtbarer Farbe.

2) Die chromsauren Salze sind alle roth oder gelb, gröfstentheils in Wasser unlöslich. Sie werden zum Theil beim Glühen
zersetzt. Die mit alkalischer Base sind feuerbeständig, in Wasser
löslich; die Lösungen der neutralen chromsauren Alkalien sind
gelb, die der sauren roth. Die Färbungen sind bis zu grofser
Verdünnung sichtbar. Die gelbe Farbe der Lösung eines neutralen Salzes geht bei Zusatz einer Mineralsäure in Folge der Bildung sauren Salzes in eine rothe über.

3) *Schwefelwasserstoff* reducirt die Chromsäure, sowohl
wenn sie frei, als auch wenn sie gebunden in Lösung ist, in der
Art, dass Chromoxyd, Wasser und Schwefelsäure gebildet werden und Schwefel sich abscheidet. Durch Erwärmen wird die

Zersetzung begünstigt. Ist keine freie Säure vorhanden, so bleibt nur ein Theil des gebildeten Chromoxyds durch die gleichzeitig entstandene Schwefelsäure gelöst, und man erhält einen grünlichgrauen Niederschlag, ein Gemenge von Chromoxydhydrat und Schwefel. Bei Anwesenheit von freier Säure aber erhält man einen weit geringeren Niederschlag von reinem Schwefel. In beiden Fällen färbt sich die Flüssigkeit durch das entstandene Chromoxydsalz grün.

4) Die Chromsäure kann auch durch Anwendung vieler anderer Mittel zu Oxyd reducirt werden, namentlich durch *schweflige Säure*, durch Erhitzen mit *Chlorwasserstoffsäure*, besonders bei Zusatz von Alkohol (wobei Chlorwasserstoffäther und Aldehyd entweichen), durch metallisches *Zink*, durch Erhitzen mit *Weinsteinsäure, Kleesäure* u. s. w. Alle diese Reactionen sind durch den Uebergang der rothen oder gelben Farbe der Lösung in die grüne des Oxydsalzes sehr deutlich charakterisirt.

5) *Chlorbaryum* erzeugt einen gelblichweifsen, in verdünnter Salzsäure und Salpetersäure löslichen Niederschlag von **chromsaurem Baryt** (BaO, CrO_3).

6) *Salpetersaures Silberoxyd* bringt einen dunkelpurpurrothen, in Salpetersäure und in Ammoniak löslichen Niederschlag von **chromsaurem Silberoxyd** (AgO, CrO_3) hervor.

7) *Essigsaures Bleioxyd* fällt **chromsaures Bleioxyd** (PbO, CrO_3) als gelben, in Kali löslichen, in verdünnter Salpetersäure schwer löslichen Niederschlag, dessen gelbe Farbe durch Erwärmen mit Ammoniak in eine rothe verwandelt wird.

8) Werden unlösliche chromsaure Salze mit *kohlensaurem Natron* und *Salpeter* geschmolzen, und die Masse mit Wasser behandelt, so erhält man eine von dem darin gelösten chromsauren Alkali gelb gefärbte Lösung, welche bei Zusatz einer Säure roth wird. Die Oxyde bleiben rein oder als kohlensaure Salze zurück.

Bemerkungen. Die Chromsäure wird stets bei der Prüfung auf Basen als Chromoxyd gefunden, da sie ja durch Schwefelwasserstoff in dasselbe verwandelt wird. Eine weitere Untersuchung darauf ist häufig der charakteristischen Farbe der Lösung

128   Reactionen der unorgan. Säuren. — §. 98.

wegen kaum mehr nöthig. Hat man Grund, auf Chromsäure zu schliefsen, und sind gleichzeitig Metalloxyde in Lösung, so zieht man die Reduction der Chromsäure mit Salzsäure und Alkohol, oder mit schwefliger Säure der mit Schwefelwasserstoff vor. Die Reactionen mit Silber- und Bleisalzen geben in wässerigen Lösungen sichere Bestätigung.

Zweite Abtheilung

der ersten Gruppe der unorganischen Säuren.

§. 98.

Schwefelsäure (SO_3).

1) Die wasserfreie Schwefelsäure ist eine weifse, federartig krystallinische, an der Luft stark rauchende Masse; das Schwefelsäurehydrat eine wasserhelle, ölartige Flüssigkeit. Beide verkohlen organische Substanzen. Mit Wasser vereinigen sie sich unter bedeutender Temperaturerhöhung in allen Verhältnissen.

2) Die schwefelsauren Salze sind gröfstentheils in Wasser löslich, die unlöslichen sind meistens weifs, die löslichen im krystallisirten Zustande meist farblos. Die schwefelsauren Alkalien und alkalischen Erden werden beim Glühen nicht zersetzt

3) *Chlorbaryum* erzeugt in den Lösungen der Schwefelsäure und der schwefelsauren Salze bis zu aufserordentlicher Verdünnung einen feinpulverigen, schweren, weifsen, in Salzsäure und Salpetersäure unlöslichen Niederschlag von schwefelsaurem Baryt (BaO, SO_3).

4. *Essigsaures Bleioxyd* fällt schwefelsaures Bleioxyd (PbO, SO_3) als schweren, weifsen, in verdünnter Salpetersäure schwer löslichen, in heifser concentrirter Salzsäure vollständig löslichen Niederschlag.

5) Die in Wasser und Säuren unlöslichen Verbindungen der Schwefelsäure mit alkalischen Erden werden beim Schmelzen mit *kohlensauren Alkalien* in kohlensaure Salze, schwefelsaures Blei hingegen in reines Oxyd verwandelt, während gleichzeitig schwefelsaures Alkali entsteht.

6) Schmilzt man schwefelsaure Salze mit *kohlehaltiger Soda* am Platindraht in der inneren Löthrohrflamme, so wird die

Schwefelsäure reducirt und Schwefelnatrium gebildet, welches
an dem Geruche nach Schwefelwasserstoff erkannt werden kann,
wenn man die Perle mit etwas Säure befeuchtet.   Nimmt man
dieses Befeuchten auf einem mit Bleisolution getränkten Papiere,
oder auf einem blanken Silberbleche (einer gescheuerten Münze)
vor, so entsteht alsobald ein schwarzer Fleck von Schwefelblei
oder Schwefelsilber.

Bemerkungen. Die Schwefelsäure ist durch die charakteristische und äußerst empfindliche Reaction mit Barytsalzen fast
von allen Säuren am leichtesten zu erkennen.   Man hat sich nur
zu hüten, dass man nicht Niederschläge von Chlorbaryum, besonders aber von salpetersaurem Baryt, welche entstehen, wenn
wässerige Lösungen dieser Salze mit Flüssigkeiten, die viel freie
Salzsäure oder Salpetersäure enthalten, vermischt werden, für
schwefelsauren Baryt hält.   Diese Niederschläge verschwinden
sogleich beim Verdünnen der sauren Flüssigkeit mit Wasser und
sind daher vom schwefelsauren Baryt überaus leicht zu unterscheiden. — Durch ihr Verhalten zu Baryt könnte die Schwefelsäure möglicher Weise mit Kieselfluorwasserstoffsäure verwechselt
werden.   Obgleich wir diese Säure nicht in den Kreis unserer
Betrachtung aufgenommen haben, machen wir doch darauf aufmerksam, dass bei etwa entstehendem Zweifel über die Natur
des Barytniederschlages das Behandeln desselben vor dem Löthrohre mit Soda und Kohle (vergleiche §. 98. 6.) sogleich zur Gewissheit führt.

Dritte Abtheilung

der ersten Gruppe der unorganischen Säuren.

§ 99.

a. Phosphorsäure (PO_5).

Wir handeln hier nur die dreibasische Phosphorsäure ab, da
sie und ihre Salze allein in der Pharmacie u. s. w. häufiger
vorkommen; die einbasische und die zweibasische bleiben unberücksichtigt.

9

130   Reactionen der unorgan. Säuren. — §. 99.

1) Das Hydrat der gewöhnlichen Phosphorsäure (PO₅, 3HO)
stellt wasserhelle, an der Luft rasch zu einer syrupdicken, nicht
ätzenden Lösung zerfliefsende Krystalle dar. Beim Erhitzen geht
es, je nachdem 1 oder 2 Aeq. Wasser ausgetrieben werden, in
Pyro- oder Meta-Phosphorsäurehydrat über.

2) Die phosphorsauren Salze mit fixer Basis werden beim
Erhitzen nicht zersetzt, sie werden aber, im Falle sie 1 Aeq. basisches Wasser enthalten, in pyro-, im Falle sie 2 Aeq. enthalten,
in meta-phosphorsaure Salze verwandelt. — Von den phosphorsauren Salzen sind nur die mit alkalischer Base im neutralen Zustande in Wasser löslich. Die Lösungen reagiren alkalisch.

3) *Chlorbaryum* bewirkt in den wässerigen Lösungen der
neutralen oder basischen phosphorsauren Salze einen weifsen, in
Salzsäure und Salpetersäure löslichen, in Chlorammonium schwer
löslichen Niederschlag von **phosphorsaurem Baryt** [PO₅,
2 BaO, HO oder PO₅, 3BaO *)].

4) *Gypssolution* bringt in neutralen oder alkalischen Lösungen einen weifsen Niederschlag von **phosphorsaurem Kalk**
(PO₅, 2CaO, HO oder PO₅, 3CaO) hervor, der von Säuren, selbst
von Essigsäure, leicht gelöst wird.

5) *Chlormagnesium* oder *schwefelsaure Magnesia* bewirken
in neutralen Lösungen weifse Niederschläge von *phosphorsaurer
Magnesia* (PO₅, 2 MgO, HO), die jedoch nur bei concentrirteren
Lösungen, besonders nach dem Erhitzen, sichtbar werden. Setzt
man aber zu der Lösung freies oder kohlensaures *Ammoniak,*
so bildet sich auch bei sehr bedeutender Verdünnung ein weifser,
krystallinischer, leicht zu Boden sinkender Niederschlag von **basisch phosphorsaurer Ammoniak - Talkerde** (PO₅,
2MgO, NH₄O), der weder in Ammoniak noch in Chlorammonium
löslich ist, von Säuren aber, selbst von Essigsäure, leicht aufgenommen wird. Der Niederschlag wird öfters erst nach einiger
Zeit sichtbar, Umrühren begünstigt seine Abscheidung, siehe oben
§. 87. d. 7. — In Lösungen von phosphorsauren Salzen mit 3
Aeq. fixer Basis wird durch Magnesiasalze, auch wenn jene verdünnt sind, alsobald ein Niederschlag von basisch phosphorsaurer Magnesia (PO₅, 3 MgO) hervorgebracht.

6) *Salpetersaures Silberoxyd* fällt aus den Lösungen der

---

*) Ein Niederschlag von ersterer Zusammensetzung entsteht, wenn die Lö-
sung ein phosphorsaures Alkali mit 2 Aeq., ein Niederschlag von letzterer,
wenn sie eins mit 3 Aeq. fixer Basis oder Ammoniak enthält.

neutralen und basischen phosphorsauren Alkalien p h o s p h o r -
s a u r e s S i l b e r o x y d (PO_5, 3 AgO) als hellgelben Niederschlag.
War in der Lösung ein basisch phosphorsaures Salz enthalten,
so reagirt die Flüssigkeit, in welcher der Niederschlag suspendirt
ist, neutral, war ein neutrales Salz aufgelöst, so reagirt sie sauer,
weil die Salpetersäure für die 3 Aeq. Silberoxyd, welche sie an
die Phosphorsäure abgiebt, nur 2 Aeq Alkali und 1 Aeq. Wasser (welches letztere ihre sauren Eigenschaften nicht aufhebt)
erhält.

7) *Essigsaures Bleioxyd* bewirkt in neutralen oder alkalischen Lösungen einen weißen, in Salpetersäure leicht, in Essigsäure fast nicht löslichen Niederschlag von p h o s p h o r s a u r e m
B l e i o x y d (PO_5, 3 PbO), welcher durch sein Verhalten vor dem
Löthrohre ein treffliches Erkennungsmittel für die Phosphorsäure
abgiebt. Er wird nämlich erstens beim Erhitzen auf der Kohle
auch in der innern Flamme nicht, oder doch nur mit größter
Schwierigkeit, reducirt und ist zweitens dadurch ausgezeichnet,
dass die in der Oxydationsflamme farblose, durchsichtige Perle
beim Erkalten durch Krystallisation unklar wird und meistens
ganz deutliche dodekaëdrische Flächen zeigt.

8) Fügt man zu einer, Phosphorsäure in irgend einer Verbindung enthaltenden Lösung Salzsäure bis zur sauren Reaction,
alsdann einen oder zwei Tropfen *Eisenchlorid* und endlich *essigsaures Kali* im Ueberschusse, so bekommt man unter allen Umständen einen flockiggelatinösen, weißen Niederschlag von p h o s -
p h o r s a u r e m E i s e n o x y d (3 PO_5, 2 Fe_2O_3, 3 HO). Hat man
mehr Eisenchlorid zugesetzt, als der vorhandenen Phosphorsäure
entspricht, so erscheint die Flüssigkeit, in welcher der Niederschlag suspendirt ist, roth, im andern Falle farblos. Wenn die
Quantität der vorhandenen Phosphorsäure s e h r g e r i n g ist,
wird der Niederschlag erst nach längerem Stehen (12—24 Stunden)
deutlich sichtbar. — Diese Reaction ist zur Entdeckung der Phosphorsäure sowohl im Allgemeinen, als auch namentlich dann geeignet, wenn man mit sauren Lösungen phosphorsaurer alkalischer Erden zu thun hat. — Um in diesen die Basen vollständig
von der Phosphorsäure zu trennen, setzt man so viel Eisenchlorid zu, dass die Lösung beim Vermischen mit überschüssigem
essigsauren Kali roth wird, kocht alsdann, wodurch alles Eisenoxyd sammt der Phosphorsäure ausgefällt wird, und filtrirt. Im
farblosen Filtrat hat man nunmehr die alkalischen Erden als
Chlormetalle. Die Zerlegung ist ganz vollständig.

9 *

132   Reactionen der unorgan. Säuren — §. 99

b. Borsäure (BO_3).

1) Die Borsäure stellt, wasserfrei, ein farbloses Glas, — als Hydrat, eine poröse weifse Masse, — krystallisirt, schuppenartige Blättchen dar. Sie löst sich in Wasser und Weingeist. Die Lösungen röthen Lackmus-, bräunen aber Curcuma-Papier. Die borsauren Salze werden beim Glühen nicht zersetzt; in Wasser leicht löslich sind nur die mit alkalischer Basis. Die Lösungen sind farblos und zeigen alle, selbst die der sauren Salze, alkalische Reaction.

2) *Chlorbaryum* giebt in nicht zu verdünnten Lösungen borsaurer Salze einen weifsen, in Säuren und Ammoniaksalzen löslichen Niederschlag von borsaurem Baryt (BaO, BO_3).

3) *Salpetersaures Silberoxyd* bringt in concentrirteren Lösungen borsaurer Salze einen weifsen, in Salpetersäure und Ammoniak löslichen Niederschlag von borsaurem Silberoxyd (AgO, BO_3) hervor.

4) Setzt man zu sehr concentrirten, warm bereiteten Lösungen borsaurer Salze *Schwefelsäure* oder *Salzsäure*, so scheidet sich beim Erkalten die *Borsäure* in glänzenden Krystallblättchen aus.

5) Uebergiefst man freie Borsäure oder borsaure Salze mit *Alkohol* und setzt im letzteren Falle Schwefelsäure zu, um die Borsäure frei zu machen, so erscheint die Flamme des angezündeten Alkohols, besonders beim Umrühren, durch die mit dem Alkohol verdampfende, in der Flamme glühende Borsäure sehr deutlich gelbgrün gefärbt. Am empfindlichsten wird die Reaction, wenn man das Schälchen, welches die Mischung enthält, erwärmt, den Alkohol anzündet, kurze Zeit brennen lässt, ausbläst und wieder entzündet. Beim ersten Aufflackern der Flamme erscheinen alsdann ihre Ränder grün, auch wenn die Menge der Borsäure so gering ist, dass sich auf die gewöhnliche Weise keine Färbung der Flamme bemerken lässt. — Es ist zweckmäfsig, concentrirte Schwefelsäure und nicht zu wenig zu nehmen.

c. Oxalsäure ($2CO + O = C_2O_3 = \overline{O}$).

1) Das Oxalsäurehydrat ist ein weifses Pulver, die krystallisirte Oxalsäure bildet farblose rhombische Säulen. Beide Verbindungen lösen sich leicht in Wasser und Weingeist. In offenen Gefäfsen rasch erhitzt, wird das Hydrat zum Theil zersetzt, zum

Theil verflüchtigt es sich unzerlegt. Die Dämpfe reizen heftig zum Husten.

2) Die oxalsauren Salze werden sämmtlich beim Glühen zersetzt, indem die Säure in Kohlensäure und Kohlenoxyd zerfällt. Die mit alkalischer und alkalisch erdiger Basis verwandeln sich dabei (wenn sie rein sind, ohne Abscheidung von Kohle) in kohlensaure Salze; die mit metallischer Base lassen, je nach der Reducirbarkeit des Metalloxyds, reines Metall oder Oxyd zurück. Von den Salzen der Oxalsäure sind die alkalischen, auch einige mit metallischer Base in Wasser löslich.

3) *Chlorbaryum* bewirkt in den neutralen Lösungen oxalsaurer Salze einen weifsen, in Salpetersäure und Salzsäure löslichen Niederschlag von oxalsaurem Baryt (BaO, $\overline{O}$), der in Ammoniaksalzen weniger löslich ist, als der borsaure Baryt.

4) *Salpetersaures Silberoxyd* bringt in gleichbeschaffenen Lösungen einen weifsen, in Salpetersäure und Ammoniak löslichen Niederschlag von oxalsaurem Silberoxyd (AgO, $\overline{O}$) hervor.

5) *Kalkwasser* und alle löslichen *Kalksalze*, also auch *Gypssolution*, erzeugen in den Lösungen der freien und gebundenen Oxalsäure, auch wenn dieselben in hohem Grade verdünnt sind, weifse, feinpulverige Niederschläge von oxalsaurem Kalk (CaO, $\overline{O}$), die in Salzsäure und Salpetersäure leicht, in Oxalsäure und Essigsäure fast nicht löslich sind. Ammoniaksalze verhindern ihre Entstehung in keiner Weise. Zusatz von Ammoniak begünstigt die Fällung der freien Oxalsäure durch Kalksalze bedeutend.

6) Wird Oxalsäure oder ein oxalsaures Salz in trocknem Zustande mit überschüssiger *concentrirter Schwefelsäure* erwärmt, so entzieht diese der Oxalsäure das zu ihrem Bestehen nothwendige Wasser, die Oxalsäure zerfällt in Kohlensäure und Kohlenoxyd, welche Gase unter Aufbrausen entweichen ($C_2O_3 =$ CO $+$ CO_2). War der Versuch nicht in zu kleinem Mafsstabe angestellt worden, so lässt sich das entweichende Kohlenoxydgas anzünden; es brennt mit blauer Flamme. Färbt sich die Schwefelsäure bei dieser Reaction dunkel, so enthielt die Oxalsäure eine organische Substanz beigemengt.

d. Fluorwasserstoffsäure (FlH).

1) Die Fluorwasserstoffsäure ist eine farblose, sehr flüchtige, an der Luft rauchende, stechend riechende, mit Wasser in allen Verhältnissen mischbare Flüssigkeit. Sie unterscheidet sich von allen übrigen Säuren durch ihre Fähigkeit, die unlösliche Mo-

dification der Kieselsäure, sowie die in Salzsäure unlöslichen kieselsauren Salze aufzulösen. Bei der Auflösung entsteht Fluorsilicium, während gleichzeitig Wasser gebildet wird ($SiO_2 + 2 FlH = SiFl_2 + 2 HO$). In gleicher Art setzt sich die Fluorwasserstoffsäure mit Metalloxyden um, es entstehen Fluormetalle und Wasser.

2) Von den Fluormetallen sind die, welche ein Alkalimetall enthalten, in Wasser löslich; die den alkalischen Erden entsprechenden lösen sich nicht oder sehr schwierig in Wasser. Fluoraluminium ist leicht löslich. Von den den Oxyden der schweren Metalle entsprechenden Fluoriden sind die meisten in Wasser sehr schwer löslich, z. B. Kupferfluorid, Fluorblei, Fluorzink; viele andere lösen sich in Wasser ohne Schwierigkeit, als Eisenfluorid, Zinnfluorür, Quecksilberfluorid u. a. m. — Von den in Wasser unlöslichen oder schwer löslichen Verbindungen sind manche in freier Flusssäure löslich, andere nicht. — Beim Glühen im Tiegel erleiden die meisten Fluormetalle keine Zersetzung.

3) Setzt man der wässerigen Auflösung der Fluorwasserstoffsäure oder eines Fluormetalls *Chlorcalcium* zu, so erhält man Fluorcalcium (CaFl) in Gestalt eines gelatinösen Niederschlages, der so durchscheinend ist, dass man von Anfang oft glaubt, die Flüssigkeit sei klar geblieben. Zusatz von Ammoniak trägt zur vollkommenen Abscheidung des Niederschlages bei. Derselbe ist in Chlorwasserstoffsäure und Salpetersäure, ebenso in alkalischen Flüssigkeiten in der Kälte unlöslich, beim Kochen mit Salzsäure löst sich eine Spur auf. In freier Fluorwasserstoffsäure ist er kaum löslicher, als in Wasser.

4) Mengt man irgend ein feingepulvertes Fluorid mit gestofsenem *Glas* oder zerriebenem *Sand* und übergiefst das Gemenge in einem Proberöhrchen mit *concentrirter Schwefelsäure*, so entwickelt sich beim Erwärmen Kieselfluorgas, welches an der Luft (wenn sie feucht ist) starke weifse Nebel bildet. Leitet man das Gas mittelst einer auf das Proberöhrchen aufgepassten Schenkelröhre in Wasser, so scheidet sich Kieselsäure in Form einer Gallerte aus, während die Flüssigkeit von entstandener Kieselfluorwasserstoffsäure stark sauer wird, Vergl. §. 46. Arbeitet man mit sehr kleinen Quantitäten, so leitet man das Gas blofs durch eine innen befeuchtete Glasröhre. Diese wird hierdurch ihrer ganzen Länge nach durch die ausgeschiedene Kieselsäure innen trübe. Die Reaction ist, auf diese Art angestellt, sehr empfindlich.

5) Vermischt man die Lösung eines Fluormetalls mit *Schwe-*

Erste Gruppe. — Fluorwasserstoffsäure. — §. 99. 135

felsäure, übergiesst mit der sauren Flüssigkeit eine mit einer dünnen Wachsschicht überzogene Glasplatte (man bereitet eine solche, indem man etwas Wachs auf der Platte schmilzt und gleichförmig darauf herumfliefsen lässt), auf der man an einzelnen Stellen das Glas durch Einzeichnen mit einem nicht zu harten Körper, am besten einer Holzspitze, blofsgelegt hat, und lässt die Flüssigkeit eintrocknen, so erscheinen die Zeichnungen nach Wegnahme des Wachses (man erwärmt die Platte bis zum Schmelzen des Ueberzugs, wischt mit einem Tuche ab und entfernt·den Rest des Wachses mit Terpentinöl) mehr oder weniger geätzt. — Hat man sehr kleine Mengen, so verdampft man die genannte saure Lösung in einem Uhrglase bei gelinder Wärme zur Trockne; nach Wegnahme der Salzmasse mit Wasser erscheint alsdann die innere Fläche matt.

6) Uebergiefst man ein fein zerriebenes Fluormetall, gleichgültig ob es löslich oder unlöslich ist, in einem Platintiegel mit *concentrirter Schwefelsäure*, bedeckt denselben mit einer mit Wachs überzogenen, überhaupt wie oben zugerichteten Glasplatte, erwärmt den Tiegel mit der Vorsicht, dass das Wachs auf der Platte nicht schmilzt (zweckmäfsig benetzt man die Glasplatte auf der oberen Seite mit Wasser), und lässt dieselbe eine viertel oder halbe Stunde mit den Dämpfen in Berührung, so erscheinen nach Wegnahme des Wachses die Zeichnungen geätzt. War die Menge der durch die Schwefelsäure entbundenen Flusssäure sehr gering, so sieht man oft, wenn das Wachs entfernt ist, die Zeichnung nicht mehr, haucht man jedoch alsdann das Glas an, so werden dadurch, in Folge einer ungleichen Fähigkeit der geätzten und der nicht angegriffenen Stellen, das Wasser zu verdichten, die Zeichnungen wieder sichtbar.

Bemerkungen. Die dritte Abtheilung umfasst, wie angegeben worden, die Phosphorsäure, die Borsäure, die Oxalsäure und die Fluorwasserstoffsäure; die Barytverbindungen dieser Säuren werden, wie wir gesehen haben, von Salzsäure scheinbar ohne Zersetzung gelöst, Alkalien scheiden sie daher, indem sie die Salzsäure neutralisiren, unverändert wieder ab. Ein gleiches Verhalten zeigen die Barytverbindungen der arsenigen Säure, der Arsensäure und der Chromsäure, welche Säuren daher, wenn sie zugegen sind, entfernt werden müssen, bevor man aus einer

136   Reactionen der unorgan. Säuren. — §. 99.

solchen Wiederausscheidung eines Barytsalzes einen Schluss auf die Anwesenheit der Phosphorsäure, Borsäure, Oxalsäure oder Flusssäure machen kann. Aber auch abgesehen davon, ist auf diese Reaction nicht einmal zur Erkennung der genannten Säuren, noch weit weniger aber zu ihrer Abscheidung von anderen Säuren ein grofser Werth zu legen, da die in Rede stehenden Barytsalze, besonders der borsaure Baryt, aus ihren Lösungen in Salzsäure durch Ammoniak nicht wieder präcipitirt werden, wenn die Menge der vorhandenen freien Säure irgend bedeutend war, oder wenn überhaupt ein Ammoniaksalz in einiger Menge zugegen ist. — Die Borsäure lässt sich durch die Färbung, welche sie der Alkoholflamme mittheilt, immer erkennen, wenn man nur Sorge trägt, dass die Lösungen vor dem Zusatze des Alkohols gehörig eingeengt und, im Falle man ein borsaures Salz hat, mit einer genügenden Menge Schwefelsäure (am besten concentrirter) versetzt werden. War die Borsäure frei vorhanden, so muss man sie bei dem Eindampfen ihrer Auflösung an ein Alkali binden, widrigenfalls sich ein grofser Theil derselben mit den Wasserdämpfen verflüchtigt. — Die Phosphorsäure ist durch den gelben Silberniederschlag, durch das eigenthümliche Verhalten der basisch phosphorsauren Ammoniak-Talkerde, besonders durch die Unlöslichkeit derselben in Salmiak, durch das Löthrohrverhalten des phosphorsauren Bleies und namentlich durch die Reaction mit Eisenchlorid und essigsaurem Kali genügend charakterisirt. Setzt man bei dieser Reaction eine zu grofse Menge Eisenchlorid zu, so entsteht ein viel geringerer, wohl auch gar kein Niederschlag, weil er in essigsaurem Eisenoxyd löslich ist. — Die Oxalsäure lässt sich durch Gypslösung stets leicht erkennen, wenn man nur in's Auge fasst, dass der dadurch entstandene Niederschlag durch Zusatz von Essigsäure nicht verschwinden darf (Unterschied von der Phosphorsäure), in verdünnter Salzsäure aber leicht löslich sein und beim Glühen in kohlensauren Kalk übergehen muss (Unterschied von der Flusssäure). Die oxalsauren alkalischen Erden lassen sich durch Kochen mit kohlensaurem Natron vollständig zersetzen. — Die Fluorwasserstoffsäure endlich kann nicht leicht mit anderen Säuren verwechselt werden, man erkennt sie unter allen Umständen am sichersten an der sub 4) angegebenen Reaction; die sub 5) und 6) angeführten sind nur dann anwendbar, wenn keine Kieselsäure zugegen ist, was wohl zu merken.

Erste Gruppe. — Kohlensäure. — §. 100.   137

Vierte Abtheilung

der ersten Gruppe der unorganischen Säuren.

§. 100.

a. Kohlensäure (CO_2).

1) Die Kohlensäure ist bei gewöhnlicher Temperatur und bei gewöhnlichem Luftdruck ein farbloses Gas, welches weit schwerer als die Luft ist, so dass es aus einem Gefäfse in ein anderes ausgegossen werden kann. Sie löst sich in Wasser. Die Lösung hat einen schwach säuerlichen, prickelnden Geschmack. Beim Erwärmen entweicht die Kohlensäure.

2) Die kohlensauren Salze verlieren zum Theil beim Glühen ihre Kohlensäure. Alle, deren Oxyde ungefärbt erscheinen, sind weifs oder farblos. In Wasser löslich sind im neutralen Zustande nur die mit alkalischer Basis. Ihre Lösungen reagiren sehr stark alkalisch. Als saure kohlensaure Salze lösen sich aufser denen mit alkalischer auch die mit alkalisch erdiger und mehrere mit metallischer Basis.

3) Die kohlensauren Salze werden von allen freien, in Wasser löslichen *Säuren*, mit Ausnahme der Cyanwasserstoffsäure und Schwefelwasserstoffsäure, zersetzt, wobei die Kohlensäure als farbloses, fast geruchloses, Lackmus vorbergehend röthendes Gas unter Aufbrausen entweicht. Man hat dabei, besonders aber bei der Zersetzung von Salzen mit alkalischer Basis einen Ueberschuss der Säure anzuwenden, indem beim Zusatze einer zu geringen Menge Säure in Folge der Bildung saurer kohlensaurer Salze oft kein Aufbrausen entsteht. — Körper, die man auf diese Art auf Kohlensäure prüfen will, übergiefse man zuerst mit Wasser, damit alsdann beim Zusatz der Säure durch entweichende Luftblasen keine Täuschung stattfinden kann. — Will man sich durch einen directen Versuch überzeugen, dass das entweichende Gas Kohlensäure ist, so giefst man etwas von dem im Probe-röhrchen befindlichen Gas (nicht von der Flüssigkeit) in ein anderes Röhrchen, setzt etwas Kalkwasser zu und schüttelt. War das Gas Kohlensäure, so entsteht ein starker Niederschlag, denn

4) *Kalk*- und *Baryt-Wasser* geben, wenn sie mit Kohlensäure oder löslichen kohlensauren Salzen zusammenkommen, weifse Niederschläge von neutralem **kohlensauren Kalk**

138 Reactionen der unorgan. Säuren. — §. 100.

(CaO, CO₂) oder **Baryt** (BaO, CO₂). Bei Prüfung auf freie Kohlensäure hat man stets einen Ueberschuss der Reagentien anzuwenden, da ja die sauren kohlensauren alkalischen Erden in Wasser löslich sind. Die entstandenen Niederschläge lösen sich in Säuren unter Aufbrausen und werden, nach der vollständigen Austreibung der Kohlensäure durch Aufkochen, von Ammoniak nicht wieder gefällt.

5) *Chlorcalcium* und *Chlorbaryum* bringen mit neutralen kohlensauren Alkalien sogleich, mit doppelt kohlensauren erst beim Kochen, Niederschläge von **kohlensaurem Kalk** oder **Baryt** hervor. Mit freier Kohlensäure entsteht keine Fällung.

b) **Kieselsäure** (SiO₂).

1) Die Kieselsäure kommt in zwei Modificationen vor; in der einen ist sie in Wasser und Säuren löslich, in der andern wird sie nur von der Flusssäure angegriffen. Die lösliche Modification geht beim Erhitzen in die unlösliche über. Wird die unlösliche Modification mit reinen oder kohlensauren Alkalien geschmolzen, so erhält man ein in Wasser lösliches basisch kieselsaures Alkali, aus welchem Säuren die Kieselsäure in löslicher Modification abscheiden. Durch Kochen mit Kalilauge oder kohlensaurem Kali wird die lösliche Modification leicht, die unlösliche sehr langsam aufgenommen. Von den kieselsauren Salzen sind nur die alkalischen in Wasser löslich.

2) Die Lösungen der kieselsauren Alkalien werden von allen *Säuren* zersetzt; sind die Auflösungen sehr concentrirt, so scheidet sich die **Kieselsäure** in gallertartigen Flocken aus, sind sie verdünnter, so bleibt sie aufgelöst. Dampft man eine solche mit Säure (Salzsäure oder Salpetersäure) versetzte Auflösung zur Trockne ab, so geht die Kieselsäure aus der löslichen Modification in die unlösliche über, und bleibt daher als weifses, zwischen den Zähnen knirschendes Pulver zurück, wenn man die abgedampfte Masse mit Wasser behandelt. Werden die Lösungen kieselsaurer Alkalien mit Salmiak versetzt, so entstehen ebenfalls Fällungen von Kieselsäurehydrat.

3) In den kieselsauren Salzen mit erdiger oder metallischer Basis ist die Kieselsäure ebenfalls entweder in löslicher oder in unlöslicher Modification enthalten. Im ersteren Falle werden sie von kochender Salz- oder Salpetersäure zersetzt, die Kieselsäure scheidet sich als Hydrat gallertartig oder pulverig aus, die Basis verbindet sich mit der angewandten Säure. Im andern

Erste Gruppe. — Kieselsäure. — §. 101.   139

Falle sind die genannten Säuren ohne Wirkung und zur Trennung
der Kieselsäure von der Basis müssen die Salze entweder auf
nassem Wege mit Flusssäure behandelt, oder mit kohlensauren
Alkalien geschmolzen werden.

4) *Soda* löst in der Löthrohrflamme die Kieselsäure in grofser Menge zu einem farblosen, beim Erkalten durchsichtig bleibenden Glase, zu kieselsaurem Natron auf. Die Kohlensäure
entweicht dabei unter Aufbrausen. Die Ursache, warum Anfänger häufig keine klare Perle zu Stande bringen, ist gewöhnlich
die, dass im Verhältniss zur Probe zu viel Soda genommen
wird.

5) *Phosphorsalz* löst die Kieselsäure fast nicht auf. Sie
schwimmt in der klaren Perle als unklare Masse herum und wird
daher leichter in der glühenden, als in der erkalteten Perle wahrgenommen. Ein gleiches Verhalten zeigen die kieselsauren Salze,
welchen das Phosphorsalz unter Abscheidung der Kieselsäure
die Basen entzieht. Diese letzteren lösen sich meistens auf, die
erstere bleibt ungelöst.

Zusammenstellung und *Bemerkungen*. Die Kohlensäure erkennt man meist sehr leicht daran, dass ihre Salze, mit Säuren
übergossen, fast geruchloses Gas entwickeln. Hat man Verbindungen, aus welchen sich gleichzeitig andere Gase entwickeln,
so prüft man das Gas mit Kalk- oder Baryt-Wasser. — Die Kieselsäure wird, wenn man sie in löslicher Modification, in welche
sie immer übergeführt werden muss, hat, unter allen Umständen
durch Uebersättigen ihrer Verbindungen mit Salzsäure, Abdampfen, Behandeln des Rückstandes mit Wasser und Prüfung des
Ungelösten vor dem Löthrohr erkannt.

Zweite Gruppe der unorganischen Säuren.

Säuren, welche nicht von Chlorbaryum, wohl aber
von salpetersaurem Silberoxyd gefällt werden: Chlorwasserstoffsäure, Bromwasserstoffsäure, Jodwasserstoffsäure,
Cyanwasserstoffsäure, Schwefelwasserstoffsäure.

§ 101.

Die Silberverbindungen der genannten Säuren sind sämmtlich in verdünnter Salpetersäure unlöslich. Die Säuren dieser

140   Reactionen der unorgan. Säuren. — §. 101.

Gruppe setzen sich mit Metalloxyden in der Art um, dass Verbindungen der Metalle mit Metalloiden gebildet werden, während sich gleichzeitig der Sauerstoff des Oxyds mit dem Wasserstoff der Säure zu Wasser vereinigt.

a. Chlorwasserstoffsäure (ClH).

1) Der Chlorwasserstoff ist bei gewöhnlicher Temperatur und gewöhnlichem Luftdrucke ein farbloses, an der Luft dicke Nebel bildendes, erstickendes, heftig reizendes, in Wasser überaus leicht lösliches Gas. — Die Lösung (die gewöhnliche Salzsäure) verliert beim Erhitzen einen grofsen Theil ihres Gases.

2) Die neutralen Chlormetalle sind, mit Ausnahme des Chlorbleies, Chlorsilbers und Quecksilberchlorürs, in Wasser leicht löslich; die meisten sind weifs oder farblos. Viele verflüchtigen sich in der Hitze ohne Zersetzung; viele werden beim Glühen zerlegt, wenige sind feuerbeständig.

3) Freie Salzsäure und Lösungen von Chlormetallen geben mit *salpetersaurem Silberoxyd* auch bei sehr grofser Verdünnung weifse, am Licht erst violett, dann schwarz werdende, in Salpetersäure nicht, in Ammoniak mit Leichtigkeit lösliche, beim Erhitzen ohne Zersetzung schmelzende Niederschläge von Chlorsilber (AgCl). Vergl. §.91. a. 5.

4) *Salpetersaures Quecksilberoxydul* und *essigsaures Bleioxyd* bewirken in Lösungen, welche freie Salzsäure oder Chlormetalle enthalten, Niederschläge von Quecksilberchlorür (Hg_2Cl) und Chlorblei (PbCl). Die Eigenschaften dieser Niederschläge siehe oben §. 91. b. 5. und §. 91. c. 6.

5) Erwärmt man Chlormetalle mit *Braunstein* und *Schwefelsäure*, so entwickelt sich Chlorgas, welches an seiner gelbgrünen Farbe und seinem Geruche leicht erkannt wird.

6) Reibt man ein Chlormetall mit *chromsaurem Kali* zusammen, übergiefst das Gemenge in einem Tubulatretörtchen mit *concentrirter Schwefelsäure* und erwärmt gelinde, so entwickelt sich ein tief braunrothes Gas (chromsaures Chromsuperchlorid ($CrCl_3 + 2 CrO_3$) in reichlicher Menge, welches sich zu einer gleichgefärbten Flüssigkeit verdichtet und in die Vorlage übergeht. Vermischt man dieses chromsaure Chromsuperchlorid mit überschüssigem Ammoniak, so erhält man eine von chromsaurem Ammoniak gelb gefärbte Flüssigkeit, deren gelbe Farbe bei Zusatz von Säure, in Folge der Bildung sauren chromsauren Ammoniaks, rothgelb wird.

b) Bromwasserstoffsäure (BrH).

1) Das Bromwasserstoffgas, die wässerige Bromwasserstoffsäure und die Brommetalle zeigen in ihrem allgemeinen Verhalten eine grofse Uebereinstimmung mit den entsprechenden Chlorverbindungen.

2) *Salpetersaures Silberoxyd* bewirkt in den wässerigen Lösungen des Bromwasserstoffs oder der Brommetalle einen gelblichweifsen, am Licht violett werdenden Niederschlag von Bromsilber (AgBr), der in Salpetersäure unlöslich, in Ammoniak etwas schwer löslich ist.

3) *Salpetersäure* zersetzt beim Erhitzen die Bromwasserstoffsäure und die Brommetalle mit Ausnahme des Bromsilbers und Quecksilberbromids und macht, indem sie den Wasserstoff oder das Metall oxydirt, das Brom frei. Dasselbe färbt, im Falle man eine Lösung hatte, dieselbe gelbroth; im Falle aber das Brommetall in fester Form vorhanden war, entweichen gelbrothe, chlorartig riechende Dämpfe von Bromgas, welche sich bei genügender Menge im kälteren Theile des Proberöhrchens zu kleinen Tropfen verdichten.

4) *Chlorgas* oder *Chlorwasser* machen das Brom in den Lösungen seiner Verbindungen ebenfalls frei, wobei die Flüssigkeit eine gelbrothe Farbe annimmt, wenn die Menge des Broms nicht zu gering war. Schüttelt man eine solche Lösung mit etwas *Aether*, so wird sie, im Falle sie gelb war, farblos; alles Brom hat man in dem Aether gelöst, welcher auch bei sehr kleinen Spuren von Brom noch deutlich gelb erscheint. Schüttelt man die ätherische Bromlösung mit etwas Kalilauge, so verschwindet die gelbe Farbe, man hat Bromkalium und bromsaures Kali in Lösung. Dampft man ab und glüht, so geht das bromsaure Kali in Bromkalium über. Die geglühte Masse kann alsdann nach 5) weiter geprüft werden.

5) Werden Brommetalle mit *Braunstein* und *Schwefelsäure* erhitzt, so entwickeln sich gelbrothe Dämpfe von Brom. Bei sehr geringen Brommengen ist die Farbe der Dämpfe nicht sichtbar. Man nimmt alsdann den Versuch in einer kleinen Retorte vor und leitet die übergehenden Dämpfe durch eine lange Kühlröhre von Glas in kleine Probecylinder, in welchen etwas mit Wasser befeuchtetes Stärkemehl enthalten ist; denn kommt

6) Feuchtes *Stärkemehl* mit freiem Brom, gleichgültig ob es gelöst ist oder Gasform hat, zusammen, so bildet sich gelbes

142 Reactionen der unorgan. Säuren. — §. 101

Bromamylum. Die Färbung tritt nicht immer gleich ein. Am empfindlichsten ist die Reaction, wenn man die Proberöhrchen, in welchen die mit der zu prüfenden Flüssigkeit übergossene Stärke enthalten ist, vor der Lampe zuschmilzt und umstürzt, so dass die Flüssigkeit unten, die feuchte Stärke oben ist. Die geringste Spur Brom bewirkt alsdann, dass das Amylum nach zwölf oder vierundzwanzig Stunden gelb wird. Die Färbung verschwindet bei längerem Stehen wieder.

7) Uebergiefst und erwärmt man ein Gemenge von Brommetall und chromsaurem Kali mit Schwefelsäure, so entwickelt sich gerade wie bei Chlormetallen ein braunrothes Gas. Dasselbe ist jedoch reines Brom, daher die übergehende Flüssigkeit beim Uebersättigen mit Ammoniak nicht gelb, sondern farblos wird.

c. Jodwasserstoffsäure (JH).

1) Der Jodwasserstoff ist ein dem Chlor- und Bromwasserstoff ähnliches, in Wasser in reichlicher Menge lösliches Gas. Die farblose wässerige Hydrojodsäure wird in Berührung mit der Luft schnell rothbraun, indem sich Wasser und hydrojodige Säure (J_2H) bilden.

2) Die Jodmetalle entsprechen ebenfalls in vieler Beziehung den Chlormetallen. Von denen, welche schwere Metalle enthalten, sind jedoch weit mehr in Wasser unlöslich. Viele zeigen eigenthümliche Färbungen.

3) *Salpetersaures Silberoxyd* bewirkt in den wässerigen Lösungen des Jodwasserstoffs und der Jodmetalle gelblichweifse, am Licht sich schwärzende Niederschläge von Jodsilber (AgJ), welche in verdünnter Salpetersäure nicht, in Ammoniak sehr schwierig auflöslich sind.

4) Eine Lösung von einem Theil *Kupfervitriol* und zwei und ein Viertel *Eisenvitriol* fällt aus den wässerigen, neutralen Lösungen der Jodmetalle Kupferjodür (Cu_2J) in Gestalt eines schmutzigweifsen Niederschlages. Zusatz von etwas Ammoniak begünstigt die vollständige Ausfällung des Jods. Chlor- und Brom-Verbindungen werden durch das genannte Reagens nicht niedergeschlagen.

5) *Salpetersäure* zersetzt die Jodwasserstoffsäure und die Jodmetalle ebenso wie die Bromverbindungen. Farblose Lösungen des Jodwasserstoffs oder der Jodmetalle werden daher durch Salpetersäure sogleich schon in der Kälte braungelb gefärbt, aus

concentrirten Lösungen scheidet sich Jod als schwarzer Niederschlag aus, während Stickoxydgas unter Aufbrausen entweicht. Feste Jodmetalle aber entwickeln beim Erhitzen mit Salpetersäure neben dem Stickoxydgas violetten Joddampf, der sich an den kälteren Theilen des Gefäfses zu einem schwärzlichen Sublimat verdichtet.

6) *Chlorgas* und *Chlorwasser* machen das Jod in seinen Verbindungen ebenfalls frei, ein Ueberschuss derselben aber bindet es wieder zu farblosem Chlorjod.

7) Erhitzt man Jodmetalle mit concentrirter *Schwefelsäure* oder mit *Schwefelsäure* und *Braunstein*, so wird in beiden Fällen Jod frei, welches an der violetten Farbe seines Gases leicht erkannt wird. Im ersteren Falle entwickelt sich gleichzeitig schweflige Säure. Ist die Menge des Jods sehr gering, so lässt es sich an der Farbe seines Gases nicht mehr erkennen und man muss alsdann zur Nachweisung desselben die sogleich anzugebende Reaction mit Amylum wählen.

8) Setzt man zu einer Jodlösung, zur Lösung der Jodwasserstoffsäure oder eines Jodmetalls, wenn man in den letzteren durch Zusatz von Salpetersäure das Jod frei gemacht hat, dünnen *Stärkekleister*, so entsteht auch bei den kleinsten Spuren von Jod eine mehr oder weniger violette oder schwarzblaue Färbung oder ein solcher Niederschlag von Jodamylum. Will man zum Freimachen des Jods Chlorwasser anwenden, so muss man dasselbe sehr behutsam zusetzen, da bei einem Ueberschusse desselben in Folge der Bildung von Chlorjod die blaue Färbung nicht eintritt. In trocknen Verbindungen jeder Art findet man das Jod am besten, wenn man sie in einem Kolben mit concentrirter Schwefelsäure übergiefst und denselben mit einem Stöpsel locker verschliefst, an dem ein feuchtes, mit Stärkemehl bestreutes oder mit Stärkekleister bestrichenes Papierstreifchen oder besser ein so zubereitetes Streifchen weifsen Baumwollenzeuges befestigt ist. Dasselbe erscheint nach einigen Stunden blau, wenn auch nur ein Minimum von Jod zugegen war.

9) Zu chromsaurem Kali und Schwefelsäure (vergl. §. 101. a. 6.) verhalten sich die Jodmetalle gerade so wie zu Schwefelsäure allein.

d. Cyanwasserstoffsäure (CyH).

1) Die Cyanwasserstoffsäure ist eine farblose, flüchtige, brennbare, den bitteren Mandeln entfernt ähnlich riechende, mit

144   Reactionen der unorgan. Säuren. — §. 101.

Wasser in allen Verhältnissen mischbare, im reinen Zustande sich bald zersetzende Flüssigkeit.

2) Von den Cyanmetallen sind die mit alkalischem und alkalisch erdigem Radical in Wasser als cyanwasserstoffsaure (blausaure) Salze löslich. Sie werden von Säuren, selbst von Kohlensäure, leicht, durch Glühen beim Abschluss der Luft nicht zerlegt. Beim Schmelzen mit Blei-, Kupfer-, Antimon-, Zinn-Oxyd und vielen anderen Oxyden reduciren sie dieselben und gehen selbst in cyansaure Salze über. Von den Cyanverbindungen, welche schwere Metalle enthalten, sind nur wenige in Wasser löslich; alle werden beim Glühen zersetzt. Sie zerfallen dabei entweder, wie die Cyanverbindungen der edlen Metalle, in Cyangas und Metall, oder, wie die der anderen schweren Metalle, in Stickgas und Kohlenmetall. Viele Verbindungen des Cyans mit schweren Metallen werden von verdünnten Sauerstoffsäuren nicht, von concentrirter Salpetersäure schwierig zersetzt. Salzsäure und Schwefelwasserstoff aber zerlegen die meisten leicht und vollständig. — Mit einigen Metallen (Eisen, Mangan, Kobalt, Chrom) verbindet sich das Cyan zu zusammengesetzten Radicalen, in welchen diese Metalle durch viele der gewöhnlichen Methoden nicht entdeckt werden können.

3) *Salpetersaures Silberoxyd* bewirkt in den Lösungen der freien Blausäure und der blausauren Alkalien weiße, in Cyankalium leicht, in Ammoniak etwas schwierig, in Salpetersäure nicht lösliche Niederschläge von Cyansilber (AgCy), welche beim Glühen zerlegt werden und metallisches Silber nebst etwas Paracyansilber zurücklassen.

4) Setzt man zur Lösung eines blausauren Alkali's, mit der Luft einige Zeit in Berührung gewesene Eisenvitriollösung, so bildet sich Ferrocyankalium, welches in Lösung bleibt, und, soferne freies Alkali zugegen ist, Eisenoxyduloxydhydrat, welches niederfällt. Fügt man jetzt Salzsäure im Ueberschuss zu, so löst sich dieses, und es entsteht ein Niederschlag oder eine Färbung von Berlinerblau, vergl. oben §. 89 f. 6. Freie Blausäure muss also, wenn man sie auf diese Art erkennen will, erst an ein Alkali gebunden werden.

5) Setzt man zu einer Lösung von Blausäure Kali im Ueberschuss und sodann fein gepulvertes *Quecksilberoxyd*, so löst sich dieses mit Leichtigkeit ebenso wie in freier Blausäure auf. Da sich Quecksilberoxyd nur bei Anwesenheit von Cyanwasserstoff

Zweite Gruppe. — Schwefelwasserstoffsäure. — §. 101.   145

in einer alkalischen Flüssigkeit auflösen kann, so lässt sich aus dieser Reaction die Gegenwart der Blausäure mit Sicherheit erkennen.

6) In dem Cyanquecksilber lässt sich das Cyan durch die bisher angegebenen Methoden nicht entdecken. Um es in dieser Verbindung aufzufinden, setzt man der Lösung derselben Salzsäure und metallisches Eisen zu. Hierdurch wird Quecksilber regulinisch ausgeschieden, Cyanwasserstoffsäure und Eisenchlorür (welches an der Luft theilweise in Chlorid übergeht) gebildet. Setzt man der Flüssigkeit alsdann Kali zu, so bildet sich Ferrocyankalium und Eisenoxyduloxyd, — und übersättigt man nunmehr mit Salzsäure, so entsteht Berlinerblau. — Auch durch Schwefelwasserstoff lässt sich das Cyanquecksilber leicht zerlegen. Es setzt sich damit zu Schwefelquecksilber und Blausäure um. — Beim Erhitzen zerfällt das Cyanquecksilber, wie schon aus 2) hervorgeht, in Quecksilber und Cyangas, welches letztere an seiner eigenthümlichen Wirkung auf die Geruchsorgane, sowie an seiner Eigenschaft, mit carmoisinrother Flamme zu brennen, erkannt werden kann.

7) In den Ferro- und Ferrid-Cyanmetallen mit alkalischer Basis lässt sich die Gegenwart dieser zusammengesetzten Radicale bei den ersteren durch *Eisenoxyd*- oder *Kupferlösung*, bei den letzteren durch *Eisenoxydullösung* leicht nachweisen. Durch Destillation mit Schwefelsäure erhält man daraus Blausäure im freien Zustande. Die unlöslichen Ferrocyan- und Ferridcyan-Verbindungen werden durch Erhitzen mit kohlensaurem oder kaustischem Kali zersetzt, es entsteht Ferrocyankalium, und die Metalle scheiden sich als kohlensaure oder reine Oxyde ab.

c. Schwefelwasserstoffsäure (SH).

1) Der Schwefelwasserstoff ist bei gewöhnlicher Temperatur und gewöhnlichem Luftdruck ein farbloses, brennbares, durch seinen Geruch nach faulen Eiern leicht erkennbares, in Wasser lösliches Gas.

2) Von den Schwefelmetallen sind nur die alkalischen und alkalisch erdigen in Wasser löslich. Dieselben werden, ebenso wie die, welche Metalle der vierten (der Eisen-Mangan- etc.) Gruppe enthalten, von verdünnten Mineralsäuren unter Entwicklung von Schwefelwasserstoffgas, welches an seinem Geruche und an seiner Wirkung auf Bleilösung (siehe 3.) leicht erkannt

10

wird, zersetzt. War die Schwefelverbindung eine höhere, so scheidet sich gleichzeitig ein weifser Niederschlag von feinzertheiltem Schwefel aus, der an seiner Brennbarkeit von ähnlichen Niederschlägen zu unterscheiden ist. Die Schwefelmetalle der 5ten und 6ten Gruppe werden zum Theil von kochender concentrirter Salzsäure unter Entwicklung von Schwefelwasserstoffgas, zum Theil nicht von Salzsäure, wohl aber von concentrirter kochender Salpetersäure gelöst. Die Verbindungen des Schwefels mit Quecksilber widerstehen beiden Säuren, lösen sich aber leicht in Königswasser. Bei den Lösungen der Schwefelmetalle in Salpetersäure und Königswasser wird Schwefelsäure gebildet, und meistens aufserdem Schwefel, welcher an Farbe und Verhalten beim Erhitzen leicht erkannt wird, abgeschieden.

3) Kommt Schwefelwasserstoff in Lösung oder in Gasform mit *salpetersaurem Silberoxyd* oder *essigsaurem Bleioxyd* zusammen, so entstehen schwarze Niederschläge von Schwefelsilber oder Schwefelblei, siehe oben §. 91. a. und §. 91. c. Genügt daher der Geruch nicht zur Entdeckung des Schwefelwasserstoffs, so kann man sich durch diese Reagentien aufs Sicherste von seiner Anwesenheit überzeugen. Ist er in Gasform, so bringt man in die zu prüfende Luft ein mit Bleiessig befeuchtetes Papierstreifchen, welches die Gegenwart des Schwefelwasserstoffs zu erkennen giebt, indem es sich mit einem braunschwarzen, glänzenden Häutchen von Schwefelblei bedeckt.

4) Werden Schwefelmetalle in der äufseren *Löthrohrflamme* erhitzt, so verbrennt der Schwefel darin mit blauer Flamme und unter Verbreitung des bekannten Geruches der schwefligen Säure.

Zusammenstellung und Bemerkungen. Von den Säuren der ersten Gruppe werden die meisten durch salpetersaures Silberoxyd ebenfalls gefällt. Diese Niederschläge können jedoch mit den Silberverbindungen, welche die Säuren der zweiten Gruppe bilden, nicht verwechselt werden, da jene in verdünnter Salpetersäure löslich, diese darin unlöslich sind. Die Anwesenheit der Hydrothionsäure verhindert die Prüfung auf die anderen Säuren der zweiten Gruppe mehr oder weniger, es muss daher diese Säure, im Falle sie zugegen ist, erst entfernt werden, bevor man die Prüfung auf die übrigen vornehmen kann. Es geschieht diese Entfernung, wenn die Hydrothionsäure in freiem Zustande zuge-

Dritte Gruppe. — Salpetersäure. — §. 102.   147

gen ist, durch blofses Aufkochen, wenn sie an ein Alkali gebunden ist, durch Zusatz eines Metallsalzes, welches die anderen Säuren nicht oder nicht aus saurer Lösung fällt. — Jod- und Cyan-Wasserstoffsäure können auch bei Anwesenheit der Chlor- und Brom-Wasserstoffsäure durch die ebenso empfindlichen als charakteristischen Reactionen mit Amylum und Eisenoxyduloxyd- lösung erkannt werden. — Die Erkennung des Chlors und Broms aber ist bei Anwesenheit von Jod und Cyan mehr oder minder schwierig. Es müssen daher diese letzteren, wenn sie zugegen sind, abgeschieden werden, bevor man auf Chlor und Brom prüfen kann. Die Abscheidung des Cyans gelingt leicht, wenn man die gesammten Silberverbindungen glüht. Cyansilber wird zersetzt, Chlor-, Brom- und Jod-Silber erleiden keine Zerlegung. Das Jod kann vom Brom und Chlor durch Behandeln der Silberverbindungen mit Ammoniak abgeschieden werden, da das Jodsilber darin fast unlöslich ist. Genauer ist die Scheidung, wenn man es als Kupferjodür fällt, wobei Chlor und Brom in Lösung bleiben. Das Brom erkennt man neben dem Chlor, wenn die Verbindungen beider mit Salzsäure und Chlorkalk oder mit Chlorwasser versetzt werden und das freigewordene Brom mit Aether aufgenommen wird. Das Chlor erkennt man neben Brom durch die Reaction mit chromsaurem Kali und Schwefelsäure.

Dritte Gruppe der unorganischen Säuren.

Säuren, welche weder von Baryt-, noch von Silbersalzen gefällt werden: Salpetersäure, Chlorsäure.

§. 102.

a. Salpetersäure (NO_5).

1) Die Salpetersäure lässt sich im wasserfreien Zustande nicht darstellen. Ihr Hydrat ist eine farblose, wenn es salpetrige Säure enthält, rothe, sehr ätzende, organische Substanzen rasch zerstörende, stickstoffhaltige Materien hochgelb färbende, an der Luft rauchende Flüssigkeit.

2) Die neutralen Salze der Salpetersäure sind sämmtlich in Wasser löslich; in Wasser unlöslich sind nur einige basische salpetersaure Verbindungen. In starker Glühhitze werden alle salpetersauren Salze zersetzt. Die mit alkalischer Basis liefern

10*

148   Reactionen der unorgan. Säuren. — §. 102.

Sauerstoffgas und Stickgas, die anderen Sauerstoff und salpetrige
oder Untersalpeter-Säure.

3) Wirft man ein salpetersaures Salz auf *glühende Kohlen*
oder bringt man Kohle oder einen organischen Körper, z. B. Papier, zu einem schmelzenden salpetersauren Salz, so entsteht eine
Verpuffung, das heißt, die Kohle verbrennt auf Kosten des
Sauerstoffs der Salpetersäure mit lebhaftem Funkensprühen.

4) Mischt man ein salpetersaures Salz mit gepulvertem
Cyankalium und erhitzt das Gemenge auf Platinblech, so
entsteht eine lebhafte, mit deutlicher Feuererscheinung und Knall
verbundene Verpuffung. Diese Reaction lässt selbst sehr kleine
Mengen salpetersaurer Salze erkennen.

5) Versetzt man die Auflösung eines salpetersauren Salzes
mit dem vierten Theil concentrirter Schwefelsäure und wirft, wenn
die Mischung erkaltet ist, einen Krystall von *schwefelsaurem Eisenoxydul* hinein, so färbt sich die Flüssigkeit, welche den Krystall zunächst umgiebt, dunkelbraun. Die Färbung verschwindet
meistens schon beim Umschütteln, immer aber bei dem Erhitzen.
— Die Salpetersäure wird nämlich von dem Eisenoxydul zersetzt,
drei Fünftheile ihres Sauerstoffs treten zu dem Oxydul und verwandeln einen Theil desselben in Oxyd, das übrigbleibende
Stickstoffoxyd vereinigt sich mit dem noch nicht höher oxydirten
Eisenoxydulsalz zu einer eigenthümlichen Verbindung, welche
sich in Wasser mit braunschwarzer Farbe löst.

6) Fügt man zur Auflösung eines salpetersauren Salzes etwas Schwefelsäure und so viel *schwefelsaure Indigolösung*, dass
die Flüssigkeit schwach hellblau erscheint, und erhitzt die Mischung zum Kochen, so verschwindet die blaue Farbe, indem
sich der Indigo auf Kosten des Sauerstoffs der durch die Schwefelsäure frei gemachten Salpetersäure oxydirt; die Flüssigkeit
wird schwach gelblich oder farblos. Einige andere Substanzen,
namentlich freies Chlor, bewirken ebenfalls Entfärbung, worauf
man besondere Rücksicht zu nehmen hat.

7) Mengt man ein salpetersaures Salz mit *Kupferfeile* und
übergießt das Gemenge in einem Proberöhrchen mit concentrirter Schwefelsäure, so färbt sich die Luft in dem Röhrchen gelbroth, indem sich das bei der Oxydation des Kupfers durch die
Salpetersäure frei werdende Stickstoffoxydgas mit dem Sauerstoff der Atmosphäre zu salpetriger Säure vereinigt. Die Färbung ist am deutlichsten wahrnehmbar, wenn man der Länge
nach durch das Röhrchen sieht.

b. Chlorsäure (ClO_5).

1) Die Chlorsäure ist in ihrer möglichst concentrirten Lösung eine gelbe, ölartige Flüssigkeit von einem dem der Salpetersäure ähnlichen Geruche. Sie röthet Lackmus und bleicht es sodann. Im verdünnten Zustande ist sie farb- und geruchlos.

2) Die chlorsauren Salze sind sämmtlich in Wasser löslich. Beim Glühen derselben entweicht ihr gesammter Sauerstoff, Chlormetalle bleiben zurück.

3) Mit *Kohle* oder einem organischen Körper erhitzt, verpuffen die chlorsauren Salze und zwar mit weit gröfserer Heftigkeit als die salpetersauren.

4) Mengt man ein chlorsaures Salz mit *Cyankalium* und erhitzt das Gemenge auf Platinblech, so entsteht eine auch bei sehr kleinen Mengen mit starkem Knall und Feuererscheinung verbundene Verpuffung. Man mache den Versuch nur mit ganz kleinen Mengen!

5) Freie Chlorsäure oxydirt und entfärbt den *Indigo* gerade wie Salpetersäure; mischt man daher die Lösung eines chlorsauren Salzes mit Schwefelsäure und Indigolösung, so treten die bei der Salpetersäure angeführten Erscheinungen ein.

6) Färbt man die Lösung eines chlorsauren Salzes mit wenig schwefelsaurer *Indigolösung* hellblau und tropft alsdann vorsichtig eine Auflösung von *schwefliger Säure* in Wasser zu, so verschwindet die Farbe des Indigo's. — Die Ursache dieser eben so empfindlichen als charakteristischen Reaction ist die, dass die schweflige Säure der Chlorsäure allen Sauerstoff entzieht und somit das Chlor in Freiheit setzt, welches alsdann den Indigo entfärbt.

7) Erwärmt man chlorsaure Salze mit *Salzsäure*, so setzen sich die Bestandtheile beider Säuren um, es bildet sich Wasser und zweifach chlorsaure chlorige Säure $(2 ClO_5 + ClO_3)$.

8) Wird ein chlorsaures Salz mit *concentrirter Schwefelsäure* übergossen, so werden zwei Drittel des Metalloxyds in schwefelsaures, ein Drittel in überchlorsaures Salz verwandelt; chlorsaure chlorige Säure wird frei und färbt die Schwefelsäure hochgelb. Aufserdem giebt sie sich auch durch ihren Geruch und die grünliche Farbe des Gases zu erkennen, $[3 (KO, ClO_5) + 4 SO_3 = 2 (KO, 2 SO_3 + KO, ClO_7) + (ClO_5 + ClO_3)]$. Bei diesem

150   Reactionen der organ. Säuren. — §. 103.

Versuch muss Erwärmung vermieden und mit kleinen Mengen ope-
rirt werden, sonst erfolgt die Zersetzung leicht mit solcher Heftigkeit, dass eine Explosion entsteht.

Zusammenstellung und Bemerkungen. Von den Reactionen,
welche zur Erkennung der Salpetersäure angegeben worden sind,
geben die mit Eisenvitriol und Schwefelsäure und die mit Kupferfeile und Schwefelsäure die sichersten Resultate; denn Verpuffung mit Kohle, Detonation mit Cyankalium, Entfärbung der Indigolösung erfolgt ja, wie angegeben worden, auch bei Anwesenheit von chlorsauren Verbindungen. Es haben diese letzteren
Reactionen daher nur dann entschiedenen Werth, wenn keine
Chlorsäure zugegen ist. Von der Gegenwart oder Abwesenheit
der Chlorsäure überzeugt man sich am sichersten, wenn man die
Probe glüht und ihre Lösung alsdann mit salpetersaurem Silber
prüft.

War ein chlorsaures Salz zugegen gewesen, so ist es beim
Glühen zu Chlormetall geworden und man erhält jetzt einen Niederschlag von Chlorsilber. Diese Prüfung ist jedoch nur dann
so einfach, wenn gleichzeitig kein Chlormetall zugegen ist. Findet dies Statt, so muss salpetersaures Silberoxyd, so lange noch
ein Niederschlag entsteht, zugesetzt und erst, nachdem dieser
abfiltrirt ist, abgedampft und geglüht werden. — In der Regel
ist es nicht nothwendig, diesen umständlichen Weg einzuschlagen, indem schon die Reactionen mit concentrirter Schwefelsäure, sowie mit Indigo und schwefliger Säure die Gegenwart
der Chlorsäure mit völliger Sicherheit darthun lassen.

II.   Organische Säuren.

Erste Gruppe.

Säuren, welche unter irgend einer Bedingung durch
Chlorcalcium gefällt werden: Oxalsäure, Weinsteinsäure,
Traubensäure, Citronensäure, Aepfelsäure.

§. 103.

Keine dieser Säuren verflüchtigt sich unzersetzt.

a. Oxalsäure.

Ihre Reactionen sind schon oben §. 99. c. angegeben worden.

b. W e i n s t e i n s ä u r e $(C_4H_2O_5 = \bar{T})$.

1) Die Weinsteinsäure stellt farblose, luftbeständige, angenehm sauer schmeckende, in Wasser und Weingeist lösliche Krystalle dar. Beim Erhitzen schmilzt sie zuerst und verkohlt dann unter Verbreitung eines ganz eigenthümlichen, höchst charakteristischen Geruches, welcher dem des gebrannten Zuckers ähnlich ist.

2) Von den weinsteinsauren Salzen lösen sich die mit alkalischer Basis, sowie die, welche Metalloxyde der dritten und vierten Gruppe enthalten, in Wasser. Alle in Wasser nicht löslichen Salze werden von Chlorwasserstoffsäure oder Salpetersäure aufgenommen. Beim Glühen werden die weinsteinsauren Salze unter Abscheidung von Kohle zerlegt und verbreiten dabei denselben Geruch, wie die freie Säure.

3) Setzt man zu einer Auflösung von Weinsteinsäure oder zu der eines weinsteinsauren Salzes *Eisenoxyd,- Manganoxydul*- oder *Thonerde*-Lösung und dann Ammoniak oder Kali, so tritt keine Fällung von Eisenoxyd, Manganoxydul oder Thonerde ein, da die gebildeten weinsteinsauren Doppelsalze von Alkalien keine Zersetzung erleiden. Auch die Fällung mehrerer anderer Oxyde durch Alkalien wird von Weinsteinsäure verhindert.

4) Freie Weinsteinsäure giebt, mit einem *Kalisalz*, am besten mit essigsaurem Kali, vermischt, einen schwer löslichen Niederschlag von s a u r e m w e i n s t e i n s a u r e n K a l i. Dasselbe findet Statt, wenn man zu einem neutralen weinsteinsauren Salz essigsaures Kali und freie Essigsäure, oder auch doppeltschwefelsaures Kali setzt. Bei der Anwendung dieses letzteren Reagens muss man sorgfältig einen Ueberschuss desselben vermeiden. Das saure weinsteinsaure Kali löst sich leicht in Alkalien und Mineralsäuren; Weinsteinsäure und Essigsäure befördern seine Löslichkeit in Wasser nicht. Die Abscheidung des Weinsteinniederschlages wird durch heftiges Umschütteln aufserordentlich befördert.

5) *Chlorcalcium* fällt aus der Lösung neutraler weinsteinsaurer Salze w e i n s t e i n s a u r e n K a l k $(CaO, \bar{T})$ als weifsen Niederschlag. Bei Gegenwart von Ammoniaksalzen entsteht er erst nach einiger (oft erst nach längerer) Zeit; Schütteln oder Reiben der Gefäfswände beschleunigt seine Abscheidung. Der Niederschlag löst sich in kalter Aetzkalilauge zur klaren Flüssigkeit auf. Wird dieselbe aber gekocht, so scheidet sich der ge-

löste weinsaure Kalk in Gestalt eines gelatinösen Niederschlages aus. Beim Erkalten wird die Lösung wieder klar.

6) *Kalkwasser* erzeugt in den Lösungen neutraler weinsteinsaurer Salze, oder auch in der Lösung freier Weinsteinsäure, wenn es bis zur alkalischen Reaction zugesetzt wird, weiße Niederschläge, welche sowohl von Weinsteinsäure, als auch von Salmiaklösung leicht und schnell aufgenommen werden. Aus diesen Lösungen scheidet sich der weinsteinsaure Kalk nach mehreren Stunden wieder in Form kleiner Krystalle an den Wänden des Gefäßes ab.

7) Gypslösung erzeugt in einer Auflösung von Weinsteinsäure keinen Niederschlag, in der eines neutralen weinsteinsauren Salzes nach längerer Zeit einen geringen.

c. Traubensäure $(C_4H_2O_5 = \overline{R})$.

1) Die Traubensäure hat mit der Weinsteinsäure gleiche Zusammensetzung. Sie enthält im krystallisirten Zustande 2 Aeq. Wasser, von denen sie eins bei 100° verliert. An trockner Luft verwittert sie nur langsam. — Zu Lösungsmitteln und beim Erhitzen verhält sie sich wie die Weinsteinsäure.

2) Die traubensauren Salze zeigen ebenfalls ein dem der weinsteinsauren sehr ähnliches Verhalten. — In Wassergehalt, Form und Löslichkeit weichen jedoch manche von den entsprechenden weinsauren Salzen ab. — Sie verhindern wie diese die Fällung von Manganoxydul, Eisenoxyd, Thonerde u. s. w. durch Alkalien.

3) *Chlorcalcium* fällt aus den Lösungen der freien wie auch der gebundenen Traubensäure traubensauren Kalk (CaO, $\overline{R}$) als blendend weißes Pulver. Der Niederschlag ist in Salmiak nicht löslich. Kalte concentrirte Kalilauge löst ihn vollständig, verdünntere theilweise auf; die Lösung wird beim Kochen trübe und gallertartig, beim Erkalten wieder klar.

4) *Kalkwasser* erzeugt in den Lösungen neutraler traubensaurer Salze sogleich weiße Niederschläge von traubensaurem Kalk, ebenso in Traubensäureauflösung, wenn es bis zur alkalischen Reaction zugesetzt wird. In geringerer Menge zugefügt, so dass die Lösung noch sauer bleibt, entsteht der Niederschlag erst nach einigen Augenblicken. Der traubensaure Kalk löst sich nicht in Traubensäure, auch nicht in Weinsteinsäure; löst man ihn in Salzsäure und setzt alsdann Ammoniak im Ueber-

schuss zu, so scheidet er sich sogleich, oder doch nach wenigen
Augenblicken wieder aus.

5) *Gypslösung* bringt in einer Auflösung von Traubensäure
sogleich keinen Niederschlag hervor, nach 10 bis 15 Minuten
scheidet sich jedoch traubensaurer Kalk ab; in Auflösungen neutraler traubensaurer Salze entsteht der Niederschlag sogleich.

6) Erhitzt man krystallisirte Traubensäure oder ein trauben-
saures Salz mit concentrirter Schwefelsäure, so wird diese unter
Entwicklung von schwefliger Säure und Kohlenoxydgas schwarz
gefärbt. — Weinsteinsäure verhält sich ebenso.

d. Citronensäure $(C_4H_2O_4 = \overline{Ci})$.

1) Die Citronensäure krystallisirt in farb- und geruchlosen,
angenehm und stark sauer schmeckenden, wasserhellen Krystallen, welche je nach den Umständen, unter denen sie entstehen,
aufser 1 Aeq. Hydratwasser noch verschiedene Mengen von Krystallwasser enthalten. Sie verändert sich nicht an der Luft, löst
sich mit Leichtigkeit in Wasser und Weingeist. Beim Erhitzen
schmilzt die Citronensäure und verkohlt dann unter Ausstofsung
stechender saurer Dämpfe, deren Geruch von dem der verkoh-
lenden Weinsteinsäure leicht zu unterscheiden ist.

2) Die citronensauren Salze mit alkalischer Base sind sowohl im neutralen als auch im sauren Zustande in Wasser leicht
löslich, ebenso die Verbindungen der Citronensäure mit den Metalloxyden, welche schwache Basen sind, z. B. mit Eisenoxyd.
Die citronensauren Salze verhindern, ebenso und aus demselben
Grunde wie die weinsteinsauren, die Fällung des Eisens, Mangans, der Thonerde u. s. w. durch Alkalien.

3) *Chlorcalcium* bewirkt in der Lösung der Citronensäure
weder so, noch beim Kochen, einen Niederschlag   Sättigt man
aber die freie Säure mit Kali oder Natron, so entsteht sogleich
ein Niederschlag von neutralem citronensauren Kalk
$(CaO, \overline{Ci})$, der in Kali unlöslich ist, von Salmiaklösung aber
leicht aufgenommen wird. Wird diese Salmiak enthaltende Lösung gekocht, so scheidet sich citronensaurer Kalk von derselben Zusammensetzung als weifser, krystallinischer Niederschlag
ab. — Sättigt man eine mit Chlorcalcium vermischte Citronen-
säurelösung mit Ammoniak, so entsteht in der Kälte kein Niederschlag. Kocht man aber die klare Flüssigkeit, so scheidet sich
plötzlich citronensaurer Kalk mit den eben angeführten Eigenschaften ab.

154   Reactionen der organ. Säuren. — §. 103.

4) *Kalkwasser* bewirkt in der Lösung der Citronensäure oder eines citronensauren Salzes in der Kälte keinen Niederschlag. Erhitzt man aber die Lösung mit einem ziemlichen Ueberschuss von heifs bereitetem Kalkwasser zum Kochen, so entsteht ein weifser Niederschlag von citronensaurem Kalk, der beim Erkalten wieder gröfstentheils verschwindet, einfach deswegen, weil er in heifsem Wasser schwerer löslich ist, als in kaltem.

5) Setzt man zu einer Lösung von Citronensäure *essigsaures Blei* im Ueberschuss, so entsteht ein weifser Niederschlag von citronensaurem Blei (PbO, $\overline{Ci}$), der sich in Ammoniak sehr schwer, in citronensaurem Ammoniak aber leicht löst. Setzt man zu Bleizuckerlösung Citronensäure im Ueberschuss, so entsteht ebenfalls ein Niederschlag von citronensaurem Blei, der sich mit Leichtigkeit löst, wenn Ammoniak zugefügt wird. Diese Lösung erfolgt, dem eben angeführten Verhalten des citronensauren Bleies gemäfs, also nicht durch das Ammoniak, sondern durch das sich bildende citronensaure Ammoniak.

6) Erhitzt man Citronensäure oder eins ihrer Salze mit concentrirter Schwefelsäure, so entweicht am Anfang Kohlenoxydgas und Kohlensäure ohne gleichzeitige Schwärzung der Schwefelsäure; nach längerem Kochen jedoch wird die Lösung dunkel und es entweicht schweflige Säure.

e. Aepfelsäure ($C_4H_2O_4 = \overline{M}$).

1) Die Aepfelsäure hat dieselbe Zusammensetzung wie die Citronensäure. Sie krystallisirt schwierig in krystallinischen Krusten, welche an der Luft zerfliefsen und von Wasser und Alkohol leicht aufgenommen werden. — Beim Erhitzen auf 200° zerfällt die Aepfelsäure in Maleinsäure (C_4HO_3) und in Fumarsäure (C_4HO_3). Dieses Verhalten ist höcht charakteristisch. Nimmt man den Versuch in einem Löffelchen vor, so entwickeln sich unter Aufschäumen stechend saure Dämpfe von Maleinsäure; nimmt man ihn in einem Röhrchen vor, so verdichten sie sich im kälteren Theile zu Krystallen. Die Fumarsäure bleibt zurück.

2) Die Aepfelsäure bildet mit den meisten Basen in Wasser lösliche Salze. Das saure äpfelsaure Kali ist in Wasser nicht schwer löslich. Die Aepfelsäure verhindert, wie die Weinsteinsäure, die Fällung des Eisenoxyds u. s. w. durch Alkalien.

3) *Chlorcalcium* bringt weder in der Lösung der freien, noch der gebundenen Aepfelsäure, Niederschläge hervor. Setzt

man aber zur Lösung eines äpfelsauren Salzes nach Hinzufügung
von Chlorcalcium Alkohol, so scheidet sich sogleich äpfelsau-
rer Kalk (CaO, $\bar{M}$) als weifses Pulver ab.

4) *Kalkwasser* schlägt weder die freie, noch die gebundene Aepfelsäure nieder.

5) *Essigsaures Bleioxyd* fällt aus der Lösung der Aepfelsäure und der äpfelsauren Salze äpfelsaures Bleioxyd (PbO,
$\bar{M}$) als weifsen Niederschlag. Derselbe ist dadurch ausgezeichnet,
dass sein Schmelzpunkt tiefer liegt, als der Siedepunkt des Wassers. Erhitzt man daher die Flüssigkeit, in welcher der Niederschlag suspendirt ist, zum Kochen, so schmilzt derselbe und
gleicht alsdann unter Wasser geschmolzenem Harz. Diese Reaction ist nur dann deutlich, wenn man das äpfelsaure Bleioxyd
ziemlich rein hat, ist es mit anderen Bleisalzen gemengt, so tritt
sie nicht oder nur unvollkommen ein.

6) Wird Aepfelsäure mit concentrirter Schwefelsäure erhitzt, so schwärzt sich diese unter Entwicklung von schwefliger
Säure.

Zusammenstellung und Bemerkungen. Von den abgehandelten organischen Säuren sind die Weinsteinsäure und Traubensäure durch die Schwerlöslichkeit ihrer sauren Kalisalze, wie
auch durch das Verhalten ihrer Kalksalze zu Kalilauge und durch
den eigenthümlichen Geruch, welchen sie beim Verkohlen verbreiten, genügend charakterisirt. Die Weinsteinsäure lässt sich
von der Traubensäure am besten in ihrer Kalkverbindung unterscheiden, da dieselbe in freier Weinsteinsäure, wie auch in Salmiak löslich ist, also zwei Eigenschaften zeigt, welche beide dem
traubensauren Kalk abgehen. — (Man erinnere sich, dass aus
der Lösung in Salmiak der weinsaure Kalk sich je nach der
Concentration in kürzerer oder längerer Zeit wieder abscheidet.) Die Traubensäure ist ferner durch ihr Verhalten zu
Gypslösung von der Weinsteinsäure unterscheidbar. Dieses
Verhalten stellt die Traubensäure der Oxalsäure nahe, giebt jedoch, wenn man mit den freien Säuren zu thun hat, nicht leicht
zu Verwechslungen Anlass, da der Niederschlag, welchen Gypssolution in Traubensäurelösung erzeugt, nie sogleich entsteht.
Die oxalsauren Salze sind aufserdem von den traubensauren durch
ihr Verhalten beim Erhitzen für sich und mit Schwefelsäure
leicht zu unterscheiden. — Die Citronensäure wird am besten

156   Reactionen der organ. Säuren. — §. 104.

durch ihr Verhalten zu Kalkwasser oder zu Chlorcalcium und
Ammoniak erkannt. Auch die Schwerlöslichkeit ihres ausgewaschenen Bleisalzes in Ammoniak unterscheidet sie von der Wein-
stein- und Traubensäure. Die übrigen Reagentien, welche Niederschläge oder Veränderungen mit ihr hervorbringen, als Goldchlorid, Silber- und Quecksilber-Salze u. s. w. verhalten sich zu
Weinsteinsäure und Traubensäure ähnlich oder gleich und lassen
daher keine sichere Unterscheidung zu. — Die Aepfelsäure wäre
durch das Verhalten ihres Bleisalzes beim Erhitzen unter Wasser
ganz gut charakterisirt, hätte diese Reaction gröfsere Empfindlichkeit und würde sie nicht so leicht durch die Anwesenheit anderer Säuren verhindert. Die Fällung des äpfelsauren Kalkes
durch Alkohol kann nur dann für die Erkennung der Aepfelsäure
von Werth sein, wenn man sich von der Abwesenheit aller anderen Säuren, deren Kalksalze in Wasser schwer löslich, in
Weingeist aber unlöslich sind, also z. B. der Schwefelsäure oder
Borsäure, überzeugt hat. Jedenfalls muss der durch Alkohol gefällte Niederschlag immer einer näheren
Prüfung unterworfen werden. Das Erhitzen der reinen
Aepfelsäure in einer Glasröhre führt in jedem Falle zum sichersten Resultat; die Reaction ist jedoch nicht unter allen Umständen leicht ausführbar.

Zweite Gruppe der organischen Säuren.

Säuren, welche von Chlorcalcium unter keiner Bedingung, von Eisenchlorid aber aus neutraler Lösung gefällt werden: Bernsteinsäure, Benzoësäure.

§. 104.

a. Bernsteinsäure $(C_4H_2O_3 = \overline{S})$.

1) Die Bernsteinsäure krystallisirt in farb- und geruchlosen,
blättrigen oder auch prismatischen, in Wasser, Weingeist und
Aether leicht löslichen Krystallen, welche von schwach saurem
Geschmacke und ohne Rückstand flüchtig sind. Die officinelle,
nach brenzlichem Oel riechende Säure hinterlässt einen geringen
kohligen Rückstand.

2) Die bernsteinsauren Salze, mit Ausnahme des bernsteinsauren Ammoniaks, werden beim Glühen zersetzt; die mit alkalischer oder alkalisch erdiger Base gehen dabei in kohlensaure

Verbindungen über. Von den bernsteinsauren Salzen sind die meisten in Wasser löslich.

3) *Eisenchlorid* bewirkt in einer Auflösung von neutralem bernsteinsauren Alkali einen bräunlich blassrothen, voluminösen Niederschlag von bernsteinsaurem Eisenoxyd (Fe_2O_3, $\overline{S}_2$). Derselbe löst sich leicht in Säuren, von Ammoniak wird er zersetzt, indem sich ein sehr basisches bernsteinsaures Eisenoxyd von minder voluminöser Beschaffenheit abscheidet, während der gröfste Theil der Bernsteinsäure als bernsteinsaures Ammoniak gelöst wird.

4) *Essigsaures Blei* erzeugt mit Bernsteinsäure einen weifsen, in überschüssiger Bernsteinsäure, in essigsaurer Bleilösung, in Salpetersäure und, wenngleich weniger leicht, in Essigsäure löslichen Niederschlag von neutralem bernsteinsauren Blei-oxyd (PbO, $\overline{S}$), welcher beim Behandeln mit Ammoniak in ein basisches Salz ($3PbO$, $\overline{S}$) übergeht.

5) Versetzt man eine Mischung von *Weingeist*, *Ammoniak* und *Chlorbaryumlösung* mit freier oder gebundener Bernsteinsäure, so entsteht ein weifser Niederschlag von bernsteinsaurem Baryt (BaO, $\overline{S}$).

6) *Salpetersaures Quecksilberoxyd* und *salpetersaures Silberoxyd* schlagen die bernsteinsauren Salze ebenfalls nieder; die Niederschläge haben jedoch nichts Charakteristisches.

b. Benzoësäure ($C_{14}H_5O_3 = BzO$).

1) Die Benzoësäure stellt im reinen Zustande weifse Blättchen oder Nadeln, oder auch nur ein krystallinisches Pulver dar. Sie verflüchtigt sich beim Erhitzen vollständig, ihre Dämpfe erzeugen ein ganz eigenthümliches Kratzen im Schlunde und reizen zum Husten. Die gewöhnliche officinelle Benzoësäure riecht nach dem Benzoëharz und hinterlässt beim Erhitzen einen geringen kohligen Rückstand. Die Benzoësäure ist in kaltem Wasser sehr schwer löslich, von heifsem Wasser und von Alkohol wird sie ziemlich leicht aufgenommen.

2) Die benzoësauren Salze sind meistens in Wasser löslich, unlöslich sind nur diejenigen, welche schwache Basen, z. B. Eisenoxyd, enthalten. Die löslichen haben einen eigenthümlichen, reizenden Geschmack. Setzt man zu ihren wässerigen Lösungen eine starke *Säure*, so wird die Benzoësäure ausgetrieben und scheidet sich in Gestalt eines blendend weifsen, schwer löslichen Pulvers ab. Auf gleiche Weise wird die Benzoësäure aus ihren

158   Reactionen der organ. Säuren. — §. 105.

unlöslichen Salzen abgeschieden, wenn man diesen stärkere Säuren zusetzt, welche mit den Basen, an die die Benzoësäure gebunden war, lösliche Salze bilden.

3) Zu *Eisenchlorid* verhält sich die Benzoësäure wie die
Bernsteinsäure. Das b e n z o ë s a u r e E i s e n o x y d (Fe$_2$O$_3$, 3BzO)
ist jedoch weit heller und mehr gelb, als das bernsteinsaure.
Von Ammoniak wird es wie dieses zersetzt.

4) *Essigsaures Bleioxyd* schlägt freie Benzoësäure und ben-
zoësaures Ammoniak nicht oder wenigstens nicht sogleich, benzoësaure Salze mit fixer alkalischer Basis aber flockig weiſs
nieder.

5) Bringt man zu einer Mischung von Weingeist, Ammoniak
und Chlorbaryumlösung freie oder an ein Alkali gebundene Ben-
soësäure, so entsteht k e i n Niederschlag.

Zusammenstellung und Bemerkungen. Die Bernstein- und
Benzoësäure sind durch ihr Verhalten zu Eisenchlorid und ihre
Flüchtigkeit von allen anderen Säuren verschieden. Von einander unterscheiden sie sich durch die Farbe ihrer Eisenoxydsalze,
hauptsächlich aber dadurch, dass die Bernsteinsäure leicht, die
Benzoësäure aber schwer löslich ist, sowie auch durch ihr Verhalten zu Chlorbaryum und Alkohol. Die Bernsteinsäure ist meistens nicht vollkommen rein, daher sich ihre Anwesenheit oft durch
den Geruch nach Bernsteinöl verräth.

Ein Erkennen beider Säuren neben einander wird, falls noch
andere Säuren zugegen sind, bewerkstelligt, indem man mit Eisenchlorid fällt, den Niederschlag mit Ammoniak erwärmt, filtrirt,
die Lösung einengt und theils mit Salzsäure, theils mit Chlorbaryum und Alkohol versetzt.

Dritte Gruppe der organischen Säuren.

Säuren, welche von Chlorcalcium und Eisenchlorid
unter keiner Bedingung gefällt werden: Essigsäure,
Ameisensäure.

§. 105.

a. E s s i g s ä u r e (C$_4$H$_3$O$_3$ = $\overline{\text{A}}$).

1) Das Hydrat der Essigsäure stellt durchsichtige, blättrige
Krystalle dar, welche bei 17° C. zu einer farblosen, eigenthüm-

lich durchdringend riechenden, höcht sauer schmeckenden Flüssigkeit schmelzen. Sie verflüchtigt sich beim Erhitzen vollständig in stechend riechenden, entzündbaren, mit blauer Flamme brennenden Dämpfen. Mit Wasser ist sie in allen Verhältnissen mischbar. Solche Mischungen sind es, die man schlechthin Essigsäure nennt. Das Essigsäurehydrat löst sich auch in Weingeist.

2) Die essigsauren Salze werden beim Glühen zerlegt. Unter den Zersetzungsproducten findet sich meistens Essigsäure, stets Aceton. Die mit alkalischer und alkalisch erdiger Base verwandeln sich dabei in kohlensaure Salze. Von denen mit metallischer Base lassen manche Metall, andere Oxyd zurück. Sämmtliche Rückstände sind kohlehaltig. Fast alle essigsauren Salze werden von Wasser und Weingeist aufgenommen; die meisten sind in Wasser leicht löslich, schwer löslich sind nur einige wenige.

3) Setzt man zu Essigsäure *Eisenchlorid* und sättigt die Säure mit Ammoniak, oder mischt man ein neutrales essigsaures Salz mit Eisenchlorid, so nimmt die Flüssigkeit von dem entstandenen essigsauren Eisenoxyd eine tief dunkelrothe Färbung an. Aus einer solchen Lösung fällt Ammoniak alles Eisenoxyd.

4) Neutrale essigsaure Salze, nicht aber freie Essigsäure, geben mit *salpetersaurem Silberoxyd* weiße, in kaltem Wasser sehr schwer lösliche, krystallinische Niederschläge von essigsaurem Silberoxyd (AgO, $\overline{A}$). In heißem Wasser lösen sich dieselben leichter, beim Erkalten der Lösung scheiden sie sich in Gestalt sehr feiner Krystalle aus. Ammoniak nimmt sie leicht auf, freie Essigsäure vermehrt die Löslichkeit in Wasser nicht.

5) *Salpetersaures Quecksilberoxydul* bewirkt in Essigsäure, leichter noch in essigsauren Salzen, in Wasser und Essigsäure in der Kälte schwer lösliche, im Ueberschuss des Fällungsmittels leicht lösliche, weiße, schuppig krystallinische Niederschläge von essigsaurem Quecksilberoxydul (Hg_2O, $\overline{A}$). Beim Erhitzen mit Wasser werden sie gelöst, beim Erkalten scheiden sie sich wieder in Form kleiner Krystalle aus. Das essigsaure Quecksilberoxydul wird dabei theilweise zersetzt, Quecksilber scheidet sich metallisch aus und ertheilt dem Niederschlag eine graue Färbung. Kocht man anstatt mit Wasser mit verdünnter Essigsäure, so ist die Menge des sich abscheidenden metallischen Quecksilbers höchst gering.

160   Reactionen der organ. Säuren. — §. 105.

6) Erwärmt man essigsaure Salze mit *verdünnter Schwe-felsäure*, so entwickelt sich Essigsäure, welche an ihrem ste-chenden Geruche zu erkennen ist. Erhitzt man die Salze aber mit einem Gemenge von etwa gleichen Gewichtstheilen concen trirter *Schwefelsäure* und *Alkohol*, so entwickelt sich Essig-äther (C_4H_5O, $\overline{A} = AeO$, $\overline{A}$), dessen höchst charakteristischer lieblicher Geruch, der besonders beim Umschütteln der schon etwas erkalteten Mischung hervortritt, kaum und jedenfalls weit weniger als der stechende Geruch der freien Säure eine Ver-wechslung zulässt.

7) Destillirt man essigsaure Salze mit verdünnter Schwe-felsäure und digerirt das Destillat mit überschüssigem Bleioxyd, so löst sich ein Theil desselben zu basisch essigsaurem Bleioxyd auf, welches sich an seiner alkalischen Reaction leicht erken-nen lässt.

b. Ameisensäure ($C_2HO_3 = FoO_3$).

1) Das Hydrat der Ameisensäure stellt eine farblose, was-serhelle, schwach rauchende Flüssigkeit dar von höchst durch-dringendem, eigenthümlichem Geruche. Es krystallisirt unter 0^0 in blättrigen, farblosen Krystallen. Mit Wasser und Weingeist ist es in allen Verhältnissen mischbar. Beim Erwärmen verflüchtigt es sich vollständig. Die Dämpfe lassen sich entzünden und bren-nen mit blauer Flamme.

2) Die ameisensauren Salze hinterlassen beim Glühen, wie die entsprechenden essigsauren Salze, entweder kohlensaure Ver-bindungen, Oxyde oder Metalle; gleichzeitig scheidet sich Kohle ab, Kohlenwasserstoff, Kohlensäure und Wasser entweichen. Alle Verbindungen der Ameisensäure mit Basen lösen sich in Wasser; Alkohol nimmt nur manche auf.

3) Zu *Eisenchlorid* verhält sich die Ameisensäure wie die Essigsäure.

4) *Salpetersaures Silberoxyd* schlägt freie Ameisensäure nicht, ameisensaure Alkalien nur in concentrirten Lösungen nie-der. Der weiße, schwer lösliche, krystallinische Niederschlag von ameisensaurem Silberoxyd (AgO, FoO_3) wird sehr bald dunkler, indem sich metallisches Silber ausscheidet. Nach längerem Stehen erfolgt die Reduction schon in der Kälte voll-ständig, erhitzt man aber die Flüssigkeit mit dem Niederschlage, so tritt sie sogleich ein. Dieselbe Reduction des Silberoxyds er-

folgt auch dann, wenn die Lösung des ameisensauren Salzes so
verdünnt war, dass kein Niederschlag entstand, oder wenn man
freie Ameisensäure hatte. Die Ameisensäure, welche man als
eine Verbindung von Kohlenoxyd mit Wasser betrachten kann,
entzieht nämlich dem Silberoxyd seinen Sauerstoff, es bildet sich
Kohlensäure, welche entweicht, und Wasser; Metall wird abgeschieden.

5) *Salpetersaures Quecksilberoxydul* bewirkt in freier Ameisensäure keinen, in concentrirten Lösungen ameisensaurer Alkalien einen weißen, schwer löslichen Niederschlag von ame i -
sensaurem Quecksilberoxydul (Hg_2O, FoO_3). Derselbe
wird nach sehr kurzer Zeit von ausgeschiedenem Quecksilber
grau, nach längerem Stehen tritt schon in der Kälte, sogleich
aber beim Erhitzen, vollständige Reduction ein. Es bildet sich
hierbei ebenfalls Kohlensäure und Wasser. Die Reduction erfolgt, wie bei dem Silberoxyd, auch dann, wenn die Flüssigkeit
so verdünnt ist, dass das ameisensaure Quecksilberoxydul gelöst
bleibt, oder wenn man freie Ameisensäure hat.

6) Erwärmt man Ameisensäure oder ein ameisensaures Alkali mit *Quecksilberchlorid* auf 60—70º, so erhält man einen
Niederschlag von Quecksilberchlorür. Bei der Kochhitze
des Wassers wird zugleich Metall abgeschieden.

7) Wird Ameisensäure oder ein Salz derselben mit *concentrirter Schwefelsäure* erwärmt, so zerlegt sie sich ohne Schwärzung der Flüssigkeit in Kohlenoxydgas, welches unter Aufbrausen entweicht und angezündet mit blauer Flamme brennt, und in
Wasser. Die Schwefelsäure entzieht nämlich der Ameisensäure
das zu ihrem Bestehen nothwendige Wasser oder Oxyd und veranlasst so eine Umsetzung ihrer Atome ($C_2HO_3 = 2CO + HO$).
Erwärmt man ein ameisensaures Salz mit verdünnter Schwefelsäure, so entweicht Ameisensäure, welche an ihrem Geruche
leicht erkannt wird; übergießt man mit einer Mischung von
Schwefelsäure und Alkohol, so entwickelt sich Ameisenäther, der
durch seinen eigenthümlichen, an den des Arraks erinnernden
Geruch ausgezeichnet ist.

Zusammenstellung und Bemerkungen. Da die Reactionen
der Essig- und Ameisensäure nicht so charakteristisch sind, als
die vieler anderer Säuren, so kann ihre sichere Erkennung nur

11

162   Reactionen der organ. Säuren. — §. 105.

auf die Uebereinstimmung der angegebenen Reactionen gegründet werden. Am leichtesten wird die Essigsäure an ihrem Geruche, oder an dem des Essigäthers, am sichersten aber durch ihr Verhalten zu Bleioxyd erkannt. Die Ameisensäure ist am besten durch ihr Verhalten zu Schwefelsäure und zu den Salzen der edlen Metalle zu erkennen. Die Trennung der Essigsäure von der Ameisensäure gelingt, wenn man beide mit überschüssigem Quecksilberoxyd oder Silberoxyd erwärmt. Die Ameisensäure reducirt die Oxyde, indem sie selbst zerlegt wird; die Essigsäure bleibt mit denselben verbunden in Lösung.

Zweite Abtheilung.

Systematischer Gang

der

qualitativen chemischen Analyse.

Ueber

den Gang einer qualitativen Analyse

im Allgemeinen

und über

den Plan der vorliegenden zweiten Abtheilung

insbesondere.

Wenn man die Reagentien und das Verhalten der Körper zu denselben kennt, so ist man im Stande, sogleich zu entscheiden, ob irgend eine einfache Verbindung, deren physikalische Eigenschaften einen Schluss auf ihre Natur gestatten, das wirklich ist, wofür man sie hält. Einige einfache Reactionen lehren uns ja z. B., dass ein Körper, den wir für Kalkspath halten, in der That kohlensaurer Kalk, einer, den wir für Gyps halten, wirklich schwefelsaurer Kalk sei. Ebenso genügen diese Kenntnisse gewöhnlich, um zu ermitteln, ob in irgend einer zusammengesetzten Substanz ein gewisser Körper vorhanden oder nicht vorhanden ist, ob also z. B. ein weifses Pulver Quecksilberchlorür enthält oder nicht. Handelt es sich aber darum, die chemische Natur eines uns völlig unbekannten Körpers darzuthun, sollen alle Bestandtheile eines Gemenges oder einer chemischen Verbindung aufgefunden werden, will man den Beweis liefern, dass aufser den aufgefundenen Stoffen durchaus keine weiteren vorhanden sein können, ist demnach von einer vollständigen qualitativen Analyse die Rede, so muss sich zu der Kenntniss der Reagentien und zu der des Verhaltens der einzelnen Körper zu denselben nothwendig die eines bestimmten systematischen Verfahrens bei der Analyse gesellen; das heifst, wir müssen wissen, in welcher Reihenfolge wir Lösungsmittel, allgemeine und besondere Reagentien anzuwenden haben, um sowohl von der Abwesenheit aller nicht zugegenen Körper schnell überzeugt zu

166   Ueber den Gang einer qualitativen

werden, als auch um die wirklich vorhandenen bald und sicher
zu erkennen. — Fehlt uns die Kenntniss eines solchen systematischen Ganges, oder sagen wir uns, in der Hoffnung schneller
zum Ziele zu kommen, bei Untersuchungen von jeder Methode
los, so wird das Analysiren, wenigstens in der Hand des Anfän-
gers, ein Herumrathen, und die erhaltenen Resultate sind nicht
mehr Ergebnisse wissenschaftlicher Berechnung, sondern Sache
des bald günstigen, bald ungünstigen Zufalls.

Eine bestimmte Methode muss demnach jeder Analyse zu
Grunde liegen; es ist aber keineswegs nöthig, dass diese immer
eine und dieselbe sei. Im Gegentheile, Uebung, Nachdenken und
Betrachtung der Umstände führen uns in verschiedenen Fällen
meist zu verschiedenen Methoden. Alle aber kommen darin
überein, dass die vorhandenen oder vorauszusetzenden Stoffe
erst in gewisse Gruppen getheilt und die in die verschiedenen
Gruppen gehörenden Körper alsdann weiter unterschieden und
zuletzt einzeln erkannt werden müssen. — Die Verschiedenheit
der Methoden aber ist theils in der Reihenfolge, in welcher die
Reagentien angewendet werden, theils in ihrer Auswahl be-
gründet.

Um nun zu dem Standpunkte zu gelangen, selbstständige
Methoden zur Analyse entwerfen zu können, muss man sich zuvor mit einem durch die Erfahrung geprüften, allen irgend möglichen Fällen angepassten Gange ganz und gar vertraut machen,
damit man in der Folge bei erlangter Uebung durch eigene Ueber-
legung zu finden vermag, in welchen Fällen diese oder jene Modification der allgemeinen Methode etwa schneller oder leichter
zum Ziele führe. —

Die Darlegung eines solchen allen Fällen angepassten, möglichst sicheren und einfachen, durch die Erfahrung erprobten und
bewährten Ganges ist der Gegenstand dieser zweiten Abtheilung. —

Die Elemente und Verbindungen, welche darin umfasst werden, sind dieselben, welche S. 3. aufgezählt worden sind.

Da zur Aufstellung eines solchen systematischen Verfahrens
Voraussicht aller möglichen Umstände nothwendig ist, so ergiebt
sich von selbst, dass die in den Kreis unserer Betrachtung auf-
genommenen Körper zwar in allen beliebigen Mischungen und
Gemengen unter sich, aber frei von fremdartigen organischen
Stoffen angenommen werden mussten, indem durch solche viele
Reactionen verdeckt, andere mannichfach modificirt werden. Es

soll jedoch hiermit keineswegs gesagt sein, dass nicht auch bei
Anwesenheit vieler, besonders in Wasser zu farblosen oder hellen Flüssigkeiten auflöslicher organischer Substanzen, der vor-
geschlagene Gang genau befolgt werden könne. Wie man sich
in den einzelnen Fällen, wenn dunkelfärbende, schleimige Stoffe
im Spiele sind, helfen müsse, lehrt am besten die Erfahrung und
ist Sache des Nachdenkens in jedem einzelnen Falle. Die Haupt-
regeln, das Verfahren im Allgemeinen, findet man übrigens §. 132.

Die vorliegende zweite Abtheilung zerfällt in zwei Abschnitte.
Der erste enthält eine praktische Anweisung zum Analysiren; es wird darin ein Weg vorgeschrieben, auf dem man,
gerade fortschreitend, zum Ziele gelangen muss. Es mag Manches auf den ersten Anblick etwas weitläufig scheinen, ich glaube
jedoch nicht, dass es unbeschadet der Deutlichkeit für Anfänger
kürzer gefasst werden konnte; auch hege ich die Hoffnung, der
Gebrauch werde überzeugen, dass der Gang nichts desto weniger
schnell durchgemacht werden könne, und ich gründe sie darauf,
dass ich stets die möglichen Erscheinungen in genau charakteri-
sirte Fälle getheilt habe, da so, indem nur der betreffende berücksichtigt zu werden braucht und eine Nummer zur andern
hinweist, das Durchlesen der auf den speciellen Fall nicht passenden Stellen erspart wird.

Die Unterabtheilungen dieser praktischen Anweisung sind:
1) Einleitende Prüfung, 2) Auflösung, 3) Eigentliche Untersuchung,
4) Bestätigende Versuche. —

Die dritte Unterabtheilung (die eigentliche Untersuchung)
zerfällt wieder in die Untersuchung von Verbindungen, in welchen nur eine Basis und eine Säure vorausgesetzt wird und in
die von Gemengen oder Verbindungen, in welchen alle hier in
Betracht kommenden Körper als gegenwärtig angenommen werden. In Bezug auf die letztere muss bemerkt werden, dass man,
wenn die einleitende Prüfung nicht von der Abwesenheit bestimmter Körpergruppen die gewisseste Ueberzeugung gegeben
hat, ohne Gefahr, einen oder mehrere Stoffe zu übersehen, keinen Paragraph, auf welchen in Folge der sich zeigenden Erscheinungen hingewiesen wird, übergehen darf. — Will man eine
Verbindung oder ein Gemenge nicht auf alle Bestandtheile, sondern nur auf gewisse Stoffe prüfen, so findet man leicht, welche
Nummern alsdann in Betracht zu ziehen sind.

Der zweite Abschnitt enthält eine Erklärung des praktischen Verfahrens, eine Auseinandersetzung der Gründe,

168 Ueber d. Gang einer qualit. chem. Analyse im Allgem. etc.

worauf die Scheidung, und der Ursachen, worauf die Erkennung
der Substanzen beruht; aufserdem mancherlei Zusätze zum praktischen Gange. Es dürfte räthlich sein, sich mit diesem Abschnitte, welcher als Schlüssel zum ersten zu betrachten ist, bald
bekannt zu machen.

Als Anhang ist ein allgemeines Schema, nach dem
man die Substanzen, welche zur Uebung analysirt
werden sollen, zweckmäfsig auf einander folgen
lässt, ferner eine Anweisung, wie man die Resultate
dieser Untersuchungen am vortheilhaftesten darstellt, und endlich eine tabellarische Zusammenstellung der häufiger vorkommenden Formen und Verbindungen der S. 3. angeführten Körper nach ihren Löslichkeitsverhältnissen in Wasser und Säuren beigefügt worden. — Das Erstere soll dem Anfänger als
Leitfaden dienen, sein Ziel, die gründliche Erlernung der qualitativen Analyse, schnell und sicher zu erreichen, — die Angabe
der Darstellungsweise soll ihm zur Erlangung einer klaren Uebersicht über das ganze Gebiet das Mittel bieten, — und die Tabelle
der Löslichkeitsverhältnisse wird ohne Zweifel Manchem, der
mit denselben noch weniger vertraut ist, besonders bei den
Schlüssen, wie die aufgefundenen Säuren und Basen etc. vereinigt gewesen sind, oder welche Säuren in wässerigen oder sauren Lösungen bei Anwesenheit der oder jener Basen gar nicht
zugegen sein können u. s. w., von Nutzen sein. — Endlich habe
ich, um vielfach geäufserten Wünschen zu entsprechen, dieser
Auflage einen Abschnitt hinzugefügt, in welchem man die Reactionen der häufiger vorkommenden Alkaloide zusammengestellt und ein erprobtes Verfahren angegeben findet,
dieselben in systematischem Gange zu erkennen.

Erster Abschnitt.

Praktisches Verfahren.

I. Einleitende Prüfung.

§. 106.

Man beachtet vor Allem die äufseren, sinnlich wahrnehmbaren Eigenschaften der zu untersuchenden Substanz: Farbe, Form, Härte, Schwere, Geruch u. s. w., da sich daraus oft mancher Schluss ziehen lässt. Ehe man weiter verfährt, ist wohl zu berücksichtigen, wie viel des zu untersuchenden Körpers zu Gebote steht, weil man schon jetzt die Quantitäten, welche man zur einleitenden Prüfung verwenden darf, darnach beurtheilen muss. Sparsamkeit ohne Uebertreibung ist, auch wenn man den Körper in Pfunden hätte, zur Gewöhnung anzurathen; Gesetz aber muss es sein, stets nur einen Theil der Substanz zur Untersuchung zu verwenden, einen andern aber, wenn auch kleineren, für unvorhergesehene Fälle und zu bestätigenden Versuchen aufzubewahren.

§. 107.

A. Der zu untersuchende Körper ist fest.

I. Er ist weder ein regulinisches Metall, noch eine Legirung.

1) Ist die Substanz pulverförmig oder kleinkrystallisirt, so ist sie zur Untersuchung geeignet; ist sie in gröfseren Krystallen oder in festen Stücken, so muss vorher ein Theil derselben, wenn es möglich ist, fein zerrieben werden.

2) Man erhitzt etwas des Pulvers in einem kleinen eisernen Löffelchen über der einfachen Weingeistlampe. Die stattfindenden Erscheinungen lassen über die Natur des Körpers Manches mit Sicherheit schliefsen, Anderes mit Wahrscheinlichkeit folgern.

a) Der Körper bleibt unverändert, keine organischen Substanzen, keine wasserhaltigen Salze, keine leicht schmelzbaren Stoffe, keine flüchtigen Körper.

b) Er schmilzt leicht und wird unter Ausstofsung von Wasserdämpfen wieder fest; Salze, welche Krystallwasser enthalten. Schmilzt der erhärtete Rückstand bei verstärkter Hitze wieder, so ist c. zu berücksichtigen.

c) Er schmilzt ohne Ausstofsung von Wasserdämpfen. Man setzt etwas Papier zu der schmelzenden Masse; entsteht Verpuffung, so deutet sie auf salpetersaure, oder auch auf die seltneren chlorsauren Salze.

d) Er verflüchtigt sich ganz oder theilweise. Im ersteren Falle sind keine fixen Basen vorhanden, im letzteren ist ein flüchtiger Körper beigemischt.

  α) Es verbreitet sich dabei kein Geruch. Alsdann hat man besonders auf Ammoniak-, Quecksilber- und Arsenik-Verbindungen Rücksicht zu nehmen.

  β) Es verbreitet sich zugleich ein Geruch. Ist er der der schwefligen Säure, so ist Schwefel vorhanden; sind die Dämpfe violett und riechen sie nach Jod, so ist die Gegenwart dieses Körpers im freien Zustande sicher. Mit gleicher Gewissheit kann freie Benzoësäure und manche andere Substanzen am Geruche ihrer Dämpfe erkannt werden.

e) Der Körper ist ein weifses Pulver und wird beim Erhitzen gelb, deutet auf Zinkoxyd, Bleioxyd oder Wismuthoxyd. Die beiden letzteren bleiben auch bei dem Erkalten gelb, das Zinkoxyd wird dabei wieder weifs.

f) Es tritt Verkohlung ein, organische Substanzen. Braust der Rückstand mit Säuren übergossen, während der ursprüngliche Körper diese Erscheinung nicht zeigt, so deutet dies auf, an Alkalien oder alkalische Erden gebundene, organische Säuren. Verbreitet sich ein Geruch nach Cyan, so wird die Anwesenheit einer Cyanverbindung dadurch angedeutet.

  Aufserdem schwellen manche Substanzen bedeutend auf, wie z. B. Borax, schwefelsaure Thonerde; andere decrepitiren, wie Chlornatrium und Chlorkalium etc.; diese Erscheinungen berechtigen jedoch weniger zu allgemeinen und sicheren Schlüssen.

3) Man bringt einen kleinen Theil des Körpers in ein Kohlengrübchen und richtet die innere Löthrohrflamme darauf.

  Da sich hierbei die Erscheinungen, welche schon §. 107. 2.

Praktisches Verfahren. — Einleitende Prüfung. — §. 107. 171

erwähnt wurden, gröfstentheils wiederholen, so werden nur die dieser Behandlung eigenthümlichen hier aufgeführt.

a) Der Körper verflüchtigt sich theilweise oder ganz. Dies deutet aufser auf die in §. 107. 2. d. angeführten Substanzen auch auf Antimonoxyd und einige andere Oxyde, vergleiche §. 107. 3. d. β. Das genannte schmilzt, bevor es sich als weifser Rauch verflüchtigt. Aufserdem ist zu bemerken, dass sich bei Gegenwart von arseniger oder Arsenik-Säure ein knoblauchartiger Geruch verbreitet, der stärker hervortritt, wenn man der Probe zuvor Soda zusetzt.

b) Der Körper schmilzt und zieht sich in die Kohle; deutet auf Alkalien. Man bringt in diesem Falle einen Theil des gepulverten Körpers auf das befeuchtete Oehr eines Platindrahts und leitet die Spitze der inneren Löthrohrflamme darauf. Violette Färbung der äufseren Flamme deutet nur auf Kali, gelbe auf Natron, dem jedoch Kali selbst in gröfserer Menge beigemischt sein kann, da bei Gegenwart beider Alkalien die Flamme stets gelb erscheint.

c) Es bleibt ein unschmelzbarer, weifser Rückstand auf der Kohle, entweder sogleich oder nach vorhergegangenem Schmelzen im Krystallwasser; deutet besonders auf Baryt, Strontian, Kalk, Magnesia, Thonerde, Zink und Kieselsäure. Von diesen zeichnen sich Strontian, Kalk, Magnesia und Zink durch ein sehr helles Leuchten in der Löthrohrflamme aus. Man bringt auf die geglühte weifse Masse ein Tröpfchen salpetersaure Kobaltlösung und erhitzt wieder stark. Schön blaue Färbung zeigt Alaunerde, röthliche Magnesia, grüne Zink. Bei Gegenwart von Kieselsäure entsteht auch eine schwach bläuliche Färbung, welche man nicht mit der von Alaunerde herrührenden verwechseln darf. Die Kieselsäure ist aufserdem dadurch ausgezeichnet, dass sie mit kohlensaurem Natron bei gutem Blasen unter Aufbrausen ein klares Glas giebt (§. 100. b.).

d) Es bleibt ein unschmelzbarer Rückstand von anderer Farbe, oder es erfolgt eine Metallreduction mit oder ohne Beschlag. Man mengt etwas des Pulvers mit Soda und erhitzt auf Kohle in der Reductionsflamme.

α) Man erhält nach gutem Blasen ein Metallkorn, ohne dass

sich die Kohle beschlägt, deutet auf Gold, Silber, Zinn, Kupfer. — Platin, Eisen, Kobalt und Nickel werden zwar gleichfalls reducirt, liefern aber keine Metallkörner.

β) Es bildet sich zugleich mit einem Metallkorne oder auch ohne ein solches ein Beschlag auf der Kohle. Er kann herrühren von Wismuth, Blei, Cadmium, Antimon und Zink.

aa) Der Beschlag ist weifs, deutet auf Antimon und Zink. Der Beschlag des Zinks erscheint, so lange er noch heifs ist, gelb. Das regulinische Antimonkorn entwickelt ohne weiteres Erhitzen noch lange einen weifsen Rauch und umgiebt sich endlich beim Erkalten meist mit Krystallen von Antimonoxyd. Unter dem Hammer ist es spröde.

bb) Der Beschlag ist mehr oder weniger gelb oder braun, Wismuth, Blei, Cadmium. Der Beschlag des Cadmiumoxyds neigt in's Orangefarbene, die Beschläge von Blei- und Wismuth-Oxyd gehen beim Erkalten aus dem Braungelben in's Hellgelbe über. Cadmium wird bei der Reduction sogleich verflüchtigt. Die Bleikörner lassen sich leicht ausplatten, Wismuthkörner hingegen springen unter dem Hammer.

Da ein zu untersuchender Körper aus den verschiedenartigsten Stoffen gemengt sein kann, so ist bei diesen Prüfungen die Aufstellung ganz scharf begrenzter Fälle nicht möglich, wenn sie zugleich allgemein sein sollen. Treten daher bei den Versuchen Erscheinungen ein, welche von der Vereinigung zweier oder mehrerer Fälle herrühren, so sind natürlicher Weise auch die zu ziehenden Schlüsse darnach einzurichten.

II. Der Körper ist ein regulinisches Metall oder eine Legirung.

1) Man übergiefst und erhitzt eine Probe mit Wasser, dem man etwas Essigsäure zugesetzt hat.

a) Es entwickelt sich Wasserstoffgas, deutet auf ein Leichtmetall. Es muss alsdann bei der eigentlichen Untersuchung auch auf Alkalien und Erden Rücksicht genommen werden.

b) Es entwickelt sich kein Wasserstoffgas; zeigt die Abwesenheit eines Leichtmetalls an. Im Verlaufe der

Praktisches Verfahren. — Einleitende Prüfung. — §. 108. **173**

Untersuchung brauchen Alkalien und alkalische Erden nicht berücksichtigt zu werden.

2) Man erhitzt eine Probe im Kohlengrübchen mit der inneren Löthrohrflamme und beobachtet, ob dieselbe schmilzt, ob sich ein Beschlag bildet, ein Geruch entwickelt u. s. w.

a) Die Probe bleibt unverändert; zeigt die Abwesenheit des Antimons, Zinks, Bleies, Wismuths, Cadmiums, Zinns, Quecksilbers und Arsens mit ziemlicher Bestimmtheit, die des Goldes, Silbers und Kupfers mit Wahrscheinlichkeit an, deutet auf Platin, Eisen, Mangan, Nickel und Kobalt hin.

b) Die Probe schmilzt ohne gleichzeitigen Beschlag und ohne dass sich ein Geruch verbreitet; zeigt die Abwesenheit des Antimons, Zinks, Bleies, Wismuths, Cadmiums und Arsens an, deutet auf Gold, Silber, Kupfer, Zinn.

c) Die Probe schmilzt, es bildet sich ein Beschlag, es verbreitet sich kein Geruch. Zeigt die Abwesenheit des Arsens an, deutet auf Antimon, Zink, Wismuth, Blei, Cadmium, vergleiche §. 107. I. 3. d. β.

d) Es verbreitet sich ein knoblauchartiger Geruch, Arsen. Je nach den im Uebrigen eintretenden Erscheinungen ist a., b. oder c. zu berücksichtigen.

3) Man erhitzt eine Probe in einer am einen Ende zugeschmolzenen Glasröhre vor dem Löthrohre.

a) Es bildet sich im kälteren Theile der Röhre kein Anflug, Abwesenheit des Quecksilbers.

b) Es bildet sich ein Anflug, Quecksilber, Cadmium oder Arsen. Der Anflug des ersteren, der aus lauter kleinen Kügelchen besteht, kann mit dem Cadmium- oder Arsen-Anflug nicht verwechselt werden.

§. 108.

B. Der zu untersuchende Körper ist eine Flüssigkeit.

1) Man verdampft ein Theilchen in einem Platin-Löffelchen oder in einem kleinen Porzellantiegel und sieht, ob überhaupt etwas aufgelöst war und (nach §. 107.) von welcher Natur der Rückstand ist.

2) Man prüft mit Lackmuspapieren.

   a) Blaues wird geröthet. Diese Reaction kann sowohl von einer freien Säure oder einem sauren Salze, als auch von einem in Wasser löslichen Metallsalze herrühren. Um diese beiden Fälle zu unterscheiden, giefst man etwas von der Flüssigkeit auf ein Uhrglas und stellt ein nur mit der äufsersten Spitze in verdünnte kohlensaure Kalilösung getauchtes Stäbchen hinein; bleibt die Flüssigkeit klar, oder löst sich ein entstandener Niederschlag beim Umrühren wieder auf, so ist das erstere, entsteht eine bleibende Trübung, das letztere, wenigstens im Durchschnitt, der Fall. Dass man bei Gegenwart einer freien Säure oder eines sauren Salzes die Lösung nicht als eine blofs wässerige betrachten dürfe, sondern bei der Untersuchung zugleich das für Körper, die in Wasser unlöslich und nur in Säuren löslich sind, Geltende zu beachten habe, versteht sich von selbst.

   b) Geröthetes wird blau; deutet auf freies oder kohlensaures Alkali, auf freie alkalische Erden, alkalische Schwefelverbindungen, wie auch auf eine Reihe von sonstigen Salzen, welchen diese Reaction eigenthümlich ist. Bei Gegenwart eines freien Alkali's kann ein in der Flüssigkeit aufgelöster Körper ebenso gut zu den in Wasser löslichen, wie zu den darin unlöslichen gehören Wie man dies erfährt und was man bei alkalischen Lösungen besonders zu berücksichtigen habe, wird in der Folge §. 117. I. 2. gezeigt.

3) Man prüft durch Geruch und Geschmack, oder, im Falle man damit nicht zu sicheren Resultaten gelangt, durch eine Destillation, ob das vorhandene einfache Lösungsmittel Wasser, Weingeist, Aether u. s. w. ist. Findet man, dass dasselbe nicht Wasser ist, so verdampft man die Lösung zur Trockne und verfährt mit dem Rückstande nach §. 107.

4) Im Falle die Lösung eine wässerige ist und im Falle sie saure Reaction zeigt, verdünnt man ein Theilchen derselben mit viel Wasser. Wird sie dadurch milchig getrübt, so deutet diese Erscheinung auf Antimon, Wismuth oder Zinn. Verschwindet der Niederschlag bei Zusatz von Weinsäure, so hat man Ursache auf Antimon, verschwindet er nicht durch Weinsäure, wohl aber durch Essigsäure, auf Wismuth zu schliefsen. Man verfährt mit der ursprünglichen Flüssigkeit, je nachdem man sie als die Lösung einer einfachen oder zusammengesetz-

Praktisches Verfahren. — Auflösung. — §. 109.   175

ten (gemengten) Substanz zu betrachten Grund hat, nach §. 110. oder nach §. 117.

II. Auflösung der Körper oder Eintheilung derselben nach ihrem Verhalten zu gewissen Lösungsmitteln.

§. 109.

Die Lösungsmittel, deren wir uns bedienen, um einfache Körper oder Verbindungen einzutheilen und Gemenge zu scheiden, sind Wasser und Salzsäure oder in gewissen Fällen Salpetersäure; der Classen aber, in welche die Körper nach ihrem Verhalten zu denselben zerfallen, sind drei.

Erste Classe. In Wasser lösliche Körper.

Zweite Classe. In Wasser unlösliche oder schwer lösliche, in Salzsäure oder Salpetersäure hingegen lösliche Körper.

Dritte Classe. In Wasser, wie in Salzsäure oder Salpetersäure unlösliche oder schwer lösliche Körper.

Da Metalllegirungen zweckmäfsiger auf eine etwas abweichende Art aufgelöst werden, soll für sie eine besondere Methode aufgestellt werden (§. 109. B.).

Um die Auflösung oder Scheidung vorzunehmen, verfährt man nun folgendermafsen:

A. Der Körper ist weder ein regulinisches Metall, noch eine Metalllegirung.

1) Man übergiefst etwa 15 bis 20 Gran des zu untersuchenden Körpers in Pulverform mit der zehn- bis zwölffachen Menge destillirten Wassers in einem Proberöhrchen und erhitzt über einer Spirituslampe zum Kochen.

a) Er löst sich ganz. In dem Falle ist er, unter Berücksichtigung des in der einleitenden Prüfung §. 108. 2. in Bezug auf Reaction Gesagten, in die erste Classe zu rechnen. Man verfährt mit der Lösung, je nachdem man darin eine oder mehrere Basen und Säuren voraussetzen muss, nach §. 110. oder nach §. 117.

b) Es bleibt auch nach längerem Kochen ein Rückstand. Man lässt absetzen und filtrirt die Flüssigkeit ab, wo möglich so, dass man das Ungelöste im Röhrchen be-

176   Zweite Abtheilung. — Erster Abschnitt. — §. 109.

hält. Dann verdampft man einige Tropfen des klaren Filtrats auf blankem Platinblech. Bleibt kein Rückstand, so
war die Substanz in Wasser unlöslich, man verfährt nach
§. 109. 2. Bleibt ein Rückstand, so ist die Verbindung wenigstens theilweise löslich. Man kocht nochmals mit Wasser
aus und filtrirt zu der ersten Lösung. Mit dieser Flüssigkeit
verfährt man sodann, je nach den Umständen, nach §. 110.
oder nach §. 117. Den Rückstand aber wäscht man mit
Wasser aus und verfährt damit nach §. 109. 2.

2) Einen solchen mit Wasser ausgekochten Rückstand übergiefst
man mit verdünnter Salzsäure. Löst er sich nicht, so erhitzt
man zum Kochen, findet auch dadurch keine vollständige Auflösung Statt, so giefst man ab und kocht den Rückstand mit
concentrirter Salzsäure.

Die Erscheinungen, welche dabei stattfinden können und
wohl beachtet werden müssen, sind α) Aufbrausen, deutet auf Kohlensäure oder Schwefelwasserstoff, siehe §. 111.
2. β) Entwicklung von Chlor, weist auf Hyperoxyde,
chromsaure Salze etc. γ) Entwicklung von Blausäure-
geruch, deutet auf unlösliche Cyanmetalle. Da letztere
zweckmäfsiger auf eine abweichende Art zerlegt werden,
so ist ihnen ein eigener Abschnitt gewidmet, siehe §. 131.

a) Es erfolgt durch die Behandlung mit Salzsäure
vollständige Lösung; man verfährt, je nach Umständen, nach §. 113. oder nach §. 117. II. Der Körper gehört
zur zweiten Classe.

Hierhin wird auch der Fall gerechnet, wenn nur ausgeschiedener Schwefel, der an Farbe und specifischem Gewichte leicht erkannt wird, ungelöst bleibt.

b) Es bleibt ein Rückstand. In diesem Falle stellt man
das Röhrchen, in welchem sich die mit Salzsäure gekochte
Probe befindet, einstweilen bei Seite und versucht eine andere Probe des zu untersuchenden Körpers durch Kochen
mit Salpetersäure und nachherigen Zusatz von Wasser zu lösen.

α) *Sie löst sich dadurch ganz, oder es bleibt nur ausge-*
schiedener Schwefel ungelöst, alsdann gehört der Körper
gleichfalls zur zweiten Classe, und man wählt diese Lösung zur weiteren Untersuchung auf Basen und verfährt
je nach Umständen nach §. 113. oder nach §. 117. III.

β) *Es bleibt beim Kochen mit Salpetersäure ein Rückstand.*
Alsdann sind folgende zwei Fälle zu unterscheiden:

Praktisches Verfahren. — Auflösung. — §. 109.   177

aa) Man hat Grund, in der zu untersuchenden
Substanz nur *eine* Base und *eine* Säure vor-
auszusetzen. Man übergießt und erhitzt alsdann
den Körper mit Königswasser.

αα) *Er löst sich.* Man verfährt mit der Lösung nach
§. 113.

ββ) *Er löst sich nicht.* Man verfährt nach §. 116.

bb) Man hat Grund, die zu untersuchende Substanz als eine mehrfach zusammengesetzte
oder gemengte zu betrachten. Zum Auffinden
der Basen bedient man sich in diesem Falle der auf-
bewahrten salzsauren Lösung (§. 109. A. 2. b.). Man
erhitzt zu dem Ende dieselbe mit dem unlöslichen
Rückstande (mit welchem alsdann nach §. 109. 3. zu
verfahren ist) noch einmal zum Kochen und filtrirt
heiß in ein Röhrchen, das etwas Wasser enthält, kocht
sodann den Rückstand mit etwas Wasser und filtrirt
heiß zu der salzsauren Flüssigkeit.

αα) *Das Filtrat wird milchig trübe,* deutet auf Antimon und Wismuth, oder setzt feine Krystalle ab,
weist auf Blei hin. Man erwärmt es, nöthigenfalls
unter Zusatz von etwas Salzsäure, bis es wieder
klar erscheint und verfährt damit nach §. 117. II.

ββ) *Es bleibt klar.* Man verdampft einige Tropfen, um
sich zu überzeugen, ob Salzsäure auch etwas aufgelöst habe. Bleibt ein Rückstand, so verfährt man mit
dem Filtrat nach §. 117. II.

3) Hat kochende concentrirte Salzsäure einen Rückstand gelassen, so wäscht man ihn mit Wasser aus und verfährt damit
nach §. 130.

B. Der Körper ist ein Metall oder eine
Metalllegirung.

Regulinische Metalle theilt man am besten nach ihrem Verhalten zu Salpetersäure ein.

I. Metalle, welche von Salpetersäure nicht angegriffen werden: Gold, Platin.

12

II. Metalle, welche von Salpetersäure oxydirt werden, deren Oxyde sich aber im Säureüberschuss
nicht lösen: Antimon, Zinn.

III. Metalle, welche von Salpetersäure oxydirt werden und deren Oxyde sich im Säureüberschuss zu
salpetersauren Salzen auflösen: alle übrigen.

Demzufolge übergiefst man ein Theilchen des Körpers mit
Salpetersäure von 1,25 sp. G. und erhitzt.

1) Es erfolgt vollständige Lösung oder es lässt sich
eine solche durch Zusatz von Wasser bewirken;
zeigt die Abwesenheit von (Platin) Gold, Antimon und Zinn.
Man verdünnt eine kleine Probe mit viel Wasser.

a) *Sie bleibt klar;* man setzt ihr etwas Salzsäure zu. Entsteht
hierdurch ein weifser Niederschlag, der sich beim Erhitzen
der Flüssigkeit nicht löst, von Ammoniak aber aufgelöst
wird, wenn er zuvor ausgewaschen worden, so ist Silber
zugegen. Man verfährt mit der Hauptlösung nach §. 118.

b. *Sie trübt sich milchig,* zeigt die Anwesenheit des Wismuths.
Man filtrirt und prüft das Filtrat wie in a) auf Silber. Alsdann verfährt man mit der Hauptlösung nach §. 118.

2) Es bleibt ein Rückstand;

a) *ein metallischer.* Man filtrirt ab und verfährt mit der Lösung, nachdem man geprüft hat, ob überhaupt etwas aufgelöst worden, wie im Falle §. 109. B. 1., den Rückstand
aber befreit man durch Abspülen von allen gelösten Metallen, löst in Königswasser und setzt zu einer Probe Chlorkalium, zu einer anderen schwefelsaures Eisenoxydul. Ein
gelber Niederschlag in der ersten Probe zeigt Platin, ein
schwarzer in der zweiten Gold an.

b) *ein weifser, pulveriger,* deutet auf Antimon und Zinn.
Man filtrirt ab, prüft, ob etwas aufgelöst worden sei und
verfährt mit dem Filtrat wie im Falle §. 109. B. 1. Den
Rückstand wäscht man sorgfältig aus und erhitzt mit einer
heifs gesättigten Lösung von saurem weinsteinsauren Kali,
oder mit einer Lösung von Weinsteinsäure.

α) Es erfolgt vollständige Lösung, blofs Antimonoxyd,
man prüft sie mit Schwefelwasserstoff-Wasser.

Eigentliche Untersuchung. — Einfache Verbind. — §. 110.   179

β) Es bleibt auch nach dem Kochen mit einer neuen Portion
Weinstein- oder Weinsteinsäure-Lösung ein weifser Rückstand, wahrscheinlich Zinn. Man filtrirt ab und versetzt
die Lösung mit etwas Salzsäure, dann mit Schwefelwasserstoff-Wasser. Erfolgt ein orangerother Niederschlag, so
ist Antimonoxyd vorhanden. Von der Anwesenheit des
Zinnoxyds muss man sich unter allen Umständen überzeugen, indem man den Rückstand mit Cyankalium und
Soda mengt und vor dem Löthrohre reducirt. Vergleiche
§. 95. c. 7.

III.   Eigentliche Untersuchung.

**Verbindungen, in welchen nur eine Basis und eine Säure, oder
ein Metall und ein Metalloid vorausgesetzt wird.**

A.   In Wasser lösliche Körper.

Auffindung der Base *).

§. 110.

1) Man setzt zu einem Theilchen der wässerigen Lösung etwas
Salzsäure.

a) Es entsteht kein Niederschlag; deutet mit Bestimmtheit auf die Abwesenheit des Silbers und Quecksilberoxyduls, mit Wahrscheinlichkeit auf die des Bleies. Man geht
zu §. 110. 2. über.

b) Es entsteht ein Niederschlag. Man theilt die Flüssigkeit, in der er suspendirt ist, in zwei Theile und setzt
zum einen Ammoniak im Ueberschuss.

α) *Der Niederschlag verschwindet, die Flüssigkeit wird klar.*
Er ist alsdann Chlorsilber gewesen und zeigt die Gegenwart des Silbers an. Zur Ueberzeugung prüft man die
ursprüngliche Lösung mit chromsaurem Kali und mit
Schwefelwasserstoff. Siehe §. 91. a. 3. und §. 97. b. 6.

β) *Der Niederschlag wird schwarz.* Er war alsdann Quecksilberchlorür, welches durch das Ammoniak in Quecksilberoxydul verwandelt worden ist. Man erkennt daraus
die Anwesenheit des Quecksilberoxyduls. Zur Ue-

---

*) Bei diesem Gange ist zugleich auf die Arseniksäuren Rücksicht genom-
men, da ihre Ausmittelung im Wege liegt.

180 Eigentliche Untersuchung. — Einfache Verbind. — §. 110.

berzeugung prüft man die ursprüngliche Lösung mit Zinnchlorür und mit metallischem Kupfer. Siehe §. 91. b.

γ) *Der Niederschlag bleibt unverändert.* Er ist alsdann
Chlorblei, welches von Ammoniak weder zersetzt, noch
gelöst wird. Man erkennt daraus die Gegenwart des
Bleies. Man überzeugt sich von seiner Anwesenheit erstens dadurch, dass man die zweite Hälfte der Flüssigkeit, in welcher der durch Salzsäure hervorgebrachte Niederschlag suspendirt ist, mit vielem Wasser verdünnt und
erhitzt. Der Niederschlag muss sich auflösen, wenn er
wirklich Chlorblei ist; zweitens durch Zusatz von verdünnter Schwefelsäure zur ursprünglichen Lösung (§. 91. c.).

2) **Zu der mit Salzsäure angesäuerten Flüssigkeit setzt man Schwe-**
felwasserstoff - Wasser, bis dieselbe auch nach dem Umschütteln deutlich darnach riecht, und erwärmt.

a) **Die Flüssigkeit bleibt klar** Man geht zu 3) über,
denn Blei, Wismuth, Kupfer, Cadmium, Quecksilberoxyd,
Gold, Platin, Zinn, Antimon, Arsenik und Eisenoxyd sind
nicht zugegen.

b) **Man erhält einen Niederschlag.**

α) **Derselbe ist weifs.** Er rührt alsdann von ausgeschiedenem Schwefel her und deutet auf Eisenoxyd (§. 89. f.).
Man muss sich jedoch, da die Abscheidung des Schwefels
auch von anderen Substanzen bewirkt worden sein könnte,
von der Gegenwart des Eisenoxyds unter allen Umständen durch Ammoniak und durch Ferrocyankalium in der
ursprünglichen Lösung überzeugen (§. 89. f.).

β) **Der Niederschlag ist gelb.** Er kann alsdann Schwefelcadmium, Schwefelarsenik und Zinnsulfid sein und deutet demnach entweder auf Cadmium, auf Arsenik oder
Zinnoxyd hin. Zur Unterscheidung dieser Fälle setzt man
zu einer Probe der Flüssigkeit, in welcher der Niederschlag
suspendirt ist, Ammoniak im Ueberschuss.

aa) *Er verschwindet nicht,* Cadmium, denn das Schwefelcadmium ist in Ammoniak unlöslich. Ueberzeugung
durch das Löthrohr (§. 92. d.).

bb) *Er verschwindet,* Zinnoxyd oder Arsenik. **Man setzt**
zu einem Theilchen der ursprünglichen Lösung Ammoniak.

αα) *Es entsteht ein weifser Niederschlag,* Zinnoxyd.

Ueberzeugung durch Reduction dieses Niederschlages mit Cyankalium und Soda vor dem Löthrohre
(§. 95. c.).

ββ) *Es entsteht kein Niederschlag*, Arsenik. Verge-
wisserung durch Darstellung eines Metallspiegels
aus der ursprünglichen Substanz oder dem Schwe-
felarsenniederschlage mit Cyankalium und Soda oder
auf eine sonstige Art, und ferner durch Behandeln
der ursprünglichen Substanz mit Soda in der inneren Löthrohrflamme (§. 95. d.).

γ) Der Niederschlag ist orangefarben. Er ist alsdann Schwefelantimon und deutet Antimonoxyd an.
Man überzeugt sich durch einen Reductionsversuch vor
dem Löthrohre (§. 95. a.).

δ) Der Niederschlag ist braun. Er ist alsdann Zinnsulfür und deutet Zinnoxydul an. Zur Ueberzeugung
prüft man ein Theilchen der ursprünglichen Lösung mit
Quecksilberchloridlösung, ein anderes mit Goldsolution
(§ 95. b.).

ε) Der Niederschlag ist schwarz. Er kann alsdann
Schwefelblei, Schwefelkupfer, Schwefelwismuth, Schwefelgold, Schwefelplatin und Quecksilbersulfid sein. Man
macht zur Unterscheidung dieser Fälle folgende Versuche
mit der ursprünglichen Lösung.

aa) Zu einem Theilchen setzt man verdünnte Schwefelsäure. Weifser Niederschlag, Blei. Ueberzeugung
durch chromsaures Kali (§. 91. c.).

bb) Zu einem Theilchen setzt man Ammoniak im Ueberschuss. Blauer Niederschlag, sich im Ammoniaküberschuss mit lasurblauer Farbe lösend, Kupfer. Ueber
zeugung mit Ferrocyankalium (§. 92. b.).

cc) Zu einem Theilchen setzt man Kali, gelber Niederschlag, Quecksilberoxyd. Ueberzeugung mit Zinnchlorür und metallischem Kupfer (§. 92. a.).

Die Anwesenheit des Quecksilberoxyds giebt sich in
der Regel schon dadurch zu erkennen, dass der Niederschlag, der durch Zusatz von Schwefelwasserstoff-
Wasser entsteht, nicht gleich von Anfang schwarz erscheint, sondern erst bei Zusatz von überschüssigem
Fällungsmittel durch Weifs, Gelb und Orange in diese
Farbe übergeht (§. 92. a. 3.).

dd) Ein Theilchen der ursprünglichen Lösung verdampft
man in einem Porzellantiegelchen beinahe zur Trockne
und spült alsdann den Rückstand in ein halb mit Wasser gefülltes Proberöhrchen. Entsteht eine milchige
Trübung, so rührt sie von einem basischen Wismuthsalze her und lässt also Wismuth erkennen. Ueberzeugung durch das Löthrohr (§. 92. c.).

ee) Zu einem Theilchen der .ursprünglichen Lösung setzt
man Eisenvitriollösung. Entsteht ein feiner, schwarzer
Niederschlag von regulinischem Gold, so ist dieses
Metall zugegen. Ueberzeugung durch Behandeln dieses Niederschlages vor dem Löthrohre oder durch
Prüfung der ursprünglichen Lösung mit Zinnchlorür
(§. 94. a.).

ff) Zu einem Theilchen der Lösung setzt man Chlorkalium.
Entsteht ein gelber krystallinischer Niederschlag, so
ist Platin zugegen. Ueberzeugung durch Glühen dieses Niederschlages (§. 94. b.).

3) Zu einem Theilchen der ursprünglichen Lösung setzt man Salmiak, sodann Ammoniak bis zur alkalischen Reaction und endlich, gleichgültig ob durch Ammoniak ein Niederschlag entstand oder nicht, Schwefelammonium.

a) Es entsteht kein Niederschlag. Man geht zu §. 110.
4, über, denn Eisen, Kobalt Nickel, Mangan, Zink, Chrom
und Thonerde sind nicht vorhanden.

b) Es entsteht ein Niederschlag.

α) *Er ist schwarz.* Eisenoxydul, Nickel oder Kobalt. Man
versetzt ein Theilchen der ursprünglichen Lösung mit kaustischem Kali.

aa) Man erhält einen schmutzig grünlichweifsen Niederschlag, der an der Luft sehr bald rothbraun wird, Eisenoxydul. Man überzeugt sich durch Ferridcyankalium (§. 89. e.).

bb) Man erhält einen hellgrünlichen Niederschlag, der
seine Farbe nicht ändert, Nickel. Ueberzeugung durch
Ammoniak und Zusatz von Kali (§. 89. c.).

cc) Man erhält einen himmelblauen, beim Kochen missfarbig und dunkel werdenden Niederschlag, Kobalt.
Ueberzeugung durch das Löthrohr (§. 89. d.).

β *Er ist nicht schwarz.*

aa) Ist er deutlich fleischroth, so ist er Schwefelmangan und deutet Manganoxydul an. Man überzeugt sich durch Zusatz von Kali zur ursprünglichen Lösung oder durch das Löthrohr (§. 89. b.).

bb) Ist er bläulich grün, so ist er Chromoxydhydrat und deutet also auf Chromoxyd. Man überzeugt sich, indem man die ursprüngliche Lösung mit Kali prüft und vor dem Löthrohre (§. 88. b.).

cc) Ist er weiſs, so kann er Thonerdehydrat oder Schwefelzink sein, also entweder Thonerde oder Zinkoxyd anzeigen. Man setzt zur Unterscheidung beider zu einem Theilchen der ursprünglichen Lösung tropfenweise Kali, bis der entstandene Niederschlag eben wieder gelöst ist und fügt

αα) zu einer Probe der kalischen Lösung Schwefelwasserstoff-Wasser; ein dadurch hervorgebrachter weiſser Niederschlag läſst Zink erkennen. Ueberzeugung mit Kobaltsolution vor dem Löthrohre (§. 89. a.);

ββ) zu einer anderen Probe der kalischen Lösung Chlorammonium. Weiſser Niederschlag zeigt Thonerde an. Ueberzeugung mit Kobaltsolution vor dem Löthrohre (§. 88. a.).

Bemerkung zu §. 110. 3. β.

Da sehr geringe Verunreinigungen die Farben der sub §. 110. 3. b β. betrachteten Niederschläge undeutlich machen können, so ist im Falle dieses stattzufinden scheint, zur Entdeckung des Mangans, Chroms, Zinks und der Thonerde folgender Weg einzuschlagen.

Man setzt zu einem Theilchen der ursprünglichen Lösung Kali im Ueberschuss.

aa) Es entsteht ein weiſslicher Niederschlag, der sich im Ueberschuss des Fällungsmittels nicht löst und an der Luft bald braunschwarz wird, Mangan. Man überzeugt sich durch das Löthrohr (§. 89. b.).

bb) Es entsteht ein Niederschlag, der sich im Ueberschuss des Kali's löst, Chromoxyd, Thonerde, Zink.

αα) Man setzt zu einer Probe der kalischen Lösung

184 Eigentliche Untersuchung. — Einfache Verbind. — §. 110.

Schwefelwasserstoff-Wasser. Weißer Niederschlag,
Zink.

βββ) Im Falle die ursprüngliche oder die kalische Lösung
grün erscheint, und im Falle der durch Kali erzeugte, im Ueberschuss sich wieder lösende Niederschlag bläulich war, ist Chromoxyd zugegen.
Ueberzeugung durch Kochen der kalischen Lösung
und durch das Löthrohr (§. 88. b.).

γγ) Man setzt der kalischen Lösung Chlorammonium zu.
Weißer Niederschlag, Thonerde. Ueberzeugung
wie oben.

4) Man fügt zu einem Theilchen der ursprünglichen Lösung Chlorammonium und kohlensaures Ammoniak, dem etwas Aetzammoniak zugesetzt ist, und erwärmt

a) Es entsteht kein Niederschlag, Abwesenheit von Baryt, Strontian und Kalk. Man geht zu §. 110. 5. über.

b) Es entsteht ein Niederschlag, Anwesenheit von Baryt, Strontian oder Kalk.

Man setzt zu einer Probe der ursprünglichen Lösung Gypssolution und erwärmt.

α) Es entsteht auch nach 5—10 Minuten keine Trübung,
Kalk. Ueberzeugung durch Oxalsäure (§. 87. c).

β) Es entsteht von Anfang keine Trübung, wohl aber nach
einiger Zeit, Strontian. Man überzeugt sich durch die
Alkoholflamme (§. 87. b.).

γ) Es entsteht sogleich ein Niederschlag, Baryt. Man überzeugt sich mit Kieselfluorwasserstoffsäure (§. 87. a.).

5) Zu der Probe von 4, in der man durch kohlensaures Ammoniak nach Salmiakzusatz keinen Niederschlag erhalten hat,
setzt man phosphorsaures Natron.

a) Es entsteht kein Niederschlag, auch nicht nach dem
Durchschütteln der Flüssigkeit, Abwesenheit der Magnesia.
Man geht zu §. 110. 6. über.

b) Es entsteht ein krystallinischer Niederschlag,
Magnesia.

6) Man verdampft einen Tropfen der ursprünglichen Lösung auf
Platinblech und glüht.

a) Es bleibt kein fixer Rückstand. Man prüft alsdann

auf Ammoniak, indem man zur ursprünglichen Lösung
Kali setzt und den Geruch, die Nebel mit Essigsäure und die
Reaction des entweichenden Gases prüft (§. 86. c.).

b) Es bleibt ein fixer Rückstand, Kali oder Natron. Man
setzt zu einem Theilchen der ursprünglichen Lösung (welche,
soferne sie sehr verdünnt sein sollte, erst durch Abdampfen
zu concentriren ist) Weinsteinsäure und schüttelt tüchtig um.

α) *Kein Niederschlag, auch nicht nach zehn bis fünfzehn
Minuten*, Natron. Ueberzeugung durch die Löthrohr-
und Weingeistflamme (§. 86. b.).

β) *Krystallinischer körniger Niederschlag*, Kali. Ueberzeugung durch Platinchlorid, durch die Löthrohr - und Weingeistflamme (§. 86. a.).

Verbindungen, in welchen nur eine Basis und eine Säure u. s. w.
vorausgesetzt wird.

A. In Wasser lösliche Körper. Auffindung der Säure.

I. Einer unorganischen.

§. 111.

Man überlegt vor Allem, welche Säuren überhaupt mit der
gefundenen Base in Wasser lösliche Verbindungen bilden und
nimmt bei der folgenden Prüfung darauf Rücksicht.

1) Die arsenige und die Arseniksäure erkennt man schon
beim Aufsuchen der Basen; man unterscheidet sie durch ihr
Verhalten zu salpetersaurem Silber, oder zu Kali und Kupfervitriol, siehe §. 95. d. und e.

2) Auf die Kohlensäure, Hydrothionsäure und Chromsäure wird man ebenfalls schon bei dem Aufsuchen der Base
nach dem vorgeschriebenen Gange hingewiesen. Die beiden
ersten geben sich durch Aufbrausen beim Zusatz von Salzsäure
zu erkennen; man unterscheidet dieselben durch den Geruch
und überzeugt sich nöthigenfalls von der Anwesenheit der
Kohlensäure durch Kalkwasser, siehe §. 100. a., von der des
Schwefelwasserstoffs durch Bleilösung (§. 101. e.). Auf die
Chromsäure wird man in allen Fällen durch die gelbe oder
rothe Farbe der Lösung, sowie durch den Farbenwechsel der

186   Eigentliche Untersuchung. — Einfache Verbind. — §. 111.

selben und die Schwefelabscheidung beim Zusatz des Schwefelwasserstoff-Wassers hingewiesen. Man überzeugt sich von
ihrer Anwesenheit durch Blei- und Silbersolution (§. 97. b.).

3) Man setzt zu einer Probe der Lösung, nachdem man sie im
Falle saurer Reaction mit Ammoniak neutral oder schwach alkalisch gemacht hat, Chlorbaryum.
  a) Die Flüssigkeit bleibt klar. Man geht zu §. 111. 4.
     über; es wird dadurch die Abwesenheit der Schwefelsäure,
     Phosphorsäure und Kieselsäure mit Gewissheit, die der
     Oxalsäure und Borsäure mit Wahrscheinlichkeit angedeutet.
     (Die Barytverbindungen dieser beiden letzteren Säuren wer-
     den nämlich durch Ammoniaksalze in Auflösung erhalten
     und der borsaure Baryt scheidet sich aus verdünnten Lösun-
     gen überhaupt nicht aus.)
  b) Es entsteht ein Niederschlag. Man setzt verdünnte
     Salzsäure im Ueberschuss zu.
     α) Er löst sich auf, keine Schwefelsäure. Man geht zu 4.
        über.
     β) Er bleibt ungelöst und wird auch von vielem Wasser nicht
        aufgenommen, Schwefelsäure.

4) Man setzt zu einer neuen Probe, nachdem sie bei saurer Reaction mit Ammoniak neutral oder schwach alkalisch gemacht
worden ist, Gypssolution und zuvor, im Falle in der Lösung
sich noch kein Ammoniaksalz befindet, etwas Salmiak.
  a) Es entsteht kein Niederschlag; Abwesenheit der Oxal-
     säure und der Phosphorsäure. Man geht zu §. 111. 5. über.
  b) Es entsteht ein Niederschlag. Man setzt Essigsäure
     im Ueberschuss zu.
     α) Er löst sich auf, Phosphorsäure; Ueberzeugung mit
        schwefelsaurer Magnesia und Ammoniak, mit Silbersolu-
        tion und vor dem Löthrohre (§. 99. a.).
     β) Er bleibt ungelöst, wird aber von Salzsäure leicht aufge-
        nommen, Oxalsäure; Ueberzeugung durch concentrirte
        Schwefelsäure (§. 99. c.).

5) Man macht eine neue Probe mit Salpetersäure sauer und setzt
alsdann salpetersaure Silberlösung zu.
  a) Die Flüssigkeit bleibt klar. Sichere Abwesenheit von
     Chlor und Jod, wahrscheinliche von Cyan.

Prüfung auf unorgan. Säuren. — §. 111.   187

(Von den löslichen Cyanmetallen wird nämlich das Queck-
silbercyanid durch salpetersaures Silber nicht gefällt; ob
man auf dieses Rücksicht zu nehmen hat, ersieht man
aus der gefundenen Base; wie man in demselben das
Cyan nachweist, siehe §. 101. d.). —

      Man geht zu §. 111. 6. über.

b) Es entsteht ein Niederschlag. Man setzt Ammoniak
im Ueberschuss zu.

   α) *Er löst sich nicht*, Jod, Ueberzeugung mit Stärkemehl.
      (§. 101. c.).

   β) *Er löst sich*. Löst er sich leicht, so hat man Ursache,
      Chlor, löst er sich schwieriger und erst bei Zusatz von
      viel Ammoniak, Cyan zu vermuthen. Man überzeugt
      sich von der Anwesenheit des Chlors durch Prüfung der
      ursprünglichen Flüssigkeit mit salpetersaurem Quecksilber-
      oxydul und durch das Verhalten des Silberniederschlages
      in der Hitze (§. 101. a.), von der des Cyans aber durch
      Zusatz von Kali, Eisenoxyduloxydlösung und Salzsäure
      zur ursprünglichen Lösung (§. 101. d.).

6) Man übergiefst ein Theilchen des festen Körpers oder, im Falle
man eine Flüssigkeit hat, den durch Abdampfen erhaltenen Rückstand mit etwas Schwefelsäure, setzt Alkohol
zu und entzündet diesen. Erscheint die Flamme beim Umrühren grün, so ist Borsäure zugegen.

7) Auf die Salpetersäure wird. man in der Regel schon bei der
vorläufigen Prüfung hingeführt (§. 107. I. 2. c.). Man überzeugt
sich von ihrer Gegenwart durch Eisenvitriol und Schwefelsäure.
sowie durch Indigosolution (§. 102. a.).

8) Was die Auffindung der an und für sich oder in löslichen Verbindungen seltner vorkommenden Chlorsäure. Flusssäure und
Kieselsäure und die des Broms betrifft, so verweise ich auf
§. 126. am Ende.

188 Eigentliche Untersuchung. — Einfache Verbind. — §. 112.

**Verbindungen, in welchen nur eine Basis und eine Säure u. s. w.
vorausgesetzt wird.**

A. In Wasser lösliche Körper. Auffindung der Säure.

II. Einer organischen.

§. 112.

1) Man setzt zu einem Theilchen der wässerigen Lösung Ammoniak bis zur schwach alkalischen Reaction, dann Chlorcalcium. Im Falle die Lösung neutral war, fügt man vor dem Zusatze des Chlorcalciums etwas Chlorammonium zu.

   a) Es entsteht kein Niederschlag, auch nicht nach dem Umschütteln und nach Verlauf einiger Minuten. Abwesenheit der Oxalsäure und Weinsteinsäure. Man geht zu §. 112. 2. über.

   b) Es entsteht ein Niederschlag. Man setzt zu einer neuen Probe Kalkwasser im Ueberschuss und fügt alsdann zu dem entstandenen Niederschlage Salmiaklösung.

     α) *Der Niederschlag verschwindet,* Weinsteinsäure. Ueberzeugung durch essigsaures Kali, sicherer aber durch das Verhalten des durch Chlorcalcium entstandenen Niederschlages zu Aetzkali (§ 103. b.).

     β) *Der Niederschlag verschwindet nicht,* Oxalsäure. Ueberzeugung durch concentrirte Schwefelsäure (§. 99. c.).

2) Die Flüssigkeit von 1. a. erhitzt man zum Kochen, erhält sie darin eine Zeit lang und setzt der kochenden Flüssigkeit noch etwas Ammoniak zu.

   a) Sie bleibt klar, keine Citronensäure. Man geht zu §. 112. 3. über.

   b) Sie trübt sich und setzt einen Niederschlag ab, Citronensäure.

3) Die Flüssigkeit von 2. a. vermischt man mit Alkohol.

   a) Sie bleibt klar, keine Aepfelsäure. Man geht zu §. 112. 4. über.

   b) Sie wird gefällt, Aepfelsäure. Man überzeugt sich unter allen Umständen von ihrer Anwesenheit durch essigsaures Blei (§. 103. e.).

Nur in Säuren lösliche Körper. — §. 113.   189

4) Man macht eine Probe der ursprünglichen Lösung, im Falle
sie es nicht schon ist, durch Ammoniak oder Salzsäure ganz
neutral und setzt Eisenchloridlösung zu.

a) Es entsteht ein zimmtbrauner oder schmutzig
gelber, voluminöser Niederschlag. Man wäscht
denselben aus, erwärmt ihn mit Ammoniak, filtrirt, engt ein,
theilt in zwei Theile und setzt zum einen etwas Salzsäure,
zum anderen Alkohol und Chlorbaryum. Entsteht durch erstere ein Niederschlag, so ist Benzoësäure zugegen. Ein
Niederschlag mit Chlorbaryum lässt Bernsteinsäure erkennen. Vergl. §. 104. a. und b.

b) Es entsteht eine ziemlich intensive tiefrothe
Färbung der Flüssigkeit, und bei längerem Kochen scheidet sich ein hell rothbrauner Niederschlag ab. Essigsäure oder Ameisensäure.

Man erwärmt ein Theilchen des zu untersuchenden festen
Salzes oder des durch Abdampfen der Flüssigkeit (wenn sie
sauer ist, muss zuvor Kali bis zur Neutralität zugesetzt werden) erhaltenen Rückstandes mit Schwefelsäure und Alkohol
(§. 105. a.); Geruch nach Essigäther giebt Essigsäure zu
erkennen.

Von der Anwesenheit der Ameisensäure, auf welche
man schliessen muss, wenn man keine Essigsäure gefunden
hat, überzeugt man sich durch salpetersaures Silberoxyd
und Quecksilberchlorid (§. 105. b.).

Verbindungen, in welchen nur eine Basis und eine Säure u. s. w.
vorausgesetzt wird.

B. In Wasser unlösliche oder schwer lösliche, in
Salzsäure, Salpetersäure oder Königswasser
lösliche Körper.

Auffindung der Base *).

§. 113.

Einen Theil der Lösung in Salzsäure, Salpetersäure oder Königswasser verdünnt man mit Wasser **) und verfährt sodann

---

*) Bei diesem Gange ist zugleich auf einige Salze Rücksicht genommen, da
man geradezu auf dieselben hingeführt wird.
**) Entsteht beim Zusatz des Wassers eine weisse Trübung oder Fällung, so
deutet dieselbe auf Antimon, Wismuth oder Zinn. Vergl. §. 108. 4.

190 Eigentliche Untersuchung. — Einfache Verbind. — §. 113.

zur Auffindung der Base genau nach §. 110., indem man, im
Falle die Auflösung eine salpetersaure ist, bei 1., im Falle sie
aber schon Salzsäure enthält, bei 2. beginnt. Dabei ist Folgendes wohl zu beachten: Hat man einen in Wasser löslichen
Körper und man bekommt im Laufe der Untersuchung mit
Schwefelammonium, nach Neutralisation der vorher zugesetzten
oder überhaupt vorhandenen Säure mit Ammoniak, einen weifsen
Niederschlag, so kann dieser nur Schwefelzink oder Thonerde
sein, wie wir oben §. 110. 3. b. β. cc. gesehen haben. Anders
verhält es sich, wenn der Körper in Wasser nicht löslich
war, von Salzsäure aber aufgenommen wurde. Es kann nämlich alsdann ein solcher durch Schwefelammonium bei Gegenwart von Salmiak hervorgebrachter weifser Niederschlag auch
von einer phosphorsauren alkalischen Erde, sowie von
oxalsaurem Kalk, Baryt und Strontian herrühren. Bekommt man demnach bei Untersuchung einer sauren Lösung unter den angeführten Umständen bei Befolgung des Ganges nach
§. 110. bei 3. b. β. cc. einen weifsen Niederschlag, so verfährt
man folgendermafsen: Man setzt zu einer kleinen Probe der ursprünglichen salzsauren Lösung kaustisches Kali im Ueberschuss.

1) Der entstehende Niederschlag löst sich im Ueberschuss des Fällungsmittels wieder auf, Abwesenheit
der Erdsalze, Anwesenheit von Zink oder Thonerde. Zu
ihrer Unterscheidung prüft man die kalische Lösung mit Schwefelwasserstoff und Chlorammonium, siehe oben §. 110. 3. b. β.
cc. Die Thonerde kann als phosphorsaure Thonerde vorhanden gewesen und gefällt worden sein. Man erforscht dies,
indem man den Niederschlag in etwas Salzsäure löst, Weinsteinsäure zufügt, mit Ammoniak übersättigt und mit schwefelsaurer Magnesia versetzt. Im Falle Phosphorsäure zugegen
ist, entsteht meistens erst nach einiger Zeit, ein Niederschlag
von basisch phosphorsaurer Ammoniak - Talkerde.

2) Der entstehende Niederschlag löst sich in überschüssigem Kali nicht wieder auf. Anwesenheit eines
phosphorsauren oder oxalsauren Salzes mit alkalisch erdiger
Basis. Man prüft nun zuerst vorläufig, ob man mit einer oxalsauren oder mit einer phosphorsauren Verbindung zu thun hat,
indem man ein Theilchen des ursprünglichen Körpers glüht.
Geht derselbe dabei unter geringer Schwärzung oder auch

Nur in Säuren lösliche Körper. — §. 113. 191

ohne dieselbe in eine kohlensaure Verbindung über, was man
leicht daran erkennt, dass die geglühte Masse (nach Zusatz
von etwas Wasser) beim Uebergiefsen mit Säuren aufbraust,
während der Körper, ungeglüht, ruhig gelöst wird, so ist das
Salz ein oxalsaures, bleibt er unverändert, ein phosphorsaures.

a) Die vorläufige Prüfung deutete auf eine phosphorsaure Verbindung hin.

Man setzt zu einer Probe der ursprünglichen salzsauren
Lösung Ammoniak bis zur schwach alkalischen Reaction,
dann Essigsäure, bis der entstandene Niederschlag wieder
gelöst ist, und fügt nunmehr einen Tropfen Eisenchloridlösung zu. Das Entstehen eines gelblich weifsen, gelatinösen
Niederschlages (phosphorsaures Eisenoxyd) bestätigt die Anwesenheit der Phosphorsäure. Man setzt nun zu derselben Flüssigkeit tropfenweise so lange Eisenchlorid zu, bis
die Flüssigkeit (von sich bildendem essigsauren Eisenoxyd)
deutlich roth erscheint und erhitzt alsdann anhaltend zum
Kochen. Es entsteht ein rothbrauner Niederschlag, welcher
von der farblosen Flüssigkeit unmittelbar nach dem Kochen
abfiltrirt wird. — Durch diese Operation wird die Phosphorsäure von ihrer Base getrennt und, an Eisenoxyd gebunden,
nebst freiem Oxydhydrat niedergeschlagen. Die alkalisch
erdige Basis aber hat man als Chlorverbindung in dem Filtrat. Ihre weitere Erkennung geschieht auf die gewöhnliche
Art, siehe §. 110. 4.

b) Die vorläufige Prüfung deutete auf eine oxalsaure Verbindung hin.

Man kann alsdann zwei Wege einschlagen, um die Basis
und die Säure mit Sicherheit zu erkennen.

Der erste ist der, dass man ein Theilchen der Verbindung glüht, den Rückstand in Salzsäure löst und in dieser
Lösung die alkalisch erdige Basis auf die gewöhnliche Art
darthut. Von der Anwesenheit der Oxalsäure überzeugt
man sich alsdann durch das Verhalten einer weiteren Probe
zu concentrirter Schwefelsäure (§. 99. c.).

Der zweite ist der, dass man ein Theilchen der Verbindung mit concentrirter kohlensaurer Kalilösung einige
Zeit kocht und dann die Flüssigkeit von dem Rückstande
abfiltrirt. Durch diese Behandlung erhält man die alkalisch
erdige Basis an Kohlensäure gebunden im Rückstande, die

192 Eigentliche Untersuchung. — Einfache Verbind. — §. 114.

Oxalsäure aber mit Kali vereinigt in der Lösung; man weist
sie darin, nachdem man mit Essigsäure sauer gemacht hat,
mit Gypssolution nach (§. 99. c.). Den Rückstand löst man
nach dem Auswaschen in Salzsäure und verfährt mit der
Lösung wie gewöhnlich (§. 110. 4).

Verbindungen, in welchen nur eine Basis und eine Säure u. s. w.
vorausgesetzt wird.

B. In Wasser unlösliche oder schwer lösliche, in
Salzsäure, Salpetersäure oder Königswasser
lösliche Körper. Auffindung der Säure.

I. Einer unorganischen.

§. 114.

1) Chlorsäure kann nicht zugegen sein, denn die chlorsauren
Salze sind sämmtlich in Wasser löslich; auf Salpetersäure
hat man ebenfalls gewöhnlich keine Rücksicht zu nehmen, da
sich auch die salpetersauren Salze fast alle in Wasser lösen.
Der Ausnahmen sind wenige. Als die am häufigsten vorkommende verdient das basisch salpetersaure Wismuth erwähnt
zu werden. Man überzeugt sich von der Anwesenheit der Salpetersäure in solchen Verbindungen am schnellsten durch die
Verpuffung, wenn man sie auf glühende Kohlen wirft. Genauer durch die Verpuffung, welche beim Zusammenschmelzen mit Cyankalium entsteht, siehe §. 102. a. — Wegen der in
Wasser unlöslichen Cyanmetalle siehe §. 131.

2) Die arsenige und Arseniksäure, die Kohlensäure,
Hydrothionsäure und Chromsäure hat man schon bei
der Prüfung auf Basen gefunden, und zwar wurde man auf die
letztere durch die gelbe oder rothe Farbe der Verbindung,
durch die Chlorentwicklung beim Kochen mit Salzsäure und
durch die nachherige Auffindung von Chromoxyd in der Lösung hingewiesen. Die sicherste Methode, sich von der Gegenwart der Chromsäure zu überzeugen, welche sich in allen
Fällen anwenden lässt, ist die, dass man die Verbindung mit
etwas kohlensaurem Natron und Salpeter zusammenschmilzt
(§. 97. b.).

3) Man kocht eine Probe der Substanz mit Salpetersäure.

   a) Entwickelt sich dabei Stickoxydgas, welches sich durch die rothen Dämpfe von salpetriger Säure, die es beim Zusammentreffen mit Luft bildet, zu erkennen giebt, so deutet Dies ein S c h w e f e l m e t a l l , entwickelt sich Kohlensäure, ein k o h l e n s a u r e s Salz an. Von der Anwesenheit eines Schwefelmetalls überzeugt man sich alsdann leicht, wenn man die salpetersaure Lösung mit Chlorbaryum prüft; sie muss damit einen auch in vielem Wasser nicht löslichen Niederschlag von schwefelsaurem Baryt geben. Ebenso sicher erkennt man Schwefelmetalle vor dem Löthrohre, siehe §. 101. e.

   b) Entweichen violette Dämpfe, so ist die Verbindung ein J o d - metall. Ueberzeugung durch ein mit Amylum bestrichenes Papier (§. 101. c.).

4) Zu einem Theilchen der salpetersauren Lösung, welche man, im Falle bei der Behandlung mit Salpetersäure ein darin unlöslicher Rückstand geblieben ist, zuvor filtrirt, setzt man, nach Verdünnung mit Wasser, salpetersaures Silberoxyd; weißer Niederschlag, in Ammoniak löslich, beim Erhitzen ohne Zersetzung schmelzend, C h l o r .

5) Man kocht eine Probe mit Salzsäure, filtrirt, wenn nöthig, und setzt, nach Verdünnung mit Wasser, salpetersauren Baryt zu; entsteht ein weißer, auch bei Zusatz von viel Wasser nicht verschwindender Niederschlag, so ist die Säure S c h w e f e l - s ä u r e .

6) Auf B o r s ä u r e prüft man wie oben, §. 111.

7) War von allen bisher genannten Säuren keine zugegen, so hat man Grund, auf die Gegenwart von P h o s p h o r s ä u r e oder O x a l s ä u r e oder auch auf die Abwesenheit eines aciden Körpers zu schliefsen. Im Falle die Phosphorsäure an eine alkalische Erde und die Oxalsäure an Kalk, Baryt, oder Strontian gebunden gewesen wäre, hätte man sie schon beim Aufsuchen der Basen erkannt (§. 113.), man hat daher jetzt nur nöthig, auf dieselben Rücksicht zu nehmen, wenn die Untersuchung eine andere Basis ergeben hat. Man wendet alsdann zur Prüfung die von den schweren Metallen befreite Flüssigkeit, sei es, dass dieselben aus saurer Lösung durch Schwefelwasser-

194 Eigentliche Untersuchung — Einfache Verbind. — §. 115—116.

stoff, sei es, dass sie aus alkalischer durch Schwefelammonium
gefällt worden sind, an, und weist die beiden Säuren darin,
wie oben §. 111. 4., nach.

8) Wegen Auffindung der K i e s e l s ä u r e, des B r o m s und F l u o r s
siehe §. 126. am Schlusse.

Verbindungen, in welchen nur eine Basis und eine Säure
vorausgesetzt wird.

B. In Wasser unlösliche oder schwer löslich, in
Säuren lösliche Körper. Auffindung der Säure.

II. Einer organischen.

§. 115.

1) Man löst eine Probe in möglichst wenig Salzsäure. Bleibt ein
Rückstand, so ist dieser durch Erhitzen auf B e n z o ë s ä u r e
zu prüfen. Zur Lösung setzt man kohlensaures Kali im Ueberschuss, kocht eine Zeit lang und filtrirt. Man hat jetzt unter
allen Umständen die organische Säure in dem alkalischen Filtrat. Man sättigt dieses daher genau mit Salzsäure und prüft
diese Flüssigkeit wie oben §. 112. angegeben. Auf Ameisensäure braucht man nicht Rücksicht zu nehmen, da ihre Salze
sämmtlich in Wasser löslich sind.

2) Die E s s i g s ä u r e findet man in solchen Verbindungen mittelst
Schwefelsäure und Alkohol am schnellsten (§. 105. a.).

Verbindungen, in welchen nur eine Basis und eine Säure u. s. w.
vorausgesetzt wird.

C. In Wasser, in Salzsäure, Salpetersäure und
Königswasser unlösliche oder schwer lösliche Körper. Auffindung der Base und der Säure.

§. 116.

Unter dieser Rubrik betrachten wir hier s c h w e f e l s a u-
ren B a r y t, s c h w e f e l s a u r e n S t r o n t i a n, s c h w e f e l s a u-
ren K a l k, K i e s e l e r d e, s c h w e f e l s a u r e s B l e i o x y d,

In Wasser und Säuren unlösliche Körper. — §. 116.   195

Chlorblei und Chlorsilber, als diejenigen Verbindungen, welche von allen hierher gehörigen allein häufig vorkommen. Hinsichtlich der in diese Classe gehörigen seltner zur Untersuchung kommenden Verbindungen wird auf §. 130. verwiesen.

Schwefelsaurer Kalk und Chlorblei sind in Wasser nicht unlöslich, schwefelsaures Bleioxyd kann in Salzsäure aufgelöst werden. Diese Verbindungen werden jedoch, da sie so schwer löslich sind, dass man selten eine totale Lösung bekommt, hier nochmals mit abgehandelt, damit dieselben, im Falle sie bei der Untersuchung der wässerigen oder sauren Lösung übersehen wurden, hier gefunden werden.

1) Man übergiefst eine ganz geringe Menge der Substanz mit Schwefelammonium.

   a) Sie wird schwarz, deutet auf die Anwesenheit eines Bleisalzes oder des Chlorsilbers. Man digerirt eine etwas gröfsere Probe der Substanz mit Schwefelammonium eine Zeit lang. Dadurch wird das Metallsalz zersetzt, man erhält ein Schwefelmetall, welches ungelöst bleibt, während sich die Säure des Metallsalzes mit dem Ammoniak des Schwefelammoniums verbunden in der Lösung befindet. Man filtrirt nun ab, löst das ausgewaschene Schwefelmetall in Salpetersäure und prüft mit Schwefelsäure auf Blei, mit Chlorwasserstoffsäure und nachherigem Zusatz von Ammoniak auf Silber. Im Filtrat prüft man, nachdem man den Ueberschuss des Schwefelammoniums durch Zusatz von Salzsäure und Aufkochen zersetzt hat, mit Chlorbaryum auf Schwefelsäure, in einem andern Theile, nachdem man mit Salpetersäure angesäuert und gekocht hat, mit Silberlösung auf Chlorwasserstoff.

   b) Sie bleibt weifs. Abwesenheit eines schweren Metalloxyds. Man mengt eine kleine Probe der sehr fein geriebenen Substanz mit der vierfachen Quantität kohlensauren Natron-Kali's, giebt in einen kleinen Platintiegel und schmilzt über der Berzelius'schen Spirituslampe.

     Die geschmolzene Masse kocht man mit Wasser.

     α) Es erfolgt totale Lösung, Kieselerde. Man überzeugt sich, indem man die Lösung mit Salzsäure übersättigt und zur Trockne verdampft. Hierdurch geht die Kieselsäure in die unlösliche Modification über. Sie bleibt daher zurück, wenn man die abgedampfte Masse mit Wasser aus-

13*

196 Eigentliche Untersuchung. — Zusammenges. Verb. — §. 117.

zieht. Mit Soda giebt sie in guter Löthrohrflamme ein klares Glas (§. 100. b.).

β) *Es bleibt ein weifser Rückstand*, eine der schwefelsauren alkalischen Erden. Man filtrirt ab. Im Filtrat erkennt man die Schwefelsäure mit Chlorbaryum, nachdem man mit Salzsäure sauer gemacht und die Lösung mit Wasser verdünnt hat. Den weifsen Rückstand (die kohlensaure alkalische Erde) wäscht man sorgfältig aus, löst in wenig verdünnter Salzsäure und prüft die Lösung auf Baryt, Strontian und Kalk, wie oben §. 110 4. angegeben wurde.

Verbindungen, in welchen sämmtliche häufiger vorkommende Basen, Säuren, Metalle und Metalloide vorausgesetzt werden.

A. In Wasser lösliche und in Wasser unlösliche, aber in Salzsäure oder Salpetersäure lösliche Körper. Auffindung der Basen *).

§. 117.

Das Schema zur Untersuchung auf die Basen ist für die Verbindungen der Classe I. und II. (s. §. 109.) vereinigt, da der Gang in den meisten Fällen derselbe ist. Die Abschnitte, die sich blofs auf in Wasser unlösliche, in Salzsäure oder Salpetersäure lösliche Körper beziehen, sind zu schnellerer Uebersicht mit Anführungszeichen (» — «) versehen und können also bei Untersuchung in Wasser löslicher Körper überschlagen werden.

I. Man hat eine rein wässerige Lösung.

Man versetzt dieselbe mit etwas Salzsäure.

1) Sie reagirte vorher sauer oder war neutral.
   a) Es entsteht kein Niederschlag, zeigt die Abwesenheit von Silber nnd Quecksilberoxydul. Man geht zu §. 118. über.
   b) Es entsteht ein Niederschlag, man setzt tropfenweise

---

*) Bei diesem Gange ist zugleich auf die Arseniksäuren und einige Salze Rücksicht genommen, da ihre Ausmittelung im Wege liegt.

Prüfung auf Basen. — §. 117.   197

mehr Salzsäure zu, bis die Menge des Niederschlages nicht
weiter zunimmt, fügt alsdann noch 6 bis 8 Tropfen Salzsäure
weiter hinzu, schüttelt um und filtrirt.

(Der durch Salzsäure entstandene Niederschlag kann sein:
Chlorsilber, Quecksilberchlorür, Chlorblei, ein basisches
Antimonsalz, möglicher Weise auch Benzoësäure. Von diesen kann man, wenn genau nach der angegebenen Weise
verfahren wurde, nur die drei ersten (etwa auch Benzoësäure, welche jedoch hier nicht berücksichtigt wird)
auf dem Filter haben, indem das basische Antimonsalz
durch die überschüssig zugesetzte Salzsäure wieder gelöst wurde).

Der auf dem Filter befindliche Niederschlag wird zweimal
mit Wasser ausgewaschen und das Filtrat sammt den Wasch-
wassern nach §. 118. weiter untersucht.

(Entsteht bei der Vereinigung des ablaufenden Wasch-
wassers mit dem sauren Filtrat eine Trübung (auf Anti-
mon-, Wismuth-, oder Zinnoxydul-Verbindungen hindeu-
tend), so verfährt man nichtsdestoweniger ohne Abänderung des weiteren Verfahrens nach §. 118.)

Mit dem auf dem Filter befindlichen Niederschlage verfährt
man in folgender Weise:

α) Man übergiefst ihn auf dem Filter zum dritten Male und
zwar mit heifsem Wasser und prüft das Filtrat mit Schwefelsäure auf Blei. (Wenn man keinen Niederschlag bekommt, wird dadurch nur angezeigt, dass in dem durch
Salzsäure erhaltenen Niederschlage kein Blei ist, nicht
aber, dass überhaupt keins vorhanden, da ja sehr verdünnte Bleilösungen durch Salzsäure nicht gefällt werden.)

β) Man übergiefst den auf dem Filter befindlichen, zum dritten Male ausgewaschenen Niederschlag mit Ammoniak.
Wird er schwarz oder grau, so ist Quecksilberoxydul zugegen.

γ) Die bei β ablaufende ammoniakalische Flüssigkeit versetzt
man mit Salpetersäure. Entsteht ein weifser, käsiger Niederschlag, so ist Silber zugegen. (Im Falle Blei im Niederschlage war, erscheint die ammoniakalische Lösung
meist trübe von sich ausscheidendem basischen Bleisalz.
Dies hat auf die Silberprüfung keinen Einfluss, da sich
beim Zusatz der Salpetersäure das basische Bleisalz löst.)

198 Eigentliche Untersuchung. — Zusammenges. Verb. — §. 117.

2) Die wässerige Lösung reagirte alkalisch.

a) Es entsteht durch den Zusatz von Salzsäure bis
   zur stark sauren Reaction keine Gasentwicklung
   und kein Niederschlag, oder der entstandene
   löst sich bei Zusatz von mehr Säure wieder auf.
   Man geht zu §. 118. über.

   (Von dem sich auf die in Wasser unlöslichen Körper Be-
   ziehenden, mit Anführungszeichen Versehenen, hat man
   nur das die phosphorsaure Thonerde, bei Anwesenheit
   eines Ammoniaksalzes jedoch, auch das die oxalsauren
   alkalischen Erden (oxalsauren Kalk ausgenommen) Betreffende zu berücksichtigen, da diese Verbindungen in
   einer alkalisch reagirenden Flüssigkeit denkbarer Weise
   gelöst sein können.)

b) Es entsteht durch den Zusatz der Salzsäure ein
   Niederschlag, der sich im Ueberschuss derselben auch beim Kochen nicht löst.

   α) Es entwickelt sich zu gleicher Zeit weder Schwefelwas-
      serstoff noch Blausäure. Man filtrirt ab und verfährt mit
      dem Filtrate nach §. 118.

      aa) Der Niederschlag ist weifs. Er kann alsdann
          nur Chlorblei, schwefelsaures Bleioxyd oder
          Chlorsilber sein. Man prüft ihn auf die Basen und
          Säuren der angeführten Verbindungen nach §. 130. mit
          Berücksichtigung dessen, dass sich etwa gefundenes
          Chlorblei oder Chlorsilber erst bei dem Verfahren
          selbst gebildet haben kann.

      bb) Der Niederschlag ist gelb oder orange; so
          kann er Schwefelarsen (wenn er nicht lange oder
          nur mit sehr verdünnter Salzsäure gekocht wurde, auch
          Schwefelantimom oder Zinnsulfid) sein, welche aufge-
          löst waren in Ammoniak, Borax, phosphorsaurem Na-
          tron oder einer andern alkalischen Flüssigkeit mit
          Ausnahme alkalischer Schwefel- und Cyan-Metalle.
          Man prüft denselben nach §. 119.

   β) Es entwickelt sich zu gleicher Zeit Schwefelwasserstoff,
      aber keine Blausäure*).

---

*) Sollte der Geruch des sich unter den angegebenen Umständen entwickeln-
den Gases über die Abwesenheit oder Gegenwart der Blausäure im Zweifel lassen, so braucht man nur einem andern Pröbchen der Flüssigkeit
vor dem Zusatz der Salzsäure etwas chromsaures Kali zuzufügen.

Prüfung auf Basen. — §. 117.   199

aa) **Der Niederschlag ist ein rein weifser von ausgeschiedenem Schwefel.** Alsdann ist ein geschwefeltes alkalisches Schwefelmetall vorhanden. Man filtrirt ab und geht zu §. 121. über, mit der Beachtung, dass von den daselbst berücksichtigten Körpern keine anderen als Chromoxyd und Thonerde vorhanden sein können.

bb) **Der Niederschlag ist gefärbt.** In dem Falle kann man auf ein metallisches Schwefelsalz, d. h. auf die Verbindung einer alkalischen Schwefelbase mit einem elektronegativen Schwefelmetalle schliefsen. Der Niederschlag wird also Schwefelgold, Schwefelplatin, Schwefelzinn, Schwefelantimom oder Schwefelarsen sein. Er könnte jedoch auch aus Quecksilbersulfid, sowie aus Schwefelkupfer bestehen, oder solche enthalten (da ersteres in Schwefelkalium leicht, letzteres in Schwefelammonium ein wenig löslich ist). Man filtrirt ab, verfährt mit dem Filtrat wie im Falle aa; mit dem Niederschlage nach §. 118. 3.

γ) *Es entwickelt sich zu gleicher Zeit Blausäure mit oder ohne Schwefelwasserstoff*, so ist ein **alkalisches Cyanmetall** und bei gleichzeitiger Schwefelwasserstoffentwicklung auch ein **alkalisches Schwefelmetall** zugegen. In diesem Falle kann der Niederschlag aufser den in α und β genannten Verbindungen noch viele andere enthalten (z. B. Schwefelnickel, Cyannickel, Cyansilber u. s. w.). Man kocht unter Zusatz von mehr Salzsäure, bis alle Blausäure verjagt ist, und verfährt mit der erhaltenen Lösung oder der von einem etwa gebliebenen Rückstande (welcher nach §. 130. zu untersuchen wäre) abfiltrirten Flüssigkeit nach §. 118.

c) **Es entsteht durch den Zusatz von Salzsäure kein bleibender Niederschlag, aber eine Gasentwicklung.**

α) *Das entweichende Gas riecht nach Schwefelwasserstoff*, dies deutet auf eine **einfache alkalische Schwefelverbindung**. Man verfährt wie vorher im Falle b. β. aa.

β) *Das entweichende Gas ist geruchlos*, so ist es **Kohlensäure**, die an ein Alkali gebunden war. Man geht zu §. 118. über.

200 Eigentliche Untersuchung. — Zusammenges. Verb. — §. 118.

γ) Das entweichende Gas riecht nach Cyanwasserstoff (gleichgültig ob aufserdem Schwefelwasserstoff oder Kohlensäure
sich entwickelt oder nicht), deutet auf ein alkalisches Cyanmetall. Man kocht, bis alle Blausäure verjagt ist, und
geht zu §. 118. über.

II. Man hat eine salzsaure Lösung.

Man verfährt mit derselben nach §. 118.

III. Man hat eine salpetersaure Lösung.

Man verdünnt eine kleine Probe mit viel Wasser.

1) Sie bleibt klar, man setzt Salzsäure zu.
  a) *Es entsteht kein Niederschlag.* Abwesenheit von Silber. Man
     verfährt mit der Hauptlösung nach §. 118.
  b) *Es entsteht ein Niederschlag.* Löst er sich nicht beim Er-
     hitzen der Flüssigkeit, wohl aber, nachdem er ausgewaschen
     ist, in Ammoniak, so ist Silber zugegen. Mit der Haupt-
     lösung verfährt man nach §. 118.

2) Sie wird milchig, Wismuth oder Antimon. Man filtrirt
   ab und verfährt mit dem Filtrat zur Entdeckung des Silbers
   nach §. 117. III. 1., mit der Hauptlösung aber nach §. 118.

§. 118.

Zu einem *kleinen Theil* der sauren, klaren Lösung
setzt man Schwefelwasserstoff-Wasser, bis der Geruch nach dem Umschütteln deutlich hervortritt,
und erwärmt.
  a) Es entsteht kein Niederschlag, auch nicht nach eini-
     ger Zeit. Man geht zu §. 121. über, denn Blei, Wismuth,
     Cadmium, Kupfer, Quecksilber, Gold, Platin, Antimon, Zinn
     und Arsenik*) sind nicht zugegen**); aufserdem wird auch

---

*) Um von der Abwesenheit der Arseniksäure vollkommen überzeugt zu
sein, muss man die Probe längere Zeit stehen lassen, oder vor dem Zusatz des Schwefelwasserstoffs schweflige Säure zusetzen. Vgl. §. 95. e.
Ob man dazu Grund hat, lehrt die einleitende Prüfung.

**) Wenn die Lösung sehr viel freie Säure enthält, so erhält man oft die
Niederschläge erst nach dem Verdünnen mit Wasser.

die Abwesenheit des Eisenoxyds und der Chromsäure dadurch angedeutet.

b) Es entsteht ein Niederschlag.

aa) *Er ist rein weiſs*, dünn, feinpulverig und verschwindet nicht durch Zusatz von Salzsäure. Es ist ausgeschiedener Schwefel. Er lässt Eisenoxyd vermuthen [*]. Alle übrigen in §. 118. a. genannten Metalle können nicht zugegen sein. Man verfährt mit der Hauptlösung nach §. 121.

bb) *Er ist gefärbt.*

Man setzt alsdann zum gröſseren Theile der sauren oder angesäuerten Lösung Schwefelwasserstoff-Wasser im Ueberschuss, das heiſst, bis die Lösung deutlich darnach riecht, und der Niederschlag sich durch weiteren Zusatz nicht vermehrt, erhitzt bis fast zum Kochen und schüttelt einige Zeit sehr stark.

In vielen Fällen, ganz besonders aber, wenn man Grund hat, Arsenik zu vermuthen, ist es zweckmäſsiger, Schwefelwasserstoffgas durch die mit Wasser verdünnte Lösung streichen zu lassen.

1) Der Niederschlag ist ein rein gelber. Er kann nur von arseniger oder Arsenik-Säure, von Zinnoxyd oder von Cadmiumoxyd herrühren. Man trennt die Flüssigkeit, welche nach §. 121. weiter zu untersuchen ist, von dem Niederschlage [**]), wäscht diesen aus und digerirt eine kleine Probe desselben mit Ammoniak.

---

[*]) Bei Gegenwart von schwefliger Säure, Jodsäure, Bromsäure, welche wir nicht in den Kreis der Untersuchung aufgenommen haben, wie auch bei der der Chromsäure und Chlorsäure und des freien Chlors wird gleichfalls Schwefel ausgeschieden. Bei Gegenwart von Chromsäure ist die Ausscheidung des Schwefels von einer Reduction derselben zu Oxyd begleitet, in Folge welcher die rothgelbe Farbe der Lösung in eine grüne übergeht (vergl. §. 97. b. 3). — Der in der grünen Lösung suspendirte weiſse Schwefel erscheint anfangs wie ein grüner Niederschlag und führt Anfänger häufig irre.

[**]) Die zweckmäſsigste Art, einen Niederschlag von einer Flüssigkeit zu trennen, welche bei qualitativen Analysen stets, wenn es irgend möglich ist, angewendet zu werden verdient, ist die, dass man den Niederschlag sich zu Boden setzen lässt (welches Absetzen durch Erwärmen und heftiges Schütteln fast immer bewerkstelligt werden kann) und die überstehende Flüssigkeit alsdann in der Art auf ein Filter gieſst, dass der Niederschlag im Röhrchen bleibt, in welchem er sodann durch Decantation ausgewaschen wird.

202 Eigentliche Untersuchung. — Zusammenges. Verb. — §. 118.

a) *Er löst sich vollständig auf*, Abwesenheit von Cadmium. Man prüft den Rest des Niederschlages nach §. 119. 1. auf Zinn und Arsen.

b) *Es bleibt auch nach Zusatz von mehr Ammoniak und nach gelindem Erwärmen ein gelber Rückstand,* Cadmium. Man verfährt mit dem ganzen Niederschlage wie mit der Probe, filtrirt und setzt zum Filtrat Salzsäure im Ueberschuss. Entsteht kein Niederschlag, so war das durch Schwefelwasserstoff Gefällte blofs Schwefelcadmium, entsteht einer, so deutet er auf Zinnoxyd und Arsen; man prüft ihn nach §. 119. 1.

2) Der Niederschlag ist orangeroth, oder gelb mit Neigung in's Orangefarbene. Er zeigt Antimon an und kann aufserdem Zinn (im Falle es als Oxyd vorhanden gewesen wäre), Arsenik und Cadmium enthalten. Man trennt von der Flüssigkeit, welche nach §. 121. weiter untersucht wird, wäscht den Niederschlag aus und digerirt eine kleine Probe desselben mit Schwefelammonium, welches überschüssigen Schwefel enthält.

a) *Sie löst sich ganz,* kein Cadmium. Man verfährt mit dem Rest des Niederschlages nach §. 119. 2.

b) *Es bleibt auch nach längerem Digeriren mit mehr Schwefelammonium ein gelber Rückstand,* Cadmium. Man verfährt alsdann mit dem gesammten Niederschlage wie mit der Probe, filtrirt von dem Schwefelcadmium ab, versetzt das Filtrat mit Salzsäure im gelinden Ueberschuss und verfährt mit dem entstehenden Niederschlage nach §. 119. 2.

3) Der Niederschlag ist dunkel, von brauner oder schwarzer Farbe. Man trennt den Niederschlag von der Flüssigkeit (welche nach §. 121. weiter untersucht wird) wo möglich durch Absetzenlassen, so dass man nur die überstehende Flüssigkeit auf das Filtrum giefst, wäscht ihn mit Wasser aus, nimmt ein kleines Theilchen davon, übergiefst dies mit ein paar Tropfen Schwefelammonium, welches entweder durch Einwirkung der Luft oder durch Zusatz von Schwefel einen Ueberschuss an letzterem enthält, und digerirt einige Zeit damit *)

---

*) Wenn in der Lösung Kupfer vorhanden ist, was meist schon ihre Farbe, mit Sicherheit aber eine vorläufige Probe mit einem blanken Eisenstäbchen (vergl. §. 92. b. 8.) zu erkennen giebt, so muss anstatt des Schwefelammoniums, in welchem das Schwefelkupfer nicht ganz unlöslich ist,

Prüfung auf Basen. — §. 118.   203

a) *Der Niederschlag löst sich im Schwefelammonium (oder Schwefelkalium) ganz auf;* dadurch wird die Anwesenheit von Cadmium, Blei, Wismuth, Kupfer und Quecksilber ausgeschlossen, weshalb der §. 120. zu überschlagen ist. Man verfährt mit dem Reste des Niederschlages (von dem man ein Theilchen mit Schwefelammonium digerirt hatte) nach §. 119.

b) *Er löst sich nicht, oder nicht vollständig.* Man verdünnt mit 4 bis 5 Theilen Wasser, filtrirt die Flüssigkeit ab und versetzt das Filtrat mit Salzsäure im Ueberschuss.

α) *Es entsteht blofs eine rein weifse Trübung von ausgeschiedenem Schwefel.* Alsdann ist weder Gold, noch Platin, Zinn, Antimon oder Arsen zugegen. Man verfährt mit dem Reste des Niederschlages (von dem man ein Theilchen mit Schwefelammonium digerirt hatte) nach §. 120.

β) *Es entsteht ein gefärbter Niederschlag.* Man beobachtet die Farbe genau und verfährt alsdann mit dem ganzen durch Schwefelwasserstoff erhaltenen Niederschlage wie mit der Probe, lässt absetzen, giefst die überstehende Flüssigkeit auf ein Filter, digerirt den im Röhrchen bleibenden Rückstand nochmals mit Schwefelammonium (respective Schwefelkalium) und filtrirt ab. Der Rückstand wird ausgewaschen und zur weiteren Untersuchung nach §. 120. aufbewahrt *). Die Lösung versetzt man, nach dem

----

(siehe §. 92. b. 3.) Schwefelkaliumlösung genommen und der Schwefelniederschlag damit gekocht werden. Enthält jedoch eine Flüssigkeit neben Kupfer Quecksilberoxyd (dessen Anwesenheit man fast immer schon beim Zusatz des Schwefelwasserstoff-Wassers aus den mannichfachen Farbenveränderungen des Niederschlages [§. 92. a. 3.], im Zweifelsfalle durch eine vorläufige Probe mit Zinnchlorür in der mit Salzsäure angesäuerten ursprünglichen Lösung, zu erkennen vermag), so muss, obgleich alsdann die Trennung der Schwefelmetalle der Antimongruppe vom Kupfersulfid nicht ganz vollständig ist, doch Schwefelammonium genommen werden, weil sich das Quecksilbersulfid in Schwefelkalium lösen und so die weitere Untersuchung der Schwefelmetalle aus der Antimongruppe erschweren würde.

*) Setzt sich der in der schwefelammoniumhaltigen Flüssigkeit suspendirte, darin unlösliche Niederschlag leicht ab, so bringt man ihn nicht auf das Filter und wäscht ihn durch Decantiren aus. Setzt er sich hingegen schwer ab, so bringt man ihn mit auf das Filter, wäscht ihn aus, stöfst alsdann ein Loch in die Spitze des Filters, spritzt ihn mit der Spritzflasche in ein Porzellanschälchen, erwärmt gelinde, wodurch er sich leichter absetzt und giefst alsdann das überstehende Wasser ab.

204 Eigentliche Untersuchung. — Zusammenges. Verb. — §. 119.

Verdünnen mit etwas Wasser, mit Salzsäure im geringen
Ueberschuss, erwärmt und verfährt wie folgt.

§. 119.

Der Niederschlag, der durch Salzsäure in der
schwefelammonium- oder schwefelkalium-haltigen
Lösung hervorgebracht wurde, ist:

1) rein gelb, ohne Neigung in's Orangefarbene; Arsen oder Zinn. Man filtrirt ab, wäscht sehr gut aus, bringt
ein wenig des Niederschlages auf den Deckel eines Porzellan-
tiegels, auf einen Porzellan- oder Glasscherben und erhitzt.

   a) *Es bleibt kein fixer Rückstand*; Abwesenheit des Zinns. Man
   trocknet den Rest des Niederschlages sorgfältig, mengt ihn
   (oder einen Theil desselben) mit etwa dem sechsfachen Gewicht eines völlig trocknen, aus gleichen Theilen Soda und
   Cyankalium bestehenden Gemenges, bringt in eine kleine,
   unten zu einer Kugel aufgeblasene Glasröhre und erhitzt
   über der Berzelius'schen Lampe. Ein entstehender Metallspiegel giebt die Anwesenheit des Arsens mit positiver
   Gewissheit zu erkennen. Bei sehr kleinen Mengen ist die
   Reduction in einem langsamen Strome von Kohlensäure vorzunehmen; vergl. §. 95. d. 10. Ob das Arsen als arsenige
   oder als Arsen-Säure zugegen war, erforscht man nach der
   §. 95. am Ende angegebenen Methode.

   b) *Es bleibt ein fixer Rückstand*. Wahrscheinliche Anwesenheit von Zinn. Man trocknet den Rest des Niederschlages
   auf dem Filter völlig, mengt denselben mit etwa 1 Th. zerfallener Soda und 1 Th. Salpeter und trägt das Gemenge in
   kleinen Portionen in ein Porzellantiegelchen, in welchem
   man zuvor 2 Th. Salpeter zum Schmelzen erhitzt hat *).

   Die in dem Tiegelchen befindliche schmelzende Masse
giefst man (um den Tiegel zu erhalten) auf einen Porzellan-

---

*) Ist die Menge des Niederschlages so klein, dass diese Operation nicht gut
ausgeführt werden kann, so schneidet man das Filter sammt dem Niederschlage nach dem Trocknen in kleine Stückchen, reibt diese mit etwas
Soda und Salpeter zusammen und trägt alsdann sowohl das Pulver, als
die Papierstückchen in den schmelzenden Salpeter. — Besser ist es jedoch in solchem Falle, sich sogleich eine größere Menge des Niederschlages zu verschaffen, weil man sonst nur schwache Hoffnung hegen
kann, das Zinn mit Sicherheit nachzuweisen.

Prüfung auf Basen. (Antimongruppe.). — §. 119. 205

scherben aus, zerreibt dieselbe, digerirt mit kaltem Wasser, filtrirt und wäscht den weifsen Rückstand, der geblieben sein muss, wenn Zinn wirklich zugegen ist, sehr gut aus. Man weist das Zinn darin nach, indem man ihn vor dem Löthrohre mit Cyankalium und Soda reducirt und die Probe im Mörserchen unter Zusatz von Wasser heftig drückend reibt, siehe §. 95. c. 7. [Ob das Zinn als Oxydul zugegen war, findet man, indem man ein Pröbchen der ursprünglichen Lösung in Wasser oder Salzsäure mit einem Tropfen Salpetersäure und etwas Goldchlorid versetzt (§. 95. b. 6.).]

Die abfiltrirte Flüssigkeit theilt man in zwei Theile, setzt zum einen sehr behutsam stark verdünnte Salpetersäure bis zur schwach sauren Reaction und erhitzt *). Zu der angesäuerten Lösung setzt man alsdann salpetersaures Silberoxyd, filtrirt, im Falle sich etwas Chlorsilber ausscheiden sollte (was immer eintritt, wenn die Reagentien nicht absolut rein waren und der Niederschlag nicht vollkommen ausgewaschen wurde), giefst auf das Filtrat am Rande des schief zu haltenden Röhrchens hinab eine Schicht ganz verdünntes Ammoniak (ein Theil gewöhnliches Ammoniak, zwanzig Theile Wasser) und lässt ohne zu schütteln eine Zeit lang stehen. Ein entstehender rothbrauner Niederschlag, der an der Berührungsfläche der beiden Schichten wolkenartig erscheint (er kann weit leichter bei auffallendem, als bei durchfallendem Lichte wahrgenommen werden) zeigt Arsen an. Zur festeren Ueberzeugung fällt man jetzt den zweiten Theil der Auflösung der verpufften Masse mit Bleizuckerlösung, filtrirt den Niederschlag ab, lässt ihn zwischen Fliefspapier etwas abtrocknen und setzt ihn sodann auf Kohle der inneren Löthrohrflamme aus. Man bekommt, im Falle Arsen zugegen ist, ein arsenhaltiges Bleikorn, welches den knoblauchartigen Arsengeruch sehr lange und anhaltend entwickelt, so oft man die innere Löthrohrflamme darauf wirken lässt. — Zu weiterer Bestätigung muss das Arsen auf irgend eine Art

---

*) Beim Ansäuern der Lösung mit Salpetersäure scheidet sich, wenn man ein wenig viel Soda genommen hatte, ein geringer Niederschlag (Zinnoxydhydrat) aus. Man kann ihn abfiltriren und ebenso wie den ungelösten Rückstand auf Zinn prüfen. Im Falle man aber das Zinn schon gefunden hat, vernachlässigt man denselben, setzt, ohne ihn von der Flüssigkeit zu trennen, salpetersaures Silberoxyd zu, filtrirt und prüft, wie im Text angegeben, durch Zusatz von Ammoniak auf Arsensäure.

206 **Eigentliche Untersuchung. — Zusammenges. Verb. — §. 119.**

in metallischer Form dargestellt werden. Vergleiche §. 95. d. und §. 95. e. Ob es in der Verbindung als arsenige oder als Arsenik-Säure vorhanden war, erforscht man nach der §. 95. am Ende angegebenen Methode.

2) **Orangeroth oder gelb mit Neigung in's Orange-farbene; Antimon.** Aufserdem kann noch **Zinn** und **Arsen** zugegen sein. Man trocknet den ausgewaschenen Niederschlag, verpufft ihn nach der §. 119. 1. b. angegebenen Weise mit Soda und Salpeter und verfährt überhaupt zur Prüfung auf **Arsen** und um nachzuweisen, ob etwa gefundenes Zinn als Oxydul ursprünglich zugegen war, genau nach den an dem angeführten Orte beschriebenen Methoden *). — Den beim Behandeln der verpufften Masse mit kaltem Wasser gebliebenen Rückstand, sowie den beim Ansäuern der Lösung mit Salpetersäure etwa entstandenen Niederschlag kann man auf dreierlei Art prüfen.

a) Man mengt ihn nach sorgfältigstem Auswaschen mit Cyankalium und Soda und setzt ihn im Kohlengrübchen der inneren Löthrohrflamme aus:

   α) Es erscheinen Metallkügelchen, welche sich unter Ausstofsung eines weifsen Rauches und Bildung eines weifsen Beschlages endlich vollständig verflüchtigen. Hierdurch wird die Anwesenheit des **Antimons** bestätigt, die Abwesenheit des Zinns dargethan.

   β) Es bleiben nach langem Blasen weiche Metallkörnchen, **Zinn.** Ihre Anwesenheit und Beschaffenheit erkennt man am besten beim Zerreiben der mit den umgebenden Kohletheilchen ausgegrabenen Probe mit etwas Wasser in einem Mörserchen (§. 95. c.).

b) Man wäscht ihn sehr sorgfältig mit Wasser aus, trocknet ihn und schmilzt denselben mit seiner vier- bis fünffachen

---

*) Entsteht beim Ansäuern der durch Digestion der verpufften Masse mit kaltem Wasser erhaltenen Lösung mit Salpetersäure (behufs der Prüfung auf Arsen mit Silberlösung) ein Niederschlag (Antimonsäurehydrat oder Zinnoxydhydrat), so kann man ihn abfiltriren und mit dem in Wasser unlöslichen Rückstande zu weiterer Prüfung vereinigen. In der Regel ist dieses aber (weil der Rückstand allein schon genug Antimon und Zinn enthält) nicht nöthig; man setzt daher, ohne ihn abzufiltriren, salpetersaures Silberoxyd zu, filtrirt und prüft mittelst Ammoniak, wie §. 119. 1. b. angegeben, auf Arsen.

Quantität Cyankalium in einem Porzellantiegelchen einige
Zeit bei starker Hitze. Nach dem Erkalten übergiefst man
die Masse mit Wasser, erhitzt zum Kochen und trennt so
die Schlacke von den erhaltenen Metallkörnchen. Diese aber
behandelt man mit Salpetersäure und verfährt überhaupt zur
Entdeckung des Zinns und Antimons genau nach §. 109. B. 2. b.

c) Man löst den zu prüfenden Rückstand nach gutem Auswaschen in Salzsäure, verdünnt die Lösung und stellt ein Zink-
stäbchen hinein. Wenn die Einwirkung nachgelassen hat
und die Reduction vollendet ist, kocht man die reducirten
Metalle, welche von dem compacten Zinkstücke leicht zu
trennen sind, mit Salpetersäure und verfährt ebenfalls genau
nach §. 109. B. 2. b.

Die beiden letzteren Methoden, Zinn und Antimon neben
einander zu erkennen, sind, wenigstens in den Händen von
Anfängern, weit sicherer als die erstere. — Alle aber erfor-
dern, dass man nicht allzuwenig von dem Niederschlage hat.

3) Braunschwarz; Gold oder Platin. Aufserdem vielleicht
auch Antimon, Arsenik, Zinn. Man setzt zur ursprünglichen Lösung der Substanz

a) Zinnchlorür; entsteht ein röthlichbrauner oder purpurfarbi-
ger Niederschlag, so ist Gold zugegen. Von seiner Anwesenheit kann man sich, ebenfalls in der ursprünglichen Lösung, auch durch schwefelsaures Eisenoxydul überzeugen,
wodurch regulinisches Gold als schwarzes Pulver ausgeschieden wird.

b) Chlorammonium; entsteht ein gelber Niederschlag, so ist
Platin zugegen. Ist die Lösung sehr verdünnt, so muss
sie vor Zusatz dieses Reagens durch Abdampfen concentrirt
werden.

Zur Untersuchung des Niederschlages auf Arsenik verfährt man mit einem Theilchen desselben nach §. 119. 1. a. Den
Rest kocht man mit concentrirter Salzsäure und filtrirt ab, das
Filtrat prüft man auf Antimon, indem man, nachdem der Säureüberschuss durch Abdampfen möglichst entfernt ist, einen Tropfen
in Wasser fallen lässt, eine entstehende milchige Trübung zeigt
es an; ferner, indem man ein Pröbchen mit Schwefelwasserstoff-
Wasser versetzt, ein orangefarbener Niederschlag lässt es erkennen. Den Rest der salzsauren Lösung verdampft man zur Trockne, mengt ihn mit Soda und Cyankalium und prüft auf Zinn-

208 Eigentliche Untersuchung. — Zusammenges. Verb. — §. 120.

oxyd, wie in §. 119. 2. angegeben ist. — Sicherer findet man
das Antimon und Zinn, wenn man sie aus dem salzsauren Filtrat
mit Zink niederschlägt und überhaupt ganz nach §. 119. 2. c. verfährt.

§. 120.

Der Niederschlag, welcher durch Schwefelammonium nicht aufgelöst worden ist, wird, nach dem
Auswaschen, mit Salpetersäure gekocht. Es geschieht
dies am besten in einer kleinen Porzellanschale. Man rührt dabei mit einem Glasstäbchen fortwährend um.

1) Er löst sich auf und in der Flüssigkeit schwimmt
nur der ausgeschiedene, leichte, flockige, gelbe
Schwefel; deutet auf Abwesenheit von Quecksilber. — Cadmium, Kupfer, Blei und Wismuth können zugegen sein.
War der Niederschlag rein gelb, so ist nur Cadmium zugegen, war er braun oder schwarz, so filtrirt man von dem ausgeschiedenen Schwefel ab und macht mit der Flüssigkeit folgende Proben.
a) Man setzt zum dritten Theile derselben Ammoniak im Ueberschuss.
  α) *Es entsteht kein Niederschlag.* Abwesenheit von Blei
  und Wismuth, Anwesenheit von Kupfer, vielleicht auch
  von Cadmium.
    (Die Gegenwart des Kupfers wird meist schon durch
    die blaue Farbe der erhaltenen ammoniakalischen Lö-
    sung aufser allen Zweifel gesetzt. Ist dies nicht der
    Fall, so macht man dieselbe mit Essigsäure sauer und
    setzt Ferrocyankalium zu, wodurch auch die kleinsten
    Spuren von Kupfer noch durch eine bräunlich hellrothe
    Trübung der Flüssigkeit angezeigt werden.)
    Um auf Cadmium zu prüfen, versetzt man den Rest der
    salpetersauren Lösung mit kohlensaurem Ammoniak im
    Ueberschuss, erwärmt und lässt eine Zeit lang stehen.
    Erhält man hierdurch einen weifsen Niederschlag, so ist
    Cadmium zugegen. (Ueberzeugung durch Auflösen die-
    ses Niederschlages in Salzsäure und Fällung mit Schwe-
    felwasserstoff-Wasser, wodurch ein gelber Niederschlag
    entstehen muss.)

Prüfung auf Basen (Wismuthgruppe.). — §. 120.   209

β) Es entsteht ein Niederschlag. Anwesenheit von Blei oder Wismuth, vielleicht auch von Kupfer und Cadmium. Man filtrirt ab und untersucht die Hälfte des Filtrats (falls es eine blaue Farbe desselben nicht überflüssig macht) auf Kupfer, die andere Hälfte macht man mit Salzsäure schwach sauer und prüft durch Zusatz von überschüssigem kohlensauren Ammoniak wie in α auf Cadmium.

b) Zur Prüfung auf Blei und Wismuth verwendet man den Rest der salpetersauren Lösung.

α) Zur einen Hälfte setzt man verdünnte Schwefelsäure in nicht zu geringer Menge; entsteht sogleich oder nach einiger (oft erst längerer) Zeit ein Niederschlag, so ist Blei zugegen.

(Die Reaction wird genauer, wenn man den gröfsten Theil der freien Salpetersäure zuvor durch Abdampfen verjagt.)

β) Die andere Hälfte verdampft man zur Trockne, setzt wenige Tropfen Wasser und je nach der Menge des Rückstandes einen oder zwei Tropfen Salzsäure zu, erwärmt und giefst alsdann in ein Röhrchen voll Wasser. Entsteht eine milchige Trübung, so ist Wismuth vorhanden *).

2) Der Niederschlag der Schwefelmetalle löst sich in der kochenden Salpetersäure nicht vollkommen auf, sondern es bleibt aufser dem oben schwimmenden Schwefel ein Niederschlag zurück. Wahrscheinlich (wenn der Niederschlag schwer und schwarz ist, fast mit Gewissheit) Quecksilberoxyd. Man lässt absetzen, filtrirt die noch auf Cadmium, Kupfer, Blei und Wismuth zu untersuchende Flüssigkeit ab, versetzt ein kleines Pröbchen davon mit viel Schwefelwasserstoff-Wasser und verfährt, im Falle ein Niederschlag entsteht, mit dem Reste des Filtrats nach §. 120. 1. —

Den Rückstand wäscht man aus, löst ihn durch Zusatz weniger Tropfen Königswasser, setzt so viel Ammoniak zu, dass die Lösung nur noch schwach sauer reagirt, und bringt einen Tropfen derselben auf blankes Kupferblech. Ist Quecksil-

---

*) Wegen eines andern Ganges zur Unterscheidung des Cadmiums, Kupfers, Bleies und Wismuths siehe der zweiten Abtheilung zweiten Abschnitt, Zusätze und Bemerkungen zu §. 120.

14

210　Eigentliche Untersuchung. — Zusammenges. Verb. — §. 121.

ber zugegen, so entsteht dadurch auf dem Kupfer nach einiger Zeit ein weißer Fleck, der gerieben metallisch glänzt und beim Erhitzen verschwindet. — Oder man verdampft die Lösung in Königswasser unter Zusatz von Salzsäure bis fast zur Trockne, verdünnt mit etwas Wasser und setzt Zinnchlorür zu. Ein im Anfang weißer, bei Ueberschuss von Zinnchlorür grau werdender Niederschlag lässt die Anwesenheit des Quecksilbers mit Sicherheit erkennen.

§. 121.

Ein *Theilchen* der Flüssigkeit, in der Schwefelwasserstoff-Wasser keinen Niederschlag hervorgebracht hat (§. 118. a.), oder die von dem entstandenen abfiltrirt ist, versetzt man mit Ammoniak bis zur alkalischen Reaction, dann (gleichgültig ob durch Ammoniak ein Niederschlag entstanden ist oder nicht) mit Schwefelammonium.

　　Im Falle wenig Salzsäure zugegen gewesen ist, also wenig Chlorammonium entstand, fügt man eine Lösung dieses Salzes in nicht zu geringem Maße zu, bevor man mit Ammoniak und Schwefelammonium versetzt.

a) Es entsteht kein Niederschlag. Man geht zu §. 122. über, denn es ist weder Eisen, noch Nickel, Kobalt, Zink, Mangan, Chromoxyd, Thonerde, — »noch phosphorsaure alkalische Erden, noch oxalsaurer Kalk, Baryt und Strontian« zugegen.

b) Es entsteht ein Niederschlag.

　　Man verfährt mit der gesammten Flüssigkeit wie mit der Probe.

1) Der Niederschlag ist weiß. Abwesenheit von Eisen, Kobalt, Nickel. Auf alle übrigen in §. 121. a. genannten Metalle und Verbindungen muss Rücksicht genommen werden, da die wenig intensiven Farben des Schwefelmangans und Chromoxyds in einer größeren Menge eines weißen Niederschlages verschwinden. Man filtrirt ab, hebt das Filtrat zur weiteren Untersuchung nach §. 122. auf, wäscht den Niederschlag aus, löst ihn in Salzsäure *), kocht, bis der Geruch nach Schwefel-

---

*) Ist der Niederschlag gering, so geschieht dies sehr zweckmäßig, indem man ihn mit der Spritzflasche in den unteren Theil des Filtrums treibt

Prüfung auf Basen (Gruppe III. u. IV.). — §. 121.   211

wasserstoff völlig verschwunden ist, filtrirt die Lösung und setzt tropfenweise Kali im Ueberschuss zu.

a) Der entstandene Niederschlag hat sich im Ueberschuss des Kali's wieder vollständig aufgelöst. Abwesenheit der »phosphorsauren und oxalsauren alkalischen Erden« und des Mangans, — Anwesenheit von Thonerde oder Zinkoxyd, vielleicht auch neben diesen von Chromoxyd, in welchem Falle, sofern es in irgend erheblicher Quantität vorhanden, die kalische Lösung grün erscheint. Man theilt dieselbe in zwei Theile, macht den einen mit Salzsäure sauer, setzt Ammoniak im Ueberschuss hinzu und erwärmt eine kleine Weile.

α) *Es entsteht kein bleibender Niederschlag.* Abwesenheit der Thonerde und des Chromoxyds. Man fügt alsdann zur andern Hälfte der kalischen Lösung Schwefelwasserstoff-Wasser. Ein weifser Niederschlag zeigt Zink an.

β) *Es entsteht ein bleibender Niederschlag.* Man filtrirt ihn ab und prüft, im Falle eine grüne Farbe der kalischen, oder eine grüne, gelbe oder rothe der ursprünglichen Lösung dazu Grund giebt, ein Theilchen desselben mit Phosphorsalz auf Chromoxyd (§. 88. b. 6.) *). Zum Filtrat setzt man Schwefelwasserstoff-Wasser. Ein weifser Niederschlag zeigt Zink an. Auf Thonerde prüft man alsdann folgendermafsen:

aa) Man hat kein Chromoxyd gefunden. Alsdann ist die Anwesenheit der Thonerde schon an und für sich erwiesen. Ueberzeugung durch Prüfung des durch Ammoniak entstandenen Niederschlages vor dem Löthrohre, siehe §. 88. a. 5.

bb) Man hat Chromoxyd gefunden. In diesem Falle kocht man die zweite Hälfte der kalischen Lösung so lange, bis sich das Chromoxyd abgeschieden hat, filtrirt die

---

und, wenn das Wasser ziemlich abgelaufen ist, Salzsäure tropfenweise zufügt.

*) Auch im Falle Chromsäure zugegen war, erhält man nämlich durch Schwefelammonium einen Niederschlag von Chromoxyd, da sie durch Schwefelwasserstoff reducirt wird. Man erkennt diesen Fall daran, dass nach dem Zusatze von Schwefelwasserstoff, unter gleichzeitiger Ausscheidung von Schwefel, die gelbe oder rothe Farbe der Lösung in eine grüne übergeht.

14 *

212 Eigentliche Untersuchung. — Zusammenges. Verb. — §. 121.

zuvor etwas verdünnte Flüssigkeit, macht sie mit Salz-
säure sauer und fügt Ammoniak im Ueberschuss zu.
Ein entstehender Niederschlag zeigt T h o n e r d e an.
Ueberzeugung wie in aa. Sollte die Abscheidung des
Chromoxyds aus der kalischen Lösung durch Kochen
nicht gelingen, wie dies unter gewissen Umständen der
Fall sein kann, so schmilzt man zur Entfernung des
Chroms den durch Ammoniak entstandenen Nieder
schlag mit Salpeter und etwas Soda. Siehe §. 88. b. 5.
»Die Thonerde kann als p h o s p h o r s a u r e Thonerde
vorhanden gewesen und gefällt worden sein. Wie man
dies erkennt, ist oben §. 113. 1. bereits angegeben
worden.«

b) Es ist ein in Kali unlöslicher Rückstand geblieben. Man filtrirt und verfährt mit dem Filtrat nach §. 121.
1. a. Der Rückstand kann von M a n g a n, »p h o s h o r-
s a u r e n und o x a l s a u r e n E r d e n« herrühren. Wird er
an der Luft braun, so zeigt diese Erscheinung die Anwesenheit des M a n g a n s an. Ueberzeugung durch das Löthrohr
mit Soda (§. 89. b. 6.). »Man löst ihn, im Falle Mangan zugegen ist, in Salzsäure, setzt etwas Weinsäure, dann Ammoniak im Ueberschuss zu. Entsteht kein Niederschlag, so
sind weder phosphorsaure, noch oxalsaure alkalische Erden
vorhanden, entsteht einer, so weist er auf solche hin.

Diesen Niederschlag, oder, im Falle kein Mangan zugegen
war, den von Kali ungelösten Rückstand wäscht man aus
und unterwirft ihn zur Ausmittelung, ob derselbe nur aus
phosphorsauren oder nur aus oxalsauren alkalischen Erden
besteht, oder endlich, ob er ein Gemenge beider ist, der
folgenden vorläufigen Prüfung.

Man trocknet ihn, erhitzt ihn in einem Schälchen zum Glühen, lässt erkalten, übergiesst mit Wasser und setzt alsdann
Salzsäure im Ueberschuss zu.

α) *Der Rückstand löst sich ohne Aufbrausen.* Abwesenheit
einer oxalsauren, Anwesenheit einer p h o s p h o r s a u r e n
a l k a l i s c h e n E r d e. Man verfährt mit der Lösung zur
genaueren Prüfung auf Phosphorsäure, sowie zur Auffindung der Basen, welche mit ihr in Verbindung gewesen
sind, nach §. 113. 2. a.

β) *Der Rückstand löst sich unter Aufbrausen.* Anwesenheit
einer o x a l s a u r e n a l k a l i s c h e n E r d e. Man kocht die

Prüfung auf Basen (Gruppe III. u. IV.). — §. 121.   213

Lösung auf, um die Kohlensäure zu verjagen und versetzt
sie mit Ammoniak im Ueberschuss.

aa) *Es entsteht kein Niederschlag.* Abwesenheit einer
   phosphorsauren, alleinige Anwesenheit einer oxalsauren alkalischen Erde. Man prüft in dem Falle die mit
   Ammoniak übersättigte Lösung nach §. 122., um zu
   finden, mit welcher von den alkalischen Erden die
   Oxalsäure verbunden war.

bb) *Es entsteht ein Niederschlag.* Anwesenheit einer phosphorsauren alkalischen Erde neben einer oxalsauren.
   Man filtrirt, prüft das Filtrat nach aa. auf die Basen,
   mit denen die Oxalsäure verbunden war, wäscht den
   Niederschlag aus und verfährt mit demselben zur näheren Prüfung auf Phosphorsäure, sowie auf die Basen, mit denen sie in Verbindung ist, nach §. 113. 2. a.

2) **Der durch Schwefelammonium entstandene Niederschlag ist nicht weifs;** deutet auf Chrom, Mangan,
Eisen, Kobalt oder Nickel. Ist er schwarz oder neigt er in's
Schwarze, so ist jedenfalls eins der drei letzten Metalle zugegen. Unter allen Umständen muss auf alle in §. 121. a. genannten Metalle » und Verbindungen « Rücksicht genommen
werden. Man filtrirt ab, bewahrt das Filtrat zur weiteren Untersuchung nach §. 122. auf, wäscht den Niederschlag sorgfältig mit Wasser, dem man etwas Schwefelammonium zugesetzt
hat, aus und übergiefst ihn dann mit verdünnter Salzsäure
(1 Th. Salzsäure, 5 Th. Wasser) auf dem Filter.

Löst er sich darin nicht vollständig, bleibt vielmehr ein
schwarzer Rückstand, so wird dadurch die Anwesenheit des
Kobalts oder Nickels angezeigt. Löst er sich aber vollständig,
so kann daraus die Abwesenheit dieser beiden Metalle mit
ziemlicher Gewissheit ersehen werden. In dem ersten Falle
prüft man ein Theilchen des von Salzsäure nicht gelösten Rückstandes mit Borax auf Kobalt (§. 89. d. 8.), stöfst alsdann das
Filter durch und spritzt den Niederschlag zu der Lösung.

Gleichgültig ob sich der Niederschlag in Salzsäure vollstän-
dig gelöst hat oder nicht, man setzt zu der Flüssigkeit etwas
Salpetersäure und erhitzt zum Kochen, wodurch einerseits die
Auflösung des Schwefelnickels und Schwefelkobalts, anderer-

214 Eigentliche Untersuchung. — Zusammenges. Verb. — §. 121.

seits die Ueberführung des Eisenoxyduls *) in Eisenoxyd bewirkt wird.

»Hat sich die ursprüngliche Substanz nicht oder nicht vollständig in Wasser gelöst, oder hat man überhaupt mit einer
sauren Lösung zu thun, so macht man vor Allem folgenden
Versuch, um zu entscheiden, ob phosphorsaure oder oxalsaure
alkalische Erden zugegen sind.

Man vermischt eine kleine Probe der sauren Lösung, nachdem man den größten Theil der freien Säure mit Ammoniak
abgestumpft hat (die Reaction muss noch sauer sein), mit einem Tropfen Eisenchlorid, einem Tropfen Chlorcalcium und
mit essigsaurem Kali im Ueberschuss. Entsteht hierdurch kein
Niederschlag, so sind weder phosphorsaure, noch oxalsaure
alkalische Erden zugegen, entsteht einer, so hat man auf dieselben Rücksicht zu nehmen.«

Ehe man weiter verfährt, erinnert man sich, ob die ursprüngliche Lösung farblos oder gefärbt war. Ist ersteres der
Fall, so kann man von der Abwesenheit des Chroms überzeugt
sein, war sie aber grün, gelb oder roth oder hatte sie überhaupt eine Farbe, so muss man auf Chrom Rücksicht nehmen.

a) Phosphorsaure und oxalsaure Erden sind nicht
   zugegen. Man versetzt die Lösung mit kaustischem Kali
   im Ueberschuss, kocht eine kleine Weile, verdünnt mit Wasser und filtrirt. Das Filtrat theilt man in zwei Theile und
   setzt zum einen Schwefelwasserstoff-Wasser, den andern
   macht man mit Salzsäure sauer und setzt dann Ammoniak
   zu. Entsteht durch ersteres ein weißer Niederschlag, so ist
   Zink zugegen; bringt Ammoniak in der angesäuerten Lösung
   einen weißen, flockigen Niederschlag hervor, so rührt er von
   Thonerde her. »Ob dieselbe an Phosphorsäure gebunden
   ist oder nicht, erforscht man nach §. 113. 1.«

Den durch Kali erhaltenen Niederschlag wäscht man
aus und verfährt alsdann mit demselben also **):

---

*) Wenn auch vorhandenes Eisen in der ursprünglichen Lösung als Oxyd
enthalten war, so ist doch das erhaltene Schwefeleisen immer die dem
Oxydul entsprechende Verbindung, weil Eisenoxyd durch Schwefelwasserstoff oder Schwefelammonium reducirt wird (§. 89. f. 3. u. 4.).

**) Im Falle eine sehr große Menge vorhandenen Eisens die anzuführenden
Proben schwankend machen sollte, substituirt man dem hier angegebenen einfacheren Gange den in §. 121. 2. b. β. bezeichneten.

Prüfung auf Basen (Gruppe III. u. IV.). — §. 121.   215

α) *Man hat* (nach der Farbe der ursprünglichen Lösung) *nicht Grund, auf Chrom zu prüfen.*

aa) Man prüft ein Theilchen des Niederschlages mit Soda in der äufseren Flamme auf M a n g a n (§. 89. b. 6.).

bb) Im Falle man Kobalt noch nicht gefunden hat (siehe oben §. 121. 2. am Anfang), prüft man eine zweite Probe mit Borax in der inneren Flamme auf K o b a l t (§. 89. d. 8.).

cc) Den Rest des Niederschlages löst man in Salzsäure und prüft ein Theilchen der Lösung nach Zusatz von essigsaurem Kali mit Ferrocyankalium auf E i s e n. — Um zu unterscheiden, ob etwa gefundenes Eisen als Oxyd oder als Oxydul vorhanden war, prüft man die ursprüngliche Lösung in Wasser oder Salzsäure (nicht in Salpetersäure) mit Ferrocyankalium und mit Ferridcyankalium (§. 89. e. 7. u. §. 89. f. 6.).

dd) Den Rest der in cc. erhaltenen salzsauren Lösung versetzt man, falls sie nicht schon viel freie Säure enthält, mit ein paar Tropfen Salzsäure, fügt alsdann Cyankalium im Ueberschuss zu, kocht eine Weile, filtrirt wenn nöthig und versetzt mit verdünnter Schwefelsäure. Entsteht sogleich oder nach einiger Zeit ein hellgrünlicher Niederschlag, so ist N i c k e l zugegen (§. 89. Zus. u. Bemerk.).

β) *Man hat Grund, auf Chrom zu prüfen.*

In dem Falle reibt man den Niederschlag mit 1 Theil Soda und 3 Theilen Salpeter zusammen, schmilzt das Gemenge in einem Porzellantiegel, giefst die geschmolzene Masse (um den Tiegel zu erhalten) auf einen Porzellanscherben aus, kocht sie alsdann in demselben Tiegel, in welchem man geschmolzen hat, mit Wasser und filtrirt.

Den unlöslichen R ü c k s t a n d wäscht man mit Wasser aus und verfährt mit demselben zur Prüfung auf M a n g a n, K o b a l t, E i s e n und N i c k e l nach §. 121. 2. a. α. — Die Lösung, welche, falls C h r o m zugegen war, gelb gefärbt ist, macht man mit Essigsäure sauer und setzt essigsaures Bleioxyd zu. Ein entstehender Niederschlag von chromsaurem Blei giebt über die Anwesenheit des C h r o m s Gewissheit.

216 Eigentliche Untersuchung. — Zusammenges. Verb. — §. 121.

b) Phosphorsaure oder oxalsaure Erden sind zugegen.

α) Man bringt einen kleinen Theil der Lösung in ein Proberöhrchen, setzt etwas (von kohlensauren alkalischen Erden freien, also nöthigenfalls davon durch Auswaschen
mit verdünnter Salpetersäure befreiten) fein gepulverten
Braunstein und dann einige Tropfen concentrirter Schwefelsäure zu. Entsteht hierdurch ein Aufbrausen von Kohlensäure, so ist Oxalsäure zugegen. Am besten überzeugt man sich von ihrer Anwesenheit, wenn man die Mischung ein wenig erwärmt, während man das Röhrchen
mit dem Daumen lose verschliefst. Wenn die Gasentwicklung eine Weile stattgefunden hat, giefst man das
in dem Röhrchen befindliche kohlensaure Gas (nicht die
Flüssigkeit) durch Neigen in ein anderes Röhrchen, in
welchem sich etwas Kalkwasser befindet und schüttelt
alsdann das letztere mit dem hineingefallenen Gas. Das
Entstehen eines Niederschlages (kohlensaurer Kalk) giebt
über die Anwesenheit eines oxalsauren Salzes Gewissheit.

αα) *Man hat keine Oxalsäure gefunden.* Alsdann ist jedenfalls Phosphorsäure zugegen. Zu genauerer
Prüfung darauf versetzt man eine zweite Probe der
salzsauren Lösung mit Ammoniak, bis der gröfste Theil
der freien Säure abgestumpft ist, alsdann mit einem
Tropfen Eisenchlorid und mit essigsaurem Alkali im
Ueberschuss. Entsteht ein Niederschlag, so wird dadurch die Anwesenheit der Phosphorsäure bestätigt. Man fügt alsdann mehr Eisenchlorid hinzu, bis
die Flüssigkeit roth wird, kocht eine Weile, filtrirt
heifs ab, übersättigt das Filtrat mit Ammoniak, fügt
Schwefelammonium zu, filtrirt und prüft nach §. 122.
und §. 123. auf die alkalischen Erden, welche mit der
Phosphorsäure in Verbindung waren.

ββ) *Man hat Oxalsäure gefunden.* In dem Falle prüft man
auf Phosphorsäure und die mit ihr und mit Oxalsäure
verbundenen alkalischen Erden, wie in αα, mit dem
Unterschiede, dass man die Probe der salzsauren Lösung zuerst zur Zerstörung der Oxalsäure mit etwas

fein gepulvertem Braunstein eine Weile kocht, dann filtrirt und das Filtrat zur Prüfung verwendet.

β) Den Rest der salzsauren Flüssigkeit versetzt man mit Kali
im Ueberschuss, kocht eine Weile, verdünnt mit Wasser,
filtrirt und prüft das Filtrat, wie in §. 121 2. a. auf Zink
und Thonerde. —

Den Niederschlag löst man (entweder nach vorhergegangenem Schmelzen mit Soda und Salpeter zur Prüfung auf
Chrom und zur Abscheidung desselben, oder geradezu,
vergleiche oben §. 121. 2. a. α. und β.) in Salzsäure, verdampft die Lösung fast (aber nicht ganz) zur Trockne,
nimmt den Rückstand mit Wasser auf, setzt gefällten kohlensauren Kalk (§. 35.) im Ueberschuss hinzu, schüttelt
eine Zeit lang, ohne zu erwärmen, filtrirt die durch diese
Operation von den phosphorsauren und oxalsauren alkalischen Erden, sowie vom Eisen befreite Flüssigkeit ab und
versetzt sie mit Schwefelammonium.

$\alpha\alpha$) *Es entsteht hierdurch kein Niederschlag.* Abwesenheit von Nickel, Kobalt und Mangan. Man prüft als-
dann auf Eisen, indem man den auf dem Filter befindlichen Niederschlag in Salzsäure löst, die Lösung
stark verdünnt und Ferrocyankalium zusetzt. — Die
Unterscheidung, in welcher Oxydationsstufe das Eisen
vorhanden war, geschieht wie in §. 121. 2. a. α. cc.

$\beta\beta$) *Es entsteht ein fleischrother Niederschlag.* Abwesenheit von Nickel und Kobalt, Anwesenheit von Man-
gan (Ueberzeugung durch das Löthrohr, §. 89. b. 6.)
— Prüfung auf Eisen wie in $\alpha\alpha$.

$\gamma\gamma$) *Es entsteht ein schwarzer Niederschlag.* Man wäscht
denselben aus, prüft ein Theilchen mit Soda in der
äußeren Flamme auf Mangan, ein zweites mit Borax
in der inneren Flamme auf Kobalt *), löst den Rest in
Königswasser und prüft auf Nickel nach der §. 121.
2. a. α. dd. angegebenen Methode. — Prüfung auf Eisen wie in $\alpha\alpha$.

---

*) Im Falle man Mangan gefunden hat, ist es zweckmäßig, den Niederschlag,
ehe man ihn auf Kobalt prüft, zur Entfernung des Schwefelmangans mit
Essigsäure auszuwaschen; die Reaction auf Kobalt gelingt dann um so
sicherer.

218   Eigentliche Untersuchung. — Zusammenges. Verb. — §. 122.

§. 122.

Man setzt zu einem Pröbchen der Flüssigkeit, in welcher Schwefelammonium keinen Niederschlag gegeben hat, oder die von dem entstandenen abfiltrirt ist, phosphorsaures Natron und Ammoniak, wenn noch kein freies zugegen ist und schüttelt tüchtig.

a) **Es entsteht kein Niederschlag,** zeigt die Abwesenheit aller alkalischen Erden. Man verdampft ein weiteres Pröbchen der Flüssigkeit zur Trockne und glüht. Bleibt kein Rückstand, so ist weder Kali, noch Natron zugegen und man geht zu §. 125. über; bleibt einer, so verdampft man die ganze Menge der Flüssigkeit zur Trockne, glüht den Rückstand und verfährt mit demselben nach §. 124.

b) **Es entsteht ein Niederschlag.**

Man versetzt den gesammten Rest der Flüssigkeit mit Salmiak, wenn noch keiner in der Flüssigkeit enthalten ist, fügt eine Mischung von kohlensaurem mit etwas kaustischem Ammoniak zu und erwärmt eine Zeit lang gelinde (nicht zum Kochen).

1) **Es entsteht kein Niederschlag.** Man geht zu §. 123. über, denn es ist weder Kalk, noch Baryt oder Strontian vorhanden.

2) **Es entsteht ein Niederschlag.** Anwesenheit von **Kalk, Baryt oder Strontian.** Man filtrirt ab, hebt die Flüssigkeit zur weiteren Untersuchung nach §. 123. auf, löst den Niederschlag in möglichst wenig sehr verdünnter Salzsäure und stellt mit der Lösung folgende Versuche an:

a) Zu einem Pröbchen der Lösung setzt man Gypssolution.
     α) *Es entsteht dadurch* auch nach längerer Zeit *kein Niederschlag.* Man geht zu §. 122. 2. b. über, denn Baryt und Strontian sind nicht vorhanden.
     β) *Es entsteht durch Gypslösung ein Niederschlag.*
        aa) *Er entsteht sogleich,* zeigt **Baryt** an, zugleich kann noch Strontian und Kalk zugegen sein.
        Man verdampft einen Theil der salzsauren Lösung des durch kohlensaures Ammoniak entstandenen Nie-

Prüfung auf Basen (Magnesia). — §. 123.   219

derschlages zur Trockne, digerirt den Rückstand mit
absolutem, mindestens recht starkem, Alkohol und filtrirt. Von dem Filtrat verdampft man einige Tropfen
auf Platinblech.

αα) Es bleibt kein Rückstand, man geht zu §. 123. über,
denn es ist weder Strontian, noch Kalk zugegen.

ββ) Es bleibt ein Rückstand. Man theilt die alkoholische Lösung in zwei Theile. Die eine Hälfte erhitzt
man in einem kleinen Tiegel und zündet an, carminrothe Färbung der Flamme zeigt Strontian an. Erscheint die Flamme nicht roth oder ist man darüber
im Zweifel, so verdampft man zu genauerer Prüfung
die zweite Hälfte der alkoholischen Lösung zur
Trockne, löst den Rückstand in wenig Wasser und
prüft mit Gypslösung. Ein nach einiger Zeit entstehender Niederschlag zeigt Strontian an. —

Von der Gegenwart des Baryts kann man sich
noch vergewissern, indem man Kieselfluorwasserstoffsäure zu einem andern Pröbchen der salzsauren Lösung setzt und erwärmt. Bei Anwesenheit
von Baryt entsteht nach einiger Zeit ein krystallinischer Niederschlag (§. 87. a. 6.).

bb) *Er entsteht erst nach einiger Zeit,* zeigt die Abwesenheit
des Baryts, die Anwesenheit des Strontians an.

b) Zu einer weiteren Probe der salzsauren Lösung des durch
kohlensaures Ammoniak entstandenen Niederschlages setzt
man, nachdem sie mit Ammoniak alkalisch gemacht worden
ist, Oxalsäure. — Im Falle nach §. 122. 2. a. β. Baryt oder
Strontian gefunden wurde, schlägt man diese zuvor mit
schwefelsaurem Kali oder verdünnter Schwefelsäure nieder
und setzt die Oxalsäure zum Filtrat, nachdem es ebenfalls
zuvor mit Ammoniak versetzt wurde. — Entsteht durch Oxalsäure ein Niederschlag, so ist Kalk zugegen.

§. 123.

Von der Flüssigkeit, in welcher kohlensaures
Ammoniak keinen Niederschlag hervorgebracht hat
(§. 122. 1.), oder die von dem entstandenen abfiltrirt
worden ist, nimmt man zwei kleine Proben und versetzt die eine mit etwas schwefelsaurem Kali oder

220 Eigentliche Untersuchung. — Zusammenges. Verb. — §. 124.

verdünnter Schwefelsäure, die andere mit oxalsaurem Ammoniak.

1) Beide Reagentien bewirken keine Niederschläge
   mehr. Man kann alsdann überzeugt sein, dass man durch
   kohlensaures Ammoniak allen Baryt, Strontian und Kalk vollständig gefällt hat, und mit Sicherheit auf Magnesia prüfen,
   indem man zu einer dritten Probe der genannten Flüssigkeit
   phosphorsaures Natron setzt und mit einem Glasstäbchen umrührt. Entsteht dadurch ein krystallinischer Niederschlag (vergleiche §. 87. d. 7.), so ist Magnesia zugegen. —
   Den Rest der Flüssigkeit (von der man ein Theilchen auf
   Magnesia geprüft hat) verdampft man, gleichgültig ob Magnesia gefunden wurde oder nicht, zur Trockne und erhitzt, bis
   alle Ammoniaksalze verjagt sind. Bleibt kein Rückstand, so
   geht man zu §. 125., bleibt einer, zu §. 124. über.

2) Beide oder eins der Reagentien bewirken noch
   einen Niederschlag. Mat hat alsdann durch kohlensaures Ammoniak den Baryt, Strontian oder Kalk noch nicht vollständig gefällt, weshalb man dem Rest der Flüssigkeit nochmals, falls es daran fehlen sollte, kohlensaures Ammoniak, dem
   man Aetzammoniak beimischt, zusetzt und wiederum einige
   Zeit erwärmt. Mit der vom entstandenen Niederschlage abfiltrirten Flüssigkeit verfährt man alsdann wieder nach §. 123.

§. 124.

Jetzt bleibt noch die Untersuchung auf fixe Alkalien und Ammoniak übrig.

Die Verbindungen der ersteren sind mit sehr wenigen Ausnahmen in Wasser löslich, daher man in der Regel nicht nöthig
hat, bei in Wasser unlöslichen Verbindungen auf sie Rücksicht zu
nehmen.

Im Falle man mit einem in Wasser unlöslichen, in Salzsäure
oder Salpetersäure löslichen Körper zu thun hat, bewahrt
man ein Theilchen der Flüssigkeit, in deren Probe phosphorsaures Natron keinen Niederschlag hervorgebracht hat
(§. 122. a.), oder der, in welcher kohlensaures Ammoniak
keinen hervorbrachte (§. 122. 1.), oder der vom entstandenen abfiltrirten (§. 122. 2.) zur Ermittlung etwa zugegener
Phosphorsäure und Oxalsäure auf. Siehe §. 128. 8.

Prüfung auf Basen (Alkalien). — §. 125.   221

Die Art der Untersuchung auf Kali und Natron wird modificirt durch die Anwesenheit der Magnesia; wir unterscheiden daher zwei Fälle:

1) Magnesia ist nicht zugegen. Man löst den geglühten Rückstand (§. 122. a. oder §. 123. 1.) in wenig Wasser, setzt Alkohol zu, erhitzt zum Kochen und zündet an.
   a) Die Flamme ist violett gefärbt. Abwesenheit von Natron, wahrscheinliche Anwesenheit von Kali.
   b) Die Flamme ist gelb gefärbt. Anwesenheit von Natron.

Man dampft zur Trockne ein und vergewissert sich von der Anwesenheit des Natrons durch die Löthrohrflamme und mittelst antimonsauren Kali's (siehe §. 86. b.), von der Anwesenheit des Kali's, indem man den Rückstand in Wasser oder besser, wenn es möglich ist, in Weingeist löst und die eine Hälfte der Lösung mit Weinsteinsäure, die andere mit Platinchlorid versetzt. Bei Anwesenheit von Kali wird nach einiger oder längerer Zeit das erste Reagens einen farblosen, körnig krystallinischen, das letztere einen gelben Niederschlag hervorbringen (siehe §. 86. a.).

2) Magnesia ist zugegen. Man löst den in §. 123. 1. erhaltenen, geglühten Rückstand in Wasser, setzt Barytwasser oder (kaustischen Baryt enthaltende) Schwefelbaryumlösung zu, so lange noch ein Niederschlag entsteht, kocht, filtrirt ab, setzt zum Filtrat eine Mischung von kohlensaurem mit etwas kaustischem Ammoniak im Ueberschuss, erwärmt eine Zeit lang gelinde, filtrirt, verdampft das Filtrat zur Trockne, glüht zur Entfernung der Ammoniaksalze und verfährt mit dem Rückstande nach §. 124. 1.

§. 125.

Es bleibt jetzt noch die Prüfung auf Ammoniak übrig. Man übergiefst etwas des zu untersuchenden Körpers oder, wenn es eine Flüssigkeit ist, einen Theil derselben mit concentrirter Kalilauge und erwärmt. Riecht das entweichende Gas nach Ammoniak, bläuet es feuchtes geröthetes Lackmuspapier und entstehen weiße Nebel, wenn man ein mit Salzsäure befeuchtetes Stäbchen in's Röhrchen senkt, so ist Ammoniak zugegen. — Noch zweckmäfsiger ist es, den zu prüfenden Körper mit einem Ueberschuss

222 Eigentliche Untersuchung. — Zusammenges. Verb. — §. 126.

von Kalkhydrat und wenig Wasser zusammenzureiben, weil die Kalilauge meist beim Kochen für sich schon ein wenig Ammoniak entwickelt.

Verbindungen, in welchen sämmtliche häufiger vorkommende Basen, Säuren, Metalle und Metalloide vorausgesetzt werden.

A. 1. In Wasser lösliche Körper. Ausmittelung der Säuren und der sie vertretenden Körper.

I. Bei Abwesenheit organischer Säuren.

§. 126.

1) In Bezug auf die Ausmittelung der Arseniksäuren, der Kohlensäure, Hydrothionsäure und Chromsäure vergleiche man das §. 111. 1. und 2. darüber Gesagte.

2) Man setzt zu einer Probe der Lösung salpetersauren Baryt und, im Falle sie sauer ist, Ammoniak bis zur Neutralität.

   a) Es entsteht kein Niederschlag. Abwesenheit der Schwefelsäure, Phosphorsäure, Borsäure, Chromsäure, Kieselsäure, Oxalsäure, arsenigen und Arseniksäure *). Man geht zu 3. über.

   b) Es entsteht ein Niederschlag. Man verdünnt die Flüssigkeit und setzt Salzsäure zu; löst sich der Niederschlag nicht oder nicht ganz, so ist Schwefelsäure vorhanden.

3) Man setzt zu einem Theile der Lösung salpetersaures Silber, nachdem sie zuvor, wenn sie alkalisch war, mit Salpetersäure, wenn sie sauer war, mit Ammoniak genau neutralisirt worden ist **).

   a) Es entsteht kein Niederschlag. Man geht zu 4. über; es ist weder Chlor, noch Jod, Cyan, Phosphorsäure, Kiesel-

---

*) Ist in der Flüssigkeit ein Ammoniaksalz vorhanden, so kann man von der Abwesenheit der Oxalsäure, der arsenigen und Arseniksäure, besonders aber der Borsäure, nicht überzeugt sein, weil die Barytsalze dieser Säuren bei Gegenwart von Ammoniaksalzen in Wasser nicht unlöslich sind.

**) Dies gelingt leicht und erfordert wenig Zeit, wenn man die zum Neutralisiren bestimmte Salpetersäure oder das Ammoniak zuvor stark verdünnt.

Prüfung auf unorganische Säuren. — §. 126.   223

säure, Oxalsäure, Chromsäure und, wenn die Lösung nicht
zu verdünnt war, auch keine Borsäure zugegen.

b) Es entsteht ein Niederschlag. Man beobachtet die
   Farbe und setzt alsdann Salpetersäure zu.

α) *Der Niederschlag löst sich vollkommen auf;* man geht zu
   4. über, denn es ist weder Chlor, noch Jod, noch Cyan
   zugegen.

β) *Es bleibt ein Rückstand;* er deutet auf Chlor, Jod und
   Cyan. Man digerirt ihn, nachdem er ausgewaschen worden ist, mit Ammoniak.

   aa) *Es bleibt ein gelblicher Rückstand.* Er rührt von Jod
       her. Wie man sich von seiner Anwesenheit mittelst
       Stärkemehls überzeugt, siehe §. 101. c. Man filtrirt
       ab und versetzt das Filtrat mit Salpetersäure im Ueber-
       schuss; entsteht dadurch ein Niederschlag, so deutet
       er auf Chlor oder Cyan. Man verfährt damit, wie so-
       gleich in bb. gesagt wird.

   bb) *Es bleibt kein Rückstand,* Chlor oder Cyan und
       kein Jod. Man schlägt zu weiterer Untersuchung die
       Lösung wieder mit Salpetersäure nieder. Ehe man
       die Unterscheidung des Chlor- und Cyansilbers unter-
       nimmt, prüft man die Flüssigkeit auf Cyan, um zu se-
       hen, ob eine Unterscheidung überhaupt nothwendig
       ist. Man setzt nämlich zu einem Pröbchen der ur-
       sprünglichen Lösung Eisenoxyduloxydlösung und dann
       Salzsäure. Entsteht ein blauer Niederschlag, so ist
       Cyan zugegen *). Entsteht kein Niederschlag, auch
       keine blaue Färbung, so ist der von Ammoniak auf-
       gelöste Niederschlag blofs Chlorsilber. Im Falle man
       Cyan gefunden hat, wäscht man den zu prüfenden
       Niederschlag aus, nimmt ihn noch feucht vom Filter,
       trocknet ihn in einem Porzellantiegelchen und glüht.
       Chlorsilber schmilzt nur, Cyansilber wird unter Bil-
       dung von etwas Paracyansilber reducirt. Legt man
       auf die rückständige Masse ein Stückchen Zink, über-

---

*) Wenn es als freie Cyanwasserstoffsäure vorhanden gewesen wäre, was
der Geruch erkennen lässt, so hätte diese vor dem Zusatze der Eisenlösung mit Kali gesättigt werden müssen. Dass das Cyan durch salpetersaures Silber in einigen Verbindungen (Cyanquecksilber) nicht angezeigt
wird, ist bereits oben §. 101. d. erwähnt worden.

224 Eigentliche Untersuchung. — Zusammenges. Verb. — §. 126.

giefst mit Wasser, dem man etwas Schwefelsäure zusetzt, und filtrirt, wenn die Wasserstoffgasentwick-
lung aufgehört hat, so kann man alsdann durch Zusatz
von salpetersaurem Silber zu dem mit Wasser stark
verdünnten Filtrat die Gegenwart des Chlors mit Leichtigkeit darthun.

4) Man prüft die wässerige Lösung auf Salpetersäure, indem
man sie mit Indigolösung bis zur hellblauen Färbung versetzt,
etwas Schwefelsäure zufügt und erhitzt; und ferner, indem
man in die mit dem dritten Theil concentrirter Schwefelsäure
versetzte Lösung einen Krystall von schwefelsaurem Eisenoxydul wirft. Bei Anwesenheit von Salpetersäure wird sich die
blaue Lösung entfärben und um den Krystall eine braun gefärbte Zone bilden (§. 102. a.).

Es bleiben jetzt noch die Untersuchungen auf Phosphorsäure, Borsäure, Kieselsäure, Oxalsäure und Chromsäure übrig.
Man hat nur dann nöthig sie anzustellen, wenn sowohl Chlorbaryum, als salpetersaures Silber in neutraler Lösung Niederschläge hervorgebracht haben. Vergleiche übrigens die Anmerkung zu §. 126. 2. a.

5) War der durch salpetersaures Silber hervorgebrachte Niederschlag gelblich, so hat man ganz besonders Ursache, auf Phosphorsäure zu achten. Um sie zu erkennen, setzt man zu einer
Probe der Flüssigkeit Ammoniak im Ueberschuss, filtrirt, im
Falle ein Niederschlag entsteht, und setzt dem Filtrat Chlorammonium und dann schwefelsaure Magnesia zu. Entsteht ein
krystallinischer Niederschlag, so ist Phosphorsäure zugegen. Mit gutem Erfolg kann man auch die §. 99. a. 8. beschriebene Reaction mit Eisenchlorid und essigsaurem Kali anwenden.

6) Man übergiefst ein Pröbchen der zu untersuchenden Substanz
mit Alkohol, setzt Schwefelsäure zu, erhitzt in einem kleinen
Tiegelchen zum Kochen und zündet an. Grüne Flamme lässt
Borsäure erkennen. Bei Gegenwart von Kupfer muss dieses
erst durch Kochen der Flüssigkeit mit Kaliüberschuss oder
mittelst Schwefelwasserstoffs entfernt werden *).

---

*) Hatte man ursprünglich keine feste Substanz, sondern eine Flüssigkeit, so
darf diese nicht geradezu mit Schwefelsäure und Alkohol erwärmt und

Prüfung auf unorganische Säuren. — §. 126.   225

7) War die Flüssigkeit roth oder gelb, durch Zusatz von Salzsäure roth werdend, und hatte der durch salpetersaures Silber
in neutraler Lösung erzeugte Niederschlag purpurrothe Farbe,
so wird dadurch die Anwesenheit der Chromsäure bestätigt.

8) Auf Kieselsäure prüft man nach §. 100. b. 2.

9) Oxalsäure findet man, wenn man Gypslösung zu einer Probe
der Flüssigkeit, welche, im Falle sie sauer ist, zuvor mit Ammoniak neutralisirt werden muss, setzt; ein weifser, durch Zusatz von Essigsäure nicht verschwindender Niederschlag lässt
sie erkennen.

Seltener, aber doch hie und da, kommen chlorsaure
Salze, Brom- und Fluorverbindungen vor. Man wurde
auf erstere schon durch das heftige Verpuffen des geschmolzenen
Salzes mit Kohle, siehe §. 107. A. I. 2. c., hingewiesen. Man erkennt sie, indem man etwas des festen Salzes in einer unten zugeschmolzenen Glasröhre erhitzt und an das offene Ende ein
glimmendes Holzspänchen hält. Bei Gegenwart von Chlorsäure
wird es sich entzünden. Der in Wasser gelöste Rückstand giebt
sodann mit salpetersaurem Silber einen reichlichen Niederschlag
von Chlorsilber. Ferner, indem man einige Körnchen in concentrirte Schwefelsäure wirft (§. 102. b. 8.), oder mit Cyankalium
schmilzt (§. 102. b. 4.). — Die Erkennung der Brommetalle ist
einfach, wenn nicht zugleich Jodmetalle zugegen sind. Wie man
in beiden Fällen zur sicheren Erkennung des Broms zu verfahren
habe, ist oben §. 101. angegeben worden. Zur Erkennung der
Fluormetalle sind unter allen Umständen die §. 99. d. 4. und 6.
beschriebenen Methoden die sichersten.

die Mischung entzündet werden, man muss vielmehr die Lösung erst zur
Trockne verdampfen und mit dem Rückstande operiren. Im andern Falle
wird die Borsäure fast immer übersehen.

226 Eigentliche Untersuchung. — Zusammenges. Verb. — §. 127

Verbindungen, in welchen sämmtliche häufiger vorkommende
Basen, Säuren u. s. w. vorausgesetzt werden.

**A. 1. In Wasser lösliche Körper. Ausmittelung der
Säuren und der sie vertretenden Körper.**

II. Bei Anwesenheit organischer Säuren.

§. 127.

1) Die Chromsäure und die Arseniksäuren hat man schon
beim Aufsuchen der Basen gefunden; wegen Unterscheidung
der letzteren vergl. §. 95. Zusätze und Bemerkungen.

2) Man versetzt eine Probe der Lösung mit Salzsäure. Entsteht
ein Niederschlag, der sich beim Erhitzen auf dem Platinblech
unter Verbreitung des bekannten Benzoësäuregeruches
ganz oder theilweise verflüchtigt, so ist diese Säure zugegen.
Entsteht beim Zusatz der Salzsäure Aufbrausen, so kann es von
Kohlensäure oder Schwefelwasserstoff herrühren,
siehe §. 111. 2.

3) Man versetzt eine Probe mit Ammoniak bis zur schwach alkalischen Reaction, filtrirt wenn nöthig, setzt Chlorbaryum zu und
erhitzt zum Kochen.

Im Falle Salzsäure einen Niederschlag hervorgebracht hätte,
müsste man die davon abfiltrirte Lösung zu diesem Versuche
verwenden.

a) Es entsteht kein Niederschlag. Abwesenheit von
Schwefelsäure, Phosphorsäure, Chromsäure, Kieselsäure,
Borsäure, Arseniksäure, arseniger Säure, Oxalsäure, Weinsteinsäure, Citronensäure, auf welche man daher bei der
weiteren Untersuchung nicht Rücksicht zu nehmen hat. In
Bezug auf die sechs letzten Säuren gilt das §. 126. 2. a. in
der Anmerkung Gesagte.

b) Es entsteht ein Niederschlag. Man setzt verdünnte
Chlorwasserstoffsäure zu.

α) Er löst sich auf, keine Schwefelsäure.

β) Es bleibt ein Rückstand, Schwefelsäure.

4) Man versetzt eine Probe, nachdem man sie, im Falle die Flüssigkeit alkalisch oder sauer ist, mit Salpetersäure oder Ammo-

niak ganz genau neutralisirt hat (vergleiche die Anmerk. ⁻⁺)
auf S. 222.), mit salpetersaurem Silber.

a) Es entsteht kein Niederschlag; zeigt die Abwesenheit der Phosphorsäure, Borsäure, Chromsäure, Kieselsäure,
Oxalsäure, Weinsteinsäure, Citronensäure, auf welche man
daher keine Rücksicht zu nehmen hat.

b) Es entsteht ein Niederschlag.

α) *Er ist weiſs oder gelb.*

Man kocht eine Probe der Flüssigkeit sammt dem suspen
dirten Niederschlage. Vollständige, schnelle Reduction
deutet Ameisensäure an. Man überzeugt sich von ihrer Gegenwart durch salpetersaures Quecksilberoxydul
(§. 105. b.), beachtet übrigens die Bemerkung am Schlusse
der Nummer 4.

Man übergiefst den Rest des in der Flüssigkeit suspendirten Niederschlages mit Salpetersäure. Löst er sich, so
ist weder Chlor, noch Jod, noch Cyan vorhanden; löst
er sich nicht vollständig, so prüft man den Rückstand auf
die genannten Salzbilder nach §. 126. 3. b. β.

β) Der durch salpetersaures Silber entstandene Niederschlag
ist *purpurroth*, Chromsäure. Im Falle Arseniksäure zugegen ist, vergewissert man sich von der Anwesenheit der
Chromsäure, indem man eine andere Probe der Lösung
mit essigsaurem Blei versetzt, wodurch ein gelber Niederschlag entstehen muss. Auf Chlor, Jod und Cyan,
welche gleichfalls in dem rothen Silberniederschlage vorhanden sein könnten, prüft man nach §. 126. 3. b.

Bei Anwesenheit von Chromsäure lässt sich die Ameisensäure durch die entstehende Silber- und Queck-
silber-Reduction nicht mit Bestimmtheit erkennen,
und es bleibt in diesem Falle zu ihrer Nachweisung
kein anderes Mittel, als eine Destillation der Verbindung mit Zusatz von etwas Schwefelsäure. Das Destillat sättigt man mit Natron und prüft mit Eisenchlorid, welches davon blutroth gefärbt wird, und mit
salpetersaurem Silber, vergl. §. 105. b.

5) Haben Chlorbaryum und salpetersaures Silber Niederschläge
erzeugt, so prüft man auf Phosphorsäure, wie oben §. 126
5. gezeigt wurde, auf Kieselsäure nach §. 100. b. 2.

15 *

228 Eigentliche Untersuchung. — Zusammenges. Verb. §. 127.

6) Man verdampft einen Theil der Lösung, nachdem sie, im Falle
sie sauer reagirt, zuvor mit Kali gesättigt worden ist, zur
Trockne, und übergiefst diesen Rückstand, oder, wenn man
die Substanz trocken hat, ein Theilchen derselben mit etwas
Alkohol in einem Röhrchen, setzt etwa den dritten Theil des
Alkohols (dem Volumen nach) concentrirte Schwefelsäure zu
und erhitzt zum Kochen. Entwickelt sich ein Geruch nach
Essigäther, der sich sehr oft bei oder nach dem Erkalten, wenn
man umschüttelt, am deutlichsten erkennen lässt, so ist Essigsäure zugegen. Man giefst den Inhalt des Röhrchens in
ein Tiegelchen, erhitzt und zündet an. Grüne Flamme zeigt
Borsäure.

7) Man macht eine Probe der Flüssigkeit mit Ammoniak schwach
alkalisch, filtrirt wenn nöthig, setzt Chlorcalcium zu, schüttelt
tüchtig und lässt dann 10 bis 20 Minuten stehen. Im Falle die
Lösung neutral war, fügt man vor dem Zusatze des Chlorcalciums etwas Salmiak zu.
  a) Es entsteht weder sogleich, noch nach einiger
    Zeit ein Niederschlag. Abwesenheit der Oxalsäure
    und Weinsteinsäure; man geht zu 8. über.
  b) Es entsteht sogleich oder nach einiger Zeit ein
    Niederschlag. Man filtrirt denselben ab, bewahrt das
    Filtrat zur weiteren Untersuchung nach 8. auf und wäscht aus.
    Den Niederschlag digerirt und schüttelt man mit Kalilauge,
    die man etwas verdünnt hat, im Ueberschuss, ohne zu er-
    wärmen, filtrirt nach einiger Zeit ab und kocht das Filtrat
    eine Weile. Scheidet sich dadurch ein Niederschlag aus,
    so ist Weinsteinsäure zugegen.
    Zu einer Probe der ursprünglichen Lösung, die man nö-
    thigenfalls mit Ammoniak neutral macht, setzt man Gyps-
    lösung. Entsteht ein Niederschlag, der durch Zusatz von
    Essigsäure nicht verschwindet, von Salzsäure aber gelöst
    wird, so ist Oxalsäure zugegen.

8) Man vermischt die Flüssigkeit, in der Chlorcalcium keinen Niederschlag hervorgebracht hat, oder die von dem entstandenen
abfiltrirt ist (in welchem letzteren Falle man noch etwas Chlorcalcium hinzufügt) mit Alkohol.
  a) Es entsteht kein Niederschlag. Abwesenheit der Ci-
    tronensäure und der Aepfelsäure. Man geht zu 9 über.

b) Es entsteht ein Niederschlag. Man filtrirt ihn ab, verfährt mit dem Filtrat nach 9., mit dem Niederschlag aber, nachdem man ihn mit etwas Weingeist ausgewaschen hat, folgendermafsen:

Man löst ihn in möglichst wenig verdünnter Salzsäure auf dem Filtrum auf, setzt zum Filtrat Ammoniak bis zur schwach alkalischen Reaction und erhitzt es alsdann eine Zeit lang zum Kochen.

α) Es bleibt klar. Abwesenheit der Citronensäure. Anwesenheit der Aepfelsäure. Man setzt der Flüssigkeit wieder Alkohol zu und überzeugt sich von der Anwesenheit der Aepfelsäure, indem man den Kalkniederschlag glüht. Er muss unter Kohleabscheidung in kohlensauren Kalk übergehen; ferner prüft man zu gröfserer Sicherheit mit essigsaurem Bleioxyd (§. 103. e. 5.).

β) Es entsteht ein schwerer, weifser Niederschlag; Anwesenheit von Citronensäure. Man filtrirt kochend ab und verfährt mit dem Filtrat zur Prüfung auf Aepfelsäure wie im Falle α.

9) Zum Filtrat von 8. b. oder zu der Flüssigkeit, in welcher beim Vermischen mit Alkohol kein Niederschlag entstand (§. 127. 8 a.) setzt man, nachdem der Alkohol durch Erhitzen verjagt worden ist, und nachdem man genau mit Salzsäure neutralisirt hat, Eisenchlorid. Entsteht kein hellbrauner, flockiger Niederschlag, so ist weder Bernsteinsäure noch Benzoësäure zugegen; entsteht einer und hat man oben keine Benzoësäure gefunden, so rührt er von Bernsteinsäure her. War jedoch Benzoësäure zugegen, so filtrirt man ab, digerirt den ausgewaschenen Niederschlag mit Ammoniak im Ueberschuss, filtrirt ab, verdampft das Filtrat etwas und prüft mit Chlorbaryum und Alkohol auf Bernsteinsäure (vergl. §. 104., Zusätze und Bemerkungen).

10) Man prüft auf Salpetersäure, wie oben §. 126. 4. angegeben.

230 Eigentliche Untersuchung. — Zusammenges. Verb. — §. 128.

Verbindungen, in welchen sämmtliche häufiger vorkommende
Basen, Säuren u. s. w. vorausgesetzt werden.

A. 2. In Wasser unlösliche, in Salzsäure oder Sal- petersäure lösliche Körper. Ausmittelung der Säu- ren und der sie vertretenden Körper.

1. Bei Abwesenheit organischer Säuren.

§. 128.

Bei diesen Verbindungen hat man auf alle in §. 126. vorkommenden Säuren mit Ausnahme der Chlorsäure Rücksicht zu nehmen. Cyanverbindungen werden nicht nach diesem Gange untersucht, vergl. §. 131.

1) In Bezug auf die Arseniksäuren, die Kohlensäure, Hydrothionsäure und Chromsäure gilt das §. 114. 2. Angeführte.

2) Man kocht ein Theilchen der Substanz mit Salpetersäure und
filtrirt von etwa bleibendem Rückstande ab.
   a) Entsteht ein Aufbrausen, so kann es von Kohlensäure
   und Stickoxydgas herrühren. Erstere erkennt man nach
   §. 100. a. 3., letzteres deutet gewöhnlich auf eine Schwefelverbindung.
   b) Es entweichen violette, Amylum bläuende Dämpfe, Jod.

3) Zu einem Theilchen der Lösung in Salpersäure setzt man salpetersaures Silber.
   a) Es entsteht kein Niederschlag. Man geht zu 4. über,
   denn es ist kein Chlor zugegen.
   b) Es entsteht ein Niederschlag. Man filtrirt die Flüssigkeit ab, wäscht aus und digerirt mit Ammoniak. Löst er
   sich ganz oder theilweise, so ist Chlor zugegen.

4) Man kocht eine Probe des Körpers mit Salzsäure, filtrirt, wenn
nöthig, ab, verdünnt mit Wasser und versetzt ein Theilchen
der Lösung mit Chlorbaryum. Entsteht ein Niederschlag, so
ist Schwefelsäure vorhanden.

5) Einen andern Theil der salzsauren Lösung verwendet man zur
Prüfung auf Salpetersäure mittelst Indigo's und schwefel-

sauren Eisenoxyduls, siehe §. 126. 4. In vielen Fällen wird man sie schon durch das Verpuffen auf der Löthrohrkohle erkannt haben.

6) Hat der Versuch §. 128. 2. b. die Anwesenheit des Jods noch nicht kund gethan, so erhitzt man zu genauerer Prüfung ein Theilchen der Substanz mit concentrirter Schwefelsäure. Bei Anwesenheit irgend einer Jodverbindung entstehen violette, Amylum bläuende Dämpfe, vergleiche §. 101. c. 7.

7) Auf Borsäure untersucht man, indem man eine Probe mit Schwefelsäure und Alkohol behandelt, s. §. 99. b. 5.

8) Zur Prüfung auf Phosphorsäure und Oxalsäure, welche man, wenn sie an Baryt, Strontian und Kalk und, was die Phosphorsäure anbetrifft, Magnesia gebunden waren, schon bei Ausmittelung der Basen erkannt hat, verwendet man die aufbewahrte, von den Metallen befreite Flüssigkeit, siehe §. 124., und weist die beiden Säuren darin nach den in §. 126. 5. und 9. angegebenen Methoden nach.

9) Auf Kieselsäure prüft man nach §. 100. b. 3.
Was die seltener vorkommenden Brom- und Fluorverbindungen betrifft, so vergl. §. 126. am Ende.

Verbindungen, in welchen sämmtliche häufiger vorkommende Basen, Säuren u. s. w. vorausgesetzt werden.

A. 2. In Wasser unlösliche, in Salzsäure oder Salpetersäure lösliche Körper. Ausmittelung der Säuren etc.

II. Bei Anwesenheit organischer Säuren.

§. 129.

1) Auf Kohlensäure, Arsenik-Säure, arsenige Säure, Schwefelsäure, Salpetersäure, Borsäure, Chromsäure, Kieselsäure, Chlor, Jod und Schwefel prüft man wie in §. 128., auf Essigsäure nach §. 127. 6. Vom Cyan gilt gleichfalls das §. 128. am Anfange Bemerkte.

2) Einen Theil der Verbindung löst man in Salzsäure, filtrirt von

232 Eigentliche Untersuchung. — Zusammenges. Verb. — §. 130.

etwaigem Rückstande, der auf Benzoësäure nach §. 127. 2. zu prüfen ist, ab, setzt kohlensaure Kalilösung im Ueberschuss zum Filtrat und kocht damit eine Zeit lang. Man filtrirt sodann von dem entstandenen Niederschlage ab, sättigt das Filtrat mit verdünnter Salzsäure und prüft auf Phosphorsäure und Oxalsäure nach §. 126. 5. u. 9., auf Weinstein-, Citronen-, Aepfel-, Bernstein- und Benzoë-Säure aber genau nach §. 127. 7., 8. und 9.

Verbindungen, in welchen sämmtliche häufiger vorkommende Basen, Säuren u. s. w. vorausgesetzt werden.

B. In Wasser und in Salzsäure unlösliche oder schwer lösliche Körper. Ausmittelung der Basen, Säuren und Metalloide.

§. 130.

Unter dieser Rubrik sind folgende Körper und Verbindungen aufzuführen:

Schwefelsaurer Baryt, Strontian und Kalk, Chlorsilber, Chlorblei, schwefelsaures Blei, einfach und doppelt Schwefelquecksilber, Quecksilberchlorür, einige Eisencyanmetalle, einige Schwefelmetalle, Kieselsäure, Schwefel, Kohle. — Aufserdem gehören hierher einige saure arsensaure Verbindungen, welche jedoch bei den Analysen der in pharmaceutischer oder technischer Hinsicht wichtigeren Gemenge oder Verbindungen eben so selten vorkommen dürften, als die unlösliche Modification des Chromoxyds, geglühtes Zinnoxyd und Fluorcalcium. Gröfserer Deutlichkeit wegen soll nur für die Auffindung der ersteren Körper ein schematisches Verfahren angegeben, das Verhalten der seltener vorkommenden aber und die Art ihres Erkennens besonders betrachtet werden.

Hinsichtlich der unlöslichen Cyanmetalle ist §. 131. zu vergleichen.

A) Der Rückstand ist weifs. Er kann alsdann von obigen Körpern enthalten: schwefelsauren Baryt, Strontian, Kalk, schwefelsaures Bleioxyd, Chlorblei, Chlorsilber, Quecksilberchlorür, Kieselsäure, Schwefel.

In Wasser oder Säuren unlösl. Körper. — §. 130.   233

Auf schwefelsauren Kalk hat man nur Rücksicht zu nehmen, wenn man ihn schon in der wässerigen Lösung fand; auf die Bleiverbindungen ebenfalls nur, wenn die Untersuchung schon Blei ergeben hat.

1) Man erhitzt eine kleine Probe auf Platinblech und lässt die Flamme darauf spielen. Verbreitet sich Geruch nach schwefliger Säure, so war Schwefel vorhanden. Bleibt kein Rückstand, so war blofs Schwefel zugegen. Hat man sehr stark erhitzt, so könnte sich auch Quecksilberchlorür verflüchtigt haben. Ob dies zu fürchten, lehrt schon das äufsere Ansehn des Rückstandes.

2) Man setzt zu einem ganz kleinen Pröbchen Schwefelammonium.

a) *Es bleibt weifs;* man geht zu §. 130. 3. über, denn es sind keine Metallverbindungen zugegen.

b) *Es wird schwarz.* In diesem Falle ist jedenfalls ein Metallsalz, also entweder Quecksilberchlorür, Chlorsilber, Chlorblei oder schwefelsaures Blei zugegen. Aufserdem können noch alle übrigen sub A. genannten Verbindungen vorhanden sein. Die weitere Trennung wird, je nachdem Blei zugegen ist oder nicht, auf verschiedene Art fortgesetzt. Um zu wissen, welchen Weg man wählen soll, macht man folgende vorläufige Probe.

Ein kleines Theilchen mengt man mit Soda und setzt der inneren Löthrohrflamme aus. Bekommt man ein Metallkorn, welches in der äufseren Flamme oxydirt wird und bildet sich auf der Kohle ein gelber Beschlag, so ist Blei zugegen.

α) Der weifse Rückstand enthält nach dieser vorläufigen Prüfung Blei.

aa) Man schmilzt den gröfsten Theil des Rückstandes, welcher, wenn er feucht ist, zuvor getrocknet werden muss, mit 3 Thln. trockner Soda und 3 Thln. Cyankalium in einem kleinen Porzellantiegel über der Weingeistlampe zusammen. Die Masse kommt sehr leicht in Fluss. Sie wird darin einige Zeit erhalten. Nach dem Erkalten kocht man mit Wasser, filtrirt und wäscht den Rückstand sehr sorgfältig aus. Das Filtrat übersättigt man zum gröfsten Theil mit Salzsäure und prüft ein Pröbchen desselben mit Chlorbaryum; ein entstehen-

234 Eigentliche Untersuchung. — Zusammenges. Verb. — §. 130.

der Niederschlag zeigt die Anwesenheit einer s c h w e -
f e l s a u r e n Verbindung. (Entsteht beim Uebersättigen des Filtrats mit Salzsäure ein Niederschlag (Kieselsäure), so verdünnt man die Flüssigkeit, filtrirt,
wenn nöthig, und prüft alsdann auf Schwefelsäure.)
Den Rest der mit Salzsäure versetzten Flüssigkeit verdampft man zur Trockne und behandelt das Residuum
mit Wasser. Bleibt ein Rückstand, so ist er K i e s e l -
e r d e. Mit Soda giebt sie in guter Löthrohrflamme
ein klares Glas. — Den nicht mit Salzsäure versetzten
Rest des Filtrats säuert man mit Salpetersäure an,
kocht, bis aller Geruch nach Blausäure verschwunden
ist, und fügt salpetersaures Silber hinzu; entsteht ein
Niederschlag von Chlorsilber, so enthält der in Wasser und Salzsäure unlösliche Rückstand (vorausgesetzt,
dass die Reagentien chlorfrei waren und der Rückstand vollkommen ausgewaschen wurde) ein C h l o r -
m e t a l l. — Den beim Behandeln der geschmolzenen
Masse erhaltenen wohlausgewaschenen Rückstand übergiefst man mit Essigsäure; löst er sich darin unter Aufbrausen theilweise auf, so waren jedenfalls schwefelsaure alkalische Erden vorhanden. — Entsteht kein
Aufbrausen, so ist die Abwesenheit der schwefelsauren alkalischen Erden dargethan; man behandelt daher den Rückstand mit Salpetersäure und verfährt mit
der Lösung, wie gleich gesagt werden soll. — Gesetzt
also, es sei ein Aufbrausen entstanden, so prüft man
ein Theilchen der essigsauren Lösung mit Schwefelwasserstoff; entsteht dadurch ein schwarzer Niederschlag (Schwefelblei), so entfernt man aus der gesammten essigsauren Lösung das Blei auf gleiche
Weise, verfährt mit dem nöthigenfalls durch Abdampfen eingeengten Filtrat nach §. 122. und beginnt bei
2. a. Bleibt die Probe der essigsauren Lösung durch
Schwefelwasserstoff unverändert, so verfährt man mit
dem Rest derselben geradezu nach §. 122. 2. a. —
Den von Essigsäure nicht aufgelösten Rückstand behandelt man mit Salpetersäure und prüft ein Theilchen
der Lösung, nachdem der Säureüberschuss durch Abdampfen entfernt ist, mit Schwefelsäure auf Blei, den
Rest, nachdem man mit Wasser stark verdünnt hat,

In Wasser u. Säuren unlösl. Körper. — §. 130. 235

mit Salzsäure auf Silber. — Lässt Salpetersäure einen Rückstand, so rührt er von unaufgenommener Kieselsäure oder auch einer nicht vollständig zersetzten
schwefelsauren alkalischen Erde her.

bb) Man kocht die Hälfte von dem Reste des Rückstandes
mit kohlensaurem Kali. Geht die weifse Farbe desselben in grau oder schwarz über, so ist Quecksilberchlorür zugegen. Zur Bestätigung erhitzt man
die andere Hälfte des Restes mit trockner Soda in einem Glasröhrchen, siehe §. 91. b. 8.

β) Der weifse Rückstand enthält nach der vorläufigen Prüfung kein Blei.

Man übergiefst den gesammten Rückstand mit Schwefelammonium im Ueberschuss, digerirt damit einige Zeit,
filtrirt ab, wäscht aus und kocht den Niederschlag mit
Salpetersäure.

aa) *Er löst sich bis auf den ausgeschiedenen Schwefel.*
Alleinige Anwesenheit von Chlorsilber. Zur Bestätigung weist man in der salpetersauren Lösung das
Silber mit Salzsäure nach. Um das Chlor darzuthun,
übersättigt man die vom entstandenen Schwefelsilber
abfiltrirte schwefelammonhaltige Flüssigkeit mit Salpetersäure, kocht zur Verjagung des Schwefelwasserstoffs, filtrirt vom ausgeschiedenen Schwefel ab und
prüft mit salpetersaurem Silber.

bb) *Es bleibt aufser dem ausgeschiedenen Schwefel ein*
Rückstand.

αα) Er ist schwarz, deutet auf Quecksilber. Man
filtrirt ab und prüft das Filtrat mit Salzsäure auf Silber, den Niederschlag aber erhitzt man mit Königswasser. Erfolgt vollständige Lösung bis auf den
ausgeschiedenen Schwefel, so ist, indem hierdurch
die Abwesenheit der schwefelsauren alkalischen Erden und der Kieselsäure dargethan wird, die Untersuchung beendigt; — bleibt ein weifser Rückstand,
so wäscht man ihn aus und verfährt damit nach §. 130.
A. 3 Die Lösung in Königswasser prüft man zu
gröfserer Sicherheit mit blankem Kupfer oder Zinnchlorür, siehe §. 120. 2. — Das Chlor, welches zugegen sein muss, weist man in dem schwefelammon-

236 Eigentliche Untersuchung. — Zusammenges. Verb. — §. 130.

haltigen Filtrat nach der in aa. angegebenen Methode nach.

$\beta\beta$) Er ist nicht schwarz. Abwesenheit des Quecksilbers, man verfährt damit nach 3.

3) Diesen Rückstand oder den ursprünglichen im Falle §. 130. A. 2. a. schmilzt man in Ermangelung eines Platintiegels mit sechs Theilen eines Gemenges von gleichen Theilen trockner Soda und Cyankalium in einem Porzellantiegel, besser aber mit vier Theilen kohlensauren Natronkali's in einem Platintiegel über der Weingeistlampe mit doppeltem Luftzuge, weicht die geschmolzene Masse mit Wasser auf, kocht sie damit aus, filtrirt ab und wäscht einen etwa bleibenden Rückstand so lange aus, bis Chlorbaryum in dem ablaufenden Wasser keinen Niederschlag mehr hervorbringt (das Waschwasser lässt man nicht zum ersten Filtrat ablaufen). Das Filtrat übersättigt man mit Salzsäure und prüft ein Theilchen desselben mit Chlorbaryum; ein entstehender Niederschlag zeigt die Anwesenheit schwefelsaurer alkalischer Erden. Den Rest verdampft man zur Trockne und zieht mit Wasser aus; bleibt ein Rückstand, so ist er Kieselsäure.

4) Ist beim Ausziehen der mit kohlensaurem Natronkali oder mit Soda und Cyankalium geschmolzenen Masse ein Rückstand geblieben, so deutet er auf schwefelsaure alkalische Erden. Man übergiefst ihn, nachdem er sehr gründlich ausgewaschen ist, mit Salzsäure. Löst er sich unter Brausen ganz oder theilweise auf, so waren jedenfalls schwefelsaure Erden vorhanden. Man prüft die salzsaure Lösung nach §. 122. und beginnt bei 2. a. Lässt Salzsäure einen Rückstand, so rührt er von unaufgenommener Kieselsäure oder auch einer nicht vollständig zersetzten schwefelsauren Erde her.

B. Der Rückstand ist nicht weifs. Die Farbe lässt dann schon manchen Schluss ziehen (Zinnober, Schwefelarsen).

1) Man prüft auf Schwefel, wie in §. 130. A. 1.

2) Man übergiefst den gröfsten Theil mit Königswasser, kocht damit, filtrirt noch heifs ab, kocht, im Falle aufser etwa ausgeschiedenem Schwefel ein Rückstand bleibt, nochmals mit

In Wasser und Säuren unlösl. Körper. — §. 130.   237

Wasser, filtrirt zur ersten Lösung, verdampft das Filtrat beinahe zur Trockne, nimmt mit etwas Wasser auf und prüft ein
Theilchen mit Schwefelsäure auf Blei, ein anderes mit blankem
Kupfer auf Quecksilber. (Hat man nach §. 109. eine salzsaure Lösung zur Untersuchung auf Basen angewendet, so muss
die Lösung in Königswasser nach dem gewöhnlichen Gange
auf Metalle untersucht werden, da noch verschiedene andere
Schwefelmetalle, welche in Salzsäure theils schwerlöslich, theils
unlöslich sind, zugegen sein könnten.)

3) Hat Königswasser aufser etwa ausgeschiedenem und nicht
vollständig gelöstem Schwefel einen Rückstand gelassen, so
wäscht man ihn gut aus. Ist eine Bleiverbindung vorhanden
gewesen, so lange mit heifsem Wasser, bis das Filtrat von
Schwefelammonium nicht mehr geschwärzt wird.

a) Er ist weifs, man prüft ein Theilchen mit Schwefelammonium.

α) *Es wird schwarz.* Man digerirt den gesammten Rückstand mit Schwefelammonium und verfährt überhaupt genau nach §. 130. A. 2. b. β.

β) *Es bleibt weifs.* Man verfährt mit dem Rückstande, wie
oben §. 130. A. 3. gezeigt wurde.

b) Der in Königswasser unlösliche Rückstand ist
schwarz, zeigt die Anwesenheit von Kohle in irgend einem
Zustande: Holzkohle, Steinkohle, Knochenkohle, Graphit etc.
Verbrennt er im Platinlöffelchen oder vor dem Löthrohre
ganz, so ist weiter Nichts vorhanden; bleibt ein Rückstand,
oder gelingt das Verbrennen nicht vollständig (Graphit), so
muss man noch auf Chlorsilber, schwefelsaure alkalische Erden und Kieselsäure achten; man behandelt daher den Rückstand nach §. 130. B. 3. a. α.

Von Säuren und elektronegativen Körpern können aufser
den schon besprochenen nur noch Chlor und Schwefelsäure zugegen sein. Zu ihrer Nachweisung digerirt man
den Rest des in Salzsäure unlöslichen Rückstandes mit Schwefelammonium, übersättigt und kocht das Filtrat theils mit
Salzsäure, theils mit Salpetersäure, filtrirt und prüft die
salzsaure Flüssigkeit mit Chlorbaryum auf Schwefelsäure,
die salpetersaure mit salpetersaurem Silber auf Chlor.

238 Eigentliche Untersuchung. — Zusammenges. Verb. — §. 131.

Das unlösliche Zinnoxyd und Chromoxyd erkennt
man vor dem Löthrohre. Ersteres giebt mit Soda und Cyankalium auf Kohle in der Reductionsflamme ein weiches Metallkorn ohne gleichzeitigen Beschlag; letzteres, welches
aufserdem durch seine grüne Farbe ausgezeichnet ist, behandelt man mit Phosphorsalz, siehe §. 88. b. 6., oder schmilzt
es mit Soda und Salpeter zusammen, §. 88. b. 5. Die unlöslichen arseniksauren Verbindungen erkennt man, was
die Säure anbetrifft, vor dem Löthrohre und durch Reduction
im Röhrchen, siehe §. 95. d. Zur Untersuchung auf die Basen müssen sie durch Kochen mit concentrirter Schwefelsäure zerlegt werden. — Fluorcalcium zerlegt man mit
concentrirter Schwefelsäure im Platintiegel, das Fluor wird
am Aetzen des Glases erkannt, der Kalk bleibt als Gyps
zurück.

Einige andere Verbindungen werden durch Glühen gleichfalls in Säuren unlöslich; sie alle anzuführen, überstiege
die Grenze dieser Anweisung.

§· 131.

Besonderes Verfahren zur Zerlegung in Wasser unlöslicher Cyan-, respective
Ferrocyan- etc. Verbindungen *).

Da bei der Behandlung dieser Verbindungen nach der gewöhnlichen Weise oft so abweichende Erscheinungen eintreten,
dass dadurch sehr leicht Irrungen entstehen, da ferner die Auflösung derselben in Säuren oft nur unvollkommen gelingt, so
schlägt man zu ihrer Analyse besser folgendes Verfahren ein.
Man kocht den durch Wasser von allen löslichen Substanzen
befreiten Rückstand mit starker Kalilauge, setzt, wenn man einige
Minuten gekocht hat, etwas kohlensaure Kalilösung zu und kocht
nochmals.

a) Es erfolgt vollständige Lösung. Man kann in solchem Falle sicher sein, dass alkalische Erden, Nickel, Cadmium, Wismuth und Silber nicht zugegen sind. — Man setzt

---

*) Man mache sich, ehe man nach diesem Gange analysirt, vor Allem mit
den in dem 2. Abschnitte gegebenen Bemerkungen zu §. 131. bekannt.

zu der alkalischen Lösung Schwefelwasserstoff-Wasser im Ueberschuss.

α) Es entsteht kein bleibender Niederschlag. Abwesenheit des Zinks, Bleies, Kupfers *). Man setzt zu der alkalischen Flüssigkeit Salpetersäure bis zur sauren Reaction, dann, im Falle die Flüssigkeit noch nicht stark nach Schwefelwasserstoff riecht, Schwefelwasserstoff-Wasser im Ueberschuss.

aa) *Es entsteht kein Niederschlag.* Abwesenheit des Quecksilbers, Zinns, Arsens, Antimons, Goldes und Platins. In dem Falle kann man nur noch Thonerde und die Metalle, welche mit Cyan zusammengesetzte Radicale bilden, in Lösung haben. Man dampft daher, nachdem man eine Probe der Flüssigkeit durch successiven Zusatz von Kali, Eisenoxyduloxydlösung und Salzsäure auf C y a n geprüft hat, zur Trockne ein und erhitzt den Rückstand zum Schmelzen. Die geschmolzene, auf einen Porzellanscherben ausgegossene Masse kocht man mit Wasser und prüft den Rückstand auf E i s e n, M a n g a n, K o b a l t und T h o n e r d e, die Lösung nach Zusatz von essigsaurem Kali mit essigsaurem Blei auf C h r o m s ä u r e (als welche man alles etwa vorhandene Chrom erhält) und auf die übrigen Säuren, welche möglicher Weise zugegen sein können, nach §. 126.

bb) *Es entsteht ein Niederschlag.* Man filtrirt denselben ab und verfährt mit demselben zur Prüfung auf Quecksilber und die Metalle der sechsten Gruppe nach §. 118. 3. Mit dem Filtrat verfährt man zur Prüfung auf Cyan, Thonerde, Eisen, Mangan, Kobalt, Chrom und Säuren nach §. 131. a. α. aa.

β) Es entsteht ein Niederschlag. Man filtrirt denselben ab und verfährt damit zu weiterer Prüfung, nachdem man ihn in Salpetersäure gelöst hat, nach §. 117. III, mit der Beachtung, dass nur Zink, Blei, Kupfer (und Queck-

---

*) Ich habe das Kupfer bei den in Kali löslichen Oxyden deswegen aufgeführt, weil sein Hydrat in concentrirter Kalilauge so fein suspendirt bleibt, auch beim Kochen sich nicht abscheidet, dass man eine auf solche Art zu erhaltende blaue Flüssigkeit von einer Lösung dem Ansehen nach nicht unterscheiden kann.

240   Beseitigung organischer Substanzen. — §. 132.

silber) zugegen sein können. — Mit dem Filtrat verfährt
man nach §. 131. a. α.

b) Es bleibt ein in Kali unlöslicher Rückstand. Man
setzt Wasser zu, kocht nochmals auf und filtrirt alsdann ab.
Der Rückstand wird nach §. 109. A. 2. aufgelöst und weiter
geprüft. Mit der kalischen Lösung verfährt man nach §. 131. a.

§. 132.

Allgemeine Regeln zur Auffindung unorganischer Körper bei Gegenwart von
organischen Substanzen, die durch Farbe, Consistenz oder sonstige Eigenschaften die Anwendung der Reagentien oder das Erkennen der hervorgebrachten Erscheinungen hindern.

Wie schon in der Einleitung bemerkt wurde, sind der Fälle
dieser Art so mannichfache, dass die Verfahrungsarten für jeden
einzelnen unmöglich mit Bestimmtheit angegeben werden können. Es sollen daher hier nur die in den meisten Fällen anwend-
barsten Methoden angeführt werden, deren durch die einzelnen
Fälle bedingte Modification dem Arbeitenden überlassen bleibt.

1) Der Körper löst sich in Wasser, die Lösung hat
aber dunkle Farbe oder schleimige Consistenz.

a) Man kocht einen Theil der Lösung mit Salzsäure und fügt
nach und nach chlorsaures Kali zu, bis die Flüssigkeit dünn-
flüssig und entfärbt ist, alsdann erhitzt man, bis der Chlor-
geruch verschwunden, verdünnt mit Wasser und filtrirt. Mit
diesem Filtrat verfährt man nach dem gewöhnlichen Gange
und beginnt bei §. 118.

b) Man kocht einen andern Theil eine Zeit lang mit Salpetersäure und prüft das Filtrat auf Silber, Kali und Chlorwasserstoffsäure. Gelingt die Zerstörung der färbenden, schlei-
migen etc. Substanzen mit Salpetersäure gut, so ist diese Art
der Behandlung überhaupt oft vorzuziehen.

c) Thonerde und Chromoxyd würde man (weil sie aus
Flüssigkeiten, die nichtflüchtige organische Substanzen enthalten, durch Ammoniak und Schwefelammonium nicht gefällt werden) bei diesem Verfahren übersehen können. Hat
man Ursache, auf sie Rücksicht zu nehmen, so muss man
eine dritte Probe der Substanz mit Salpeter und etwas koh-

Bestätigende Versuche. — §. 133.   241

lensaurem Natron verpuffen und die geschmolzene Masse
mit Wasser auskochen. Die Thonerde findet man alsdann
bei dem in Wasser unlöslichen Rückstande, das Chrom als
Chromsäure in Lösung.

2) Der Körper löst sich nicht oder nur theilweise in
kochendem Wasser. Man filtrirt und verfährt mit der
Lösung entweder nach §. 117., oder wenn sie entfärbt werden
muss, nach §. 132. 1. — Lässt sich die Lösung nicht filtriren,
so verfährt man nach §. 132. 2. c. — Der Rückstand kann von
verschiedener Natur sein.

a) Er ist fettig. Man entfernt das Fett durch Aether und verfährt mit etwaigem Rückstande nach §. 109.

b) Er ist harzartig. Man wendet statt Aethers Alkohol oder
auch beide nach einander an.

c) Er ist anderer Natur, z. B. organischer Faserstoff etc.
Man trocknet, reibt den gröfsten Theil mit drei bis vier Theilen reinen Salpeters zusammen und verpufft das Gemenge
nach und nach in einem glühenden Tiegel. Mit dem Rückstande verfährt man nach §. 109. A. Einen zweiten Theil
des in Wasser unlöslichen Rückstandes kocht man mit Königswasser und prüft das Filtrat auf Quecksilber. Den Rest
prüft man auf Ammoniak nach §. 125.

§. 133.

IV.   Bestätigende Versuche.

Wenn man nach dem angegebenen Verfahren die Basen,
Säuren und elektronegativen Körper, die in der Substanz zugegen waren, gefunden hat, so ist es in manchen Fällen nothwendig, in anderen rathsam, die gefundenen Resultate auf irgend
eine Art zu controliren. Bei manchen Körpern ist dies leicht, da
sie durch gewisse Reactionen so genau charakterisirt sind, dass
man ihre Gegenwart auch bei Anwesenheit vieler anderer Körper auf eine empfindliche und bestimmte Weise darthun kann.
Man darf ja nachträglich nur bei weiteren Proben der zu untersuchenden Substanz diese Reactionen hervorrufen, um sogleich
zur völligen Gewissheit zu gelangen. — Bei vielen anderen Kör-

16

242 Bestätigende Versuche. — §. 133.

pern fehlen uns solche ausgezeichnete Reactionen; wir müssen
daher in solchen Fällen, anstatt auf bestätigende Versuche, unsere Ueberzeugung darauf gründen, dass wir uns genaue Rechenschaft geben, ob die Erscheinungen, welche uns bestimmten, die
Gegenwart eines Körpers zu erkennen, nicht von einer andern
Ursache, als der angenommenen, hergerührt haben könnten.
Wie oft z. B. wird irriger Weise Ammoniak in einer Substanz aufgefunden, weil die Atmosphäre des Laboratoriums ammoniakhal-
tig ist, wie häufig Thonerde entdeckt, weil die angewandte Kalilauge in Folge einer Verunreinigung beim Vermischen mit Salmiaklösung getrübt wird etc.

Da die sämmtlichen Reactionen, die uns zur Controle dienen, ebenso wie die Vorsichtsmafsregeln, welche bei Anwendung
der Reagentien nöthig sind, und endlich die Prüfung der Reagentien auf ihre Reinheit oben schon ausführlich angegeben worden
sind, so muss, indem jede weitere Ausführung dieses Gegenstan-
des als Wiederholung erscheinen würde, die controlirende Prüfung dem Nachdenken des Einzelnen überlassen bleiben.

243

Zweiter Abschnitt.

Erklärung des praktischen Verfahrens, Zusätze und Bemerkungen zu demselben.

1. Bemerkungen zur einleitenden Prüfung.

Zu §.§. 106—108.

Aus der Betrachtung der physikalischen Eigenschaften eines Körpers, besonders wenn er kein Gemenge ist, lässt sich, wie oben bemerkt, in vielen Fällen ein gewisser Schluss auf seine Natur im Allgemeinen machen. Hat man z. B. einen weifsen Körper, so schliefst man, es ist kein Zinnober; hat man einen sehr leichten, so vermuthet man, es sei keine Bleiverbindung u. s. w. — Solche Schlüsse führen häufig schneller zum Ziele und sind daher zulässig und räthlich, so lange sie in ihrer Allgemeinheit bleiben. Treten sie aber aus dieser heraus, so wird daraus leicht ein Rathen, es entstehen vorgefasste Meinungen, welche fast immer, indem sie für alle eintretenden widersprechenden Reactionen blind machen, zu falschen Resultaten führen. —.

Um das Verhalten einer Substanz in höherer Temperatur zu prüfen, kann man sich anstatt eines eisernen Löffelchens in vielen Fällen auch kleiner, 2—3 Zoll langer, am einen Ende zugeschmolzener Glasröhrchen bedienen. Sie bieten den Vortheil, dass man flüchtige Körper, organische Substanzen etc. weniger leicht übersieht, auch ihrer Natur nach besser beurtheilen kann. Da man aber zu jedem Versuche ein neues Röhrchen anwenden muss, so ist, so lange man zur Uebung analysirt, ein Löffelchen billiger und bequemer.

Hinsichtlich der einleitenden Prüfung mit dem Löthrohre ist als wohl zu beachtend hinzufügen, dass der Anfänger, so lange ihm die bei Löthrohrversuchen so unentbehrliche Uebung und der dadurch sich bildende richtige Blick fehlt, aus den pyrochemischen Versuchen nicht zu viel schliefse. Es geschieht gar leicht, dass, wenn man an einem schwachen Beschlage mit Bestimmtheit ein Metall erkennen will, oder wenn man sich durch nicht eintretende Reduction, nicht erfolgende Färbung mit Kobaltsolution u. s. w. für überzeugt hält, dieser oder jener Körper könne nicht zugegen sein, Irrungen und Uebersehen einzelner

244   Zweite Abtheilung. — Zweiter Abschnitt; zu §. 109.

Bestandtheile die Folge ist, indem zwar die Erscheinungen meist
untrüglich, ihre Hervorrufung aber nicht immer leicht ist, auch
zufällige Umstände die Reactionen modificiren.

Endlich ist noch als eine Erfahrungssache zu erwähnen, dass
viele Anfänger, in der Meinung, sie würden durch die eigentliche
Untersuchung die Natur der Substanz schon zu ermitteln wissen,
die einleitende Prüfung zur Ersparung von Zeit und Mühe ganz
vernachlässigen. Anstatt die Unklugheit dieser Ansicht nachzuweisen, bemerke ich nur beispielsweise, dass man in solcher
Meinung Befangene stundenlang nach allen organischen Säuren
suchen sieht, bis sie endlich finden, dass gar keine zugegen ist.
Alles blofs um Zeit und Mühe zu ersparen!

II. Bemerkungen zur Auflösung der Körper u. s. w

Zu §. 109.

Wenn man die Charakteristik der im §. 109. aufgestellten
Classen, in welche wir die Körper mit Ausnahme der regulinischen Metalle nach ihrem Verhalten zu gewissen Lösungsmitteln
bringen, betrachtet, so scheinen sie schärfer begrenzt, als sie
in Wirklichkeit sind. Diese Unbestimmtheit rührt von den auf
der Grenze stehenden, von den schwer löslichen Körpern her
und giebt dem Anfänger oft zu Irrungen Veranlassung. Es soll
daher über diese Eintheilung im Allgemeinen Einiges hinzugefügt
werden.

Am schwierigsten ist es, genau festzustellen, welche Körper
man als in Wasser lösliche, welche als unlösliche zu betrachten habe, da die Zahl der in Wasser schwer löslichen besonders
grofs und die Uebergänge sehr allmälig sind. Der schwefelsaure Kalk, in 430 Theilen löslich, könnte vielleicht als Grenze
dienen, da er in wässeriger Lösung durch die scharfen Reagentien, die wir auf Kalk und Schwefelsäure besitzen, noch mit grofser Sicherheit erkannt werden kann. —

Prüft man eine wässerige Flüssigkeit durch Abdampfen einiger Tropfen auf Platinblech, ob sie einen festen Körper aufgelöst enthält, so bleibt oft ein ganz unbedeutender Rückstand, der
über den zu ziehenden Schluss in Zweifel lässt. In diesem Falle
prüft man erstens die Reaction der Flüssigkeit mit Lackmuspapieren, zweitens setzt man zu einem Theilchen derselben einen

Bemerk. zur Auflösung der Körper u. s. w. zu §. 109.   245

Tropfen Chlorbaryumlösung, und endlich zu einem andern etwas kohlensaures Kali. Entsteht durch diese Reagentien keine Veränderung und ist die Flüssigkeit zugleich neutral, so hat man nicht nöthig, dieselbe auf Basen oder Säuren weiter zu untersuchen. Man kann überzeugt sein, dass der Körper, von welchem der beim Verdampfen bleibende Rückstand herrührte, besser bei den in Wasser unlöslichen aufzufinden sei, da sowohl die Säuren, als die Basen, welche vorzugsweise schwer lösliche Verbindungen bilden, durch die angewandten Reagentien mit Empfindlichkeit angezeigt werden.

Hat Wasser irgend Etwas aufgelöst, so thut der Anfänger stets am besten, diese Lösung in Bezug auf Basen und Säuren für sich zu untersuchen, da ein solches Verfahren leichter die Natur der vorhandenen Verbindung erkennen lässt und gröfsere Sicherheit gewährt; zwei Vorzüge, die leicht die Unannehmlichkeit, in wässeriger und saurer Lösung zuweilen auf denselben Stoff zu stofsen, aufwiegen.

In Wasser unlöslich, aber in Salzsäure oder Salpetersäure löslich sind, freilich mit Ausnahmen, die phosphorsauren, arseniksauren, arsenigsauren, borsauren, kohlensauren und oxalsauren Erd- und Metall-Salze; ferner verschiedene weinsteinsaure, citronensaure, äpfelsaure, benzoësaure und bernsteinsaure Salze, die Oxyde und Schwefelverbindungen der schweren Metalle, Thonerde, Magnesia, viele Jod- und Cyan-Metalle u. s. w. Diese Verbindungen werden nun zwar fast alle, wenn nicht durch verdünnte, doch durch concentrirte kochende Salzsäure zersetzt (die Ausnahmen siehe §. 130.). jedoch entstehen dadurch bei Anwesenheit von Silberoxyd unlösliche, bei Gegenwart von Quecksilberoxydul und Blei aber schwer lösliche Producte. Bei Anwendung von Salpetersäure findet dies nicht Statt, daher man oft mit dieser eine vollständige Auflösung erhält, wenn Salzsäure einen Rückstand lässt. Salpetersäure lässt dagegen, aufser den in einfachen Säuren überhaupt unlöslichen Körpern, Antimonoxyd, Zinnoxyd, Bleisuperoxyd etc. zurück und löst manche andere mehr oder minder vollkommen. Ist die Verbindung daher in Salpetersäure (bis auf etwa ausgeschiedenen Schwefel) nicht vollständig löslich, so verweist der Gang deswegen wieder auf die salzsaure ·Lösung, damit die dritte Abtheilung der Körper, die in Wasser und einfachen Säuren unlöslichen, wenigstens nach dieser Seite einigermafsen genau begrenzt ist.

In Bezug auf die Auflösung regulinischer Metalle und Legi-

246 Zweite Abtheilung. — Zweiter Abschnitt; zu §. 110—132.

rungen ist zu bemerken, dass sich beim Kochen derselben mit
Salpetersäure häufig weiſse Niederschläge bilden, auch wenn
kein Zinn und Antimon zugegen ist. Diese Niederschläge werden von Anfängern öfters mit den eben genannten Oxyden verwechselt, obgleich sie ein ganz anderes Ansehen haben. Es sind
salpetersaure Salze, welche in der vorhandenen Salpetersäure
schwer löslich, in Wasser hingegen leicht löslich sind. Bevor
man also aus einem ungelösten weiſsen Rückstande auf Zinn oder
Antimon schlieſst, ist wohl zu prüfen, ob sich derselbe nicht in
Wasser löst.

III. Bemerkungen zur eigentlichen Untersuchung.

Zu §. 110. — §. 132.

A. Allgemeine Uebersicht und Erklärung des analy-
tischen Ganges.

a. Auffindung der Basen.

Wir haben oben in dem dritten Abschnitte der ersten Abtheilung, welcher von dem Verhalten der Körper zu Reagentien handelt, die Basen in sechs Gruppen getheilt und an den betreffenden Stellen bereits angeführt, wie man die in diese Gruppen gehörenden Basen von einander trennt oder neben einander erkennt. Diese Gruppen sind im Allgemeinen dieselben, in welche
wir die Basen bei dem Gange der Analyse scheiden. Auf dieser
Trennung in Gruppen und auf der Einzelerkennung der gruppen-
weise geschiedenen Metalle beruht der §. 117. — §. 125. ausein-
andergesetzte Gang der Analyse zur Untersuchung von Verbindungen, in welchen sämmtliche hier überhaupt in Betracht kom-
mende Basen vorausgesetzt werden. — Es wurde daselbst ledig-
lich darauf Rücksicht genommen, eine praktische Anleitung zu
geben, wie man zu verfahren habe, wenn man wirklich analysiren
will. Da dieses Zweckes halber Vieles aufgenommen werden
musste, was zum rein theoretischen Verständnisse nicht nothwendig und zur schnellen Uebersicht eher hinderlich ist, und da Verständniss und Uebersicht als die unerlässlichsten Bedingungen zu
erfolgreicher Arbeit erscheinen, so soll hier kurz der Schlüssel
zu obigem Verfahren, was die Scheidung in Gruppen betrifft, gegeben werden. In Bezug auf die Einzelerkennung der Basen

Bemerk. zur eigentlichen Untersuch. zu §. 110—132.   247

verweise ich auf das §. 86. — §. 95. in den Zusätzen und Bemerkungen Gesagte. —

Die allgemeinen Reagentien, deren wir uns im Gange der
Analyse zur Trennung der Basen in Hauptgruppen bedienen, sind:
Salzsäure, Schwefelwasserstoff, Schwefelammo-
nium und kohlensaures Ammoniak. Die Reihenfolge, in
welcher sie angewendet werden, ist dieselbe, in der sie eben
aufgezählt worden sind. Das Schwefelammonium spielt eine doppelte Rolle.

Nehmen wir an, wir hätten sämmtliche Basen, arsenige Säure
und endlich phosphorsauren Kalk (der uns als Typus für die in
Säuren löslichen, durch Ammoniak unverändert abgeschieden
werdenden alkalischen Erdsalze dienen mag) d. h. alle Körper,
welche wir oben bei dem Gange zur Auffindung der Basen berücksichtigt haben, gleichzeitig in Auflösung. —

Chlor bildet nur mit Silber und Quecksilber unlösliche Verbindungen, Chlorblei ist in Wasser schwer löslich. Das unlösliche Chlorquecksilber entspricht dem Quecksilberoxydul. Setzen
wir daher zu unserer Auflösung:

1) *Salzsäure,*

so entfernen wir aus der Lösung die Metalloxyde der ersten Abtheilung der fünften Gruppe, namentlich alles Silberoxyd und
alles Quecksilberoxydul. Je nach der Concentration der
Lösung fällt vielleicht auch ein Theil des Bleies als Chlorblei
nieder. Das Letztere ist an und für sich unwesentlich, da jedenfalls eine zur Erkennung des Bleies genügende Menge in Lösung
bleibt. —

Schwefelwasserstoff schlägt aus einer Lösung, welche eine
freie Mineralsäure enthält, die Oxyde der fünften und sechsten
Gruppe vollständig nieder, da die Verwandtschaft der metallischen Radicale der genannten Oxyde zum Schwefel nebst der
des Wasserstoffs zum Sauerstoff so groß ist, dass sie die zwischen Metall und Sauerstoff, sammt der zwischen dem Oxyd und
einer starken Säure bestehende, überwindet, auch wenn die
Säure im Ueberschuss vorhanden ist. — Alle anderen
Basen aber werden unter den angegebenen Umständen nicht gefällt, und zwar die der ersten, zweiten und dritten Gruppe des-

248 Zweite Abtheilung. — Zweiter Abschnitt; zu §. 110—132.

wegen nicht, weil sie keine in Wasser unlösliche Schwefelverbindungen bilden, die der vierten Gruppe aber aus dem Grunde
nicht, weil die Verwandtschaft der metallischen Radicale dersel-
sen zum Schwefel sammt der des Sauerstoffs zum Wasserstoff
nicht grofs genug ist, die des Metalls zum Sauerstoff und des
Oxyds zu einer starken Säure zu überwinden, wenn die letztere im Ueberschuss vorhanden ist.

Setzen wir daher zu unserer Lösung, aus welcher wir mit
Salzsäure Silberoxyd und Quecksilberoxydul bereits vollständig
entfernt haben, und in welcher sich noch Salzsäure im freien Zustande befindet,

 2) *Schwefelwasserstoff,*

so entfernen wir aus derselben den Rest der Oxyde der fünften
und die Oxyde der sechsten Gruppe, also Blei-, Quecksil-
ber-, Kupfer, Wismuth-, Cadmium-Oxyd, sowie Gold-
und Platin-Oxyd, Zinnoxydul, Zinn- und Antimonoxyd, arsenige Säure und Arseniksäure. Alle übrigen
Oxyde bleiben in Lösung und zwar entweder unverändert, oder
auf eine niederere Oxydationsstufe zurückgeführt, wie z. B. Eisenoxyd, Chromsäure u. s. w. —

Die den Oxyden der sechsten Gruppe entsprechenden Schwefelverbindungen haben die Eigenschaft, sich mit elektropositiven
Schwefelmetallen (den Schwefelverbindungen der Alkalimetalle)
zu in Wasser löslichen Schwefelsalzen zu verbinden; die den
Oxyden der fünften Gruppe entsprechenden Schwefelverbindungen haben diese Eigenschaft nicht. Behandeln wir daher die
sämmtlichen durch Schwefelwasserstoff aus saurer Lösung gefällten Schwefelmetalle

 3) mit *Schwefelammonium* oder *Schwefelkalium,*

so bleiben Quecksilber-, Blei-, Kupfer-, Wismuth- und Cad-
mium-Sulfid ungelöst, die übrigen Sulfide lösen sich als Schwe-
felgold-, Schwefelplatin-, Schwefelantimon-, Schwe-
felzinn-, Schwefelarsen-Schwefelammonium oder -Schwe-
felkalium auf und werden aus dieser Lösung durch Zusatz einer
Säure entweder unverändert, oder, was das Zinnsulfür anbetrifft,
als höhere Schwefelungsstufe (es nimmt vom Schwefelammon

Bemerk. zur eigentlichen Untersuch. zu §. 110—132. 249

Schwefel auf) gefällt. Die Säure zersetzt nämlich das gebildete Schwefelsalz. Die Schwefelbase (Schwefelammonium oder Schwefelkalium) wird auf Kosten der Bestandtheile zerlegten Wassers in eine Sauerstoffbase (Ammoniumoxyd oder Kali) und in Schwefelwasserstoff zerlegt; erstere verbindet sich mit der zugesetzten Säure, letzteres entweicht; — das freigewordene elektronegative Schwefelmetall aber fällt nieder. (Ist die Säure eine Wasserstoffsäure, so tritt ihr Radical mit dem Ammonium, ihr Wasserstoff mit dem Schwefel zusammen.) Zugleich wird Schwefel abgeschieden, da das Schwefelammonium stets einen Ueberschuss desselben enthält. Er macht die Farbe der gefällten Schwefelmetalle heller, was bei ihrer Beurtheilung zu berücksichtigen ist. —

Von den noch in Lösung befindlichen Oxyden blieben die Alkalien, die alkalischen Erden, Thonerde und Chromoxyd in Auflösung, weil ihre Schwefelverbindungen in Wasser löslich sind, oder weil ihre Salze durch Schwefelwasserstoff gar keine Veränderung erleiden; die Oxyde der vierten Gruppe aber würden durch Schwefelwasserstoff gefällt worden sein, hätte die anwesende freie Säure es nicht verhindert, denn die ihnen entsprechenden Schwefelverbindungen sind ja in Wasser unlöslich. Nehmen wir daher diese Bedingung des nicht gefällt Werdens, die freie Säure, weg, machen wir also die Lösung alkalisch und fügen Schwefelwasserstoff hinzu, oder setzen wir

4) *Schwefelammonium*,

welches beides in sich vereinigt, zur Lösung, so fallen die den Oxyden der vierten Gruppe entsprechenden Schwefelmetalle, also Schwefeleisen, Schwefelmangan, Schwefelkobalt, Schwefelnickel und Schwefelzink nieder. Mit ihnen aber werden Thonerde, Chromoxyd und phosphorsaurer Kalk niedergeschlagen und zwar deswegen, weil die Verwandtschaft des Ammoniumoxyds zu der Säure des Chromoxyd- oder Thonerde-Salzes oder zu der, welche die Bedingung des Gelöstseins beim phosphorsauren Kalk ist, eine Wasserzersetzung veranlasst, in Folge welcher sich eben aus Schwefelammonium und Wasser Ammoniumoxyd und Schwefelwasserstoff bildet. Ersteres verbindet sich mit der Säure, — der Schwefelwasserstoff, unfähig, sich mit den ihrer Säure beraubten Oxyden oder mit

250　Zweite Abtheilung. — Zweiter Abschnitt; zu §. 110—132.

dem phosphorsauren Kalke zu verbinden, entweicht, — die Oxyde und das Kalksalz fallen nieder. —

In Lösung sind uns jetzt nur noch die alkalischen Erden und die Alkalien geblieben. Die neutralen kohlensauren Verbindungen der ersteren sind in Wasser unlöslich, die der letzteren löslich. Setzen wir daher

5) *kohlensaures Ammoniak*

zu und erhitzen, um etwa gebildete saure kohlensaure Salze zu zersetzen, so müssten die alkalischen Erden sämmtlich niedergeschlagen werden. Es ist dies jedoch nur in Bezug auf Baryt, Strontian und Kalk wahr; von der Magnesia wissen wir, dass sie wegen ihrer Neigung. mit Ammoniaksalzen Doppelverbindungen zu bilden, nur theilweise und bei Anwesenheit eines anderweitigen Ammoniaksalzes gar nicht niedergeschlagen wird. Um diese Unsicherheit ganz zu vermeiden, setzt man daher vor dem Zusatz des kohlensauren Ammoniaks Salmiak zu, damit dadurch die Fällung der Magnesia ganz und gar verhindert werde.

In Lösung haben wir jetzt noch Magnesia und die Alkalien. Von der Anwesenheit der ersteren überzeugen wir uns durch phosphorsaures Natron und Ammoniak; die Abscheidung derselben nehmen wir jedoch auf andere Weise vor, um keine Phosphorsäure, welche die weitere Analyse erschweren würde, in's Spiel zu bekommen. Man gründet sie darauf, dass die Magnesia im reinen Zustande unlöslich ist. Man glüht nämlich, um die Ammoniaksalze zu verjagen, und schlägt die Magnesia mit Baryterde nieder, wobei die Alkalien nebst dem gebildeten Barytsalze und dem überschüssig zugesetzten Aetzbaryt in Lösung bleiben. Durch Zusatz von kohlensaurem Ammoniak werden die Barytverbindungen entfernt und die fixen Alkalien alsdann nebst dem gebildeten und im Ueberschuss zugesetzten Ammoniaksalz in Lösung erhalten. Entfernt man diese durch Glühen, so erhält man jene allein. — Diese Methode, den Baryt abzuscheiden, hat vor der mit Schwefelsaure den Vorzug, dass die Alkalien als Chlormetalle, welche Form zu ihrer Unterscheidung und Trennung die geeignetste ist, erhalten werden. —
Zur Aufsuchung des Ammoniaks endlich muss, wie sich von selbst versteht, eine neue Probe genommen werden.

Bemerk. zur eigentlichen Untersuch. zu §. 110—132. 251

b. Auffindung der Säuren.

Bevor man zur Untersuchung der Säuren und elektronegativen Körper übergeht, beachtet man, welche überhaupt, je nach den gefundenen Basen und der Classe, in welche der Körper nach seiner Löslichkeit gehört, vorhanden sein können, damit man nicht unnöthige Versuche mache. Die im Anhange zugefügte Tabelle wird dem Anfänger dabei von Nutzen sein.

Die allgemeinen Reagentien, welche wir zur Auffindung der Säuren gebrauchen, sind, wie sich aus dem Früheren ergiebt, bei den unorganischen Säuren Chlorbaryum und salpetersaures Silberoxyd, bei den organischen Chlorcalcium und Eisenchlorid. Vor Allem muss man sich daher aufs gewisseste überzeugt haben, ob man blofs mit unorganischen oder blofs mit organischen Säuren zu thun hat, oder ob gleichzeitig Säuren beider Classen zugegen sind. — Bei der Untersuchung auf Basen dienen uns die allgemeinen Reagentien dazu, die verschiedenen Gruppen der Basen wirklich zu trennen; bei den Säuren bedienen wir uns derselben in anderer Art, nämlich nur, um uns von der Abwesenheit oder Anwesenheit der in die verschiedenen Gruppen gehörenden Säuren zu überzeugen. —

Nehmen wir, wie wir es eben bei den Basen gethan haben, auch hier an, wir hätten eine wässerige Lösung, in welcher alle Säuren, welche überhaupt in den obigen Gang aufgenommen sind, etwa an Natron gebunden zugegen wären. —

Baryt bildet mit Schwefelsäure, Phosphorsäure, mit arseniger Säure, Arsensäure, mit Kohlensäure, Kieselsäure, Borsäure, Chromsäure und Oxalsäure, Weinsaure und Citronensäure unlösliche Verbindungen; dieselben lösen sich mit Ausnahme des schwefelsauren Baryts in Salzsäure. Setzen wir daher zu einem Theilchen unserer neutralen oder nöthigenfalls neutral gemachten Auflösung

1) *Chlorbaryum,*

so erfahren wir sogleich allgemeinhin, dass wenigstens eine von den oben angeführten Säuren zugegen ist. Fügen wir zu dem entstandenen Niederschlage Salzsäure, so giebt sich die Anwesenheit der Schwefelsäure zu erkennen, indem ja die anderen Barytsalze sämmtlich gelöst werden, während der schwefelsaure

252 Zweite Abtheilung. — Zweiter Abschnitt; zu §. 110—132.

Baryt ungelöst bleibt. — Bei seiner Anwesenheit lässt sich nur die Gegenwart eines Theils der übrigen eben genannten Säuren durch die Reaction mit Chlorbaryum mit Sicherheit erkennen. Denn wenn man die salzsaure Auflösung der Niederschläge abfiltrirt und mit Ammoniak übersättigt, so wird z. B. der borsaure, der weinsaure, citronensaure u. s. w. Baryt nicht wieder niederfallen, weil diese Niederschläge vom gebildeten Salmiak in Auflösung gehalten werden. Aus diesem Grunde kann Chlorbaryum nicht zur wirklichen Abscheidung der sämmtlichen genannten Säuren dienen und wir legen daher darauf, was die Einzelerkennung der Säuren mit Ausnahme der Schwefelsäure anbetrifft, kein weiteres Gewicht. Von grofser Bedeutung ist es uns aber deswegen, weil durch nicht entstehende Fällung in neutraler oder alkalischer Lösung ein so grofser Theil der Säuren alsobald ausgeschlossen wird. —

Silber bildet mit Chlor, Jod, Brom und Cyan, Silberoxyd mit Phosphorsäure, arseniger Säure, Arsensäure, Borsäure, Chromsäure, Kieselsäure, Oxalsäure, Weinsäure und Citronensäure in Wasser unlösliche Verbindungen. Dieselben sind mit Ausnahme des Jodsilbers in Ammoniak, mit Ausnahme des Chlor-, Jod-, Brom- und Cyan-Silbers in Salpetersäure löslich. Setzen wir daher zu unserer Auflösung, welche aus dem eben angeführten Grunde ganz neutral sein muss,

2) *salpetersaures Silberoxyd,*

so giebt sich uns die Anwesenheit einer oder mehrerer der genannten Säuren alsobald kund und zwar, was die meisten anbetrifft, nur allgemeinhin. Chromsäure, Arsensäure und andere, deren Silbersalze gefärbt sind, können jedoch mit ziemlicher Sicherheit schon aus der Farbe des Niederschlages erkannt werden. Setzen wir zu dem Niederschlage Salpetersäure, so giebt sich uns die Anwesenheit der Haloidverbindungen zu erkennen, da sie ungelöst bleiben, während die Oxydsalze sich sämmtlich lösen. — Die vollständige Abscheidung der Säuren, welche mit Silberoxyd in Wasser unlösliche Verbindungen bilden, durch salpetersaures Silber, gelingt aus derselben Ursache nicht, welche die Abtrennung der Säuren durch Chlorbaryum unsicher macht. Das entstehende Ammoniaksalz verhindert nämlich, wie oben die Wiederfällung mehrerer Barytsalze, so hier die Wiederausschei-

Bemerk. zur eigentlichen Untersuch. zu §. 110—132.   253

dung mehrerer Silbersalze durch Ammoniak aus der sauren Lösung. Das salpetersaure Silberoxyd ist demnach, abgesehen davon, dass es zur Abscheidung des Chlors, Broms, Jods und Cyans dient und auf Chromsäure u. s. w. hinweist, besonders auch wie das Chlorbaryum dazu wichtig, dass es, wenn neutrale Lösungen nicht davon gefällt werden, die Abwesenheit vieler Säuren von vorn herein anzeigt. —

Das Verhalten zu untersuchender Lösungen zu diesen beiden Reagentien giebt daher gleich von Anfang guten Aufschluss, ob man alle angeführten Proben machen müsse, oder welche man überschlagen könne. Hat man also z. B. durch Chlorbaryum einen Niederschlag bekommen, durch salpetersaures Silberoxyd hingegen nicht, so wird es, angenommen, die Lösung enthielte nicht schon Ammoniaksalze, überflüssig sein, auf Phosphorsäure, Chromsäure, Borsäure, Kieselsäure, arsenige Säure, Arsensäure, Oxalsäure, Weinsäure und Citronensäure zu prüfen. Derselbe Umstand wird eintreten, im Falle man nur durch Silberlösung, nicht aber durch Chlorbaryum einen Niederschlag bekommen hat. Es ist einleuchtend, wie viele Einzelversuche durch diese einfachen Combinationen erspart werden. —

Wenn wir nach diesen Betrachtungen nun wieder zu unserem vorliegenden Falle, in dem wir alle Säuren als gleichzeitig anwesend voraussetzen, zurückkehren, so hätten wir also Chlor, Brom, Jod und Cyan (deren Trennung und specielle Erkennung schon in den Zusätzen und Bemerkungen zu §. 101. auseinandergesetzt ist), sowie Schwefelsäure bereits erkannt, und es wäre Grund und Ursache vorhanden, auf alle übrigen durch beide Reagentien gefällt werdenden Säuren Rücksicht zu nehmen. Die Erkennung derselben beruht auf den Resultaten von lauter einzelnen Versuchen, welche, da sie oben schon abgehandelt und erklärt sind, hier übergangen werden können. Das Nämliche gilt von dem Reste der unorganischen Säuren, also von der Salpetersäure und der Chlorsäure. —

Von den organischen Säuren werden die Oxalsäure, die Weinsäure und die Traubensäure von Chlorcalcium aus wässeriger, neutraler Lösung in der Kälte. wenn auch (z. B. bei weinsaurem Ammoniak) erst nach einiger Zeit gefällt, auch wenn Salmiak zugegen ist, das Niederfallen des citronensauren Kalkes wird jedoch durch die Gegenwart von Ammoniaksalzen hintertrieben und tritt erst beim Kochen der Lösung oder beim Vermischen derselben mit Alkohol ein; das letztere Mittel dient uns auch zur

254   Zweite Abtheilung. — Zweiter Abschnitt; zu §. 110—132.

Abscheidung des äpfelsauren Kalkes aus wässeriger Lösung. Setzen wir daher zu unserer Lösung

    3) *Chlorcalcium* und Salmiak,

so wird Oxalsäure, Traubensäure Weinsteinsäure gefällt, gleichzeitig fallen jedoch die Kalksalze einiger nicht abgeschiedener unorganischer Säuren, z. B. phosphorsaurer Kalk, mit nieder. Wir müssen daher zur Einzelerkennung der gefällten organischen Säuren lauter Reactionen wählen, welche keine Verwechselung derselben mit den ebenfalls gefällten unorganischen Säuren zulassen. — Zur Erkennung der Oxalsäure wählen wir demnach Gypslösung unter Zusatz von Essigsäure (§. 99. c. 5.), zur Auffindung der Weinsteinsäure und Traubensäure aber behandeln wir den durch Chlorcalcium erzeugten Niederschlag mit Kalilauge, da hierin nur die Kalksalze der beiden genannten Säuren in der Kälte löslich sind, alle anderen unlöslichen Kalksalze aber davon nicht aufgenommen werden.

In Lösung haben wir jetzt von organischen Säuren noch Citronensäure und Aepfelsäure, Bernsteinsäure und Benzoësäure, Essigsäure und Ameisensäure. Die Citronensäure und Aepfelsäure werden abgeschieden, wenn man zu der von dem oxalsauren, weinsauren etc. Kalk abfiltrirten Flüssigkeit, welche noch überschüssiges Chlorcalcium enthält, Alkohol setzt. Mit dem äpfelsauren und citronensauren Kalke fällt stets schwefelsaurer und borsaurer Kalk nieder, wenn Schwefelsäure und Borsäure zugegen ist, daher man sich wohl zu hüten hat, die Kalkniederschläge dieser Säuren nicht mit denen der Citronensäure und Aepfelsäure zu verwechseln. Durch Abdampfen entfernen wir jetzt den Alkohol und setzen alsdann

    4) *Eisenchlorid*

zu. Bernsteinsäure und Benzoësäure werden dadurch in Verbindung mit Eisenoxyd niedergeschlagen, Ameisensäure und Essigsäure bleiben in Lösung. Die Methoden zur weiteren Trennung der einzelnen Gruppen und die Reactionen, worauf die Erkennung der einzelnen Säuren beruht, sind oben bereits ausführlich angegeben worden und können daher hier übergangen werden.

Besondere Bemerkungen zu §. 117.   255

B. Besondere Bemerkungen und Zusätze zum Gange der Analyse.

Zu § 117.

Im Anfange des §. 117. ist vorgeschrieben, neutrale oder saure wässerige Lösungen mit Salzsäure zu versetzen. Man thut dies tropfenweise. Entsteht kein Niederschlag, so genügen wenige Tropfen, weil ja alsdann die Flüssigkeit nur sauer gemacht werden soll, um die Fällung der Metalle aus der Eisengruppe durch Schwefelwasserstoff zu verhüten. Entsteht einer, so könnte man, wie dies von Anderen vorgeschlagen worden ist, eine neue Probe nehmen und diese mit Salpetersäure ansäuern. Aber abgesehen davon, dass man auch durch diese in manchen Fällen Niederschläge bekommt, z. B. in einer Lösung von Brechweinstein, ziehe ich die Anwendung der Salzsäure, d. h. die völlige Ausfällung des dadurch Fällbaren, aus drei Gründen vor. Einmal lassen sich aus einer mit Salzsäure angesäuerten Lösung Metalle durch Schwefelwasserstoff besser fällen, als aus einer durch Salpetersäure sauren Flüssigkeit, — ferner wird die weitere Analyse, falls man Silber, Quecksilberoxydul oder Blei in Lösung hat, durch die völlige oder theilweise Ausfällung dieser Metalle als Chlormetalle wesentlich erleichtert, und endlich ist es unmöglich, die genannten drei Metalle in einer Form abzuscheiden, die geeigneter wäre, sie neben einander zu erkennen, als gerade in der der Chlormetalle. Aufserdem erspart man bei der Anwendung der Salzsäure die weitere Prüfung, ob etwa bei den Metallen der fünften Gruppe gefundenes Quecksilber als Oxyd oder Oxydul zugegen war. — Dass man das Blei sowohl bei den Chlormetallen als bei dem in saurer Lösung durch Schwefelwasserstoff hervorgebrachten Niederschlag erhalte, kann kaum ein Vorwurf dieser Methode genannt werden, indem man ja die weitere Prüfung auf Blei unterlassen kann, wenn man es bereits in dem durch Salzsäure erzeugten Niederschlage gefunden hat.

Mit den zwei unlöslichen Chlormetallen und dem schwer löslichen Chlorblei könnte, wie gesagt, ein basisches Antimonoxydsalz, z. B. aus dem Brechweinstein oder einer analogen Verbindung, abgeschieden werden. Ein solcher Niederschlag löst sich jedoch mit Leichtigkeit in dem zuzusetzenden Ueberschuss der Salzsäure und hat daher auf das weitere Verfahren keinen Einfluss. Es ist weder gut, noch nöthig, die mit überschüssiger Salz-

256 Zweite Abtheilung. — Zweiter Abschnitt zu §. 117—118.

säure versetzte Flüssigkeit zu erwärmen, weil dadurch ein wenig
etwa gefällten Quecksilberchlorürs in Clorid übergeführt werden
könnte.

Bei dem Auswaschen des durch Salzsäure entstandenen Niederschlages mit Wasser wird, wenn Wismuth oder Chlorantimon
zugegen ist, bei der Vereinigung des ablaufenden Wassers mit
dem ersten Filtrat eine Trübung entstehen, im Falle die Quantität
der vorhandenen freien Salzsäure nicht hinreichend ist, die das
Trübewerden veranlassende Ausscheidung der basischen Salze zu
verhindern. Gleichgültig ob eine Trübung entsteht oder nicht,
das weitere Verfahren wird dadurch nicht verändert, denn diese
fein zertheilten Niederschläge werden durch Schwefelwasserstoff
ebenso leicht in Schwefelverbindungen umgewandelt, als wenn
die Metalle in Lösung gewesen wären.

Setzt man Salzsäure zu einer alkalischen Lösung, so ist dabei zu berücksichtigen, dass man so lange zutröpfle, bis die Flüssigkeit stark sauer reagirt. Es wird dadurch der die alkalische
Reaction bedingende Körper gebunden und die etwa in ihm aufgelösten und mit ihm vereinigten Substanzen scheiden sich aus.
War das Alkali frei vorhanden, so kann also hier z. B. Zinkoxyd,
Thonerde etc. gefällt werden. Diese lösen sich aber im Ueberschuss der Salzsäure wieder auf. Chlorsilber hingegen würde
sich nicht, Chlorblei nur schwierig lösen. War die alkalische Reaction durch ein metallisches Schwefelsalz bedingt, so wird durch
Zusatz der Salzsäure das elektronegative Schwefelmetall ausgeschieden z. B. Schwefelantimon, während das elektropositive z. B.
Schwefelnatrium, mit den Bestandtheilen der Chlorwasserstoffsäure Chlornatrium und Schwefelwasserstoff bildet. Rührt sie von
einem kohlensauren Alkali, einem Cyan- oder Schwefelalkali-
Metall her, so entweicht Kohlensäure, Blausäure und Schwefelwasserstoff. Alle diese Erscheinungen sind gehörig zu beachten,
da sie nicht allein die Anwesenheit der betreffenden Substanzen
zu erkennen geben, sondern auch ganze Reihen von Körpern von
der Untersuchung ausschliefsen.

Zu §. 118.

Wenn man zu einer Flüssigkeit ein Reagens setzt, so sind
fast immer zwei allgemeine und aufserdem mehrere besondere
Fälle möglich. So kann z. B. beim Zusatz von Schwefelwasserstoff erstens keine Fällung eintreten oder zweitens ein Niederschlag entstehen. Derselbe kann a) weifs, b) gelb, c) orange,

Besondere Bemerkungen zu §. 118. 257

d) braun oder schwarz sein. Jeder dieser Fälle ist eine verschiedene Antwort, welche man auf die mit dem Reagens gestellte Frage erhält, jede verschiedene Antwort aber hat eine andere Bedeutung. Es ist also richtige Beobachtung, scharfe Unterscheidung der einzelnen Fälle eine unerlässliche Bedingung. Jeder Fehlgriff in dieser Beziehung führt vom rechten Wege ab. —

Im Gange der Analyse wird fast immer auf die Farbe des Niederschlages als Kriterium hingewiesen. Wie man vermuthen kann, dass ein dunkler Niederschlag einen helleren verdecke, dass also z. B. bei schwarzem Schwefelquecksilber gelbes Schwefelarsen, dem Auge unbemerkbar, vorhanden sein könne, so darf man auch schliefsen, dass in einem hellen kein dunkler, in einem weifsen kein schwarzer Niederschlag enthalten sei. Dieser Schluss lässt sich jedoch nicht immer mit gleicher Sicherheit ziehen, da sich nicht alle Farben so schroff entgegenstehen, wie weifs und schwarz, sondern mehr in einander übergehen, wie z. B. gelb und orange. Lässt daher die Farbe des Niederschlages auf irgend eine Art zweifeln, welcher Nummer man zu folgen habe, so geht man immer am sichersten, wenn man dem Gange folgt, auf welchen die dunklere der fraglichen Farben hinweist, weil bei diesem auf alle möglicher Weise gefällten Metalle Rücksicht genommen wird, bei dem andern aber die dunkler gefällten unbeachtet bleiben. Der sichere, wenn auch weitere Weg ist immer dem näheren, wenn er weniger sicher ist, vorzuziehen. —

Um Analysen in möglichst kurzer Zeit zu machen, muss man sich daran gewöhnen, Mancherlei gleichzeitig zu thun, und nicht z. B. nach der Fällung mit Schwefelwasserstoff die Hände in den Schoofs legen, bis der entstandene Niederschlag völlig ausgewaschen ist. Die ersten ablaufenden Tropfen genügen ja schon, um zu prüfen, ob auch ein durch Schwefelammonium fällbarer Körper zugegen sei, oder wenn dieses nicht der Fall ist, ob durch phosphorsaures Natron ein Niederschlag entsteht. Je nach den erhaltenen Resultaten wird man sodann, während man den durch Schwefelwasserstoff entstandenen Niederschlag auswäscht, die davon abfiltrirte Flüssigkeit alsobald mit Schwefelammonium oder kohlensaurem Ammoniak fällen; — während man alsdann den ersten Niederschlag mit Schwefelammonium digerirt, wird der zweite ausgewaschen u. s. w. — Wenn man sich auf diese Art gewöhnt hat, seine Zeit einzutheilen, kann man, ohne im geringsten flüchtig zu arbeiten, in einer Stunde noch einmal so viel zu Stande bringen, als im andern Falle in zwei.

17

258   Zweite Abtheilung. — Zweiter Abschnitt; zu §. 119.

In den Fällen, in welchen man nur mit Metalloxyden aus der sechsten Gruppe, z. B. mit Antimonoxyd und mit solchen aus der vierten Gruppe, z. B. mit Eisen, zu thun hat, kann man zur Trennung derselben die Fällung mit Schwefelwasserstoff aus angesäuerter Lösung ganz ersparen und zu der neutral gemachten Lösung gleich von Anfang Schwefelammonium im Ueberschuss setzen. Man erhält alsdann das Schwefeleisen etc. im Niederschlage, das Antimon etc. in einer Lösung, aus welcher es durch Zusatz einer Säure sogleich als Schwefelantimon gefällt wird. Man hat dabei den Vortheil, dass die Flüssigkeit weniger verdünnt wird, als bei der Fällung mit Schwefelwasserstoff-Wasser, und dass die Operation schneller und bequemer auszuführen ist, als wenn man Schwefelwasserstoffgas einleitet. — Endlich mag hier nochmals darauf aufmerksam gemacht werden, wie aufserordentlich oft sich Anfänger durch Anwendung von verdorbenem oder zu schwachem Schwefelwasserstoff-Wasser, oder durch Hinzufügung einer zur Fällung unzureichenden Menge desselben, ihre Arbeit erschweren. Man denke sich z. B. in einer sehr sauren Lösung Wismuth und Eisen neben einander. Setzt man ein paar Tropfen Schwefelwasserstoff-Wasser zu, so entsteht kein Niederschlag; die Gegenwart des grofsen Ueberschusses von concentrirter Säure macht sein Entstehen unmöglich. Schliefst man nun, es sei kein durch Schwefelwasserstoff fällbares Metall zugegen und geht zu der Fällung mit Schwefelammonium über, so bekommt man das Schwefelwismuth bei dem Schwefeleisen. Behandelt man diese Niederschläge mit Salzsäure, so bleibt ein schwarzer Rückstand; nichts liegt also näher, als auf Kobalt und Nickel zu schliefsen. — Sabald man sich aber einmal auf diese Art vom rechten Weg entfernt hat, ist es für den Anfänger aufserordentlich schwierig, ja fast unmöglich, sich wieder zurecht zu finden. — Es ist kaum eine andere Klippe im ganzen Gange der Analyse, an welcher häufiger gescheitert wird, namentlich auch bei Anwendung von gasförmigem Schwefelwasserstoff, wobei fast immer aufser Acht gelassen wird, dass der Niederschlag in sehr sauren Lösungen nicht entstehen kann, wenn man nicht mit Wasser verdünnt.

Zu §. 119.

Bei der Digestion der aus saurer Lösung durch Schwefelwasserstoff erhaltenen Niederschläge mit Schwefelammonium ist es vor Allem nothwendig, dass man von dem letzteren Reagens die richtige Menge nimmt. Im Durchschnitt genügt eine kleine Quantität, ist Zinnsulfür zugegen, braucht man etwas mehr. Anfänger nehmen jedoch meistens so viel, dass sich bei Zusatz von Säure eine so grofse Menge Schwefel abscheidet, dass dadurch die Farbe des gleichzeitig ausgeschiedenen elektronegativen Schwefelmetalls ganz verdeckt wird. — Die Trennung und Einzelerkennung des Antimons, Zinns und Arseniks ist, wenn alle zugleich als Schwefelmetalle gefällt worden sind, eine nicht ganz leichte Aufgabe. Geübte mögen die drei Metalle immerhin mit dem Löthrohr auch nebeneinander zu erkennen im Stande sein, Anfängern wird es selten mit Sicherheit gelingen. Von den vielen Methoden, welche sich zur Unterscheidung der genannten Metalle anwenden lassen, hat die Erfahrung die §. 119. beschriebene als diejenige bezeichnet, bei welcher Täuschungen am seltensten vorkommen. — Wird Schwefelarsen, Schwefelzinn und Schwefelantimon mit überschüssigem Salpeter und kohlensaurem Natron verpufft, so oxydiren sich die Metalle und der Schwefel auf Kosten des Sauerstoffs der Salpetersäure. In der geschmolzenen Masse hat man sonach arseniksaures, antimonsaures, schwefelsaures und Zinnoxyd-Alkali, aufserdem Ueberschuss von Salpeter und Soda. Behandelt man mit Wasser, so löst sich das schwefelsaure und das arsensaure Alkali; das antimonsaure Alkali wird zersetzt, saures Salz bleibt unlöslich zurück, eine geringe Menge Antimonsäure kommt in Form eines basischen Salzes in Lösung. Von dem Zinnoxyd löst sich ebenfalls ein Theil in dem vorhandenen kohlensauren Alkali. Wendet man kochendes Wasser an, so ist die Menge der aufgelösten Antimonsäure und des in die Lösung übergehenden Zinnoxyds nicht unbedeutend, nimmt man kaltes Wasser, so ist sie sehr gering. Das Ausziehen der Masse mit letzterem ist daher vorzuziehen. Sättigt man jetzt die erhaltene alkalische Lösung mit Salpetersäure und erwärmt, so schlägt sich das gelöste Zinnoxyd und die gelöste Antimonsäure nieder, der entstehende Niederschlag ist jedoch nie frei von Arsen. Man ersieht hieraus, wie sorgfältig man es vermeiden muss, viel Antimonsäure oder Zinnoxyd in Lösung zu bekommen. — In der mit Salpetersäure gesättigten oder schwach angesäuerten, vom entstandenen Niederschlage abfiltrirten Flüssigkeit hat man jetzt noch arsensaures und schwefelsaures Alkali. Ein Theil derselben soll nach §. 119. mit Silberlösung und Ammoniak, ein anderer mit Bleilösung gefällt werden. Da zur Sichtbarmachung des arsensauren Silberoxyds die Flüssigkeit ganz

17 *

260   Zweite Abtheilung. — Zweiter Abschnitt; zu §. 120.

neutral sein muss, und da der Neutralitätspunkt nicht immer leicht
getroffen wird, so ist, wie oben angegeben, die saure mit Silberlösung versetzte Flüssigkeit mit einer Schicht verdünnten Ammoniaks zu übergiefsen. Es gelingt bei kleinen Mengen von Arsen
auf diese Art am leichtesten, den Niederschlag hervorzurufen. —
Bei der Fällung mit essigsaurer Bleioxydlösung erhält man ein
Gemenge von schwefelsaurem und arsensaurem Bleioxyd. Die
Anwesenheit des ersteren macht, dass der Niederschlag bedeutender ist, also leichter gesammelt und vor dem Löthrohre geprüft
werden kann; ferner, dass das arsenhaltige Bleikügelchen nicht
zu klein wird, so dass man den Arsenikgeruch durch wiederholtes
Blasen längere Zeit hervorzubringen im Stande ist. — So unzweifelhaft man durch diese Reactionen nun auch die Anwesenheit
des Arsens darthun kann, so muss doch immer als unerlässliche
Bedingung seine Darstellung in metallischer Form festgehalten
werden, wie schon oben mehrfach erwähnt ist.

Wird der bei Behandlung der verpufften Masse mit Wasser
zurückbleibende, auf Zinn und Antimon zu prüfende Rückstand
vor dem Zusammenschmelzen mit Cyankalium nicht sorgfältig
durch Auswaschen von allem Salpeter befreit, so erfolgen Explosionen (vergl. 102. a. 4.), wodurch nicht nur die Proben weg-
geschleudert werden, sondern bei welchen man auch leicht be-
schädigt werden kann.

Zu §. 120.

Erhitzt man die Schwefelmetalle der zweiten Abtheilung der
Gruppe V., zu deren Untersuchung man jetzt übergeht, mit Salpetersäure zum Kochen, so werden Blei, Wismuth, Kupfer und Cadmium auf Kosten eines Theils der Salpetersäure, welche in Stick-
oxyd und Sauerstoff zerfällt, oxydirt, der Schwefel wird ausgeschieden und die Oxyde verbinden sich mit einem andern Theil
Salpetersäure zu auflöslichen salpetersauren Salzen. Schwefelquecksilber hingegen wird durch Salpetersäure nicht zersetzt,
wenn nicht in Folge unvollständigen Auswaschens zugleich eine
Chlorverbindung vorhanden ist. Ammoniak zersetzt die sämmtlichen aufgelösten salpetersauren Metallsalze. Blei und Wismuthoxyd sind aber im Ueberschuss desselben unlöslich, während
Cadmium- und Kupferoxyd davon aufgelöst werden. Es ist daher
dieses Reagens ein Mittel, die Lösung sowohl auf die Anwesenheit
des Blei- und Wismuthoxyds im Allgemeinen zu prüfen, als auch

dieselben abzuscheiden. Zugleich lässt es die Gegenwart des Kupferoxyds durch die von gebildetem salpetersauren Kupferoxydammoniak herrührende blaue Farbe der Flüssigkeit erkennen. Die Ursachen, worauf die weitere Trennung und Erkennung der vier in Frage stehenden Metalle beruht, sind bereits S. 101 genügend auseinandergesetzt worden. In Bezug auf die Auffindung des Wismuths ist noch zu bemerken, dass dieselbe stets misslingt, wenn man nicht gehörig darauf achtet, den vorhandenen Säureüberschuss möglichst gering zu machen. Durch die §. 120. angegebene Methode wird dies am besten erreicht. Dampft man aber nur fast zur Trockne ab, so bleibt oft so viel Säure zugegen, dass an die Ausscheidung eines basischen Salzes nicht zu denken ist.

Aufser der S. 101 und §. 120. auseinandergesetzten Methode zur Unterscheidung des Cadmiums, Kupfers, Bleies und Wismuths führt auch folgende mit grofser Sicherheit zum Ziele. — Man setzt zu der salpetersauren Lösung kohlensaures Kali, so lange noch ein Niederschlag entsteht, alsdann fügt man Cyankaliumlösung im Ueberschuss hinzu und erwärmt. Blei und Wismuth werden hierdurch vollständig als kohlensaure Salze abgeschieden, Kupfer und Cadmium bekommt man als Cyankupfer-Cyankalium und Cyancadmium-Cyankalium in Lösung. Die ersteren können durch Schwefelsäure leicht getrennt werden, die letzteren scheidet man, indem man der Lösung ihrer Cyanverbindungen in Cyankalium Schwefelwasserstoff im Ueberschuss zusetzt, erwärmt und zur Wiederlösung etwa mit niedergefallenen Schwefelkupfers nochmals etwas Cyankalium hinzufügt. Ein darin unlöslicher gelber Niederschlag von Schwefelcadmium lässt Cadmium erkennen. Zum Filtrat fügt man Salzsäure, ein schwarzer Niederschlag von Schwefelkupfer zeigt Kupfer an. —

Die Anwesenheit des Quecksilbers wäre nun zwar eigentlich schon dadurch dargethan, dass bei dem Erhitzen der Schwefelmetalle mit Salpetersäure ein schwarzer Rückstand bleibt. Da aber ausgeschiedener Schwefel öfters kleine Antheile der anderen schwarzen Schwefelmetalle einhüllt und dadurch selbst hie und da schwarz und, in Folge von gleichfalls eingehülltem, aus Schwefelblei gebildetem schwefelsauren Bleioxyd, zuweilen auch schwer erscheint, so ist nähere Prüfung jedes Rückstandes, der beim Kochen mit Salpetersäure bleibt, wenn er nicht reiner, meist auf der Flüssigkeit schwimmender, gelber Schwefel ist, nothwendig. Die Prüfung mit blankem Kupfer geht sehr schnell und ist in hohem Grade bequem Man beobachtet jedoch, dass dabei häufiger Täuschungen unterlaufen, als bei der mit Zinnchlorür. Bei der letzteren ist ganz besonders darauf Rücksicht zu nehmen, dass das Reagens unzersetzt sei, sowie darauf, dass die Quecksilberlösung keine Salpetersäure mehr enthalte. — Hat man, nach der angegebenen Methode verfahrend, das Quecksilberoxydul erst durch Salzsäure abgeschieden, und man erhält, durch Schwefelwasserstoff einen Niederschlag von Schwefelquecksilber, so entspricht dieses stets dem Quecksilberoxyd, Chlorid etc. Hat man mit einer. wässerigen oder mit einer Lösung in ganz verdünnter Salzsäure zu thun, so war es als solches in der ursprünglichen Substanz vorhanden. Ist die Lösung aber eine salpetersaure, so kann es sich sehr leicht erst aus Oxydul gebildet haben.

Zu §. 121.

Der Niederschlag, welchen man durch Schwefelammonium nach §. 121. erhält, kann, wie bereits oben angeführt worden ist, aus Schwefelmetallen, aus Oxyden und aus phosphorsauren alkalischen Erden, phosphorsaurer Thonerde, oxalsaurer Kalk- (Baryt- und Strontian-) Erde bestehen. Aufserdem würden auch die borsauren alkalischen Erden und die oxalsaure Magnesia gefällt werden, sie bleiben aber durch den in der Flüssigkeit gebildeten oder ihr zugesetzten Salmiak in der Lösung. Ob durch Ammoniak allein schon ein Niederschlag entsteht oder nicht, ist für das Endresultat dieser Operation völlig gleichgültig, da die frisch gefällten Oxydhydrate des Eisens etc. durch Schwefelammonium ohne Schwierigkeit zerlegt werden. Ebensowenig kann man aus dieser Erscheinung einen sicheren Schluss auf die Abwesenheit oder Gegenwart gewisser Metalle und Verbindungen machen, es müsste denn sein, dass man zuvor den Schwefelwasserstoff aus der Flüssigkeit vollständig entfernt hätte, eine Sache, die mit unnöthigem Zeitaufwande verbunden wäre.

Durch Auflösen des Niederschlages in Salzsäure oder Königswasser verwandeln sich die Schwefelmetalle und Oxydhydrate in lösliche Chlormetalle, die phosphorsauren und oxalsauren Salze aber werden, scheinbar unzersetzt, gelöst. Fügt man dieser sauren Lösung Ammoniak hinzu, so werden die letzteren wieder niedergeschlagen, mit ihnen fallen Thonerde, Chromoxyd und Eisenoxyd nieder, da dieselben nicht gleich den Oxyden des Mangans, Nickels, Kobalts und Zinks mit Ammoniaksalzen lösliche Doppelverbindungen bilden. Diese Fällung mit Ammoniak bei Gegenwart von Salmiak

Besondere Bemerkungen zu §. 121.   263

kann zur Trennung und somit zur Auffindung der sämmtlichen genannten Körper benutzt werden. Sie ist die Basis, auf welche man gewöhnlich die Einzelerkennung derselben stützt und welche ich in den früheren Auflagen selbst gewählt hatte. Ich habe dieselbe jetzt verlassen, weil sie kleine Mengen von Zink, Kobalt, Nickel und Mangan übersehen lässt, indem die Oxyde dieser Metalle, wenn sie in relativ geringer Menge vorhanden sind, sehr leicht vollständig mit Eisenoxyd oder Thonerde niederfallen.

Im §. 121. werden zwei Fälle unterschieden, der erste, dessen Kriterium weiße Farbe des Niederschlages ist, bedarf keiner weiteren Erklärung, zumal da ihn der zweite, dessen Kennzeichen dunkle Farbe des Niederschlages ist, in sich schließt. Bei diesem sind wiederum zwei Unterabtheilungen a. und b. gemacht, je nachdem phosphorsaure oder oxalsaure alkalische Erden zugegen sind oder nicht. Die Prüfung auf letztere Verbindungen im Allgemeinen wird nach §. 121. ausgeführt durch Zusatz von Eisenchlorid, Chlorcalcium und essigsaurem Kali zu der noch etwas sauren Lösung. Man ersieht auf den ersten Blick, dass hier zwei Einzelprüfungen (auf Phosphorsäure und Oxalsäure) vereinigt sind. Die Prüfung auf Phosphorsäure ist uns schon bekannt, siehe §. 99. a.; die Prüfung auf Oxalsäure beruht darauf, dass, wenn zu der salzsauren Lösung oxalsauren Kalks essigsaures Kali gesetzt wird, sich Chlorkalium bildet, während Essigsäure frei wird. Da letztere den oxalsauren Kalk nicht in Lösung zu halten vermag, so fällt er nieder. —

Die Grundlage des im Falle a. zur Einzelerkennung der Metalle der dritten und vierten Gruppe beschriebenen Verfahrens ist höchst einfach. Sie beruht auf der anfänglichen Trennung der in kochender Kalilauge löslichen Oxyde (Thonerde und Zinkoxyd) von den darin unlöslichen Oxyden des Eisens, Mangans, Nickels, Kobalts und Chroms. Die weitere Erkennung der letzteren beruht auf Einzelprüfungen, die sich mit Leichtigkeit aus dem §. 88. und §. 89. Gesagten erklären lassen. —

Im Falle b. ist vorausgesetzt, dass durch die Gegenwart der phosphorsauren oder oxalsauren alkalischen Erden diese Einzelerkennungen unsicher gemacht würden. Es ist deshalb daselbst vorgeschrieben, die Flüssigkeit zuerst mit kohlensaurem Kalke zu schütteln, wodurch die freie Säure, welche die oxalsauren und phosphorsauren alkalischen Erden in Auflösung hielt, neutralisirt wird, und somit diese niedergeschlagen werden. Durch diese Operation wird gleichzeitig vorhandenes Eisenoxyd gefällt, da solches in einer völlig neutralen Flüssigkeit nicht gelöst bleiben kann. Man sieht leicht ein, dass man sich dieses Mittels mit grofsem Vortheil immer zur Entfernung des Eisenoxyds bedienen kann, wenn dessen Quantität befürchten lässt, dass es die Auffindung des Mangans, Nickels und Kobalts unsicher machen werde. — Was die im §. 121. 2. b. α. beschriebene Prüfung auf Oxalsäure, welche im Vorhergehenden noch nicht erklärt ist, betrifft, so beruht sie darauf, dass wenn Oxalsäure (C_2O_3) mit Mangansuperoxyd (MnO_2) und freier Säure (Schwefelsäure) zusammenkommt, sich schwefelsaures Manganoxydul bildet, während das frei werdende Aequivalent Sauerstoff mit den Bestandtheilen der Oxalsäure zu 2 Aeq. Kohlensäure zusammentritt, ($MnO_2 + SO_3 + C_2O_3$) = ($MnO,SO_3 + 2\ CO_2$). — Auf derselben Ursache beruht auch die §. 121. 2. b. α. ββ. beschriebene Zerstörung der Oxalsäure behufs weiterer Prüfung auf Phosphorsäure.

Zu §. 130.

Auch die dritte Classe von Körpern hat keine scharf bestimmbaren Grenzen, da die Löslichkeit oder Unlöslichkeit mehrerer dahin zu rechnender Verbindungen sehr von der Menge und Concentration der Säure und der Dauer des Kochens abhängt. Aufser den angeführten schwer löslichen Körpern ist besonders noch auf manche Schwefel- und Jodmetalle zu achten, welche sich gleichfalls nur in concentrirter Salzsäure und durch längere Einwirkung in der Hitze lösen. — Hat sich ein Körper durch längeres Kochen in Salpetersäure gelöst, so darf man nicht auf die Abwesenheit des Quecksilberchlorürs schliefsen, da dieses, wie schon oben erwähnt, durch solche Behandlung in salpetersaures Quecksilberoxyd und Quecksilberchlorid verwandelt und so aufgelöst wird.

Was die unter den Körpern der dritten Classe genannten Chlorverbindungen, nämlich Chlorsilber, Quecksilberchlorür und Chlorblei, betrifft, so können sie sowohl in der ursprünglichen Verbindung als solche vorhanden gewesen, als auch durch die Behandlung mit Salzsäure erst gebildet worden sein. Die Gegenwart des Chlorbleies hat man alsdann schon in der wässerigen Lösung erkannt, von der ursprünglichen Anwesenheit der beiden anderen kann man sich folgendermafsen überzeugen. Man erschöpft die in Wasser unlösliche Substanz mit verdünnter Salpetersäure. Dadurch werden alle Quecksilberoxydul- und Silberoxydsalze aufgelöst, die genannten Chlorverbindungen und Jodsilber bleiben zurück. Man trennt sie durch Ammoniak, welches die Anwesenheit des Quecksilberchlorürs zugleich erkennen lässt.

Die Zersetzung der schwefelsauren alkalischen Erden kann man auch auf nassem Wege, durch längeres Kochen derselben mit kohlensaurer Kalilauge, ausführen. Das Schmelzen mit kohlensaurem Natronkali giebt jedoch weit sicherere Resultate und ist, wenn man kleine Proben nimmt, auch sehr schnell auszuführen. Man hat dabei zugleich den Vortheil, dass man die Anwesenheit der Kieselsäure mit Gewissheit erkennt.

Die schwefelsauren Erden werden durch das kohlensaure Alkali so zerlegt, dass sich kohlensaure Erden und schwefelsaures Alkali bilden. Würde man den Niederschlag jener nicht oder nicht vollständig auswaschen, ehe man ihn in Salzsäure löste, so bildeten sich durch Einwirkung des nicht weggewaschenen schwefelsauren Alkali's wieder schwefelsaure Erden und die Untersuchung wäre, wo nicht vereitelt, doch unsicher gemacht, indem dadurch z. B. aller gelöste Baryt wieder gefällt worden sein könnte.

Auf Kohlenstoff wurde bei dieser dritten Classe deswegen Rücksicht genommen, weil er zuweilen bei Untersuchungen vorkommt und alsdann dem nicht darauf vorbereiteten Anfänger oft grofse Schwierigkeiten macht. Der Graphyt zeichnet sich vor den anderen Kohlenarten dadurch aus, dass er im Platinlöffel nicht und vor dem Löthrohre sehr schwer verbrennt, auch deutet das Eisen, welches er im Durchschnitt beigemischt enthält, darauf hin.

Zu §. 131.

Die Analyse der Cyanverbindungen ist in gewissen Fällen nicht ganz leicht, besonders ist es zuweilen schwierig, nur erst zu finden, dass man überhaupt mit einer solchen zu thun hat. Beachtet man jedoch die Erscheinungen beim Glühen der Substanz (§. 107. A. I. 2.), sowie ob sich beim Kochen mit Salzsäure ein Geruch nach Blausäure entwickelt (§. 109. A. 2.), so wird man über die Anwesenheit einer Cyanverbindung im Allgemeinen in der Regel nicht lange im Zweifel sein.

Man hat nun vor Allem in's Auge zu fassen, dass die in der Pharmacie u. s. w. vorkommenden unlöslichen Cyanverbindungen zwei ganz verschiedenen Classen angehören. Es sind nämlich entweder einfache Cyanverbindungen, oder es sind Verbindungen von Metallen mit Ferrocyan oder einem andern von diesen zusammengesetzten Radicalen.

266   Zweite Abtheilung. — Zweiter Abschnitt; zu §. 131.

Die einfachen Cyanverbindungen werden alle durch Kochen mit concentrirter Salzsäure in Chlormetalle und Cyanwasserstoffsäure zerlegt. Ihre Analyse ist daher niemals schwierig. Die Ferrocyanverbindungen etc. jedoch, auf welche sich der im §. 131. angegebene Gang auch eigentlich allein bezieht, erleiden durch Säuren so verwickelte Zersetzungen, dass ihre Analyse auf diese Art nicht leicht gelingt. — Weit einfacher gestaltet sich stets ihre Zersetzung durch Kali. Dasselbe scheidet nämlich das mit dem Ferrocyan oder überhaupt mit dem zusammengesetzten Radical verbundene Metall als Oxyd ab, indem es an dasselbe seinen Sauerstoff abgiebt und als Metall mit den Radicalen zu löslichem Ferrocyankalium etc. in Verbindung tritt. — Im Ueberschuss des Kali's sind nun aber mehrere Oxyde löslich, als Bleioxyd, Zinkoxyd etc. Kocht man daher z. B. das Ferrocyanzinkkalium mit kaustischem Kali, so löst es sich gänzlich auf; wir können annehmen, dass in der Lösung Ferrocyankalium und Zinkoxyd in Kali gelöst vorhanden sei. Fügten wir zu dieser Lösung eine Säure, so bekämen wir wie natürlich unsern ursprünglichen Niederschlag von Ferrocyanzinkkalium wieder und hätten also durch die Operation nichts erreicht. Wir leiten also, um diesem Uebelstande vorzubeugen, in die kalische Lösung Schwefelwasserstoff. Hierdurch werden alle schweren Metalle, welche sich als Oxyde in Kali gelöst befinden, in Schwefelmetalle verwandelt. Die in Kali unlöslichen, als Schwefelblei, Schwefelzink etc. scheiden sich aus, die in alkalischen Schwefelmetallen löslichen, als Schwefelzinn, Schwefelantimon etc. bleiben gelöst und scheiden sich erst beim Zusatz einer Säure aus. —

In der von den Oxyden oder Schwefelmetallen abfiltrirten Flüssigkeit hat man das Cyan also stets (im Falle man nämlich wirklich mit Verbindungen zusammengesetzter Cyan-Radicale zu thun hat) als Ferrocyan- etc. Kalium. Aus den meisten derselben (dem Ferrocyan-, Ferridcyan-, Chromidcyan- und Manganocyan-Kalium) wird das Cyan theilweise als Cyanwasserstoffsäure abgeschieden, wenn man die Lösungen derselben mit Schwefelsäure kocht, und kann also auf diese Art leicht aufgefunden werden; — das Kobaltcyanidkalium aber kann durch Schwefelsäure nicht zerlegt werden, daher die directe Nachweisung des Cyans in demselben nicht leicht gelingt. — Durch Schmelzen mit Salpeter werden sämmtliche in Rede stehenden Verbindungen, auch das Kobaltcyanidkalium, zersetzt. Dampft man dieselben nicht zuvor mit einem Ueberschuss von Salpetersäure ein, so entstehen bei

dem Schmelzen mit Salpeter leicht Explosionen. — Man thut überhaupt wohl daran, bei dieser Operation vorsichtig zu sein. —

Will man endlich in einfachen oder zusammengesetzten Cyanverbindungen nur die anwesenden Basen finden, so genügt es in
den meisten Fällen, die Substanz eine Zeit lang für sich zu glühen
oder besser mit kohlensaurem Natronkali zusammenzuschmelzen.
Man erhält hierdurch die Metalle entweder regulinisch oder mit
Kohlenstoff verbunden. Im Falle man mit kohlensauren Alkalien
geschmolzen hat, bekommt man in der Schlacke Cyankalium,
wenn es nicht durch die zufällige Gegenwart reducirbarer Oxyde
(vergl. §. 101. d. 2.) in cyansaures Kali übergeführt worden ist.

Anhang.

I.

Verhalten der wichtigsten Alkaloide zu Reagentien und deren
Ausmittelung in systematischem Gange.

§. 134.

Ungleich schwieriger, als die Unterscheidung und Ausmittelung
der meisten unorganischen Basen, ist die Auffindung und Trennung der Alkaloide durch Reagentien. Liegt auch ein Grund
dieser gröfseren Schwierigkeit darin, dass fast keine der Verbindungen, welche die Alkaloide mit anderen Körpern eingehen,
völlig unlöslich oder durch Farbe und sonstige Eigenschaften
besonders ausgezeichnet sind, so ist doch als der hauptsächlichste der Mangel an gründlichen Untersuchungen über die
Salze und anderweitigen Verbindungen der Alkaloide, sowie
über ihre Zersetzungsproducte zu betrachten. Aus dem letzteren Grunde folgt, dass wir die Reactionen meist nur in ihrer
äufseren Erscheinung auffassen, nicht aber auf ihre Ursachen
zurückführen können, wodurch es unmöglich ist, alle Bedingungen zu erkennen, welche auf das Eintreten der Reactionen mo-
dificirend einwirken.

Wenngleich daher ein Versuch, die wichtigsten Alkaloide
in ihrem Verhalten zu Reagentien zu charakterisiren und daraus
eine Methode zu entwickeln, wie sie von einander getrennt
oder wenigstens neben einander erkannt werden können, zur
Zeit den Stempel der Vollkommenheit noch nicht tragen kann,
so habe ich ihn doch mich stützend auf eine grofse Reihe eigener Versuche gemacht, damit junge Chemiker, namentlich Pharmaceuten, für welche der Gegenstand ein besonderes Interesse

270   Anhang I. — §. 135.

hat, sich auch in dieser Art von analytischen Versuchen zu
üben im Stande sind.

Wir berücksichtigen im Folgenden behufs der Eintheilung
der Alkaloide in Gruppen weder ihr Vorkommen noch ihre Zusammensetzung, sondern wählen unserem speciellen Zwecke gemäfs und in Uebereinstimmung mit unserem bisherigen Verfahren
das Verhalten derselben zu gewissen allgemeinen Reagentien als
Eintheilungsgrund. Alle anzuführenden Reactionen sind von mir
selbst vielfach geprüft worden.

Erste Gruppe.

§. 135.

Alkaloide, welche aus den Lösungen ihrer Salze
durch Kali gefällt und im Ueberschusse des Fällungsmittels mit Leichtigkeit wieder gelöst werden.
Von den hier in Betracht kommenden Alkaloiden gehört in diese
Gruppe nur

Morphium ($C_{35} H_{20} NO_6 = \overset{+}{Mo}$).

1) Das Morphium stellt in der Regel farblose, glänzende, vierseitige Säulen oder (durch Fällung erhalten) ein weifses, aus
krystallinischen Flocken bestehendes Pulver dar. Es schmeckt
bitterlich, löst sich sehr schwierig in kaltem, etwas leichter
in kochendem Wasser. Kalter Alkohol löst etwa $1/90$, kochender $1/20 - 1/30$ seines Gewichts. Die Auflösungen reagiren,
ebenso wie die in heifsem Wasser, deutlich alkalisch. In
Aether ist das Morphium unlöslich.

2) Das Morphium neutralisirt Säuren vollständig und bildet damit die Morphiumsalze. Dieselben sind meistens krystallisirbar, leicht löslich in Wasser und Weingeist, unlöslich in
Aether, von widerlich bitterem Geschmack.

3) Kali und Ammoniak schlagen aus den Auflösungen der
Morphiumsalze das Morphium in Gestalt eines weifsen
krystallinischen Pulvers nieder. Umrühren und Reiben der
Glaswände unter der Flüssigkeit befördert seine Abscheidung. Der Niederschlag löst sich sehr leicht in überschüssigem Kali, etwas schwieriger in Ammoniak; auch von Chlor-

Reactionen der Alkaloide. — §. 135.   271

ammonium und kohlensaurem Ammoniak wird er, von letzterem aber nur schwierig, gelöst.

4) **Kohlensaures Kali** und **kohlensaures Natron** bewirken denselben Niederschlag, wie Kali und Ammoniak. Im Ueberschusse der Fällungsmittel ist er unlöslich. Setzt man daher zu einer Lösung von Morphium in kaustischem Kali ein fixes doppelt kohlensaures Alkali, so scheidet sich, namentlich nach vorhergegangenem Kochen, das Morphium als krystallinisches Pulver ab. Bei genauerer Betrachtung, namentlich mit der Loupe, sieht man deutlich, dass es aus kleinen spiefsigen Krystallen besteht; bei 100facher Vergröfserung erscheinen dieselben als vierseitige Säulen.

5) **Doppelt kohlensaures Natron** oder **Kali** schlagen aus den Lösungen neutraler Morphiumsalze nach ganz kurzer Zeit das Morphium als Krystallpulver nieder. Der Niederschlag ist im Ueberschusse der Fällungsmittel unauflöslich. Angesäuerte Morphiumsalzlösungen werden in der Kälte nicht gefällt.

6) Bringt man Morphium oder ein Morphiumsalz in fester Form oder in concentrirter Lösung mit starker **Salpetersäure** zusammen, so erhält man eine rothe bis gelbrothe Flüssigkeit. Verdünnte Lösungen verändern ihre Farbe nach dem Zusatz der Säure in der Kälte nicht, beim Erhitzen nehmen sie eine gelbe Farbe an.

7) **Neutrales Eisenchlorid** färbt neutrale Lösungen von Morphiumsalzen schön dunkelblau. Freie Säure macht die Färbung verschwinden. Enthalten die Morphiumlösungen thierische oder vegetabilische Extractivstoffe oder essigsaure Salze beigemischt, so wird die Färbung unrein und minder deutlich.

8) Bringt man **Jodsäure** mit einer Lösung von Morphium oder mit der eines Morphiumsalzes zusammen, so scheidet sich **Jod** ab. Waren die Lösungen wässerig und concentrirt, so erscheint es als kermesbrauner Niederschlag, waren sie alkoholisch oder verdünnt, so ertheilt es denselben eine braune oder gelbbraune Farbe. Setzt man der Flüssigkeit vor oder nach dem Zusatze der Jodsäure Stärkekleister zu, so wird die Empfindlichkeit der Reaction bedeutend gesteigert, indem

272   Anhang I. — §. 136.

die blaue Färbung des entstehenden Jodamylums bis zu weit
gröfserer Verdünnung sichtbar ist, als die braune des Jods.

9) Chlorgold bewirkt in concentrirten Lösungen von Morphiumsalzen einen flockigen, gelblich-graubraunen Niederschlag, der sich im Ueberschusse des Morphiumsalzes, sowie
in Salzsäure zu einer grünen Flüssigkeit löst. In verdünnten
Lösungen entsteht nur eine grüne Färbung. In beiden Fällen
färbt sich die Flüssigkeit nach einigem Stehen gelb und es
setzt sich metallisches Gold als gelbbraunes Pulver ab.

Zweite Gruppe.

§. 136.

Alkaloide, welche aus den Lösungen ihrer Salze
durch Kali niederfallen, ohne von einem Ueberschusse des Fällungsmittels in erheblicher Menge
gelöst zu werden, und welche durch doppelt kohlensaures Natron auch aus sauren Lösungen Fällung erleiden: Narcotin, Chinin, Cinchonin.

a) Narcotin $(C_{46} H_{25} NO_{14} = \overset{+}{Na})$.

1) Das Narcotin stellt in der Regel farblose, glänzende, gerade
rhombische Säulen, oder (durch Alkalien gefällt) ein weifses,
lockeres, krystallinisches Pulver dar. In Wasser ist es unlöslich, in Alkohol und Aether löst es sich in der Kälte schwer,
beim Erhitzen wird es leichter aufgenommen. In Substanz
ist es geschmacklos, seine alkoholische oder ätherische Lösung schmeckt sehr bitter. Pflanzenfarben verändert es nicht.

2) Das Narcotin löst sich leicht in Säuren, indem es sich mit
denselben zu Salzen vereinigt. Dieselben reagiren immer
sauer. Die mit schwachen Säuren werden durch viel Wasser
und, wenn die Säuren flüchtig sind, auch beim Abdampfen
zersetzt. Die meisten sind unkrystallisirbar und auflöslich
in Wasser, Alkohol und Aether.

3) Reine, einfach und doppelt kohlensaure Alkalien fällen aus den Auflösungen der Narcotinsalze das Narcotin als weifses Pulver, welches sich bei 100facher Vergröfserung als ein Aggregat kleiner nadelförmiger Krystalle zu

erkennen giebt. Im Ueberschuss der Fällungsmittel ist der
Niederschlag unlöslich. — Versetzt man eine Narcotinlö-
sung mit Ammoniak und mischt alsdann Aether zu, so erhält
man, indem sich das abgeschiedene Narcotin im Aether löst,
zwei klare Schichten.

4) Von concentrirter Salpetersäure wird das Narcotin
   zu einer farblosen, beim Erwärmen rein gelb werdenden
   Flüssigkeit aufgenommen.

5) In concentrirter Schwefelsäure löst sich das Narcotin zu einer gelben, beim Erwärmen braun werdenden Flüssigkeit. In concentrirter Schwefelsäure jedoch, der man eine
   Spur Salpetersäure zugesetzt hat, löst es sich mit intensiver,
   blutrother Farbe. — Zusatz von etwas mehr Salpetersäure
   macht die Färbung verschwinden.

6) Löst man Narcotin oder ein Narcotinsalz in einem Ueberschusse verdünnter Schwefelsäure, setzt etwas fein gepulverten Braunstein zu und erhält ein paar Minuten im Kochen,
   so bekommt man nach dem Filtriren eine Flüssigkeit, aus
   der Ammoniak kein Narcotin mehr fällt. Das Narcotin ist
   nämlich durch Aufnahme von Sauerstoff übergegangen in
   Opiansäure, Cotarnin (eine in Wasser lösliche Basis) und
   Kohlensäure.

   b) Chinin $(C_{20} H_{12} NO_2 = \overset{+}{Ch})$.

1) Das Chinin erscheint entweder in Form feiner, seidenartig
   glänzender, oft büschelförmig vereinigter Nadeln, oder als
   ein lockeres, weifses Pulver. In kaltem Wasser ist es schwer,
   in heifsem etwas leichter löslich. Weingeist nimmt es sowohl
   in der Kälte als Wärme leicht auf, weit weniger leicht löslich
   ist es in Aether. Das Chinin schmeckt sehr bitter, seine Lösungen reagiren alkalisch.

2) Säuren neutralisirt das Chinin vollständig. Die Salze sind
   meist krystallisirbar, gröfstentheils leicht löslich in Wasser
   und Weingeist, von sehr bitterem Geschmack.

3) Kali, Ammoniak, sowie die einfach kohlensauren
   Alkalien fällen aus den Lösungen der Chininsalze, wenn

274   Anhang I. — §. 136.

deren Lösung nicht zu verdünnt ist, Chininhydrat als weifses,
lockeres, unter dem Mikroskop unmittelbar nach der Fällung
undurchsichtig und amorph, nach längerer Zeit als ein Aggregat nadelförmiger Krystalle erscheinendes Pulver. Der Niederschlag löst sich kaum in überschüssigem Kali, leichter in
Ammoniak. Von den fixen kohlensauren Alkalien wird er
kaum leichter gelöst, als von reinem Wasser. Versetzt man
die Lösung mit Ammoniak und schüttelt mit Aether, so verschwindet der Niederschlag und es bilden sich zwei klare
Flüssigkeitsschichten.

4) Doppelt kohlensaures Natron fällt ebenfalls, und zwar
sowohl aus neutralen wie sauren Lösungen, Chininhydrat als
weifses Pulver. Sind die Lösungen verdünnt, so scheidet
sich das Chinin erst nach längerer Zeit ab, und in dem
Falle erscheint es in Gestalt büschelförmig gruppirter weifser,
undurchsichtiger Nadeln. Heftiges Umrühren befördert die
Abscheidung sehr. — Der Niederschlag ist in dem Fällungsmittel nicht völlig unlöslich, daher die Abscheidung um so
vollständiger, je geringer der Ueberschuss desselben. Aus
dieser Lösung in doppelt kohlensaurem Natron wird das
Chinin durch längeres Kochen gefällt *).

5) Von concentrirter Salpetersäure wird das Chinin
zur farblosen, beim Erhitzen gelblich werdenden Flüssigkeit
aufgelöst.

6) Concentrirte Schwefelsäure löst reines Chinin oder
reine Chininsalze ebenfalls zur farblosen Flüssigkeit. Erhitzt,
bis die Schwefelsäure eben anfängt zu verdampfen, färbt
sich die Lösung nicht, später wird sie gelb, dann braun.
Salpetersäure enthaltende Schwefelsäure löst Chinin zu einer
farblosen oder kaum gelblich gefärbten Flüssigkeit.

---

*) Die Notiz von C. F. Oppermann, siehe dessen „Considérations sur
les poisons végétaux, Strasbourg 1845," dass meine Angabe, betreffend die
Fällbarkeit einer mit Schwefelsäure angesäuerten Chininlösung durch doppelt kohlensaures Natron, irrig sei, hat mich veranlasst, meine früheren
Versuche zu wiederholen. Ich bekam aber stets das nämliche Resultat,
d. h. eine concentrirte Lösung wurde sogleich, eine verdünnte erst nach
einiger Zeit (nach 2—15 Minuten), namentlich nach heftigem Umrühren,
genau wie oben angegeben, gefällt.

c) Cinchonin ($C_{20} H_{12} NO = \overset{+}{Ci}$).

1) Das Cinchonin stellt entweder wasserhelle, glänzende, vierseitige Prismen, oder feine weifse Nadeln, oder endlich (durch
Fällung aus concentrirten Lösungen erhalten) ein lockeres,
weifses Pulver dar. Im Anfange geschmacklos, entwickelt
es später einen bittern Chinageschmack. In kaltem Wasser
ist es so gut wie nicht, in heifsem überaus schwierig löslich.
In kaltem wasserhaltigen Weingeist löst sich das Cinchonin
wenig, leichter in heifsem, am leichtesten in absolutem Weingeist. Aus den heifsen alkoholischen Lösungen krystallisirt
der gröfste Theil des gelöst gewesenen Cinchonins beim Erkalten heraus. Die Lösungen schmecken bitter und reagiren
alkalisch. — Von Aether wird es nicht aufgenommen.

2) Säuren neutralisirt das Cinchonin vollständig. Die Cinchonin-
salze sind von bitterem Chinageschmack, meistens krystallisirbar, in der Regel leichter löslich in Wasser und Weingeist,
als die entsprechenden Chininverbindungen. Von Aether
werden sie nicht gelöst.

3) Erhitzt man Cinchonin vorsichtig, so schmilzt es zuerst, alsdann erheben sich weifse Dämpfe, welche sich an kalte
Körper, ähnlich der Benzoësäure, in Gestalt kleiner glänzender Nadeln oder als lockerer Sublimat anlegen. Gleichzeitig
verbreitet sich ein eigenthümlicher aromatischer Geruch.

4) Kali, Ammoniak und neutrale kohlensaure Alkalien fällen aus Cinchoninsalzen Cinchonin als lockeren,
weifsen, auch bei 200 — 300facher Vergröfserung nicht deutlich krystallinisch erscheinenden Niederschlag. Derselbe ist
in einem Ueberschusse der genannten Fällungsmittel nicht
löslich.

5) Doppelt kohlensaures Natron oder Kali fällen sowohl aus neutralen als auch sauren Lösungen von Cinchonin dasselbe in der sub 4) besprochenen Gestalt, jedoch nicht
so vollständig, als die einfach kohlensauren Alkalien. Sehr
verdünnte Lösungen werden daher nicht niedergeschlagen,
und das Filtrat, welches von dem in concentrirteren Lösun-

276   Anhang I. — §. 136.

gen entstandenen Niederschlage abläuft, trübt sich bei längerem Kochen.

6) Von concentrirter Schwefelsäure wird das Cinchonin zu einer farblosen, beim Erwärmen braun und endlich
schwarz werdenden Flüssigkeit aufgenommen. — Bei Zusatz
von etwas Salpetersäure ist die Lösung in der Kälte ebenfalls farblos, beim Erwärmen geht sie durch gelb, rothbraun
und braun in schwarz über.

Zusammenstellung und Bemerkungen.

Die Alkaloide der zweiten Gruppe werden ausserdem noch
durch verschiedene andere Reagentien verändert oder gefällt,
die Reactionen sind jedoch nicht geeignet, die einzelnen in die
Gruppe gehörenden Alkaloide von einander zu trennen oder zu
unterscheiden; so werden z. B. die Salzlösungen aller drei durch
verdünnte Jodlösung rothbraun, durch Platinchlorid gelblichweiss,
durch Quecksilberchlorid weiss, durch Goldchlorid gelb, durch
salpetersaures Silber bei Zusatz von Ammoniak bis zur Aufhe-
bung der sauren Reaction weiss, durch Galläpfeltinctur in gelb-
lichweissen Flocken gefällt etc.

Die Unlöslichkeit des Cinchonins in Aether giebt, da Narcotin und Chinin in Aether löslich sind, das beste Mittel an die
Hand, die Alkaloide der zweiten Gruppe von einander zu scheiden. Man braucht zu dem Behufe die alle drei enthaltende Lösung nur mit Ammoniak im Ueberschusse, dann mit Aether zu
versetzen, um an einem ungelöst bleibenden Niederschlage das
Cinchonin zu erkennen und es beim Filtriren von gelöstem Chinin und Narcotin zu trennen. — Lässt man alsdann den Aether
in gelinder Wärme verdunsten, während man fortwährend das
Ammoniak im Ueberschusse erhält, so scheidet sich das Narcotin
aus und kann durch Filtration von dem gelöst bleibenden Chinin
getrennt werden. — Dieses endlich lässt sich durch vorsichtiges
Neutralisiren des Ammoniaks mit einer Säure ausscheiden und
an seiner unter dem Mikroskop zu beobachtenden Krystallform
erkennen.

Dritte Gruppe.

§. 137.

Alkaloide, welche aus den Lösungen ihrer Salze durch Kali niederfallen, ohne von einem Ueberschusse des Fällungsmittels in erheblicher Menge gelöst zu werden, die aber durch doppelt kohlensaure fixe Alkalien aus sauren Auflösungen keine Fällung erleiden: Strychnin, Brucin, Veratrin.

a) Strychnin $(C_{44} H_{24} N_2 O_4 = \overset{+}{Sr})$.

1) Das Strychnin stellt entweder weifse, glänzende Oktaëder oder vierseitige Prismen oder endlich (durch Fällung oder schnelles Abdampfen erhalten) ein weifses Pulver dar. Es schmeckt überaus bitter. In kaltem Wasser ist es so gut wie nicht, in heifsem kaum löslich. Absoluter Alkohol und Aether lösen es nicht, wasserhaltiger Weingeist schwierig.

2) Säuren neutralisirt das Strychnin vollständig. Die Strychninsalze sind meist krystallisirbar und in Wasser löslich. Alle haben einen unerträglich bitteren Geschmack und sind im höchsten Grade giftig.

3) Kali und kohlensaures Kali fällen Strychninsalzlösungen weifs. Der Niederschlag (Strychnin) ist im Ueberschuss der Fällungsmittel unlöslich. Unter dem Mikroskop sieht man schon bei 100facher Vergröfserung, dass der Niederschlag ein Aggregat kleiner nadelförmiger Krystalle ist; bei verdünnten Lösungen erscheint derselbe erst nach einiger Zeit und stellt dann, schon dem unbewaffneten Auge sichtbare, Nadeln dar.

4) Ammoniak bringt denselben Niederschlag wie Kali hervor. Derselbe löst sich in überschüssig zugesetztem Fällungsmittel. Nach kurzer (bei grofser Verdünnung längerer) Zeit krystallisirt jedoch das Strychnin in, schon dem blofsen Auge deutlich sichtbaren, nadelförmigen Krystallen aus der ammoniakalischen Lösung heraus.

5) Versetzt man eine neutrale Lösung eines Strychninsalzes mit doppelt kohlensaurem Natron, so scheidet sich nach kurzer Zeit Strychnin in feinen Nadeln aus. In einem Ueber-

278 **Anhang I. — §. 137.**

schusse des Fällungsmittels ist es unlöslich. Setzt man aber einen Tropfen Säure zu (so wenig, dass die Flüssigkeit noch alkalisch bleibt), so löst sich der entstandene Niederschlag in der frei werdenden Kohlensäure mit Leichtigkeit. Versetzt man eine saure Strychninlösung mit doppelt kohlensaurem Natron, so entsteht kein Niederschlag. Erst nach 24 Stunden oder noch längerer Zeit krystallisirt in dem Maafse als die freie Kohlensäure entweicht, Strychnin in deutlichen Prismen heraus. Kocht man eine mit doppelt kohlensaurem Natron übersättigte Lösung eine Zeit lang, so entsteht, wenn die Lösung concentrirt war, sogleich, wenn sie verdünnt war, erst nach dem Einengen ein Niederschlag.

6) Versetzt man eine Strychninsalzlösung mit einer wässerigen Lösung von Jodsäure, so entsteht in der Kälte keine Veränderung. Beim Erhitzen wird die Flüssigkeit violett und nach längerem Stehen setzt sich ein schwärzlicher Niederschlag ab.

7) Versetzt man eine Strychninsalzlösung mit Schwefelcyankalium, so entsteht bei concentrirteren Lösungen sogleich, bei verdünneren nach einiger Zeit ein weifser, krystallinischer Niederschlag, der sich unter dem Mikroskop als aus breiten Nadeln bestehend darstellt und im Ueberschusse des Fällungsmittels wenig löslich ist.

8) Bringt man einen Tropfen concentrirte Schwefelsäure, die etwa 1/100 Salpetersäure enthält, auf ein Uhrglas und setzt etwas Strychnin oder Strychninsalz hinzu, so erfolgt Lösung ohne besondere Erscheinung. Fügt man aber jetzt ein Körnchen braunes Bleisuperoxyd hinzu, so entsteht auf der Stelle eine blaue, bald violet werdende Färbung, welche allmälig in's Grüne übergeht.

9) Quecksilberchlorid bewirkt in Strychninsalzlösungen einen weifsen Niederschlag, der sich nach einiger Zeit in mit der Loupe deutlich sichtbare, sternförmig gruppirte Nadeln verwandelt. Beim Erwärmen der Flüssigkeit lösen sie sich und beim Erkalten erhält man die Doppelverbindung in deutlichen Nadeln.

10) In concentrirter Salpetersäure löst sich Strychnin oder ein

Strychninsalz zu einer farblosen, beim Erwärmen gelb werdenden Flüssigkeit.

b) B r u c i n $(C_{44} H_{25} N_2 O_7 = \overset{+}{Br})$.

1) Das Brucin stellt entweder durchsichtige, gerade rhombische
Säulen, oder sternförmig gruppirte Nadeln, oder ein aus kleinen Krystallblättchen bestehendes weifses Pulver dar.   Das
Brucin ist in kaltem Wasser schwer, in heifsem etwas leichter löslich, von absolutem sowie von wasserhaltigem Alkohol wird es leicht, von Aether hingegen nicht aufgenommen.
Es schmeckt sehr bitter.

2) Säuren neutralisirt des Brucin vollständig.   Die Brucinsalze
sind in Wasser leicht löslich, meist krystallisirbar, von sehr
bitterem Geschmack.

3) K a l i und kohlensaures Kali fällen aus den Brucinsalzen das
Brucin als weifsen, im Ueberschusse des Fällungsmittels unlöslichen Niederschlag.   Unter dem Mikroskop unmittelbar
nach der Fällung betrachtet, erscheint er als aus sehr kleinen Körnchen bestehend.   Beobachtet man jedoch weiter, so
sieht man, dass dieselben sich plötzlich zu Nadeln vereinigen
und dass diese wiederum sich ohne Ausnahme concentrisch
gruppiren. Diese Veränderung des Niederschlages lässt sich
sogar schon mit unbewaffnetem Auge ganz deutlich wahr-
nehmen.

4) A m m o n i a k fällt Brucinsalze weifslich.   Der am Anfang wie
Oeltröpfchen aussehende Niederschlag verwandelt sich allmälig in kleine Nadeln.   Der Niederschlag verschwindet,
unmittelbar nach der Fällung, in einem Ueberschusse des Ammoniaks mit gröfster Leichtigkeit.   Nach ganz kurzer Zeit
(nach längerer bei verdünnten Lösungen) krystallisirt jedoch
das Brucin aus der Lösung in kleinen concentrisch gruppir-
ten Nadeln heraus, ohne sich alsdann in mehr zugesetztem
Ammoniak wieder zu lösen.

5) D o p p e l t k o h l e n s a u r e s N a t r o n zu einer neutralen Brucinsalzlösung gesetzt, bewirkt nach kurzer Zeit eine Abscheidung des Brucins in Gestalt seidenglänzender concentrisch
gruppirter Nadeln, welche im Ueberschusse des Fällungsmit-

280   Anhang I. — §. 137.

tels nicht, wohl aber in freier Kohlensäure (vergl. Strychnin)
löslich sind. Saure Brucinlösungen werden nicht gefällt. Erst
nach langer Zeit scheidet sich mit dem Entweichen der Kohlensäure Brucin in regelmäfsigen, verhältnissmäfsig grofsen
Krystallen ab.

6) Bringt man Brucin oder ein Salz desselben mit concentrirter Salpetersäure zusammen, so erhält man eine im ersten Moment hochrothe, dann gelbrothe intensiv gefärbte Lösung,
welche beim Erwärmen gelb wird. Setzt man der bis zu
diesem Punkt erwärmten Flüssigkeit, gleichgültig ob concentrirt oder nach dem Verdünnen mit Wasser, Zinnchlorür
oder Schwefelammonium zu, so geht die wenig intensive
gelbe Farbe in eine höchst intensive violette über.

7) Bringt man Brucin mit concentrirter Schwefelsäure
zusammen, so löst es sich zu einer wenig intensiv gefärbten
rosarothen Flüssigkeit.

8) Versetzt man eine Brucinsalzlösung mit Jodsäure, so entsteht
in der Kälte keine sichtbare Veränderung, beim Kochen
nimmt die Flüssigkeit eine weinrothe Farbe an.

9) Versetzt man Brucinsalzlösungen mit Schwefelcyankalium, so entsteht in concentrirten Lösungen sogleich, in verdünnteren nach einiger Zeit, besonders beim Reiben der
Gefäfswände ein körnig krystallinischer Niederschlag. Unter
dem Mikroskop erscheint derselbe als verschiedenartig an-
einander gereihte polyedrische Krystallkörner.

10) Quecksilberchlorid erzeugt ebenfalls einen weifsen
körnigen Niederschlag, der unter dem Mikroskop als aus
kleinen rundlichen Krystallkörnern bestehend erscheint.

c) Veratrin (Formel ungewiss) $\overset{+}{\text{Ve}}$.

1) Das Veratrin stellt in der Regel ein rein weifses, gelblich oder
grünlich weifses Pulver dar, von brennend scharfem, nicht
bitterem Geschmack und höchst giftiger Wirkung. Sein
Staub erregt, in geringster Menge in die Nase kommend, das
heftigste Niesen. In Wasser ist es unlöslich, Alkohol nimmt
es leicht, Aether schwieriger auf. Schon bei 50° C. schmilzt

es wie Wachs und gesteht beim Erkalten alsdann zu einer durchscheinenden gelben Masse.

2) Säuren neutralisirt das Veratrin vollständig. Die Veratrinsalze sind theils krystallisirbar, theils trocknen sie gummiartig ein. Sie sind in Wasser löslich und von scharfem, brennendem Geschmack.

3) Kali, Ammoniak und einfach kohlensaure Alkalien bewirken in den Auflösungen der Veratrinsalze einen flockigen weifsen Niederschlag, welcher unter dem Mikroskop unmittelbar nach der Fällung beobachtet nicht krystallinisch ist. Nach einigen Minuten verändert derselbe jedoch seinen Zustand und beobachtet man jetzt wieder, so sieht man anstatt des Gerinnsels, als welches der Niederschlag am Anfang erschien, hie und da kleine aus kurzen Säulchen gebildete Krystallgruppen. Der Niederschlag ist im Ueberschusse von Kali und kohlensaurem Kali nicht auflöslich. Ammoniak nimmt in der Kälte ein wenig auf, beim Erhitzen scheidet sich die gelöste Portion wieder ab.

4) Zu doppelt kohlensaurem Natron und Kali verhält sich das Veratrin wie Strychnin und Brucin. Beim Kochen scheidet es sich jedoch auch aus verdünnten Lösungen leicht ab.

5) Bringt man Veratrin mit concentrirter Salpetersäure zusammen, so ballt es sich zu harzartigen Klümpchen, welche sich langsam mit wenig intensiver rothgelber Farbe lösen.

6) Bringt man Veratrin in concentrirte Schwefelsäure, so ballt es sich ebenfalls harzartig zusammen. Die Klümpchen lösen sich aber leicht zu einer wenig intensiven gelben Flüssigkeit, deren Farbe immer dunkler gelb wird, dann durch rothgelb in ein intensives blutroth übergeht, dann carmoisinroth und nach längerer Zeit violet wird.

7) Schwefelcyankalium erzeugt nur in ganz concentrirten Lösungen der Veratrinsalze einen flockiggelatinösen Niederschlag.

282   Anhang I. — §. 138.

Zusammenstellung und Bemerkungen.

Auch die Alkaloide der dritten Gruppe werden noch durch
mehrere andere Reagentien gefällt, so durch Galläpfeltinctur,
durch Platinchlorid etc. Die Reactionen sind aber von analyti-
schem Gesichtspunkte aus von geringerem Interesse, weil sie allen gemeinschaftlich sind. —

Das Strychnin lässt sich vom Brucin und Veratrin durch absoluten Alkohol, in dem es unlöslich ist, während sich die letzteren darin leicht lösen, trennen. Erkennen kann man es am besten an der Reaction mit salpetersäurehaltiger Schwefelsäure und
Bleisuperoxyd, sowie an seiner unter dem Mikroskop zu beobachtenden Krystallform, wenn es durch Alkalien gefällt wurde, oder
endlich an der Form der durch Schwefelcyankalium und Quecksilberchlorid entstehenden Niederschläge. — Brucin und Veratrin
lassen sich nicht gut von einander trennen, wohl aber neben einander erkennen. Zu diesem Behufe wählt man beim Brucin am
besten die Reactionen mit Salpetersäure und Zinnchlorür oder
Schwefelammonium, oder auch die Beobachtung der Krystallform
des in seinen Salzlösungen durch Ammoniak entstehenden Niederschlages. — Um Veratrin von Brucin, wie auch von allen anderen
abgehandelten Alkaloiden zu unterscheiden, genügt es, sein Verhalten in gelinder Wärme, welches keins der anderen mit ihm
theilt, sowie auch seine Form, wenn es durch Alkalien gefällt
wird, zu beobachten. Um es neben Brucin zu erkennen, wählt
man die Reaction mit concentrirter Schwefelsäure.

Den abgehandelten Alkaloiden wollen wir endlich noch, obgleich es eigentlich nicht in diese Classe chemischer Verbindungen gehört, das Salicin an die Seite stellen.

§. 138.

Salicin ($C_{21} H_{12} O_9$).

1) Das Salicin erscheint entweder in weifsen, seidenglänzenden
   Nadeln und Blättchen, oder, wenn diese sehr fein und klein
   sind, als ein seidenglänzendes Pulver. Es schmeckt bitter.
   In Wasser und Alkohol ist es leicht löslich, von Aether wird
   es nicht aufgenommen.

2) Das Salicin wird durch kein Reagens in der Art gefällt, dass
es in dem Niederschlage noch als solches vorhanden wäre.

3) Bringt man Salicin mit concentrirter Schwefelsäure
zusammen, so färbt es sich intensiv blutroth, indem es sich
harzartig zusammenballt ohne sich zu lösen. Die Schwefelsäure selbst färbt sich nicht.

4) Versetzt man eine wässerige Salicinlösung mit Salzsäure
oder verdünnter Schwefelsäure und kocht kurze Zeit,
so trübt sich die Flüssigkeit plötzlich und setzt einen fein-
körnigen krystallinischen Niederschlag ab (Saliretin).

Systematischer Gang zur Auffindung der abgehandelten Alkaloide und des Salicins.

§. 139.

Bei der Aufstellung des im Folgenden zu beschreibenden
Ganges wurde vorausgesetzt, dass man eins oder mehrere der
besprochenen Alkaloide durch Vermittelung einer Säure in concentrirter wässeriger Auflösung habe, und dass die Lösung frei
sei von anderweitigen, die Reactionen verdeckenden oder modi-
ficirenden Substanzen. Wenn wir den unter diesen Bedingungen
einzuhaltenden Gang kennen gelernt haben werden, wollen wir
die Mittel mit kurzen Worten berühren, deren man sich am
zweckmäfsigsten bedient, um den störenden Einfluss von Farb-
oder Extractivstoffen etc. zu beseitigen. —

I. Auffindung der genannten Alkaloide in Lösungen, in welchen nur eines derselben vorausgesetzt wird.

§. 140.

1) Man setzt zu einem Theilchen der wässerigen Lösung tropfenweise verdünnte Kalilauge, bis die Flüssigkeit eben, aber kaum,
alkalisch reagirt.
a) Es entsteht kein Niederschlag; deutet mit Bestimmtheit auf die Abwesenheit aller Alkaloide, lässt Salicin
vermuthen. Man überzeugt sich von seiner Gegenwart
durch Prüfung der ursprünglichen Substanz mit concentrir-

284   Anhang I. — §. 140.

ter Schwefelsäure und ferner mit Salzsäure, vergl. §. 138.
3. und 4.

b) Es entsteht ein Niederschlag; man fügt tropfenweise soviel Kali hinzu, bis die Flüssigkeit stark alkalisch
reagirt.

α) Der Niederschlag verschwindet. Morphium,
Ueberzeugung durch Versetzen eines andern Theils der
Lösung mit Jodsäure (§. 135. 8), sowie durch Prüfung der
ursprünglichen Substanz mit Salpetersäure (§. 135. 6.).

β) Der Niederschlag verschwindet nicht. Anwesenheit eines Alkaloids der zweiten oder dritten Gruppe.
Man geht zu 2) über.

2) Zu einem zweiten Theile der ursprünglichen Lösung setzt man
2 oder 3 Tropfen verdünnte Schwefelsäure, alsdann eine gesättigte Lösung von doppelt kohlensaurem Natron, bis die saure
Reaction eben verschwindet, — alsdann reibt man die Gefäs-
wände unter der Flüssigkeit heftig und lässt die Mischung eine
halbe Stunde lang stehen.

a) Es entsteht kein Niederschlag. Abwesenheit des
Narcotins, Chinins und Cinchonins. Man geht zu 3) über.

b) Es entsteht ein Niederschlag. Narcotin, Chinin oder
Cinchonin. Man setzt zu einem Theilchen der ursprünglichen Lösung Ammoniak im Ueberschusse, dann (eine nicht
zu geringe Menge) Aether und schüttelt.

α) Der entstandene Niederschlag hat sich im
Aether gelöst. man hat zwei klare Flüssigkeitsschichten, Narcotin oder Chinin. Man stellt das
Proberöhrchen in heifses Wasser und lässt den Aether
verdampfen, während man Sorge trägt, dass das Ammoniak in gehörigem Ueberschusse bleibt. — Scheidet sich
ein Niederschlag aus, so ist derselbe Narcotin. — Zur
Ueberzeugung kann der §. 136 a. 5. angegebene Versuch
dienen. — Scheidet sich kein Niederschlag aus, so hat
man Grund, auf Chinin zu schliefsen. Zur Ueberzeugung fällt man das Chinin aus der fast zur Trockne ver-
dampften ammoniakalischen Lösung, nachdem man sie
durch Zusatz von einem oder zwei Tropfen Essigsäure
eben sauer gemacht hat, durch kohlensaures Kali wieder
heraus und bringt den Niederschlag unter das Mikroskop
(vergl. §. 136. b. 3.).

β) Der entstandene Niederschlag hat sich im Aether nicht gelöst, Cinchonin. Zur Ueberzeugung kann der nach §. 136. c. 3. zu entwickelnde Geruch dienen.

3) Man bringt in einem Uhrglas ein Theilchen der ursprünglichen Substanz oder des durch Abdampfen der Lösung zu erhaltenden Rückstandes mit concentrirter Schwefelsäure zusammen.

a) Man erhält eine farblose Lösung, welche beim Erwärmen schwach olivengrün wird, Strychnin. Ueberzeugung durch die Reaction mit salpetersäurehaltiger Schwefelsäure und Bleisuperoxyd (§. 137. a. 8.).

b) Man erhält eine rosarothe Lösung, welche bei Zusatz von Salpetersäure hochroth wird, Brucin. Ueberzeugung durch die Reaction mit Salpetersäure und Zinnchlorür (§. 137. b. 6.).

c) Man erhält eine gelbe, allmälig gelbroth, blutroth und carmoisinroth werdende Lösung, Veratrin.

II. Auffindung der genannten Alkaloide in Lösungen, in welchen mehrere oder alle vorausgesetzt werden.

§. 141.

1) Man setzt zu einem Theilchen der wässerigen Lösung tropfenweise verdünnte Kalilauge, bis die Flüssigkeit eben, aber kaum, alkalisch reagirt.

a) Es entsteht kein Niederschlag; Abwesenheit aller Alkaloide, Hindeutung auf Salicin, Ueberzeugung wie oben §. 140. 1. a.

b) Es entsteht ein Niederschlag; man fügt tropfenweise soviel Kali hinzu, bis die Flüssigkeit ganz stark alkalisch reagirt.

α) Der Niederschlag verschwindet. Abwesenheit aller Alkaloide der zweiten und dritten Gruppe. Hindeutung auf Morphium. Ueberzeugung wie oben (§. 140. 1. b. α.). — Prüfung auf Selicin nach 4.

β) Der Niederschlag verschwindet nicht oder wenigstens nicht vollständig. Man filtrirt denselben ab und verfährt nach 2). Das Filtrat versetzt man mit doppelt kohlensaurem Natron oder Kali und dampft kochend bis fast zur Trockne ein. Löst sich der Rück-

286   Anhang I. — §. 141.

stand klar in Wasser, so ist kein Morphium zugegen, ein
unlöslicher Rückstand dagegen deutet darauf hin. Ueber
zeugung wie oben (§. 140. 1. b. α.).

2) Den in §. 141. 1. b. β. erhaltenen und abfiltrirten Niederschlag wäscht man mit kaltem Wasser aus, löst ihn in verdünnter Schwefelsäure, so dass die Lösung ein wenig Säure
im Ueberschuss enthält, fügt eine Auflösung von doppelt kohlensaurem Natron bis zum Verschwinden der sauren Reaction
hinzu, rührt heftig reibend um und lässt eine halbe Stunde
stehen.

a) Es entsteht kein Niederschlag. Abwesenheit des
Narcotins, Cinchonins und Chinins. Man dampft die Lösung
kochend ein bis fast zur Trockne und nimmt den Rückstand
mit kaltem Wasser auf. Bleibt hierbei kein unlöslicher
Rückstand, so geht man zu 4) über, bleibt einer, so untersucht man denselben nach 3) auf Strychnin, Brucin und Veratrin.

b) Es entsteht ein Niederschlag. Man filtrirt denselben ab, verfährt mit dem Filtrat wie in §. 141. 2. a., mit
dem Niederschlage aber also:

Man wäscht ihn mit kaltem Wasser aus, löst ihn in wenig
Salzsäure, setzt Ammoniak im Ueberschuss, dann eine nicht
zu kleine Menge Aether zu.

α) Der entstandene Niederschlag hat sich im
Aether wieder vollständig gelöst, man hat
zwei klare Schichten. Abwesenheit des Cinchonins,
Anwesenheit des Chinins oder Narcotins. — Man verfährt
zur Erkennung, welches von beiden zugegen ist und
beziehungsweise zur Trennung beider, wie oben
§. 140. 2. b. α.

β) Der entstandene Niederschlag hat sich im
Aether nicht oder nicht vollständig gelöst.
Cinchonin, vielleicht auch Chinin oder Narcotin. Man
filtrirt ab, und prüft das Filtrat, wie in α. auf Chinin und
Narcotin, der Niederschlag ist Cinchonin und kann nach
§. 136. c. 3. näher geprüft werden.

3) Mit dem durch Abdampfen der mit doppelt kohlensaurem Natron versetzten Flüssigkeit (§. 141. 2. a.) oder des von dem
durch dieses Reagens hervorgebrachten Niederschlag getrenn-

ten Filtrates (§. 141. 2. b.) erhaltenen, in Wasser unlöslichen
Rückstande verfährt man zur Untersuchung desselben auf
Strychnin, Brucin und Veratrin folgendermaßen:

Man trocknet ihn im Wasserbade und digerirt ihn mit absolutem Alkohol.

a) Er löst sich vollständig. Abwesenheit des Strychnins,
   Anwesenheit des Brucins oder Veratrins. Zu ihrer näheren
   Erkennung verdampft man die alkoholische Lösung im Wasserbade zur Trockne, theilt den Rückstand in zwei Theile
   und prüft den einen mittelst Salpetersäure und Zinnchlorür
   auf Brucin (§. 137. b. 6.), den andern mittelst concentrirter Schwefelsäure auf Veratrin (§. 137. c. 6.).

b) Er löst sich nicht oder wenigstens nicht vollständig. Anwesenheit des Strychnins, vielleicht auch
   des Brucins und Veratrins. Man filtrirt ab, verfährt mit
   dem Filtrat zur Entdeckung des Brucins und Veratrins
   nach §. 141. 3. a., den Niederschlag prüft man zur Verge-
   wisserung mit salpetersäurehaltiger Schwefelsäure und Bleisuperoxyd (§. 137. a. 8.).

4) Es bleibt jetzt noch die Prüfung auf Salicin übrig. Man versetzt zu diesem Behufe einen neuen Theil der ursprünglichen
Lösung mit Salzsäure und kocht eine Zeit lang. Entsteht kein
Niederschlag, so ist die Abwesenheit, entsteht einer, die Gegenwart des Salicins erwiesen. Ueberzeugung durch
Prüfung der ursprünglichen Substanz mit concentrirter Schwefelsäure (§. 138. 3.).

Ausmittelung der Alkaloide bei Gegenwart extractiver und färbender vegetabilischer oder anima-
lischer Materien.

§. 142.

Ungleich schwieriger, als unter den zuvor angenommenen
Bedingungen, ist die Nachweisung der Alkaloide bei Gegenwart
schleimiger, extractiver und färbender Stoffe, auch lässt sich kein
zuverlässiges Mittel bezeichnen, um durch einen vorläufigen Versuch im Allgemeinen zu entscheiden, ob eines der in Rede stehenden Alkaloide überhaupt zugegen ist oder nicht. — Das ge-

288   Anhang I. — §. 142.

eignetste Verfahren, um für solche verwickeltere Fälle den erst-
besprochenen Gang anwendbar zu machen, ist mit einigen Modificationen das von Merk angegebene.

Man versetzt die zu untersuchenden Substanzen mit concentrirter Essigsäure bis zur stark sauren Reaction, trennt nach mehr-
stündiger Digestion das Flüssige von dem Festen durch Coliren
und Abpressen, wäscht das Ungelöste nochmals mit essigsäure-
haltigem Wasser aus und verdampft die sämmtlichen Flüssigkeiten im Wasserbade zur Trockne. Den Rückstand kocht man zuerst mit reinem, dann mit etwas Essigsäure enthaltendem Weingeist aus, verdampft die Lösungen im Wasserbade bis fast zur
Trockne, verdünnt mit Wasser, setzt kohlensaures Kali zu bis zu
schwach alkalischer Reaction, verdampft zur Syrupsconsistenz,
lässt 24 Stunden stehen, verdünnt mit Wasser, filtrirt den entstandenen Niederschlag ab, wäscht ihn mit Wasser aus, digerirt
ihn mit concentrirter Essigsäure, verdünnt mit Wasser, entfärbt
mit reiner Blutkohle und verfährt mit der so erhaltenen Lösung
alsdann nach dem obigen Gange.

289

II.

Allgemeines Schema, nach dem man die Substanzen, welche zur Erlernung der qualitativen Analyse untersucht werden sollen, zweckmäfsig auf einander folgen lässt.

Wenn man sich mit dem Verhalten der Körper zu Reagentien vertraut gemacht hat, so geht man behufs der Erlernung der qualitativen chemischen Analyse zu wirklichen Untersuchungen über. Es ist nicht gleichgültig, ob man dabei in der Reihenfolge der Substanzen, die man zur Uebung analysirt, ganz regellos verfährt, oder ob man sämmtliche Untersuchungen unter einen bestimmten Gesichtspunkt bringt. Viele Wege können zum Ziele führen, aber einer ist immer der nächste. — Um auch in dieser Beziehung Anfänger nicht ohne Leitung zu lassen, theile ich in Folgendem einen Faden mit, an welchem fortschreitend man, wie die Erfahrung gelehrt hat, schnell und sicher zum Ziele gelangt.

Vor Allem muss man, so lange man zur Uebung analysirt, mit gröfster Bestimmtheit erfahren können, ob die gefundenen Resultate richtig sind, weil nur dadurch das Vertrauen auf die Sicherheit des Ganges hervorgerufen und eine gewisse Zuversicht, ein gewisses nothwendiges Selbstvertrauen geweckt wird; weil nur daraus die sichere Ueberzeugung erwächst, dass man blofs durch ein geregeltes und durchdachtes Verfahren zum Ziele gelangt. Man lasse sich also die zu untersuchenden Substanzen von einem Andern, der ihre Bestandtheile ganz genau kennt, mischen. Hat man dazu keine Gelegenheit, so ist es noch besser, man mischt sie sich selbst und weist sodann, gerade als ob man sie noch nicht wüsste, die Bestandtheile nach, als wenn man ganz unbekannte Substanzen zur Untersuchung wählt. Man

19

290   Zweite Abtheilung. — Anhang II.

gebe nur einem Anfänger ein Gemenge, dessen Bestandtheile man selbst nicht genau kennt, zum Analysiren; er findet dies und jenes, das unterliegt keinem Zweifel, wo soll aber sein Vertrauen auf die Methode und auf die eigene Kraft herkommen, wenn man ihm nur antworten kann, »es ist leicht möglich, es kann wohl sein«, und wenn man nicht zu sagen vermag »ja« oder »nein«. —

Je nach der Individualität und den Vorkenntnissen wird der Eine sehr viele, der Andere nur eine geringere Anzahl von Untersuchungen machen müssen, bevor er seiner Sache gewiss wird. Ich theile das folgende Schema in hundert Nummern, weil ich zu der Ueberzeugung gelangt bin, dass eine solche Anzahl zweckmäfsig ausgewählter Analysen zur gründlichen Erlernung des Verfahrens im Durchschnitte hinreichend ist.

A. Von 1—20.

Wässerige Lösungen einfacher Salze, z. B. von schwefelsaurem Natron, salpetersaurem Kalk, Chlorkupfer etc. —
Zur Erlernung des Ganges bei der Analyse von in Wasser löslichen Substanzen, die nur eine Base enthalten. Hierbei soll nur nachgewiesen werden, welche Base in der Flüssigkeit gelöst ist, auf den Beweis aber, dass sonst keine andere zugegen ist, wie auch auf die Auffindung der Säure, kein Gewicht gelegt werden.

B. Von 21—50.

Eine Säure und eine Base enthaltende Salze etc. in fester Form (zerrieben), z. B. kohlensaurer Baryt, borsaures Natron, phosphorsaurer Kalk, arsenige Säure, Chlornatrium, Weinstein, Grünspan, schwefelsaurer Baryt, Chlorblei etc.
Zur Erlernung, wie eine feste Substanz in eine zur Untersuchung geeignete Form gebracht (also aufgelöst oder aufgeschlossen) wird, wie ein Metalloxyd gefunden wird, wenn der Körper auch nicht in Wasser löslich ist, und wie man die Gegenwart einer Säure nachweist. — Base und Säure muss gefunden werden; der Beweis, dass sonst keine Bestandtheile vorhanden sind, ist nicht zu führen.

C. Von 51—70.

Wässerige oder saure Lösungen mehrerer Basen.
Zur Erlernung der Trennung und Unterscheidung mehrerer

Metalloxyde. Es muss der Beweis geführt werden, dass aufser
den gefundenen Basen keine weiteren vorhanden sind. Die Säuren bleiben unberücksichtigt.

I. Von Nro. 51—60; zur Erlernung der Scheidung der Metalloxyde in die Hauptgruppen. Die Lösungen enthalten also
z. B. Kali, Kalk und Blei; — Kupfer, Eisen und Arsen; — Baryt,
Antimon, Wismuth und Kali etc.

II. Von Nro. 61—70; zum Erkennenlernen der einzelnen
in eine Gruppe gehörenden Basen neben einander. Die Nummern enthalten demnach etwa: Kali, Natron und Ammoniak; —
Zink, Mangan und Nickel; — Kupfer, Quecksilber und Blei; —
Antimon, Zinn und Arsen etc.

D. Von Nro. 71—80.

Wässerige Lösungen, welche mehrere Säuren in
freiem oder gebundenem Zustande enthalten, z. B.
Schwefelsäure, Phosphorsäure und Borsäure; — Kohlensäure,
Schwefelwasserstoff und Blausäure; — Weinsteinsäure, Citronensäure und Aepfelsäure; — Chlor, Jod und Brom; — Salpetersäure, Chlorwasserstoffsäure und Oxalsäure etc. —

Zur Erlernung der Auffindung mehrerer Säuren neben einander. Es muss der Beweis geführt werden, dass aufser den
gefundenen keine weiteren zugegen sind. — Die Basen bleiben
unberücksichtigt.

E. Von Nro. 81—100.

Legirungen, Mineralien und gemengte Körper
jeder Art.

Zur weiteren Uebung und zur Bestätigung, dass man seiner
Sache sicher sei. — Es müssen alle Bestandtheile gefunden, es
muss die Natur der Substanz erforscht werden.

292

III.

Darstellung der Resultate bei den zur Uebung analysirten Substanzen.

So lange man zur Uebung analysirt, ist es nicht gleichgültig, in welcher Weise man die Resultate aufschreibt, und wenn auch alle Darstellungsweisen des Gefundenen zuletzt dasselbe Ziel erreichen lassen, so ist doch eine geeigneter als die andere, zu einem raschen Eindringen in den Gegenstand, zu einem schnellen und doch gründlichen Umfassen des ganzen Gebietes hinzuführen.

Aus den folgenden Beispielen möge man die Art ersehen, die sich mir in der Praxis als die zweckmäfsigste und geeignetste dauernd bewährt hat.

Etwaige Darstellungsweise für Nro. 1—20.

Farblose Flüssigkeit von neutraler Reaction.

ClH	HS	NH₄S, HS	NH₄O, CO₂ und NH₄Cl.
O	O	O	weifser Niederschlag,
also kein	kein PbO	kein FeO	also entweder
AgO	» HgO	» MnO	BaO, SrO od. CaO.
Hg₂O	» CuO	» NiO	durch Gypslösung kein Nieder-
	» BiO	» CoO	schlag, also
	» CdO	» ZnO	Kalk.
	» AsO₃	» Al₂O₃	Bestätigung durch
	» AsO₅	» Cr₂O₃	$\overline{O}$
	» SbO₃		
	» SnO₂		
	» SnO		
	» AuO₃		
	» PtO₂		
	» Fe₂O₃		

Etwaige Darstellungsweise für Nr. 21—50.

Weifses Pulver, beim Erhitzen im Krystallwasser schmelzend, alsdann unveränderlich. In Wasser löslich, Reaction neutral.

ClH	HS	NH₄S, HS	NH₄O, CO₂ u. NH₄Cl.	2 NaO, PO₅ u. NH₃
O	O	HS		weifser Niederschlag,
		O	O	also Magnesia.

Die Säure kann (da die Base MgO und die Substanz in Wasser löslich ist) nur Cl, J, Br, SO_3, NO_5, Ā etc. sein. Die Abwesenheit der organischen Säuren und der Salpetersäure ergiebt sich aus der vorläufigen Prüfung.

BaCl erzeugt einen weißen Niederschlag. Derselbe ist in ClH unlöslich, also **Schwefelsäure**.

Etwaige Darstellungsweise für Nro. 51 — 100.

Weißes Pulver, beim Erhitzen bleibend gelb werdend. Vor dem Löthrohre dehnbares Metallkorn und gelber nach aufsen beim Erkalten weißer Beschlag. — In Wasser unlöslich, mit Salzsäure aufbrausend, darin nicht völlig löslich, in Salpetersäure leicht löslich.

ClH
weißer Niederschlag, im Ueberschuss unlöslich, durch Ammoniak unverändert, Blei. Bestätigung durch SO_3.

HS
schwarzer Niederschlag, in Schwefelammonium unlöslich, in Salpetersäure leicht löslich. Prüfungen auf Cu, Bi und Cd negativen Resultates.

NH₄S, HS
weißer Niederschlag. Salzsäure Lösung desselben mit Kali im Ueberschuss klar.
— NH_4Cl, O: **HS** weißer Niederschlag. Zink.

NH₄O, CO₂
weißer Niederschlag. In Salzsäure gelöst. Gypslösung nach einiger Zeit weißen Niederschlag, Strontian. Ausfällen mit schwefelsaurem Kali, Filtrat mit Ō auf Kalk geprüft O.

Beim Abdampfen kein fixer Rückstand.

Kalkhydrat entband kein Ammoniak.

Von Säuren hat sich Kohlensäure bereits ergeben. Von den übrigen können folgende nicht zugegen sein.

Organische Säuren nicht nach der vorläufigen Prüfung.

Salpetersäure und Chlorsäure nicht, weil in Wasser unlöslich.

SH, ClH, JH, BrH nicht, weil in Salpetersäure leicht löslich.

Chromsäure nicht wegen der Farbe.

PO_5, BO_3, Ō könnten zugegen sein.

Prüfungen auf dieselben gaben negative Resultate.

294

IV.

Zusammenstellung

der

häufiger vorkommenden Formen und Verbindungen der beachteten Körper,

mit besonderer Berücksichtigung der Classen,

in welche sie nach ihrer Löslichkeit

in Wasser, in Salzsäure oder Salpetersäure

gehören.

Vorbemerkungen.

Der Kürze wegen sind die Classen, in welche die Verbindungen nach der in §. 109. gemachten Eintheilung gehören, durch Zahlen ausgedrückt. Es bedeutet also 1) einen in Wasser löslichen, — 2) einen in Wasser unlöslichen, in Salzsäure oder Salpetersäure löslichen, — 3) einen in Wasser, Salzsäure oder Salpetersäure unlöslichen Körper. Für die auf der Grenze stehenden Körper sind die Zahlen der betreffenden Classen verbunden angegeben. Es bezeichnet also 1—2 einen Körper, der in Wasser schwer löslich ist, von Salzsäure oder Salpetersäure aber gelöst wird. 1—3 einen in Wasser schwer löslichen Körper, dessen Löslichkeit durch Zusatz von Säuren nicht vermehrt wird, und 2—3 einen in Wasser unlöslichen, in Salzsäure oder Salpetersäure schwer löslichen Körper. Ist das Verhalten einer Verbindung zu Salzsäure von dem zu Salpetersäure wesentlich verschieden, so wird es in den Anmerkungen gesagt.

Die Haloidsalze und Schwefelverbindungen sind der Uebersichtlichkeit wegen, je nachdem sie ihnen entsprechen, in den Columnen des Oxyds oder Oxyduls ohne besondere Ueberschrift des reinen Metalls angeführt.

Die officinellen und besonders häufig vorkommenden Verbindungen sind mit römischen Zahlen bezeichnet.

295

Unter den Salzen sind im Durchschnitt die neutralen verstanden, basische und saure aber, wie auch Doppelsalze, im Falle sie officinell sind, in den Anmerkungen angeführt. Die bei den betreffenden neutralen oder einfachen Salzen stehenden kleineren Zahlen deuten auf sie hin.

Cyan, Chlorsäure, Citronensäure, Aepfelsäure, Benzoësäure, Bernsteinsäure und Ameisensäure kommen nur in Verbindung mit wenigen Basen öfter vor und sind daher nicht in die Tabelle aufgenommen. Die am häufigsten vorkommenden Verbindungen dieser Körper sind: Cyankalium I, Ferrocyankalium I, Ferridcyankalium I, Eisenferrocyanid (Berlinerblau) III, Ferrocyanzinkkalium II—III, chlorsaures Kali I, citronensaure Alkalien I, äpfelsaure Alkalien I, äpfelsaures Eisenoxyd I, benzoësaure Alkalien I, bernsteinsaure Alkalien I, ameisensaure Alkalien I.

296   Löslichkeitsverhältnisse.

	KO	NaO	NH₄O	BaO	SrO	CaO	MgO	Al₂O₃	MnO	FeO	Fe₂O₃	CoO	NiO	ZnO
	I	I	I	I	1	I-II	II	II	II	II	II	II	II	II
S	I	I	I	I	I	I-II	2		II	II	II	15	16	II
Cl	I	I	I₁₂	I	I	I	1	1	I	I	I₁₂	I	I	1
J	I	1	1	1	1	1	1		1	1	1	●		1
SO₃	I₁	I	I₁₃	III	III	I-III	I	I₁.₁₃	I	I	I	1	I	I
NO₅	I	1	1	I	1	1	1	1	I	1	1	I	I	1
PO₅	1	I₁₀	I₁₀	2	2	II₁₄	2	2	2	2	II	2	2	2
CO₂	I₂	I₁₁	I	II	II	II	II		II	2		2		II
C₂O₃	I₃	1	I	2	2	II	2	2	2	1-2	1-2	2	2	2
BO₃	1₁	I₄	1	2	2	2	2	2	2	2	2	2	2	2
A̅	I	I	1	I	1	1	1	1		1	I	1	1	I
T̅	I₄₋₉	I₇	1₆	2	2	II	1-2	1	1-2	1-2	I₈	1		2
AsO₅	I	1	1	2	2	2	2	2	2	2	2	2	2	3
AsO₃	I	1	1	2	1	2			2		2	2		
CrO₃	I	1	1	2	2	1	1	2	1		1	2	1	

Anmerkungen.

1. Schwefelsaure Kalithonerde I.
2. Doppelt kohlensaures Kali I.
3. Saures oxalsaures Kali I.
4. Boraxweinstein I.
5. Saures weinsteinsaures Kali I.
6. Weinsteinsaures Ammoniak-Kali I.
7. Weinsteinsaures Natron-Kali I.
8. Weinsteinsaures Eisenoxyd-Kali I.
9. Weinsteinsaures Antimonoxyd-Kali I.
10. Phosphorsaures Natron-Ammoniak I.
11. Doppelt kohlensaures Natron I.
12. Ammoniumeisenchlorid I.
13. Schwefelsaure Ammoniakthonerde I.
14. Basisch phosphorsaurer Kalk II.
15. Schwefelkobalt wird von Salpetersäure ziemlich leicht, von Salzsäure sehr schwierig zersetzt, nicht officinell.
16. Schwefelnickel wie Schwefelkobalt.
17. Schwefelzink in Salpetersäure leicht, in Salzsäure etwas schwerer löslich.
18. Mennige wird von Salzsäure in Chlorblei, von Salpetersäure in vom Ueberschuss der Säure gelöst werdendes Oxyd und in braunes in Salpetersäure unlösliches Bleisuperoxyd verwandelt.
19. Drittel essigsaures Bleioxyd I.
20. Zinnsulfuret und Zinnsulfid werden von Salzsäure zersetzt und aufgelöst,

der häufiger vorkommenden Verb.   297

	CdO	PbO	SnO	SnO₂	BiO₃	CuO	Hg₂O	HgO	AgO	PtO₂	AuO₃	SbO₃	Cr₂O₃
	2	II[18]	2	2 et 3	2	II[22]	II	II	2	2		[35]	IIetIII
S	2	2	[20]	[20]	2	[23]	III	III	[30]	31		II[36]	
Cl	1	I-III	1	1	I	I[24]	II-III	I[28]	III	I[32,33]	I[34]	I[37]	I
J	1	II	2	1			II	II	3				
SO₃	I	II-III	1		1	I[25]	1-2	I[29]	I-III	1		2	1
NO₅	1	I			I[21]	1	I[27]	1	1	1			I
PO₅	2	2				2	2	2	2				2
CO₂	2	II			2	II	2	2	2				
C₂O₃	2	II	2		2	2	2	2	2			1-2	1
BO₃	1-2	2	2		2	2	1		2				2
Ā	1	I[19]	1	1	1	I[26]	1-2	1	1			1	1
T̄	1-2	2	1-2		2	1	1-2	2	2			I[38]	1
AsO₅		2			2	2	2	2	2			2	1
AsO₃		2				II	2	2	2			2	
CrO₃		II-III	2		2	2	2	1-2	2			2	2

von Salpetersäure in im Ueberschuss der Säure unlösliches Oxyd verwandelt. Sublimirtes Zinnsulfid wird nur von Königswasser aufgelöst.

21. Basisch salpetersaures Wismuthoxyd II.
22. Kupferoxydammoniak 1.
23. Schwefelkupfer wird von Salzsäure schwierig, von Salpetersäure leicht zersetzt.
24. Ammoniumkupferchlorid 1.
25. Schwefelsaures Kupferoxydammoniak 1.
26. Basisch essigsaures Kupferoxyd, in Wasser partiell, in Säuren vollständig löslich.
27. Basisch salpetersaures Quecksilberoxydul-Ammoniak II.
28. Basisches Ammoniumquecksilberchlorid II.
29. Basisch schwefelsaures Quecksilberoxyd II.
30. Schwefelsilber nur in Salpetersäure löslich.
31. Schwefelplatin wird von Salzsäure nicht angegriffen, von kochender Salpetersäure in lösliches schwefelsaures Platinoxyd verwandelt.
32. Kaliumplatinchlorid 1 — 3.
33. Ammoniumplatinchlorid 1 — 3.
34. Natrium-Goldchlorid I.
35. Antimonoxyd in Salzsäure, nicht in Salpetersäure löslich.
36. Schwefelantimoncalcium 1 — 2.
37. Basisches Antimonchlorid II.
38. Weinsaures Antimonoxydkali I.

B e r i c h t i g u n g.

Seite 59, Zeile 14 v. u. lies:

Es entsteht Chlorkalium und Wasser, zweifach chlorsaure chlorige
Säure, welche wie Chlor wirkt, wird frei, vergl. §. 102. b. 7.

Literatur

1. Poth, Susanne: Carl Remigius Fresenius (1818–1897). Wegbereiter der analytischen Chemie, Wiss. Verlagsges., Stuttgart 2007.
2. Heydorn Heinz-Joachim, Karl Ringshausen (Hrsg.): Jenseits von Resignation und Illusion. Festschrift zum 450-jährigen Bestehen des Lessing-Gymnasiums, der alten Frankfurter Lateinschule von 1520, Diesterweg, Frankfurt 1971.
3. Dolch, Josef: Wilhelm Heinrich Ackermann, Neue Deutsche Biogragphie (NDB) 1, 36–37 (1953).
4. Wiederholt, Wilhelm: Wilhelm Heinrich Ackermann, Allgemeine Deutsche Biographie (ADB) 1, 35–36 (1975).
5. Eggert, Helene: Pioniere der Reformpädagogik. Die Bender'sche Erziehungsanstalt für Knaben in Weinheim an der Bergstrasse 1829–1919, VAS Verlag Frankfurt 2006 (Dissertation der Pädagogischen Hochschule Heidelberg).
6. Bary, August de: Johann Christian Senckenberg (1707–1772). Ein Leben auf Grund der Quellen des Archivs der Dr. Senckenbergischen Stiftung; Kramer, Frankfurt am Main 1950.
7. Schöndube, Wilhelm, Joachim Steinbacher: Die Senckenbergische Naturforschende Gesellschaft zu Frankfurt am Main, gegründet 1817. Aus ihrer 150jährigen Geschichte, Kramer, Frankfurt 1967.
8. Schwedt, Georg: Gustav Bischof – Professor der Universität Bonn, ein Pionier der Geochemie, Alma Mater Beiträge zur Geschichte der Universität Bonn 108, Bouvier, Bonn 2017.
9. Hein, Wolfgang-Hagen und Holm-Dietmar Schwarz (Hrsg.): Deutsche Apotheker-Biographie, Band II, Ludwig Clamor Marquart, 403–404, Wiss. Verlagsges. Stuttgart 1978.
10. Bayer, Guido: Dr. Ludwig Clamor Marquart (1804–1881): ein Beitrag zur Geschichte der chemisch-pharmazeutischen Industrie, Dissertation Bonn 1962.
11. Schwedt, Georg: Vom Probierkabinett zum Analysenkoffer. Chemische Experimentierkästen aus drei Jahrhunderten, Shaker Media, Aachen 2013.
12. Schwedt, Georg: Carl Remigius Fresenius und seine analytischen Lehrbücher – ein Beitrag zur Lehrbuchcharakteristik in der analytischen Chemie, Fresenius Z. Anal. Chem. 315, 395–401 (1983).
13. Czysz, Walter: 140 Jahre Chemisches Laboratorium Fresenius Wiesbaden 1848–1988, Jb. Nass. Ver. Naturk. 110, 35–110 (1988) u. 111, 95–195 (1989).
14. Museum Wiesbaden u. Hochschule Fresenius (Hrsg.): Carl Remigius Fresenius – Vater der Analytischen Chemie (Katalog zur Ausstellung im Museum Wiesbaden 23. Aug. 2018–20. Jan. 2019).

G. Schwedt, *Carl Remigius Fresenius,* Klassische Texte der Wissenschaft,
https://doi.org/10.1007/978-3-662-63372-4

15. Gesellschaft Deutscher Chemiker GDCh (Hrsg.): Historische Stätten der Chemie. Carl Remigius Fresenius und das Chemische Laboratorium Fresenius, Wiesbaden, 18. Juli 2013, Frankfurt am Main.

16. Schwedt, Georg: C. Remigius Fresenius und seine Mineralwasseranalysen. An den Quellen im und am Taunus, Shaker Media, Aachen 2013 – darin auch die Angaben zu den Originalarbeiten von Fresenius.

17. Schwedt, Georg: Berühmte Chemiker und Mediziner über den Selters Brunnen, Shaker Media Aachen 2013.

18. Fresenius, C. Remigius: Anleitung zur quantitativen chemischen Analyse für Anfänger und Geübtere, Zweiter Band, 6. Auflage, Vieweg, Braunschweig 1877–1887.